· 高职高专土建类专业系列规划教材 ·

主　编　齐明超　宋晓辉
副主编　章文弋　袁　璐　魏海林

建筑 CAD（第 2 版）

合肥工业大学出版社

书　名　建筑 CAD(第 2 版)
主　编　齐明超　宋晓辉
责任编辑　陈淮民

出　版　合肥工业大学出版社
地　址　合肥市屯溪路 193 号(230009)
发行电话　0551-62903163
责编电话　0551-62903467
网　址　www.hfutpress.com.cn
版　次　2010 年 9 月第 1 版
　　　　2013 年 7 月第 2 版
印　次　2015 年 8 月第 8 次印刷
开　本　787 毫米×1092 毫米　1/16
印　张　22
字　数　459 千字
书　号　ISBN 978-7-5650-0443-8
定　价　39.80 元
印　刷　合肥市广源印务有限公司
发　行　全国新华书店

图书在版编目(CIP)数据

建筑 CAD/齐明超主编. —2 版. —合肥:合肥工业大学出版社,2013.7(2015.8 重印)
ISBN 978-7-5650-0443-8

Ⅰ.①建…　Ⅱ.①齐…　Ⅲ.①建设设计—计算机辅助设计—AutoCAD 软件—高等职业教育—教材
Ⅳ.①TU201.4

中国版本图书馆 CIP 数据核字(2013)第 151357 号

前　　言

（第 2 版）

近年来，随着计算机的推广运用和普及，计算机绘图和计算机辅助设计已广泛应用于建筑、机械、汽车、电子、航空、造船、化工、服装、土木工程和道路与桥梁等领域，计算机绘图已成为各行各业的工程技术人员必须掌握的重要工具。

AutoCAD 是美国 AutoDesk 公司研制开发的一种通用的计算机绘图和设计软件包，是当今世界上应用最广泛的 CAD 软件。由于 AutoCAD 的功能强大、人机界面友好、适用面广，且许多 AutoCAD 版本均有汉化的中文版，AutoCAD 也是我国工程界设计绘图的首选软件。

本书为高职高专规划教材。全书以 AutoCAD 2007 中文版为基础，结合土建类专业绘图的特点，从实用角度出发，采用“命令调用＋命令选项＋上机实践＋命令说明＋使用技巧”的编排体系，注重讲、练结合，突出了应用能力与技能的培养。书中所举例子针对建筑专业领域，并系统地介绍了该软件的主要功能及应用技巧。

本书主要内容包括：计算机绘图基础、AutoCAD 基本知识、对象特性的设置、二维图形的绘制和编辑、高级绘图与编辑、建筑图文字标注、尺寸标注、图形打印与输出、三维图形的绘制和编辑、建筑工程图的绘制实例等。本书各章后附有思考与实训练习题，使学生能够理论联系实际并解决一些实际问题。本书可作为高职高专土建类专业的 CAD 教材，也可供相关专业选用和工程技术人员参考。本书自 2010 年 9 月出版以来，已有 5 次重印，得到了众多高职院校师生的欢迎。

本书由齐明超和宋晓辉担任主编。参编人员有齐明超、宋晓辉、章文弋、袁璐、魏海林、张志鸿、左斌峰、王琴、陆飞龙等老师。参编的学校包括合肥共达职业技术学院、六安职业技术学院、安徽交通职业技术学院、南昌理工学院、安徽电大城市建设学院、铜陵职业技术学院和安徽职业技术学院等。

本书编写过程中，得到了作者所在院校的大力支持，也还有不少同志提供了许多帮助，在此一并表示感谢！

由于时间仓促，加之作者水平有限，不当之处在所难免，恳请读者批评指正。

编　者

2013 年 6 月

目　录

绪　论 …… (1)

一、计算机绘图概述 …… (1)

二、计算机绘图系统 …… (2)

三、AutoCAD 简介 …… (6)

第一章　AutoCAD 基本知识 …… (9)

第一节　AutoCAD 的基本概念 …… (10)

一、AutoCAD 的用户界面 …… (10)

二、坐标系 …… (12)

三、模型空间与图纸空间 …… (13)

四、图层 …… (13)

五、块 …… (14)

第二节　AutoCAD 的工作过程 …… (15)

一、启动 AutoCAD …… (15)

二、创建新的图形文件 …… (16)

三、打开已有的图形文件 …… (17)

四、保存文件 …… (18)

五、退出 AutoCAD …… (18)

第三节　命令的输入设备及输入方法 …… (19)

一、命令输入设备 …… (19)

二、命令输入方法 …… (19)

第四节　绘图环境设置 …… (21)

一、图形单位的设置 …… (21)

二、图形界限的设置 …… (22)

第二章　对象特性的设置 …… (24)

第一节　特性工具栏的使用 …… (25)

一、颜色的设置 …… (25)

二、线型的设置 …… (27)

三、线宽的设置 …………………………………………………………… (32)
四、"打印样式"的设置 …………………………………………………… (34)
第二节　样式工具栏的使用 ……………………………………………… (34)
第三节　图层工具栏的使用 ……………………………………………… (34)
一、图层的概念 …………………………………………………………… (34)
二、图层的基本操作 ……………………………………………………… (35)
三、"图层"工具栏的基本操作 …………………………………………… (44)
第四节　"特性"选项板的使用 …………………………………………… (44)
一、"特性"选项板简介 …………………………………………………… (45)
二、"特性"选项板窗口详解 ……………………………………………… (46)

第三章　二维图形的绘制 ………………………………………………… (50)
第一节　点 ………………………………………………………………… (51)
第二节　直线 ……………………………………………………………… (51)
第三节　构造线 …………………………………………………………… (52)
第四节　多段线 …………………………………………………………… (52)
第五节　矩形 ……………………………………………………………… (53)
第六节　正多边形 ………………………………………………………… (54)
第七节　圆 ………………………………………………………………… (54)
第八节　圆弧 ……………………………………………………………… (55)
第九节　椭圆 ……………………………………………………………… (55)
第十节　圆环 ……………………………………………………………… (56)
第十一节　样条曲线 ……………………………………………………… (56)

第四章　二维图形的编辑 ………………………………………………… (58)
第一节　目标对象的选择 ………………………………………………… (59)
一、利用对话框设置选择方式 …………………………………………… (59)
二、用拾取框选择单个实体 ……………………………………………… (63)
三、选择全部对象 ………………………………………………………… (63)
四、利用矩形窗口方式和交叉方式选择对象 …………………………… (63)
五、利用多边形窗口方式和多边形交叉方式选择对象………………… (64)
六、选择最后创建的对象 ………………………………………………… (65)
七、撤销选择 ……………………………………………………………… (65)
八、前一选择对象组选择方式 …………………………………………… (65)
九、栅栏选择方式 ………………………………………………………… (65)
十、快速选择 ……………………………………………………………… (65)
十一、多重选择方式 ……………………………………………………… (68)

十二、单一选择方式 …… (68)
十三、自动选择方式 …… (68)
十四、添加方式 …… (68)
十五、选择组中的对象 …… (68)
十六、满足条件的对象的过滤 …… (71)
第二节　退出、放弃和重做 …… (72)
一、退出命令 …… (72)
二、放弃命令 …… (72)
三、重做命令 …… (73)
第三节　删除对象 …… (73)
一、启动 …… (73)
二、操作方法 …… (73)
第四节　复制对象 …… (74)
一、启动 …… (74)
二、操作方法 …… (74)
三、使用剪贴板在图形窗口之间复制对象 …… (75)
第五节　镜像对象 …… (80)
一、启动 …… (80)
二、操作方法 …… (81)
第六节　阵列对象 …… (82)
一、启动 …… (83)
二、操作方法 …… (83)
第七节　移动对象 …… (89)
一、启动 …… (90)
二、操作方法 …… (90)
第八节　偏移对象 …… (91)
一、启动 …… (92)
二、操作方法 …… (92)
第九节　旋转对象 …… (95)
一、启动 …… (95)
二、操作方法 …… (95)
第十节　比例缩放对象 …… (98)
一、启动 …… (98)
二、操作方法 …… (98)
第十一节　拉伸对象 …… (101)
一、启动 …… (101)
二、操作方法 …… (101)

第十二节　拉长对象 …………………………………………………………… (103)
一、启动 …………………………………………………………………… (103)
二、操作方法 ……………………………………………………………… (103)
第十三节　修剪对象 …………………………………………………………… (104)
一、启动 …………………………………………………………………… (104)
二、操作方法 ……………………………………………………………… (105)
三、说明 …………………………………………………………………… (106)
第十四节　延伸对象 …………………………………………………………… (107)
一、启动 …………………………………………………………………… (107)
二、操作方法 ……………………………………………………………… (107)
第十五节　打断 ………………………………………………………………… (109)
一、启动 …………………………………………………………………… (109)
二、操作方法 ……………………………………………………………… (110)
第十六节　打断于点 …………………………………………………………… (111)
一、启动 …………………………………………………………………… (111)
二、操作方法 ……………………………………………………………… (111)
第十七节　倒角 ………………………………………………………………… (112)
一、启动 …………………………………………………………………… (112)
二、操作方法 ……………………………………………………………… (113)
第十八节　圆角 ………………………………………………………………… (115)
一、启动 …………………………………………………………………… (115)
二、操作方法 ……………………………………………………………… (116)
第十九节　分解对象 …………………………………………………………… (117)
一、启动 …………………………………………………………………… (118)
二、操作方法 ……………………………………………………………… (118)
第二十节　合并对象 …………………………………………………………… (118)
一、启动 …………………………………………………………………… (119)
二、操作方法 ……………………………………………………………… (119)

第五章　高级绘图与编辑 ………………………………………………… (122)
第一节　精确绘图 ……………………………………………………………… (123)
一、栅格 …………………………………………………………………… (123)
二、捕捉 …………………………………………………………………… (124)
三、对象捕捉 ……………………………………………………………… (125)
四、正交 …………………………………………………………………… (126)
五、点过滤器 ……………………………………………………………… (127)
第二节　使用夹点编辑及修改现有对象的特性 ……………………………… (127)

一、使用夹点编辑 ………………………………………………… (127)
二、修改现有对象的特性 …………………………………………… (128)
第三节　图案填充 …………………………………………………… (129)
一、图案填充的概念 ……………………………………………… (129)
二、图案填充的操作 ……………………………………………… (129)
三、图案填充的编辑 ……………………………………………… (132)
第四节　块的操作 …………………………………………………… (133)
一、块的创建 ……………………………………………………… (133)
二、块的插入 ……………………………………………………… (134)
三、块与层、颜色和线型的关系 ………………………………… (135)
四、块的其他操作 ………………………………………………… (136)
第五节　显示控制和对象查询 ……………………………………… (137)
一、显示控制 ……………………………………………………… (137)
二、对象查询 ……………………………………………………… (139)
第六节　多线的绘制和编辑 ………………………………………… (139)
一、多线的绘制 …………………………………………………… (139)
二、多线样式设置 ………………………………………………… (140)
三、多线编辑 ……………………………………………………… (143)

第六章　建筑图文字标注 ………………………………………… (145)
第一节　创建文字样式 ……………………………………………… (146)
一、创建文字样式 ………………………………………………… (146)
二、修改或设置命名文字样式 …………………………………… (146)
第二节　创建和编辑单行文字 ……………………………………… (150)
一、创建单行文字 ………………………………………………… (150)
二、使用文字控制符 ……………………………………………… (155)
三、编辑单行文字 ………………………………………………… (155)
第三节　创建和编辑多行文字 ……………………………………… (156)
一、创建多行文字 ………………………………………………… (156)
二、编辑多行文字 ………………………………………………… (157)
三、修改和编辑文字 ……………………………………………… (160)
第四节　创建和编辑表格样式 ……………………………………… (166)
一、新建表格样式 ………………………………………………… (166)
二、设置表格的数据、列标题和标题样式 ……………………… (167)
三、管理表格样式 ………………………………………………… (169)
四、创建表格 ……………………………………………………… (169)
五、编辑表格和表格单元 ………………………………………… (171)

六、在表格中添加和编辑文字 …………………………………… (173)

第七章　尺寸标注 ………………………………………………………… (176)
第一节　尺寸标注基本知识 ……………………………………………… (177)
一、尺寸标注的构成 ……………………………………………… (177)
二、尺寸的种类 …………………………………………………… (178)
三、标注尺寸的基本操作 ………………………………………… (178)
四、尺寸标注的准备 ……………………………………………… (179)
第二节　尺寸标注样式 ……………………………………………………… (179)
一、尺寸标注样式的命名 ………………………………………… (179)
二、选择直线样式 ………………………………………………… (181)
三、选择符号和箭头样式 ………………………………………… (182)
四、设置文字标注样式 …………………………………………… (183)
五、调整选项卡 …………………………………………………… (185)
六、设置主单位样式 ……………………………………………… (186)
七、设置换算单位格式 …………………………………………… (188)
八、设置公差格式 ………………………………………………… (189)
九、设置当前的尺寸标注样式 …………………………………… (190)
十、修改尺寸样式 ………………………………………………… (191)
第三节　各种尺寸的标注方法 …………………………………………… (191)
一、绘制线性尺寸 ………………………………………………… (191)
二、非正交对象的尺寸标注 ……………………………………… (195)
三、引线标注 ……………………………………………………… (199)
四、应用坐标标注尺寸 …………………………………………… (202)
五、添加公差注释 ………………………………………………… (202)
六、快速标注 ……………………………………………………… (203)
第四节　尺寸标注的编辑 ………………………………………………… (206)
一、改变单个尺寸标注的样式设置 ……………………………… (206)
二、编辑标注 ……………………………………………………… (207)
三、使用界标点对尺寸标注进行微调 …………………………… (208)

第八章　图形打印与输出 ……………………………………………… (212)
第一节　布局的设置 ……………………………………………………… (213)
一、创建布局 ……………………………………………………… (213)
二、设置视口 ……………………………………………………… (215)
第二节　图形的打印与输出 ……………………………………………… (216)
一、选择打印设备 ………………………………………………… (217)

二、选择图纸尺寸及打印份数 …… (217)
三、设置打印区域 …… (218)
四、设置打印比例 …… (218)
五、更多选项设置 …… (219)

第九章　三维图形绘制 …… (221)
第一节　了解三维图形 …… (222)
一、线框模型 …… (222)
二、表面模型 …… (222)
三、实体模型 …… (222)
第二节　三维坐标系 …… (223)
一、三维点坐标 …… (224)
二、球面坐标 …… (225)
三、柱面坐标 …… (225)
第三节　建立用户坐标系 …… (226)
一、UCS 图标样式的选择方法 …… (227)
二、UCS 图标的控制 …… (227)
三、建立和改变 UCS …… (228)
四、管理用户坐标系 UCS …… (231)
第四节　观察三维模型的方法 …… (234)
一、视点设置 …… (234)
二、设置多视口 …… (239)
三、三维动态观察器 …… (242)
四、三维图像的消隐 …… (243)
五、三维图像的着色 …… (243)
六、显示效果变量 …… (244)
第五节　三维基本形体的创建 …… (245)
一、创建三维线框模型 …… (245)
二、三维曲面造型 …… (246)
三、创建基本实体单元 …… (249)
四、创建拉伸和旋转实体模型 …… (254)

第十章　三维图形编辑 …… (263)
第一节　三维实体的剖切、截面与干涉 …… (264)
一、实体剖切 …… (264)
二、实体截面 …… (266)
三、实体干涉 …… (267)

第二节　三维实体的倒角和圆角 …………………………………… (267)
一、实体倒角 …………………………………………………… (267)
二、实体圆角 …………………………………………………… (269)
第三节　三维空间中改变实体的位置 …………………………… (271)
一、三维阵列 …………………………………………………… (271)
二、3D 镜像 …………………………………………………… (272)
三、3D 旋转 …………………………………………………… (274)
四、3D 对齐 …………………………………………………… (275)
第四节　三维图形倒角 ………………………………………… (277)
一、3D 倒圆角 ………………………………………………… (277)
二、3D 倒斜角 ………………………………………………… (278)
第五节　编辑实心体的面、边、体 ……………………………… (279)
一、拉伸面 ……………………………………………………… (281)
二、移动面 ……………………………………………………… (282)
三、偏移面 ……………………………………………………… (283)
四、旋转面 ……………………………………………………… (284)
五、锥化面 ……………………………………………………… (286)
六、复制面 ……………………………………………………… (287)
七、删除面及改变面的颜色 …………………………………… (287)
八、编辑实心体的棱边 ………………………………………… (287)
九、抽壳 ………………………………………………………… (288)
十、压印 ………………………………………………………… (289)
十一、拆分及清理实体 ………………………………………… (290)
第六节　编辑网格表面 ………………………………………… (290)
一、用 PEDIT 或 PROPERTIES 命令编辑网格表面 ……………… (290)
二、通过关键点编辑模式修改 3D 表面 ………………………… (292)
第七节　小结 …………………………………………………… (293)

第十一章　建筑工程图的绘制 ……………………………… (295)
第一节　用 AutoCAD 绘制建筑平面图的步骤 ………………… (297)
第二节　建筑平面图中常用构配件及符号的画法 ……………… (297)
一、墙体线 ……………………………………………………… (297)
二、窗 …………………………………………………………… (298)
三、门 …………………………………………………………… (299)
四、楼梯 ………………………………………………………… (299)
五、卫生间 ……………………………………………………… (300)
六、台阶和阳台 ………………………………………………… (300)

七、常用符号 …………………………………………………………… (300)
第三节 设置绘图环境 …………………………………………………… (301)
一、设置单位和绘图界限 ………………………………………………… (301)
二、设置线型 …………………………………………………………… (302)
三、设置图层 …………………………………………………………… (303)
四、设置文字样式 ………………………………………………………… (304)
第四节 绘制图形 ……………………………………………………… (304)
一、绘制辅助线 ………………………………………………………… (304)
二、绘制墙体 …………………………………………………………… (306)
三、在墙体上开门窗洞口 ………………………………………………… (307)
四、绘制门 ……………………………………………………………… (309)
五、绘制窗 ……………………………………………………………… (312)
六、绘制楼梯 …………………………………………………………… (313)
七、绘制卫生间 ………………………………………………………… (316)
八、绘制台阶和花台 ……………………………………………………… (317)
九、补充其他图形 ………………………………………………………… (319)
第五节 尺寸标注 ……………………………………………………… (319)
一、作尺寸标注辅助线 …………………………………………………… (319)
二、绘制定位轴线及编号 ………………………………………………… (320)
三、设置尺寸标注样式 …………………………………………………… (322)
四、尺寸标注 …………………………………………………………… (325)
第六节 绘制其他符号及注写文字 ………………………………………… (329)
第七节 加图框和标题栏 ………………………………………………… (330)
一、绘制图框和标题栏 …………………………………………………… (330)
二、插入图框和标题栏 …………………………………………………… (332)
第八节 打印输出 ……………………………………………………… (334)

参考文献 ………………………………………………………………… (338)

绪 论

一、计算机绘图概述

随着计算机科学技术的发展，计算机绘图和计算机辅助设计已广泛应用于建筑、机械、汽车、电子、航空、造船、化工、服装、土木工程和道路与桥梁等领域，计算机绘图已成为各行各业的工程技术人员必须掌握的重要工具。

传统的绘图方式是人们使用常规作图工具直尺、圆规、图板等在图纸上进行手工绘图。近几十年来，随着计算机硬件和软件功能的不断增强和完善，计算机图形学(Computer Graphics，简称 CG)自上个世纪 60 年代问世以来取得了迅猛的发展，计算机辅助绘图(Computer Aided Drafting)作为其最重要最基本的应用也已逐渐进入实用化阶段，并在各个领域和行业都取得了广泛的应用。今天，越来越多从事工程设计和创作的技术人员已逐步丢弃了传统的图板和丁字尺，加入到计算机绘图的行列。

计算机绘图是应用计算机及图形的输入和输出设备，实现图形的绘制、显示、存储和输出。计算机绘图，首先要把待绘制的物体用数据加以描述，使它成为计算机可以接受的信息，也就是建立数学模型，然后把数学模型采用方便的数据结构或数据库输入计算机存储起来，最后经过计算机图形处理生成模型的图像，在屏幕上显示或由绘图机绘制。若图形的输出设备是显示器，图形显示在显示器的荧光屏上，则称为图形显示；若图形输出设备是绘图机，图形在绘图机上输出，则称为绘图机绘图。

计算机绘图除了必须具备一定的硬件设备外，还必须有相应的软件资源。若绘图或图形显示直接由绘图程序控制而自动生成，这种绘图方式则称为程序式绘图。在程序式绘图中，无论是绘图还是图形显示，仅是由程序控制，不能人工干预绘图或显示过程，若需改变必须修改程序。另一种绘图方式是，操作者根据需要可以实现人机对话，可以实时增删、修改显示的图形，直到满意为止，这种绘图方式称为交互式绘图，在交互式绘图中，绘图程序并不能直接产生所需要的图形，它只是提供一种作图的环境和手段，具体绘制还需要操作人员随时发出指令，绘图程序响应这些指令绘制和修改图形。

计算机辅助设计(Computer Aided Design，简称 CAD)是以计算机为工具，以人为主体的一种设计方法和技术，它利用计算机的高速计算、大容量存储、快速图形和数据处理等功能，建立起某种模式和算法，使计算机按设计人员的意图，辅助进行产品或工程的设计与分析，作出判断和选择，最后输出满意的设计结果和生产图纸。计算机辅助设计，将计算机的计算、存储和图形处理功能与人类的聪明才智相结合，大大缩短了设计周期，降低了产品的设计成本，同时提高

[想一想]

计算机辅助作图(Computer Aided Drafting)也简称 CAD，与计算机辅助设计有什么不同？

了设计质量，从而有效地提高了设计人员的工作效率。

近一、二十年来，随着计算机硬件设备性能的不断提高和价格的不断降低，各种图形接口和图形标准的制定以及软件编程技术、数据技术、网络技术等不断发展，CAD 技术进入了一个迅速发展与提高的阶段。各种软件不断更新换代，软件功能越来越强大，性能越来越优越，界面越来越友好，使 CAD 技术更加广泛深入地应用于各行业，为提高生产力和推动社会进步发挥了巨大作用。

手工绘图是人使用绘图笔用手画出图形，计算机绘图是计算机通过各种绘图命令来实现绘制图形。计算机绘图的优越性主要体现在如下几个方面：

1. 计算机绘图可以有更高的绘图质量。手工绘图有时很难保证精确，只要看上去满意就行了。计算机绘图提供了一些精确绘图的工具，如捕捉、正交、相对坐标以及使用精确的数据输入等，使绘图质量得以保证。

2. 计算机绘图更加便于修改。手工绘图，少量的修改，将导致图面的污损，大量的修改，只得返工重来；而计算机绘图，可以随时改变图形的比例、颜色、线型，可以方便地对图形进行修改、存储、打印输出等。

3. 计算机绘图可以有更高的效率。在计算机绘图中，凡相同的、类似的、局部对称的图形都可以利用复制、移动、旋转及镜像等命令来实现。利用这一功能，可以减少大量的重复性的工作，提高绘图效率。

4. 计算机绘图可以绘制更加复杂的图形。计算机绘图可以将以前手工绘图中许多复杂的难以表达的图形方便地绘制出来。

二、计算机绘图系统

计算机绘图系统是由计算机主机及必要的输入、输出设备和相关的软件系统（包括系统软件和图形软件）所组成。如图 0－1 所示为一典型的计算机绘图系统。

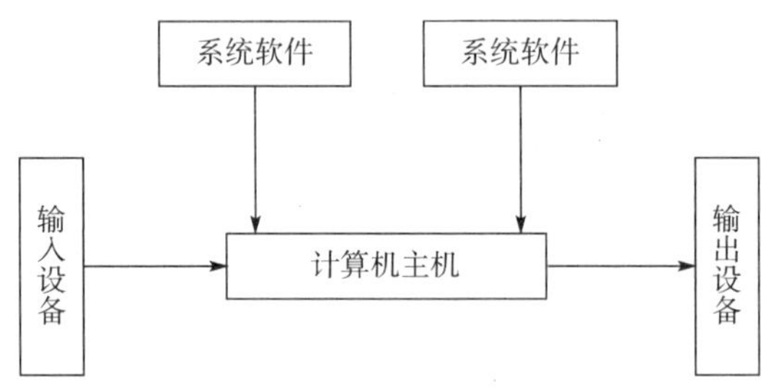

图 0－1　计算机绘图系统

1. 计算机主机

在计算机绘图系统中，计算机主机是系统的核心部分，它控制和指挥着整个系统依照输入的程序进行存储、运算和处理，并将结果按所输出的形式发出输出指令。主机内包括有主板、CPU（中央处理器，Central Processing Unit）、内存、显卡、声卡、硬盘、软驱、光驱、输入/输出接口以及电源等。CPU 是计算机的大脑，计算机的所有工作都要经过 CPU 的运算处理。CPU 最重要的技术指标是主频，即时钟频率。CPU 主频的高低在很大程度上决定了计算机系统的运行速度，主频越高也就意味着计算机的运算速度越快。

计算机绘图可以在大型设备上实现，也可以在微型机上实现。尤其是近 10 年来，随着奔腾 CPU 芯片的推出，PC 机的性能得到了很大的提高，它的操作系统、网络功能、图形处理功能等也有很大提高，且价格在不断下降。目前一台 Intel Pentium E2200 2.2G 处理器/1024MB 内存/320GB 硬盘/16X DVD 光驱/17 寸液晶显示器的 PC 机价格仅在 3000 元左右。本教材也是以 PC 机为背景来介绍计算机绘图系统。

2. 图形输入设备

输入设备是用来向计算机输入数据、程序、图形、文字等信息的设备，其作用是将外部信息转换为计算机能够识别和接收的二进制代码，并传送到主机进行处理。在计算机绘图系统中，常用的图形输入设备主要有键盘、鼠标、光笔和数字化仪等。

(1)键盘

键盘是计算机最常用的输入设备。通过键盘，用户可以向计算机发出操作指令，输入数据、产生字符。按照接口的不同，常用的键盘可分为 PS/2 接口和 USB 接口键盘。目前一般的标准键盘都是 104/105 键盘，上面有专为 Windows 操作设计的 Windows 键。盘面上的按键按其功能可分为 4 个键区：符号键区、编辑控制键区、功能键区和副键盘区。

① 符号键区

在键盘的左部，是最常用的键区，用于实现字符、数字和各种符号的输入。

② 编辑控制键区

用于编辑控制，如字符的删除、光标的上下左右移动、屏幕滚屏等。

③ 功能键区

在键盘的顶部，有 F1～F12 共 12 个功能键，功能键主要用于完成某一特定的任务或过程。功能键可以作为命令快捷键使用，比如 F1 键就常被设定为帮助键。

④ 副键盘区

在键盘的右部，有数字键和部分符号键及编辑控制键，数字键集中放置，方便大量的数字输入。

(2)鼠标

鼠标是使用最为频繁的计算机输入设备，它操作简便、灵活，主要用来在屏幕上移动光标并进行定位、拾取和选择。按照接口类型的不同，常见的鼠标有 PS/2 接口鼠标和 USB 接口鼠标。从按键来分，鼠标可分为双键鼠标和三键鼠标。按照构造来分，鼠标又可分为机械式鼠标、光电式鼠标和光机式鼠标。

(3)光笔

光笔是一种较早的用于定位和选择的图形输入设备。当用户打开按钮并把光笔对准屏幕上某一点时，计算机控制系统即对信号做出处理，得到光笔所指处的坐标。光笔具有定位、跟踪、拾取等功能。由于光笔具有小巧灵活、携带方便等优点,现已广泛应用于笔记本电脑,作为人机对话的输入设备。

(4)数字化仪

数字化仪(又称图形输入板)是一种功能很强的用于图形中点坐标输入、定位及选择的图形输入设备。数字化仪主要由一块平板和一个可以在平板上自由移动的位置检测设备(游标输入器或输入笔)构成。计算机只能接受数字化的信息,如果要输入一个图形,就要将图形上的特征点进行数字化。可以将图形平铺在数字化仪的平板上(若图纸图形太大,可以分成几部分输入,但要确保对齐),移动位置检测设备对准图形的各个特征点,按下相应的按钮,显示器就会显示该点的坐标值,同时将坐标值输入计算机。

除了上述图形输入设备外,常用的还有扫描仪和数码照相机等。

3. 图形输出设备

在计算机绘图系统中,常用的图形输出设备主要有显示器、打印机和绘图仪等。

(1)显示器

显示器是计算机绘图中基本的、必不可少的图形输出设备。用户只有通过显示器才能与计算机进行交互操作,显示器可以随时、快速地把用户输入的图形显示出来,用户可以随时在屏幕上对图形进行修改和编辑。

显示器屏幕上的图像是由许多微小的光点组成的,这些点称为像素。正是靠着像素的明暗和色彩变化才形成了图形和文字,显示器屏幕像素数量的多少称为显示器的分辨率。显然,显示器能识别的像素数目越多,显示图形的精度就越高。目前较为常用的显示器的分辨率一般为1024×768或1280×1024。

为了控制屏幕像素点的亮度和颜色深度,每个像素点需要用多个二进制位来表示。比如要显示256种颜色,则每个像素点至少需要8位二进制位来表示,即2的8次方等于256。

显示器提供多种屏幕刷新频率供选择,比如60Hz(即每次60次)、70Hz、75Hz等,一般来说,能够稳定达到较高刷新频率的显示器,性能也会越好。

(2)打印机

打印机一般通过并行接口与计算机主机连接,打印机面板上会有控制按钮和指示灯用于打印机的操作和状态识别。

常用的打印机分为撞击式和非撞击式两类。撞击式打印机主要有针式打印机,非撞击式打印机主要有喷墨打印机和激光打印机。

针式打印机是利用撞击色带将图形或字符印制在打印纸上。针式打印机主要用于文本输出,当图形质量要求不高且图纸幅面不大时,如用于检查的局部视图、示意图等,也可以用针式打印机输出。针式打印机价格便宜、耐用,对打印纸的要求也不高,但打印质量一般,且噪音较大。

喷墨打印机是利用喷头把经雾化处理的墨水按需要喷射到图纸上,从而形成图形或字符。喷墨打印机的打印速度快、实现彩色打印容易、对纸张无特殊要求，且噪音较小、打印质量较高。喷墨打印机价格较低，但使用成本较高。

激光打印机是将激光扫描技术与电子照相技术相结合的一种新型的光电打印机。激光打印机的打印质量高、噪音小，打印图形效果清晰细致、分辨率高。激光打印机价格较高，但使用成本较低。

(3)绘图仪

[想一想]

计算机电子图形如何通过绘图仪变成图纸的?

绘图仪是绘制图形专用的计算机输出设备，价格比打印机贵。根据绘制图形的方式不同，绘图仪分为笔式绘图仪和非笔式绘图仪两大类。目前使用较为广泛的绘图仪主要有滚筒式绘图仪、平板式绘图仪和静电式绘图仪等。

滚筒式绘图仪

滚筒式绘图仪主要由滚筒、横梁、笔架及步进电机等组成。图纸紧贴在滚筒表面，随着滚筒转动，笔架沿着横梁移动，笔架上的画笔可以抬起和落下，以此绘制出图形。

滚筒式绘图仪的绘图精度相对较低，但它具有绘图速度快、能绘制大幅面工程图样且造价低廉、占地面积小等优点。滚筒式绘图仪是目前使用较多的一种绘图仪。

平板式绘图仪

平板式绘图仪主要由平板、导轨、横梁、笔架及步进电机等组成。图纸平铺在平板上，横梁沿着平板两侧的导轨左右移动，笔架沿着横梁前后移动，笔架上的画笔可以抬起和落下，以此绘制出图形。

平板式绘图仪的绘图速度相对较低，但它的绘图精度相对较高，特别是小型平板式绘图仪结构简单、价格相对便宜，并能满足大部分工程图样绘制要求，目前使用相对较多。

静电式绘图仪

静电式绘图仪是基于光栅扫描原理。在绘图过程中，静电式绘图仪利用传来的绘图数据首先在图纸上产生带负电荷的图形潜像，在图纸经过墨水槽时，带正电荷碳微粒的墨水被图纸上带负电荷图形潜像部分所吸附，在图纸上生成所需要的图形。

静电式绘图仪的绘图速度快，绘图精度高，图形质量好，可以绘制出具有高度真实感的彩色图像，质量甚至比彩色照片还要好，但需要使用特制的绘图纸。

4. 计算机绘图的软件系统

要实现计算机绘图，除了必须具备一定的硬件设备外，还必须具备相关的软件资源，只有两者结合在一起，才能构成计算机绘图系统。

计算机绘图的软件系统是由计算机系统软件和图形软件两部分组成。

(1)计算机系统软件

计算机系统软件是保证计算机正常工作的最基本软件，它包括操作系统、汇编系统和诊断系统等。无论计算机应用于何种场合，系统软件都是必需的。

操作系统是系统软件的核心，其作用是对计算机的 CPU、外设、存储器及文件等所有软、硬件资源进行管理，以使它们能在操作系统下协调工作，因此操作系统是整个计算机系统进行工作的总指挥和总调度。目前 PC 机上广泛使用的操作系统有 DOS、WINDOWS、LINUX 等。

(2)图形软件

图形软件包括图形软件包、交互式绘图系统和高级绘图语言等。随着计算机技术的发展，各软件公司不断地推出新的图形软件。目前流行的有美国 AutoDesk 公司的 AutoCAD 等。AutoCAD 是一个通用 CAD 软件，具有开放式的体系结构，它可以用于建筑、机械、电子等多个行业，用户可以直接用它进行产品设计，也可用它作为开发平台进行专用的 CAD 软件开发，比如说在 AutoCAD 基础上开发的建筑软件——天正 CAD 系列软件等。专用 CAD 软件一般是在通用 CAD 软件的基础上通过建立一些专用的图形库、数据库和计算程序等开发出来的，用它进行专业设计自动化程序更高，速度更快，但专用 CAD 软件的应用面相对较窄。本教材主要介绍通用 CAD 软件 AutoCAD。

三、AutoCAD 简介

1. 概述

[想一想]

市场中还有没有其他的 CAD 图形软件，价格和功能如何?

AutoCAD 是美国 AutoDesk 公司研制开发的一种通用的计算机绘图和设计软件包。自 1982 年 12 月首次推出的 AutoCAD R1.0，到现在使用的 AutoCAD 2000、AutoCAD 2002、AutoCAD 2004、AutoCAD 2005 和 AutoCAD 2006、AutoCAD 2007、AutoCAD 2008 等(其文件格式类型主要为:AutoCAD 2000、AutoCAD 2004 及 AutoCAD 2007)，这几年每年都有新的版本，经过十多次的版本更新，其功能日益增加、性能日趋完善。

AutoCAD 的应用越来越广泛。AutoCAD 目前在全球的正式注册用户达数百万，是当今世界上最流行的 CAD 软件，现已广泛应用于建筑、机械、电子、化工等领域。

早期的 AutoCAD 版本运行在 DOS 环境下，自 AutoCAD R11 开始，AutoCAD 被引入到 Windows 环境，并在 AutoCAD R11、R12 和 R13 中同时保持 DOS 和 Windows 两种版本。自 AutoCAD R14 开始，AutoCAD 2000 以后版本完全脱离了 DOS 环境，集中在 Windows 环境下运行，成为一种标准的 Windows 应用程序。AutoCAD 2000 以后版本采用标准的 Windows 界面，使学习更容易，使用更方便，并利用 Windows 中的一些技术和工具扩充功能和提高性能，使其运行速度更快，并且可以同时运行多个程序，使用更灵活。

AutoCAD 主要是在各种档次的 PC 机上使用，也可以在 SUN、HP、Micro－VAX、SGI 等工作站上使用。

AutoCAD 的功能强大、人机界面友好、适用面广，且许多 AutoCAD 版本均有汉化的中文版，因此是我国工程界设计绘图的首选软件。因 AutoCAD 2007 中文版相对较成熟，应用相对较广，本教材以 AutoCAD 2007 中文版为例，介绍 AutoCAD 的基本知识以及 AutoCAD 在建筑施工图中的应用。

2. AutoCAD 的主要功能与特点

AutoCAD 的主要功能可以概括为以下几点:

(1)绘图功能

绘图功能的作用是绘制各类二维几何图形，几何图形由各种图形元素、块和阴影线组成。绘图功能是 AutoCAD 的核心。

(2)编辑功能

编辑功能是对已有图形进行的各种操作，包括形状和位置改变、属性重新设置、拷贝、删除、剪贴、分解等。

(3)标注功能

标注功能是绘制各种非几何图形，包括尺寸、文本、公差、旁注等。

(4)设置功能

用于各类参数设置，如图形属性、绘图界限、栅格间距、图纸单位和比例以及各种系统变量的设置。

(5)辅助功能

这种功能的作用是帮助绘图、编辑和标注，包括显示控制、列表查询、坐标系的建立和管理、视区操作、图形选择、点的定位控制、求助信息查询等。

(6)文件管理功能

用于图纸文件的管理，包括新建、存储、打开、打印等。

(7)三维功能

三维功能的作用是建立、观察和显示各种三维模型，包括线框模型、曲面模型和实体模型。

(8)开放式体系结构

开放式体系结构为用户提供二次开发的工具，可实现不同软件之间的数据共享。

3. AutoCAD 的运行环境

下面列出的是运行 AutoCAD 2007 中文版所需要的软、硬件配置：

- Pentium III 或 Pentium IV(建议使用 Pentium IV)800 MHz。
- 512MB 内存。
- Windows2000 或 Windows XP 及以上中文版操作系统。
- 1024×768 以上 VGA 显示器及相应的显卡。
- 750MB 空余硬盘空间。
- 鼠标或其他定点设备。
- 任意倍速光盘驱动器(仅用于安装)。
- IBM 兼容并口。
- 串口(用于数字化仪或某些绘图仪)。
- 打印机或绘图仪。
- 调制解调器(用于连接到 Internet，非必需)。

本章思考与实训

1. 什么是计算机辅助设计？
2. 简述计算机绘图系统的组成？
3. CAD 技术的主要应用领域有哪些？

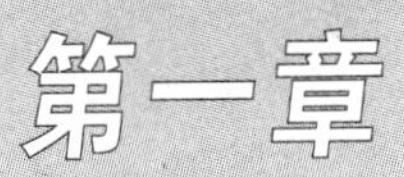

第一章 AutoCAD基本知识

【内容要点】

1. AutoCAD 的基本概念；
2. AutoCAD 的工作过程；
3. 命令的输入设备及输入方法；
4. 绘图环境设置。

【知识链接】

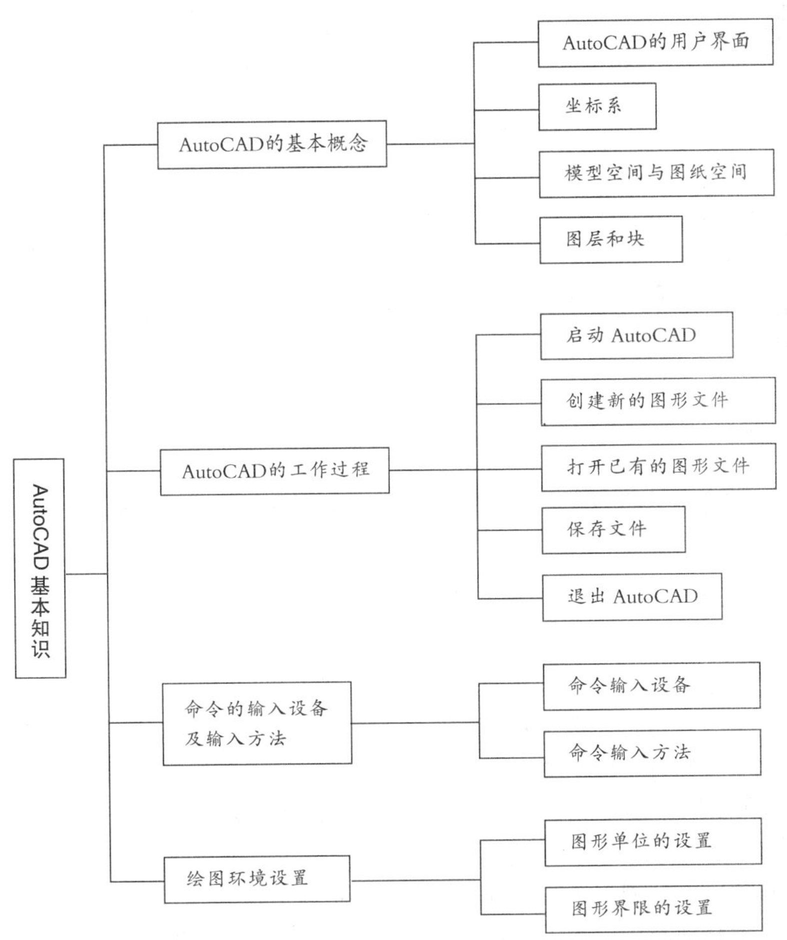

第一节　AutoCAD 的基本概念

本节简单介绍 AutoCAD 的用户界面、坐标系、模型空间与图纸空间、图层和块等基本概念。

一、AutoCAD 的用户界面

[想一想]

AutoCAD 的用户界面和 word 等软件的操作界面有什么相同点和不同点?

每次启动 AutoCAD，都会打开 AutoCAD 窗口，这一窗口是用户的设计工作空间。AutoCAD 2007 的用户界面如图 1－1 所示，它主要由菜单栏、工具栏、绘图区、命令行窗口和状态栏组成。

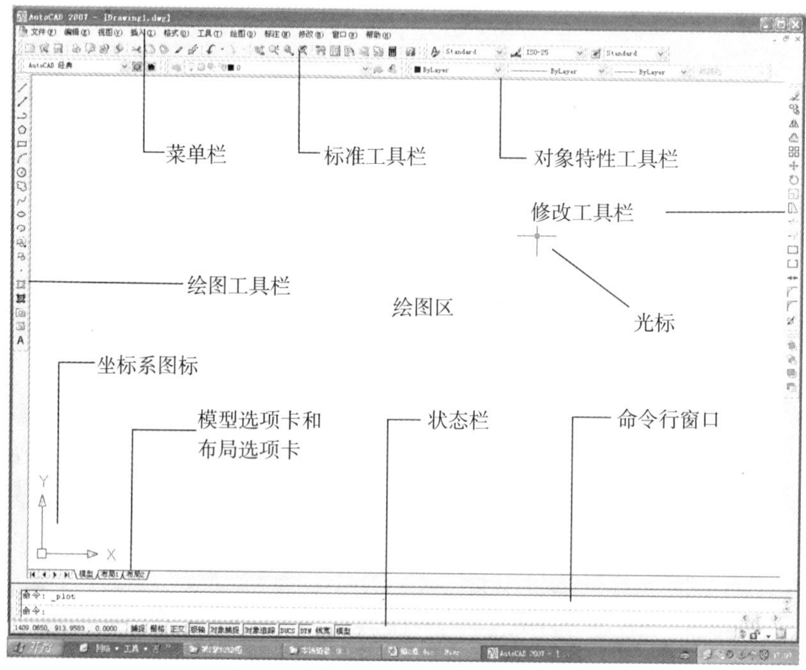

图 1－1　AutoCAD 2007 的用户界面

1. 菜单栏

菜单栏位于屏幕的顶部，包含一系列的命令和选项，可以通过下拉菜单选择命令来执行相应的操作。下拉菜单中颜色为黯淡的选项表明在当前状态下，对应的命令不能被执行。选项右侧有“...”的表示选中该选项系统将弹出一个对话框。选项右侧有右向小黑三角形的表示该选项有下一级子菜单(如图 1－2 所示)。选项右侧出现的字母表示与该选项对应的快捷键。

2. 工具栏

工具栏由一系列的图标按钮组成，可以通过单击图标按钮来执行相应的命令。当光标移动到图标上停留片刻，图标旁边将出现相应命令的提示，同时有关命令的功能介绍显示在状态栏中。AutoCAD 2007 带有众多的工具栏，初始状态下系统显示【标准】、【绘图】、【特性】、【图层】、【修改】等工具栏。用户可以根据需

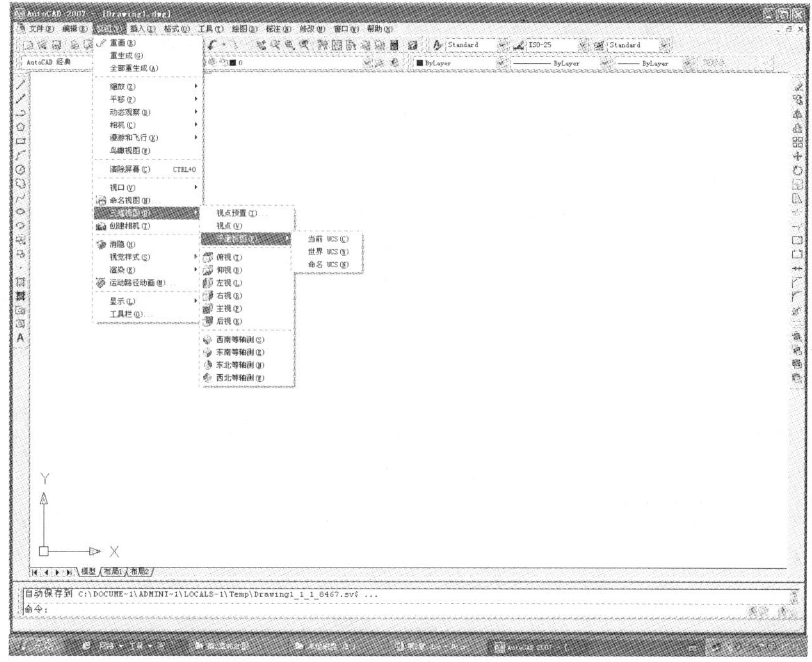

图 1-2 下拉菜单

要通过右键单击任何工具栏，系统弹出快捷菜单，从中可以选择打开或关闭某一工具栏（如图 1-3 所示）。

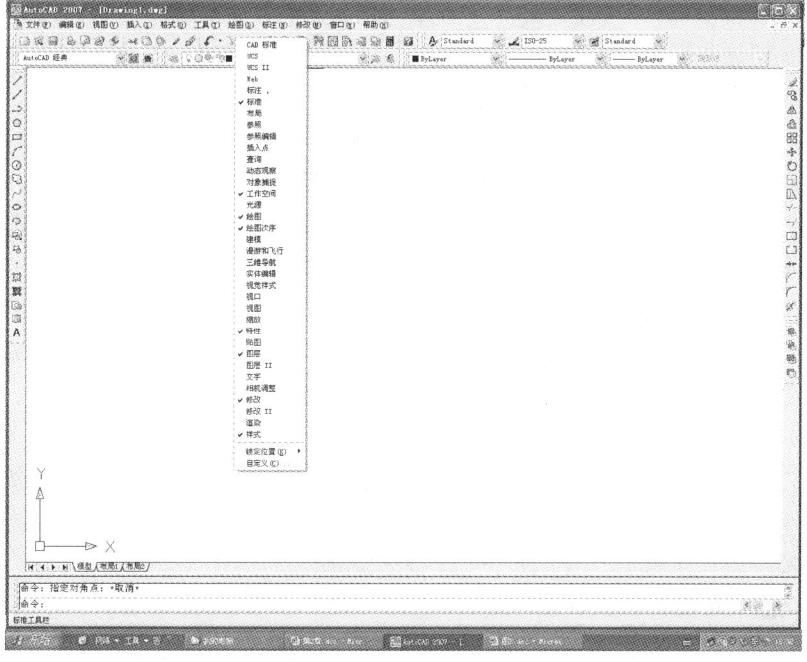

图 1-3 通过快捷菜单选择显示或关闭某一工具栏

3. 绘图区

绘图区用于绘制和显示图形。绘图区左下角是坐标系图标，显示当前使用的坐标系。绘图区底端是【模型】、【布局】选项卡，用于将图形在模型(图形)空间和图纸(布局)空间之间切换。

4. 命令行窗口

命令行窗口用于输入命令，显示 AutoCAD 提示信息和所有输入命令的历史记录。命令行窗口最下面一行是命令行，显示 AutoCAD 处于准备接收命令的状态。命令行上面的各行为命令历史区，显示历史命令。另外，可以按 F2 键切换显示或隐藏文本窗口，文本窗口记录全部历史命令。

5. 状态栏

状态栏位于屏幕的底部，用于反映当前的绘图状态，如当前的光标位置和绘图环境设置。绘图环境设置以按钮形式显示于状态栏的右端，从左到右分别为【捕捉】、【栅格】、【正交】、【极轴】、【对象捕捉】、【对象追踪】、【DUCS】、【DYN】、【模型】/【图纸】，可以单击这些按钮进行状态切换。

二、坐标系

有两个坐标系：一个是被称为世界坐标系(WCS)的固定坐标系，一个是被称为用户坐标系(UCS)的可移动坐标系。默认情况下，这两个坐标系在新图形中是重合的。

通常在二维视图中，WCS 的 X 轴水平，Y 轴垂直。WCS 的原点为 X 轴和 Y 轴的交点(0,0)，图形文件中的所有对象均由 WCS 坐标定义。但是，使用可移动的 UCS 创建和编辑对象通常更方便。

1. 世界坐标系(WCS)

世界坐标系简称 WCS(World Coordinate System)，它是在进入 AutoCAD 时系统自动建立，且原点位置和坐标轴方向固定的一种整体坐标系。世界坐标系是唯一的，用户不能自行建立，也不能对其原点位置和坐标方向进行修改。因此，世界坐标系为绘图提供了一个固定的参考基准。

WCS 是一种笛卡儿坐标系，其原点位于屏幕左下角，X 轴正方向为屏幕的水平向右，Y 轴正方向为垂直向上，Z 轴正方向为垂直屏幕向外。

2. 用户坐标系(UCS)

用户坐标系简称 UCS(User Coordinate System)。用户坐标系是一种由用户建立并能由用户进行修改的坐标系，因此其原点位置和坐标轴方向由用户决定，而不是固定不变的。这类坐标系为用户提供一种局部的参考基准，在有些情况下，使用用户坐标系比使用世界坐标系更方便。

3. 笛卡儿坐标和极坐标

笛卡儿坐标有 X、Y、Z 三个坐标值，它们表示与坐标原点(0,0,0)或前一点的相对距离和方向。例如，二维坐标(3,5)定义的点，表示该点在 X 轴正向与原点相距 3 个单位、在 Y 轴正向与原点相距 5 个单位，即位于原点(0,0)的右方 3

个单位、上方 5 个单位。坐标(−2,−3)定义的点,表示该点在 X 轴负向 2 个单位、Y 轴负向 3 个单位的位置,即位于原点(0,0)的右方 2 个单位、下方 3 个单位。

极坐标用距离和角度表示,表示一点相对于原点或其前一点的距离和角度。在缺省情况下,角度按逆时针方向为正,按顺时针方向为负。可以在【单位控制】对话框中修改当前图形的角度方向并设置基准角度。例如,在缺省情况下,8<30 定义的点,表示该点距离原点 8 个单位,该点与原点的连线为从 X 轴正向按逆时针方向旋转 30°角的位置。

使用笛卡儿坐标和极坐标输入都可以使用绝对值或相对值。绝对坐标值是相对于原点的坐标值,相对坐标值是相对于前一个输入点的坐标值。相对坐标值在定位一系列已知间隔距离的点时非常有用。为了区别相对坐标与绝对坐标,要在相对坐标前添加“@”符号。例如,@2,−3 所定义的点在上一点右方 2 个单位与下方 3 个单位的位置,@10<75 所定义的点在距离上一点 10 个单位、与 X 轴正向角度为 75°的位置。

[想一想]

对于某一图形用相对坐标值和绝对坐标值画出来,两个图形形状、位置、尺寸会相同吗?

三、模型空间与图纸空间

模型空间与图纸空间是 AutoCAD 提供的两种工作环境。

模型空间主要用于创建设计对象的模型(如房屋模型、飞机模型等)。模型就是用户所画的图形,可以是二维的或三维的,模型空间主要用于绘图。

图纸空间主要用于根据模型空间中的图形创建和设计浮动视口,并将它打印输出,也就是说,图纸空间主要用于在绘图之前设计模型的布局和打印输出。

一个模型空间可以对应于多个图纸空间,每个图纸空间称为一个布局。布局是对应输出图纸的位置,包括安排浮动视口和设置打印设备,各个布局相对独立,因而大大提高了输出图形的效率。

浮动视口是一个只能在图纸空间中创建的矩形对象,用于显示视图。在同一个布局中可以创建和设计多个浮动视口,每个浮动视口作为一个对象,可以进行移动、复制和改变比例等编辑,以便建立合理的布局。每个视口的视图可以独立编辑,画成不同的比例、绘出不同的标注和解释。

在 AutoCAD 2007 中,模型空间与图纸空间分别用【模型】选项卡和【布局】选项卡来表示,单击选项卡即可进入相应的空间,也可以用状态栏的【模型】/【图纸】按钮进行选择。AutoCAD 默认状态为模型空间。

四、图层

图层可以理解为一种没有厚度的透明图片,在绘制复杂的图形时,通常把不同的内容分开布置在不同的图层上,而完整的图形则是各图层的叠加。

AutoCAD 对图层的数量没有限制,原则上在一幅图中可以建立任意多个层。各层的图形既彼此独立,又相互联系。用户既可以对整幅图形进行整体处理,又可以对某一层上的图形进行单独操作。每一图层可以有自己不同的线型、颜色和状态,对某一类对象进行操作时,可以关闭、冻结或锁住一些不相关的内

[问一问]

使用图层时,关闭图层和冻结图层有什么区别?

容，从而使图面清晰，操作方便。同时，各个图层都应该具有相同的坐标系、相同的绘图界限和缩放比例，各图层间应是严格对齐的。

每一图层都有一个层名。0 层是 AutoCAD 自己定义的，系统启动后自动进入的就是 0 层。其余的图层要由用户根据需要自己建立，层名也是用户自己给定。用户不能修改 0 层的层名，也不能删除该层，但可以重新设置它的颜色和线型。缺省颜色为白色，缺省线型为连续实线。另外，正在工作的层为当前层，用户可以将已建立的任意层设置为当前层。

图层可以根据需要被设置为打开或关闭。只有打开的图层才能被显示和输出。关闭的图层虽然仍是图形的一部分，但却不能显示和输出，也不能被编辑。

图层可以被冻结或解冻。冻结了的图层除了不能被显示、编辑和输出外，也不能参加重新生成运算。在复杂图形中解冻不需要的层，可以大大加快系统重新生成图形的速度。

图层可以被锁定或解锁。锁定了的图层仍然可见，但不能对其实体进行编辑。给图层加锁可以保证实体不被选中和修改。

图层可以设置成可打印的或不可打印的。关闭了打印设置的图层即使是可见的，也不能打印输出。

以上各图层特性可以在【图形特性管理器】对话框中进行设置。

五、块

有些图纸中常常包含一些形状相同或相似的图形，如果将这些图形定义成块，则可以避免相同或相似图形的重复绘制，提高设计效率。所谓块(block)就是由一组图形对象组成的一个图形整体，并被赋予一个块名。用户可以在图形中插入、缩放和旋转块，将块进行分解、修改和重新定义。

在工程绘图过程中，有些图形和符号需要经常反复使用，用户可以把它们定义成块，存储起来，以供随时调用。

系统把块作为一个实体来处理，点取块内的任何一个对象就选中了整个块，从而可以整体地对块进行移动、旋转、删除等操作。

从表面上看，块的作用与图形复制的作用类似，但两者具有本质的区别。与图形复制相比，块具有以下优点：

(1)可以生成相似的图形

块在插入时可按不同比例插入，可得到形状相同或相似的图形。

(2)可用来建立图形库

块不仅可以存储在图纸文件内，而且还能以独立的文件存放在磁盘上，该文件可以被不同的图纸文件读入，因而可实现块的共享。利用这种特性，用户可以将经常使用的图形和符号定义成块，以建立自己的图形库。

(3)可方便图形的修改

工程图纸经常需要修改，有时使用块修改起来特别方便。例如，如果一幢房屋的图纸已经画好，临时需要更换所有的窗户，若一个一个地修改要花费很多时间，而如果窗户的图是插入的块，则只需要对块重新定义，其所有相关部分便自动修改。

(4)可节省图形存储空间

复制图形实际上是对图形数据进行相同的拷贝，图形复制一次，数据量增加一倍。但是，如果把图中这些相同的图形对象定义为块后，则在图形文件中，对于块中所有的图形对象只要定义一次，对块的每次插入，AutoCAD 仅需要记录其块名、插入位置信息即可，从而大大缩小了图形文件的大小。

(5)可以定属性

块除了包括图形信息外，还可以包括非图形信息，这些非图形信息称为块的属性。加入了属性的块更能详细反映出块的特性信息，并且在插入块时，不但能灵活调整块的插入点及图形的比例和转角等，还可以输入不同的属性信息，更方便于画图。

第二节 AutoCAD 的工作过程

一、启动 AutoCAD

在 Windows 环境下，如果桌面上已建立 AutoCAD 2007 的快捷方式，则双击其图标，即可启动 AutoCAD 2007。或在 Windows 环境下选择【开始】\【程序】\【Autodesk】\【AutoCAD 2007 - Simplified chinese】\【AutoCAD 2007】命令，若参数 startup 值为 0，即可进入 AutoCAD 2007 的用户界面，系统即进入了绘图状态。

若参数 startup 值为 1，即会出现【启动】对话框，如图 1-4 所示。

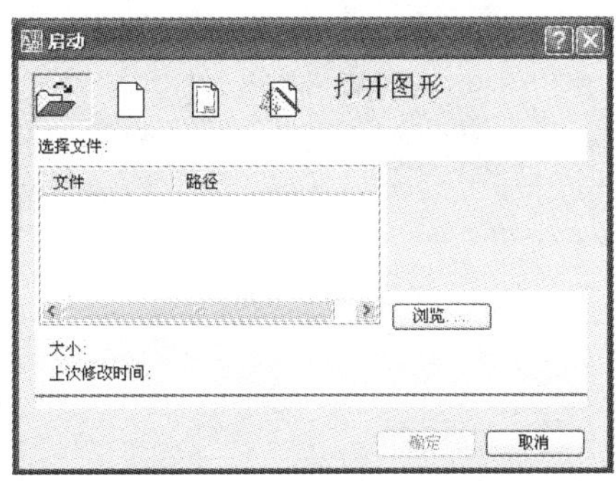

图 1-4 【启动】对话框

在【启动】对话框顶部有 4 个按钮选项，左起第一个按钮是打开已有的图形，后面三个用于创建新的图形文件。

左起第二个按钮为从头开始创建图形(如图 1-5 所示)。【默认设置】组合框中有【英制】和【公制】两个选项，选择其中之一(一般选择【公制】)，然后单击【确定】按钮，系统即进入了绘图状态。

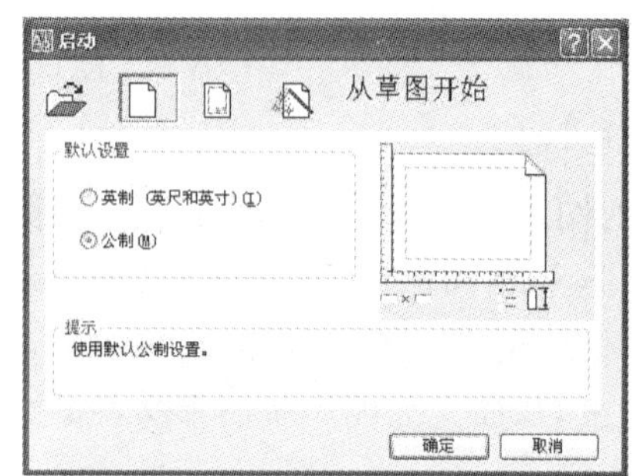

图 1-5 【启动】对话框中的【从草图开始】选项

左起第三个按钮为【使用样板】选项，用于基于一个样板文件开始画新图。样板文件是将绘图时要用到的一些设置，预先用文件格式保存起来的图形文件。AutoCAD 为用户提供了一批样板文件以适应各种绘图需要，这些样板文件存放在 TEMPLATE 子目录中。用户也可以创建自己的样板文件，还可以使用一般的图形文件为样板开始绘制新图。

左起第四个按钮为【使用向导】选项，是利用向导创建新图。选择该选项后，再在【选择向导】列表框中的【高级设置】和【快速设置】中选择一个，并单击【确定】按钮。如果选择【高级设置】，将弹出如图 1-6 所示的【高级设置】对话框，让用户设置新图形的单位、角度、角度测量、角度方向和区域等。设置完成后，AutoCAD 自动将这些设置传递给新图形。

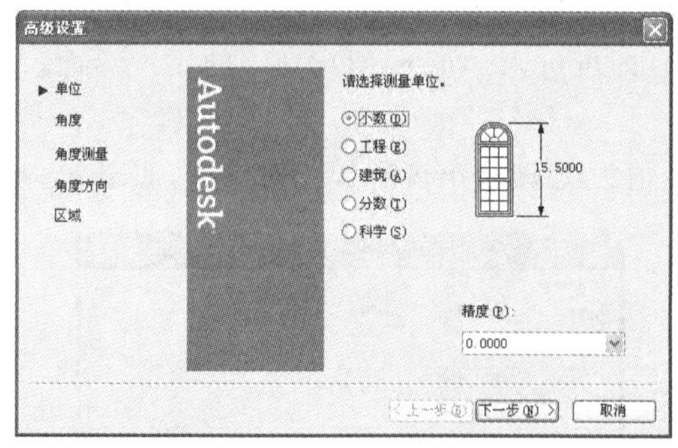

图 1-6 【高级设置】对话框

二、创建新的图形文件

进入 AutoCAD 以后，若要重新开始绘制新图，用户可以通过下拉菜单选择【文件】\【新建】或直接单击工具栏上的□图标。

若参数 startup 值为 0，在 AutoCAD 2007 用户界面的屏幕中央出现如图 1-7 所示【选择样板】对话框，选择合适的样板打开。

若参数 startup 值为 1(可在命令行键入 startup 更改参数值)，即会出现与【启动】对话框类似的【创建新图形】对话框，它们创建新图形部分的形式和作用完全相同。

图 1-7 【选择样板】对话框

三、打开已有的图形文件

用户可以通过下拉菜单选择【文件】\【打开】，或者直接单击【标准】工具栏上或【启动】启动对话框上的图标，即显示【选择文件】对话框。选择需要打开的图形文件，选择适当的方式打开，如图 1-8 所示。

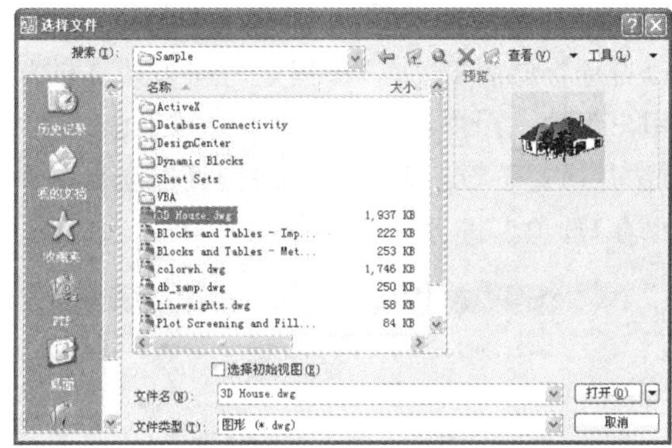

图 1-8 【选择文件】对话框

若在【打开】下拉菜单中选择【局部打开】，即出现如图 1-9 所示的【局部打开】对话框。上面列出了这幅图中所有的层，用户可以选择加载图层。

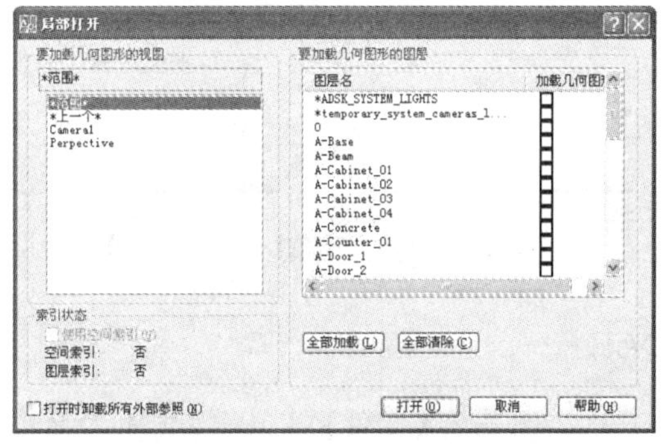

图 1-9 【局部打开】对话框

四、保存文件

用户可以通过下拉菜单选择【文件】\【保存】或单击工具栏上的图标，也可以使用快捷键 Ctrl+S 或者输入命令 SAVE 等方式保存文件。如果是第一次存储该图形文件，则弹出如图 1-10 所示的【图形另存为】对话框，用户可以将文件自己命名并保存在想要保存的地方。

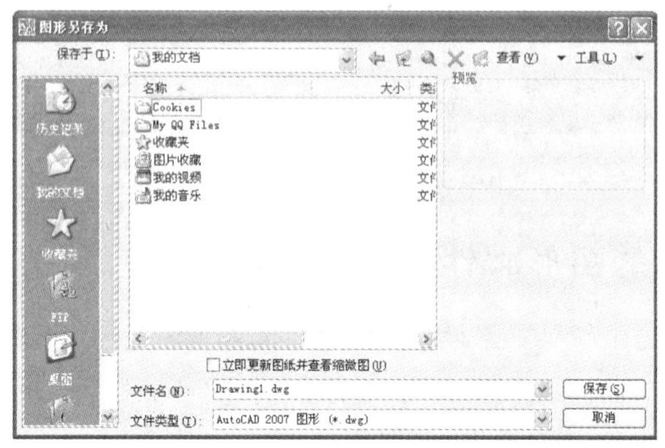

图 1-10 【图形另存为】对话框

[想一想]

如果临时突然停电，自动存储图形功能会给你带来什么好处？

另外，系统可以自动存储图形，每隔一固定时间由计算机自动执行一次快速存储命令，而无需用户干预。用户可根据需要选择或取消这项功能，并调节存储时间间隔。设置方法是通过下拉菜单选择【工具】\【选项】，在弹出的【选项】对话框中选择【打开和保存】选项卡进行设置，如图 1-11 所示。

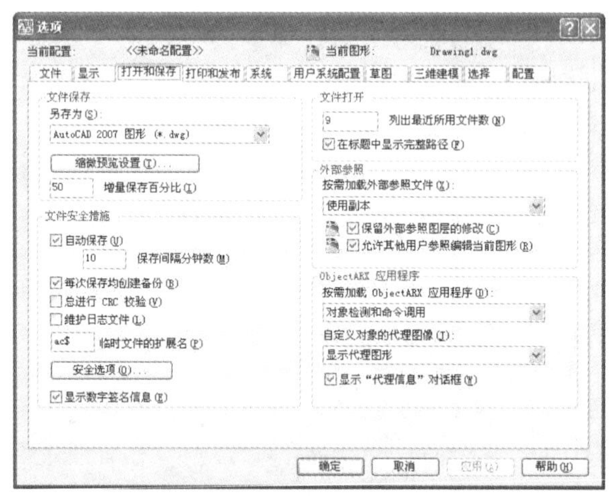

图 1-11 【选项】对话框中的【打开和保存】选项卡

五、退出 AutoCAD

用户可以通过下拉菜单选择【文件】\【退出】或输入命令 QUIT 即可退出 AutoCAD 系统，退出之前如果未曾存盘，系统会询问用户是否将修改保存。

第三节　命令的输入设备及输入方法

一、命令输入设备

AutoCAD 支持的输入设备有键盘、鼠标和数字化仪等。其中键盘和鼠标最常用，一般的计算机均配置有这两种设备。

1. 键盘

键盘主要用于命令行输入，尤其是在输入选项或数据时，一般只有通过键盘输入。键盘在输入命令、选项或数据时，命令中字母的大小是等效的，一条命令敲完后必须敲回车键，命令才能被执行。一般情况下，空格键等效于回车键。

2. 鼠标

鼠标用于控制光标的移动。在菜单输入和工具栏输入时，只需用鼠标点击即可执行。鼠标的左键主要用于拾取，用于击取菜单、选择对象和定位点等，使用频率最高。单击鼠标的右键可以弹出相应的快捷菜单或相当于回车键，用户可以通过下拉菜单选择【工具】\【选项】，打开【选项】对话框在【用户系统配置】选项卡中单击【自定义右键单击】按钮，弹出如图 1－12 所示的【自定义右键单击】对话框。

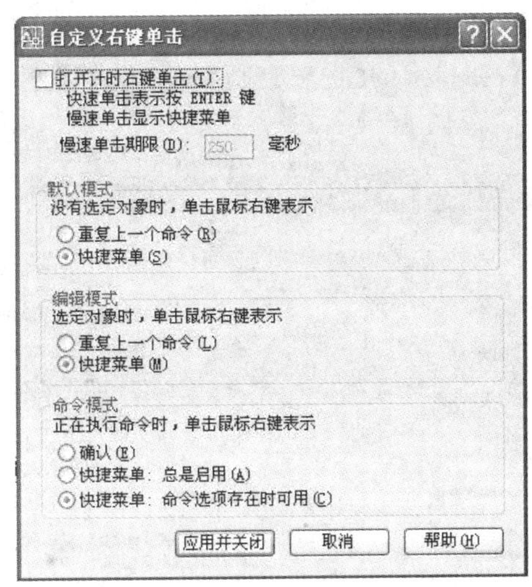

图 1－12　【自定义右键单击】对话框

二、命令输入方法

[问一问]

键入命令名、使用下拉菜单、使用工具栏、使用屏幕菜单四种命令输入方法，哪一种更方便、哪一种更快捷？

用户可以通过键入命令名、使用下拉菜单、使用工具栏或使用屏幕菜单等方法输入 AutoCAD 命令。

1. 键入命令名

AutoCAD 的每一条命令都具有唯一的、彼此不相同的名称，称为命令名。命令名由英文字母组成，为了反映命令功能，命令名尽量采用相应的英语单词表示，以方便用户记忆和掌握。如 LINE 表示画直线，CIRCLE 表示画圆等。为了提高命令的输入速度，AutoCAD 给一些命令规定了别名，如 LINE 命令的别名为 L，CIRCLE 命令的别名为 C 等，键入命令时敲入别名等效于敲入了命令名的全称。

[想一想]

命令别名可不可以修改？应该如何修改？

当命令窗口出现"命令："提示时，用键盘输入命令名后回车就能执行命令。这种输入方法是最一般的方法，AutoCAD 的所有命令都可用该方法输入，但它要求用户记住命令名，对初学者来讲比较困难。

2. 使用下拉菜单

下拉菜单包括了 AutoCAD 的一些常用命令，命令按功能分类放置，并常驻于屏幕，它不需要用户记住命令名，使用非常方便。这是命令输入最直接、最常用的一种方法。

3. 使用工具栏

工具栏上的图标菜单包括了 AutoCAD 的绝大部分命令，单击图标即可执行。用户可以根据需要通过右键单击任何工具栏，系统弹出快捷菜单，从中可以选择打开或关闭某一工具栏，如图 1-3 所示。这种命令输入方法方便、快捷，但需要将待用的工具栏调出。

4. 使用屏幕菜单

屏幕菜单基本上类似菜单栏，包含一系列的命令和选项，可以通过鼠标选取命令来执行相应的操作。一般情况下，屏幕菜单不常用。用户可以通过下拉菜单选择【工具】\【选项】，在弹出的【选项】对话框中选择【显示】选项卡，对显示屏幕菜单进行设置，如图 1-13 所示。

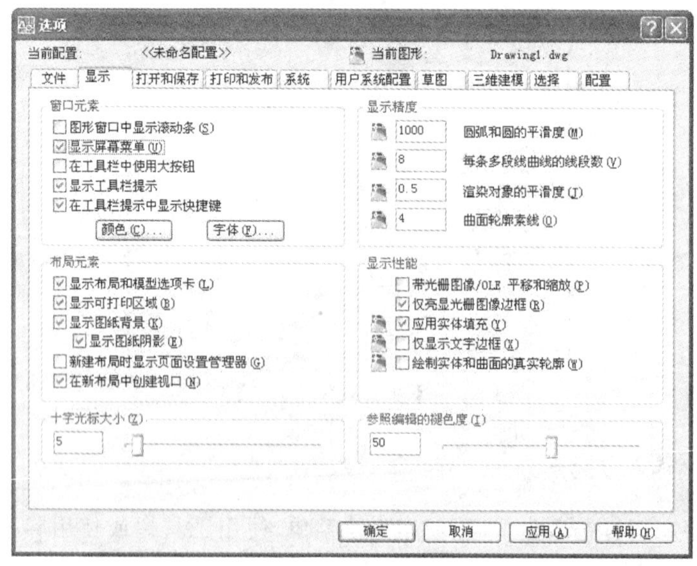

图 1-13 【选项】对话框中的【显示】选项卡

上面介绍的四种方法是命令输入的一般方法，此外，对于重新执行刚刚完成的命令，可以键入回车键或空格键，即可重复执行上一个命令。也可以利用功能键 F 1～F 11来设置某些状态。

有些命令可以透明地执行，即可在别的命令的操作过程中插进去同时执行，这样的命令叫透明命令。常见的 HELP、ZOOM、PAN、COLOR、LAYER、LIMITS 等命令都是透明命令。透明命令用键盘输入时要在命令前键入一个单引号，如'ZOOM。透明命令也可以使用鼠标点取菜单输入，这时不必键入另外的符号。

为了叙述简单起见，本书采用如下简化形式：(1)使用下拉菜单输入时，例如"【绘图】\【圆弧】\【三点】"表示通过菜单栏选择【绘图】菜单，然后在【绘图】菜单中选择【圆弧】子菜单，再在【圆弧】子菜单中选择【三点】选项。有时因不是特指某个选项，子菜单中的选项也省略不写。(2)使用命令行输入时，例如"命令：LINE"表示通过命令行输入 LINE 命令。(3)使用工具栏输入时，例如"【绘图】工具栏："表示选择【绘图】工具栏上的选项按钮。

第四节　绘图环境设置

AutoCAD 在启动进入系统和创建新的图形文件时可以通过【使用向导】对新的图形进行一些设置。进入系统后，也可以修改图形的各项设置，例如图形单位、图形界限、图层、颜色、线型等。这里先介绍图形单位和图形界限的设置，其他各项设置在后面陆续介绍。

一、图形单位的设置

用 AutoCAD 绘制的图形对象都是根据图形单位来度量的。绘图单位是一个抽象的长度单位，一个图形单位可能代表 1mm，也有可能代表 1 英寸(25.4mm)或其他任何尺寸。通常用户在绘图时可以将图形单位视作被绘制对象的实际单位，绘制好图形后，就可以按一定的比例来输出图形。

[想一想]
绘制计算机图形的尺寸与实际物体的尺寸是否一样？

用户可以使用 UNITS 命令或通过下拉菜单【格式】\【单位】，对图形单位进行设置。命令执行后，系统将弹出【图形单位】对话框，如图 1－14 所示。

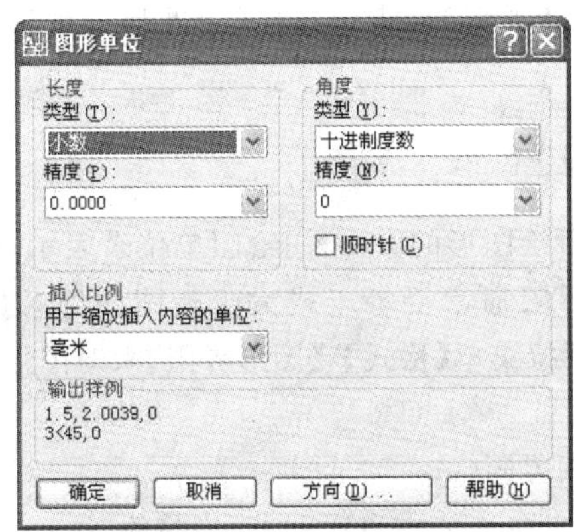

图 1－14　【图形单位】对话框

在【长度】组合框中的【类型】用于设置测量单位的当前格式,【精度】用于设置当前单位格式的测量精度。【类型】列表框内有【分数】(00/0)、【工程】(0′－0.0000″)、【建筑】(0′－0/0″)、【科学】(0.0000E＋1)、【小数】(0.0000)五种测量单位供选择。

在【角度】组合框中的【类型】用于设置当前角度格式,【精度】用于设置当前单位格式的测量精度。【类型】列表框内有【百分度】(0.0000g)、【度/分/秒】(0d00′00″)、【弧度】(0.0000r)、【勘测单位】(N0d00′00″E)、【十进制度数】(0.0000),其中 g 表示梯度,d 表示度、′表示分、″表示秒、r 表示弧度,N/S 表示北/南,E/W 表示偏东/偏西。【顺时针】选中表示以顺时针方向角度为正,缺省以逆时针方向角度为正。

【插入比例】控制使用工具选项板拖入当前图形的块的测量单位,如果块或图形创建时使用的单位与该选项指定的单位不同,则在插入这些块或图形时,将对其按比例缩放。插入比例是源块或图形使用的单位与目标图形使用的单位之比。如果插入块时不按指定单位缩放,请选择"无单位"。【输出样例】显示一个当前单位和角度设置下的输出样例。【方向】用于控制基准角度的方向,按此按钮将弹出【方向控制】对话框,如图 1－15 所示,用户可以选定测量的基准角度。

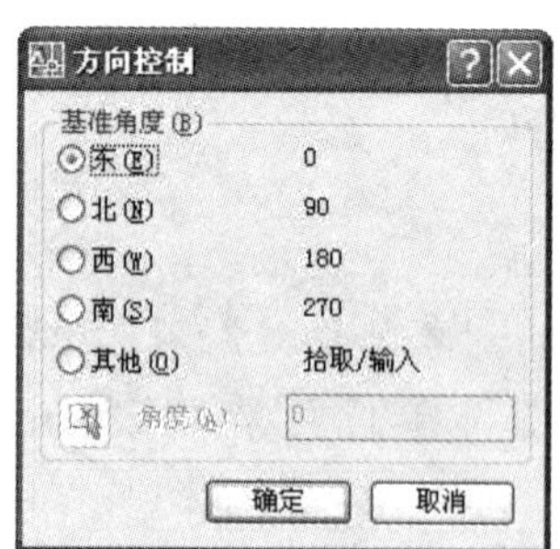

图 1－15 【方向控制】对话框

对于我国大多数用户,通常情况下在【长度】组合框的【类型】列表中选择【小数】,在【角度】组合框的【类型】列表中选择【十进制度数】,其他选项根据实际情况而定。

二、图形界限的设置

[问一问]

Limits 的作用是什么?

图形界限决定了所绘图形的大小,用绘图单位来表示,通过左下角与右上角的坐标来定义。图形界限通常要等于或大于整图的绝对尺寸。用户可以使用 LIMITS 命令或通过下拉菜单【格式】\【图形界限】来对图形界限进行设置。

命令:LIMITS ↙

重新设置模型空间界限:

指定左下角点或[开(ON)/关(OFF)]＜当前值＞:

可以通过指定左下角点和右上角点来设置图形界限。选项 ON 表示打开界限检查,当打开界限检查时,AutoCAD 将会拒绝输入图形界限外部的点。选项 OFF 表示关闭界限检查,关闭后,对于超出界限的点依然可以画出。

本章思考与实训

1. 简述 AutoCAD 的用户界面一般有哪几部分组成。
2. 简述 AutoCAD 的命令输入方法。
3. 简述笛卡儿坐标和极坐标的输入方法。
4. 简述相对坐标与绝对坐标的区别。

第二章 对象特性的设置

【内容要点】

1. 特性工具栏的使用；
2. 样式工具栏的使用；
3. 图层工具栏的使用；
4. 特性选项板的使用。

【知识链接】

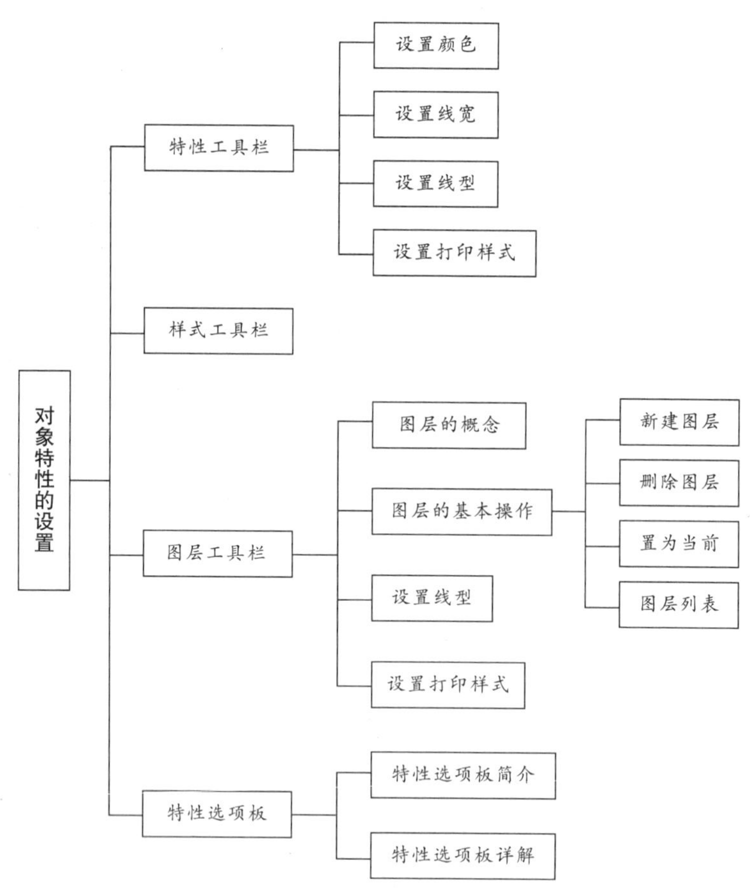

第一节　特性工具栏的使用

为了方便用户在绘图时的操作，AutoCAD 提供了“特性”工具栏，图 2－1 为该工具栏的示意图，利用特性工具栏可以迅速改变或查看被选中的对象的颜色、线型和线宽，特性工具栏由 3 个下拉列表组成(只需要点击每个列表边上的按钮，即可打开下拉列表)，从左到右依次为“颜色”下拉列表、“线型”下拉列表、“线宽”下拉列表。

图 2－1　特性工具栏

用户在选定需要改变特性的图形对象后，在下拉列表里选择合适的颜色、线型或者线宽，就可以将选定的对象特性应用于图形对象。

下面，我们就来分别讨论一下颜色、线型和线宽等。

一、颜色的设置

图形中的每一个元素均具有自己的颜色，通过“颜色”下拉列表，用户可以根据需要设置当前颜色(即新建图形对象将要使用的颜色)。当用户需要改变选择对象的颜色时，只需要选中该对象，AutoCAD 将该对象的图形显示在列表框中，此时点击“颜色”下拉列表边上按钮打开“颜色”下拉列表，在列表框中选择其他颜色即可改变该图形颜色。如果选择多个具有不同颜色的对象，列表框中将不显示特定颜色，此时选择一个颜色，可以将所选择的全部对象设置为该颜色。

在 AutoCAD 中，每个颜色都有自己对应的颜色号码，并且将前 7 个颜色号设为标准颜色，从 1～7 号分别对应的颜色为红、黄、绿、青、蓝、紫、白和黑。当用户第一次打开 AutoCAD 时，在没有任何设置的情况下，“颜色”下拉列表中只有颜色号码为 1～7 号的这几个颜色，在颜色前面还有 ByLayer(随层)和 ByBlock(随块)两个选择项供我们选择，如果某一图形对象的颜色为“ByLayer(随层)”，那么该图形对象的颜色将取其所属的层的颜色；如果某一图形对象的颜色为“ByBlock(随块)”，那么该图形对象的颜色将取其所属块插入到图形中时的颜色。用户如果不满意列表中提供的这几个选项，可以选择“选择颜色”命令，即可弹出“选择颜色”对话框(见图 2－2)设置颜色。此对话框上方分别有 3 个按钮：“索引颜色”、“真彩色”、“配色系统”，只需分别点击，即可在三个选项卡中切换。

下面我们分别讨论一下这三个选项卡。

1.“索引颜色”选项卡

如图 2－2 所示，“索引颜色”选项卡中的各选项的含义如下：

(1)颜色

此区域显示在对话框的最底端，如图 2－3 所示，“索引颜色”选项卡中已经有

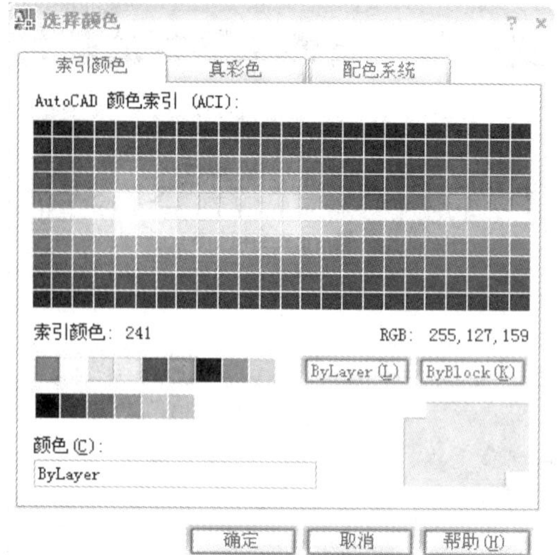

图 2－2 “选择颜色”对话框

255 种颜色供我们选择，我们只需要点取我们需要的颜色即可，前面我们提过，AutoCAD 中给每种颜色定了一个颜色号码，如果我们有特定的颜色号码，只需在“颜色”文本框中(见图 2－3)输入颜色号码，就可以显示出此号码对应的颜色。

在对话框的右下方，有两个正方形的颜色块，如 所示，前面一个正方形的颜色块所显示的颜色指的是现在选择的颜色，而后面一个正方形的颜色块所显示的颜色则是指选定对象原本的颜色，此功能可以供我们选择前后的对比所用。

图 2－3 “颜色”文本框

(2)标准颜色

允许用户为新对象选择标准系列的颜色。此调色板包含标准颜色 1～9，如果选择了一种标准颜色，此颜色的名称和编号将作为当前颜色显示在“颜色”下拉列表中，也可以在“颜色”文本框中输入颜色编号选择颜色 1～9。

其中，7 号颜色相对于黑色的背景显示白色，相对于白色的背景显示黑色(仅该色例外，其他色不论背景为何种颜色，颜色不变)。

(3)灰度

允许用户为新对象选择灰度，灰度是编号为 250～255 号的颜色，用户可以通过在“颜色”文本框中输入颜色编号来选择灰度。

(4)逻辑颜色

允许用户以逻辑方式指定一种颜色，所谓逻辑指定就是设定此颜色的值依赖于对象所在图层的颜色，或者依赖于对象所属块的颜色。

① 随层 ByLayer：指定新对象采用创建该对象时所在图层的指定颜色。

② 随块 ByBlock：指定新对象的颜色为 AutoCAD 的默认颜色(可以是白色或黑色，取决于背景颜色设置)，直到将对象编组到块并插入块。在图形中插入块时，块内的对象立即继承当前的“颜色”设置。有关图块的知识，在别的章节中

将做详细讲解，这里就不再深入讲解了。

(5)全色调色板

全色调色板显示除标准颜色和灰度以外的可用颜色(颜色编号为10～249)，全色调色板中显示的颜色编号取决于显示设备(显示器、图形加速卡等)的可用颜色编号。

设置完毕单击“确定”按钮 确定 退出对话框即可。

2. 真彩色

当“索引颜色”列表中的颜色还不能满足我们的需要时，我们可以切换到“真彩色”选项卡，在“真彩色”选项卡中，我们可以在RGB和HSL两种模式下选择颜色，如图2-4所示。使用这两种模式确定颜色都需要3个参数，具体参数的含义请参阅有关图像设计的书籍。

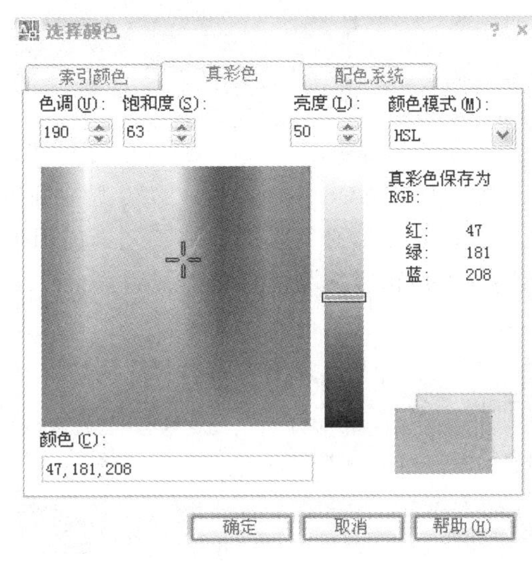

图2-4 使用“真彩色”设置颜色

3. 配色系统

在“配色系统”选项卡中，用户可以从系统提供的颜色表中选择一个标准表，然后从色带滑块中选择所需要的颜色。如图2-5所示。

当利用了这几种方法选择了颜色，那么被选择的其他颜色就会记录在“颜色”下拉列表中，方便我们重复选择。

二、线型的设置

“线型”下拉列表框可以设置当前线型(即新创建的图形对象将要使用的线型)、查看和改变对象的线型。

因为图形对象的性质不同，所需要的线型也不一样，于是AutoCAD根据需要，提供了多种线型供我们选择，这些线型都存放在“acad. lin”和“acadiso. lin”文件中。

[想一想]

线型与线宽是不是同一个概念？有什么关系？

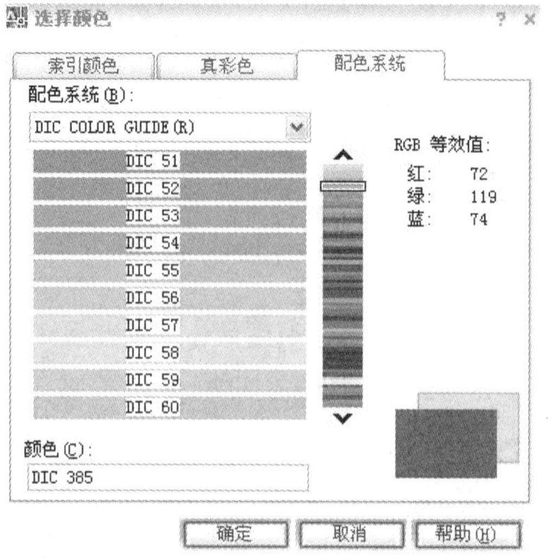

图 2-5　使用“配色系统”设置颜色

1. 加载线型

在没有线型的任何操作时，AutoCAD 默认的线型为细实线(Continuous)，如果我们要改变成另一种线型时，必须先把它装载到当前图形文件中，装载线型在“线型管理器”对话框中进行。“线型管理器”对话框如图 2-6 所示，可使用下列方法打开：

(1)打开菜单栏中的“格式”下拉菜单中，找到“线型(N)…”选项；

(2)在“特性”工具栏中的“线型”下拉菜单中，单击“其他”命令；

(3)在命令行输入“linetype”并回车。

图 2-6　“线型管理器”对话框

打开“线型管理器”对话框，在这里可以完成设置线型的各种操作。主要包括以下内容：

(1)当前线型：当前使用的线型设置。

(2)线型列表：满足线型过滤器的线型列表。

① 线型：显示已加载线型的名称，单击此按钮，则对所有线型进行排序。

② 外观：显示线型的形状。

③ 说明：对线型的特性进行说明。

(3)“加载”按钮：如果当前图形所加载的线型中没有需要的线型，可以单击“加载”按钮，从线型库中加载所需的线型。

(4)“删除”按钮：选定图形中不再需要的线型，然后单击“删除”按钮即可将其从线型库中删除。

(5)“当前”按钮：选择要置为当前的线型，然后单击“当前”按钮，则以后绘制对象均使用此线型。

(6)“显示细节”按钮：单击“显示细节”按钮，AutoCAD 将在“线型过滤器”对话框中列出线型具体特性。

(7)线型过滤器：设置过滤条件以确定在线型列表中显示哪些线型，各选项含义如下：

① 显示所有线型：显示当前已经加载的线型。

② 显示所有使用的线型：显示当前文件使用的线型。

③ 显示所有依赖于外部参照的线型：外部参照是 AutoCAD 中一个高级操作的概念，简单地说就是一种关联，AutoCAD 能将图形以块参照插入当前文件，它存储在图形中，但不随原始图形的改变而更新；能将图形作为外部参照附着，将该参照图形连接至当前图形。打开外部参照时，对参照图形所作的任何更改都会显示在当前图形中。初级用户不必理会。

(8)反向过滤器：这个复选框的作用是根据与选定的过滤条件相反的条件显示线型。选中此对话框的话，符合反向过滤条件的线型才能显示在线型列表中。

AutoCAD 提供了两种特殊的逻辑线型，即 ByLayer 和 ByBlock。如果某一图形对象的线型为 ByLayer，那么该图形对象的线型将取其所属层的线型。如果某一图形对象的线型为 ByBlock，那么该图形对象的线型将取其所属块插入到图形中时的线型。逻辑线型 ByBlock 主要用于块定义中的图形对象。

加载新线型就是加载线型库文件中已定义的线型，其具体的操作步骤如下：

(1)单击对话框右上方的加载按钮 加载(L)... ，弹出“加载或重载线型”，如图 2-7。

在“加载或重载线型”对话框中，会显示 AutoCAD 中所包含的所有线型。其各选项含义如下：

① 文件 文件(F)... acad.lin ：显示当前的线型库文件名。当这些线型还不够选择的时候，可以使用文件按钮，文件按钮允许我们选择不同的线型库文件(扩展名为 *.lin)。AutoCAD 提供了两个线型库文件 acad.lin 和 acadiso.lin

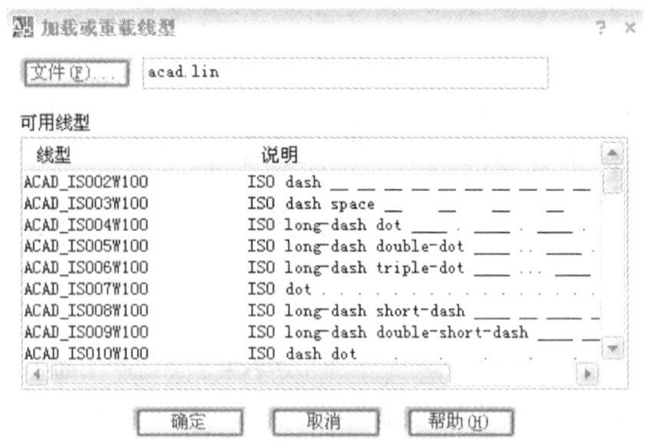

图 2-7 “加载或重载线型”对话框

供我们选择，当然，我们还可以选择自定义的线型。

② 可用线型：显示可以加载的线型。

（2）在“加载或重载线型”对话框中的“可用线型”列表中选择所要加载的线型，单击线型名，再单击确定按钮 确定 ，这样在“线型管理器”对话框中就能看到刚才所选择的线型已经被加载。如果要选定或清除列表中的全部线型，单击鼠标右键从弹出的快捷菜单中选择“选择全部”或“清除全部”选项。

（3）单击“线型管理器”对话框中的确定按钮 确定 ，关闭“线型管理器”对话框，结束装载线型的操作。

当你加载了多余的线型时，这时就可以利用“线型管理器”对话框中的删除线型按钮 删除 ，删除线型就是指从线型列表中将选中的线型删除。已删除的线型定义仍存储在 acad. lin 或 acadiso. lin 两个文件中，需要的时候就可以对其进行重新加载。删除线型首先要选择线型，否则就会弹出如图 2-8 所示的对话框。

AutoCAD 规定，只能删除未参照的线型。AutoCAD 默认的参照线型包括 ByLayer、ByBlock 和 Continuous，删除这些线型时会打开如图 2-9 所示的错误警告对话框。已使用过的线型也不可删除，否则也会弹出如图 2-9 所示的错误警告对话框。

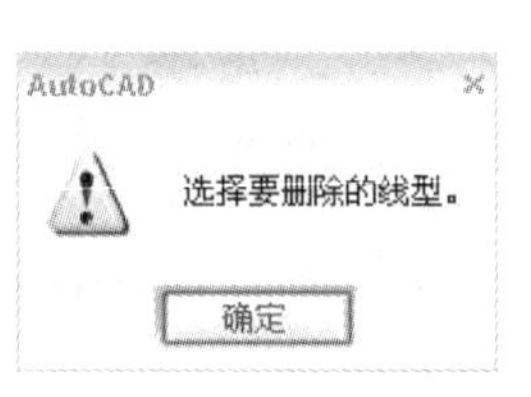

图 2-8 未选择线型的提示对话框

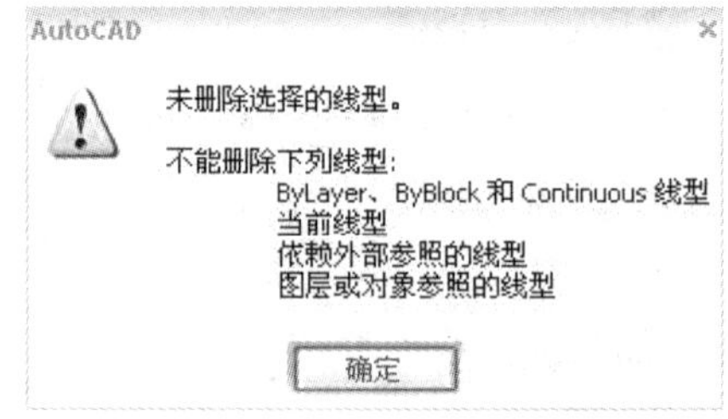

图 2-9 错误删除线型的提示对话框

2. 设置线型

进行了线型加载的操作后，并非就是将刚刚选择的线型设置为当前线型，只是已经将其选为“备用”线型了，如果想使用已经加载的线型，还要将其设置为当前线型。

装入线型后，可在“线宽”下拉列表中将其赋予某个对象，只需要选定要改变线型的对象，打开“线宽”下拉列表，选择自己所需要的线型即可。

3. 线型比例

AutoCAD 线型由一系列的短线和空格组成。当绘制所选择线型时，未能显示虚线，这时我们可以在“线型管理器”对话框中改变更改线型的短线和空格的相对比例，比例因子调大，虚线间的间隙就大，反之间隙就密。线型比例的默认值为 1。

通常，线型比例应和绘图比例相协调。如果绘图比例为 1∶10，则线型比例应设为 10。我们可以通过下列任何一种方法来设置线型比例：

(1)单击“线型管理器”对话框右上方的显示细节按钮 显示细节(D)，这时可以查看当前线型细节参数，使“线型管理器”对话框如图 2-10 所示。

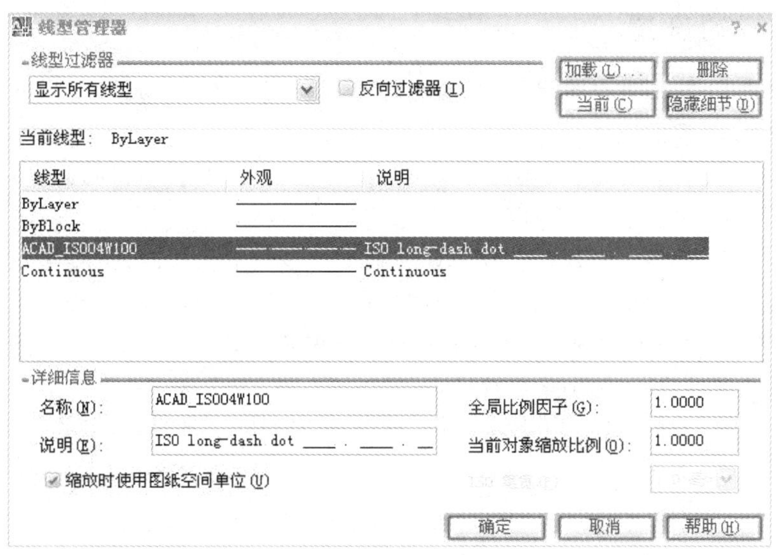

图 2-10 利用“线型管理器”对话框设置线型比例

“线型管理器”对话框各选项的含义如下：

① 名称：显示选定线型的名称，该名称是可以编辑的，可以按照用户习惯定制。AutoCAD 规定线型名称最多可包含 255 个字符，可包含字母、数字、空格和部分特殊字符。

② 全局比例因子：显示用于所有线型的全局比例因子。

③ 当前对象缩放比例：设置新建对象的线型比例。

④ 缩放时使用图纸空间单位：选择是否按相同的比例在图纸空间和模型空间缩放线型。

⑤ ISO 笔宽：将线型比例设置为标准 ISO 值列表中的一个，最终的比例是全局比例因子与该对象比例因子的乘积。

我们可以通过改变“全局比例因子”对话框中的线型比例值来改变线型比例。

(2)在命令行中输入“Ltscale”并回车，出现“输入新线型比例因子＜×××＞：(其中×××表示原先的线型比例)”提示后输入新的线型比例，并按回车键。更改线型比例后，AutoCAD 自动重新生成图形。

这里的设置线型指的是设置所有对象的比例，如果要设置一个对象的比例因子，则可通过“特性”选项板来设置。这在后面的章节中将会讲到，这里就不再阐述了。

4. 线型当前

我们绘制的图形的线型都将被赋予当前线型的特性，我们要使刚刚被加载的线型赋予到我们即将要绘制的图形上，必须将我们刚被加载的线型当前。将某种线型当前的具体操作如下：从线型列表中选择一个线型，单击“当前”按钮 当前(C)，就完成了将一种线型设置为当前线型的操作。

三、线宽的设置

“线宽”下拉列表框可以设置当前线宽(即新创图形对象将要使用的线宽)、查看和改变对象的线宽。

使用线宽特性可以创建粗细(宽度)不一的线，分别用于不同的地方。这样就可以图形化地表示对象和信息。

打开“线宽”下拉列表，AutoCAD 会列出许多线宽供我们选择，除了提供了“ByLayer(随层)”和“ByBlock(随块)”两种逻辑线宽，AutoCAD 还提供了“默认”的线宽选项，用户可在“默认”下拉列表框中设置默认线宽的宽度，另外用户还可以通过“线宽设置”对话框来设置线宽。

在菜单栏中的“格式”下拉菜单中，单击“线宽”按钮，即可启动“线宽设置”对话框(见图 2-11)。

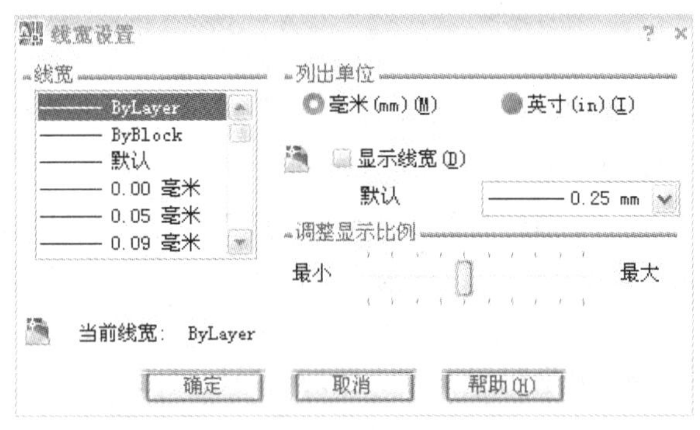

图 2-11 “线宽设置”对话框

在“线宽设置”对话框中的各项的含义如下：

1. 线宽

显示可用的线宽值，这个列表中的线宽值由包括随层线宽(ByLayer)、随块线宽(ByBlock)和默认线宽在内的标准设置组成,默认线宽值由一个叫做LWDEFAULT系统变量设置,其初始值为0.01英寸或0.25mm,所有新图层中的线宽都使用默认设置,值为0.00的线宽用以指定的打印设备上可打印的最细线进行打印,在模型空间中则以一个像素的宽度显示。

[想一想]

修改设置线宽后,计算机屏幕显示线条宽度会不会发生变化?

2. 当前线宽

要设置当前线宽,用户可以从线宽列表中选择一个线宽,然后单击"确定"按钮,可以具体设置"默认"线宽的粗细。选择所需要的线宽,单击"确定"按钮 确定 完成将选定的线宽当前的操作。

3. 列出单位

指定线宽是以毫米显示还是以英寸显示。

(1)毫米:以毫米为单位指定线宽值。

(2)英寸:以英寸为单位指定线宽值。

4."显示线宽"复选框

用于控制线宽设置是否显示在当前图形中。此选项不影响对象打印的方法。如果选中此复选框,则线宽在模型空间和图纸空间中显示。这和状态工具栏上的"线宽"按钮 线宽 作用相同。

5. 默认

下拉列表框用于设置图层的默认线宽数值,单击下拉按钮弹出备选值。初始的默认线宽为0.01英寸或0.25毫米。

6. 调整显示比例

用于控制模型选项卡中线宽的显示比例。在模型试图中,线宽以像素为单位显示,所以显示线宽的像素宽度与打印所用的实际单位数值成比例。如果使用高分辨率的显示器,则可以调整线宽的显示比例,从而更好地显示不同的线宽宽度。

设置完毕,单击"确定"按钮 确定 即可退出设置。

如图2-12所示,显示的是采用默认线型和默认线宽的长方形和圆。图2-13显示的是采用线宽为1.40mm、线型为ACAD_IS004W100、线型比例为5时的长方形和圆。用户观察两种设置不同点的时候,需要单击状态工具栏上的"线宽"按钮 线宽 ,使按钮处于按下状态。

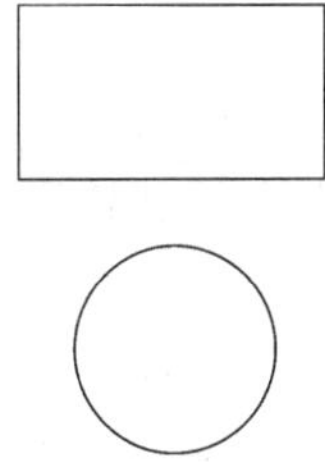

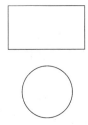

图2-12 默认线宽和线型情形

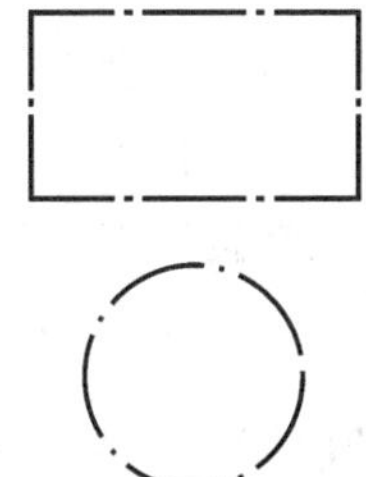

图2-13 设置线宽和线型情形

四、“打印样式”的设置

“打印样式”下拉列表框可以设置当前打印样式(即新创图形对象将要使用的打印样式)、查看和改变对象的打印样式。如果电脑上没有连接到打印设备,则该项为灰色显示不可用。

第二节 样式工具栏的使用

在AutoCAD中,除了我们在传统制图中会见到圆、长方形、直线等基本图形外,还会见到文字、表格和标注等特殊的图形对象。在AutoCAD制图系统中,这三种图形对象是基本相对独立的,所包含的特性比较多,所以把图形对象特性的集合称为一种样式。当使用某一种样式时,这个样式所代表的特性将会反映在所选定的对象上。对于文字来说,有高度、宽度、字体等特性,因此这些特性的集合叫文字样式,同样的也有尺寸样式和表格样式,这些样式的具体创建和设置并不在“样式”工具栏里进行。“样式”工具栏充当的职能其实与“特性”工具栏类似,只不过“特性”工具栏将单一特性作用于图形对象,“样式”工具栏将特性集合,也就是样式作用于特殊的对象。

“样式”工具栏如图2-14所示,从左到右分别由“文字样式”下拉列表、“尺寸样式”下拉列表和“表格样式”下拉列表组成。列表中列出了已经创建好的各种样式供我们选择使用,至于样式的创建方法,在后面的章节中将会讲到,这里就不再阐述了。

图2-14 “样式”工具栏

第三节 图层工具栏的使用

在AutoCAD没有进入中国之前,传统的制图方式都是在图纸上完成的。在AutoCAD中,提出了图层的概念。AutoCAD使用图层来管理和控制复杂的图形,在绘图中,可以将不同种类和用途的图形分别置于不同的图层下,从而实现对相同种类图形的统一管理。

配套图纸是必不可少的。比如,针对同一个楼房,可以分别绘制比例大小一致的线路图、建筑结构图等,如果必要的话,还可以将它们直接重叠描绘,完成一个统一的图纸。

一、图层的概念

一个图层相当于一层“透明纸”,对不同的图形进行分类,同一类图形绘制在同一图层上，不同类的图形绘制在不同的图层上，然后把各个图层重叠起来，从而得到最终复杂的图形。图 2－15 表明了多图层绘图的原理。

AutoCAD 允许建立无限多个图层，我们可以根据需要建立图层，并可以在不同的图层上给每层的组成图形的基本图形对象设置不同的属性和状态，这些属性包括图层的名称、开关状态、冻结状态、锁定状态、颜色、线型、线宽、打印样式和是否打印等。熟练应用图层可大大提高工作效率和图形的清晰度，这在复杂的建筑制图中尤其明显。

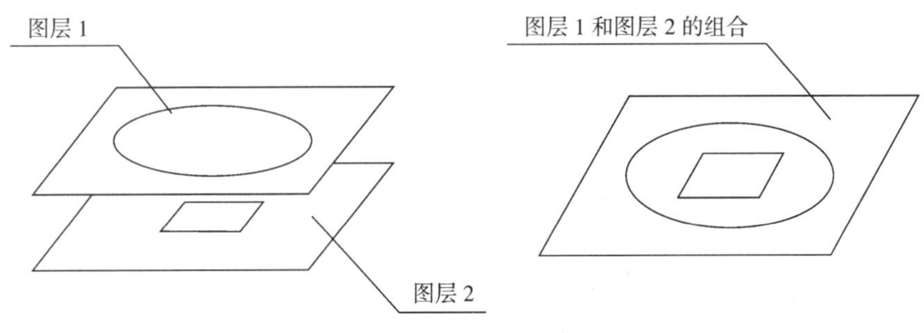

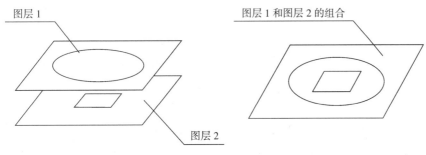

图 2－15　多图层绘图原理

图层具有以下特性：

(1)在一幅图中可以创建任意数量的图层，每一图层上的对象数不受限制。

(2)每一图层都各有一个层名，以便加以区别。0 图层是 AutoCAD 的缺省图层，其余图层需要用户来定义名字。图层名称必须是唯一的，不能和其他任何图层重名。图层名最长可达 255 个字符，可以是数字(0～9)、字母(大小写均可)、中文或其他未被 Microsoft Windows 或 AutoCAD 使用的任何字符。但图层名中不允许含有大于号(>)、小于号(<)、斜杠(/)、反斜杠(\)、引号(“”)、冒号(:)、分号(;)、问号(?)、逗号(,)、等于号(=)、星号(*)等符号。此外，AutoCAD 中的图层名允许包含空格。

(3)绘图操作只能在当前图层上进行。对于有多个图层的图形，在绘制对象之前要通过图层操作命令设置当前层。

(4)各图层具有相同的坐标系、绘图界限、显示时的缩放倍数，对于不同图层上的对象可同时进行编辑操作。

二、图层的基本操作

在 AutoCAD 中，当前正在使用的图层称为当前层。用户只能在当前层中创建新的图形，也就是说，所有的图形都只属于创建该图形时所设立的当前层。有关当前层的名称、线型、颜色和状态等信息均显示在“图层特性管理器”对话框中(见图 2－17)。在这里，我们可以改变所有层的名称、开关状态、冻结状态、锁定状态、颜色、线型、线宽、打印样式和是否打印等信息。

[问一问]

图层的属性包括哪些内容？如何修改图层的属性？

对于图层的所有操作可以在“图层特性管理器”对话框中进行。要启动“图层特性管理器”对话框，可以通过以下几种方法：

(1)点击“图层”工具栏中的“图层特性管理器”按钮，即可弹出“图层特性管理器”对话框(见图 2-16)。

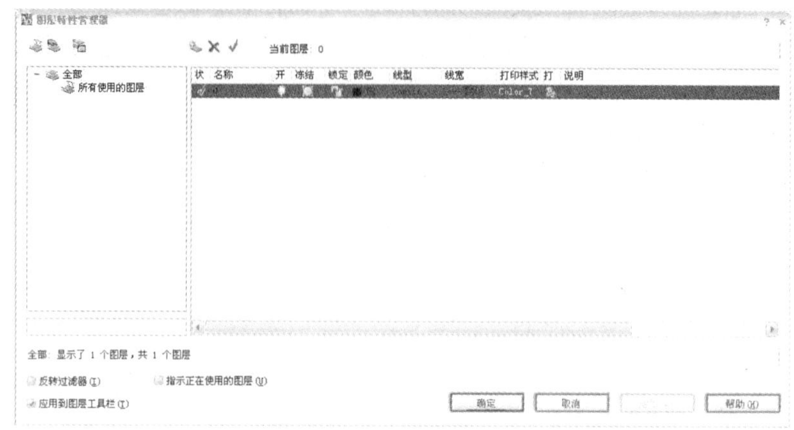

图 2-16 “图层特性管理器”对话框

(2)单击菜单栏的“格式”中的“图层”命令，也可以弹出“图层特性管理器”对话框。

(3)在命令行中输入“Layer”并回车，也可以弹出“图层特性管理器”对话框。

在“图层特性管理器”对话框的上面和下面，AutoCAD 分别为我们提供了两条信息，上面为当前图层的名称，下面为当前图形文件，包括图层总数及本列表框中显示出的图层数目。

介绍完“图层特性管理器”对话框之后，再介绍有关图层的主要操作，包括新建图层、删除图层、置为当前、颜色控制、状态控制、线型控制以及打印状态控制等。

在“图层特性管理器”对话框中，三个按钮最常用。这三个按钮从左到右依次为“新建图层”按钮、“删除图层”按钮、“置为当前”按钮。

(一)新建图层

当用户第一次打开 AutoCAD 时，在没有任何设置的情况下，AutoCAD 默认为“图层 0”这一个图层，默认情况下，图层 0 将被指定编号为 7 的颜色(白色或黑色，具体情况由背景色决定)、“Continuous”连续实线的线型、默认的线宽值(默认设置是 0.01 英寸或 0.25mm)以及打印样式。这时我们就要根据需要随时创建新的图层。操作很简单，其操作方法如下：单击“新建图层”按钮后，默认名称处于可编辑状态，如图 2-17 所示。每个新图层自动添加顺序编号，默认层名是“图层 1”，如果“图层 1”已经存在，则层名为“图层 2”，编号依次增加。当然用户也可以自定义新图层，在输入框中输入图层的名字，如图 2-18 所示。

图 2-17 自动命名新图层

图 2-18 自定义新图层名称

图层取名应有实际意义，并且要简单易记。对于新建的图层，AutoCAD 使用在图层列表框中所选择的图层设置作为新建图层的缺省设置。要使用默认设置创建图层，请不要选择图层列表中的任何一个图层，这时，AutoCAD 将缺省指定该层的颜色编号为 7 的颜色（白色或黑色，具体情况由背景色决定）、Continuous 连续实线的线型、默认的线宽值（默认设置是 0.01 英寸或 0.25mm）以及打印样式。新图层建好后，可以根据需要进行修改。当然可以在创建新图层以前先选择一个具有默认设置的图层。

（二）删除图层

在绘图过程中，当我们多余地创建了图层，或者创建了一个无用的图层时，我们可以通过“图层特性管理器”对话框来删除一些无用的图层，其操作步骤如下：首先选定需要删除的图层，单击“删除图层”按钮 ✕，或直接单击键盘上的 Delete，需要删除的图层名称前将出现标记，如图 2－19 所示为删除“图层 3”和“图层 4”的情形。在确认了需要删除的图层后，单击“应用”按钮“应用(A)”，即可将选定的图层删除，如图 2－20 所示为删除后的效果，图层中不再存在“图层 3”和“图层 4”。当然，如果我们不想删除所选择的图层，只要选择不想删除的图层，再次单击“删除图层”按钮 ✕ 就可以了。

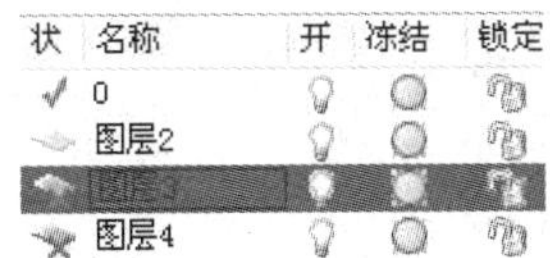

状	名称	开	冻结	锁定
	0			
	图层2			
	图层3			
	图层4			

图 2－19　选择要删除的图层

状	名称	开	冻结	锁定
	0			
	图层2			

图 2－20　删除图层的最终效果

在 AutoCAD 中，我们不能删除当前图层、图层 0、依赖外部参照的图层或包含对象的图层。不包含对象（包括块定义中的对象）的图层、非当前图层和不依赖外部参照的图层都可以用 PURGE 命令删除。

使用 PURGE（快捷键为 PU）命令调出如图 2－21 所示的对话框，可以删除不包含任何对象（包括块定义中的对象）的图层、非当前图层和不依赖外部参照的图层，单击“清理”按钮“清理(P)”即可执行操作。

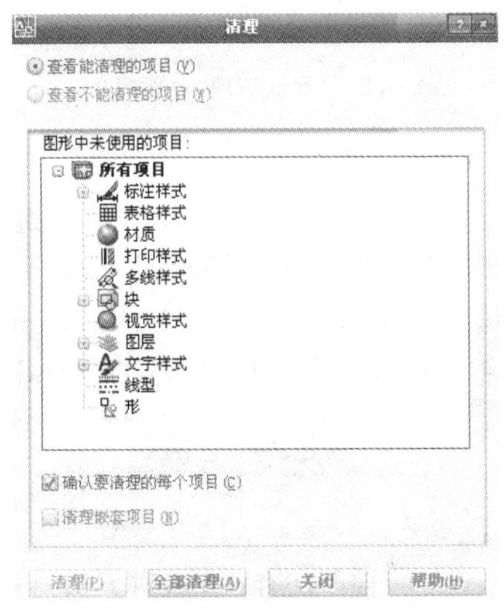

图 2－21　“清理”对话框

在“清理”对话框中各选项的含义如下：

（1）查看能清理的项目：切换树状图显示当前图形中可以清理的命名对象的概要。

（2）查看不能清理的项目：切换树状图显示当前图形中不能被清理的命名对

象的概要。

(3)图形中未使用的项目:列表显示未用于当前图形的和可被清理的命名对象,可以通过单击"加号"或双击对象类型列出任意对象类型的项目,通过选择要清理的项目来清理项目。

(4)确认要清理的每个项目:清理项目时显示"确认清理"对话框,如图 2-22 所示。

(5)清理嵌套项目:从图形中删除所有未使用的命名对象,即使这些对象包含在或被参照于其他未使用的命名对象中。

(6)图形中当前使用的项目:列表显示出不能从图形中删除的命名对象。这些对象的大部分在图形中为当前使用,或为不能删除的默认项目。当选择单独命名对象时,在树状图下方将显示为什么不能清理该项目的信息,如图 2-23 所示。

图 2-22 "确认清理"对话框

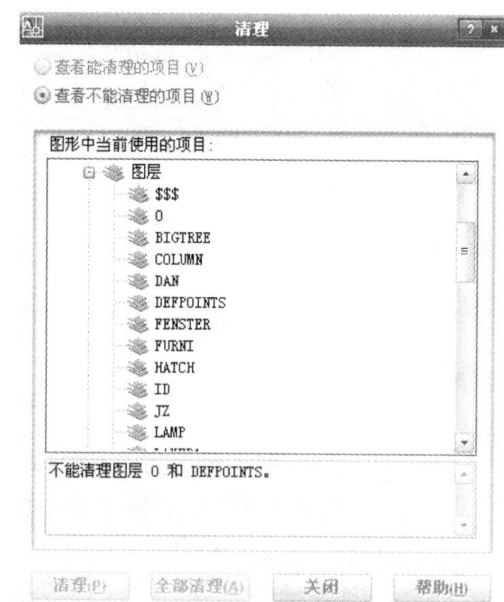

图 2-23 显示不能清理的图层

(三)置为当前

当前层就是当前绘图层,前面说过,在 AutoCAD 中,用户仅可以在当前图层上进行各种图形的绘制和操作,而且所绘制实体的属性将继承当前层的属性,当前层的层名和属性状态都显示在"图层"工具栏中的"应用的过滤器"列表中(见图 2-24),要在目标图层上对图形操作,需要将目标图层置为当前图层。

图 2-24 应用的过滤器

设置当前图层有以下几种方法:

(1)在"图层特性管理器"对话框中,选择我们所需要的目标图层,使其呈高亮度显示，然后单击“置为当前”按钮 ✔，即可把选定的图层置为当前。

(2)在没有选择任何对象的情况下，在“图层”工具栏中的“应用的过滤器”的下拉列表框中，将高亮度光条移至所需要的图层名上，单击鼠标左键。此时新选的当前层就出现在“应用的过滤器”区内。

(3)在命令行输入 CLayer 并回车，出现下列提示：

输入 CLAYER 的新值＜"×××"＞：其中“×××”表示此时当前层的名称。在此提示后输入新选的图层名称，再回车即可将所选的图层设置为当前层。但是，设为当前层的图层必须已经存在，而且必须准确无误地输入图层名称。

(4)用鼠标单击某一图层，使其高亮显示，并单击右键显示快捷菜单，选择“置为当前”选项，即可把选定的图层置为当前。

(四)图层列表

图层列表显示了图层及其特性，如图 2－25 所示，如果要修改某个特性，可以单击相应的特性图标。

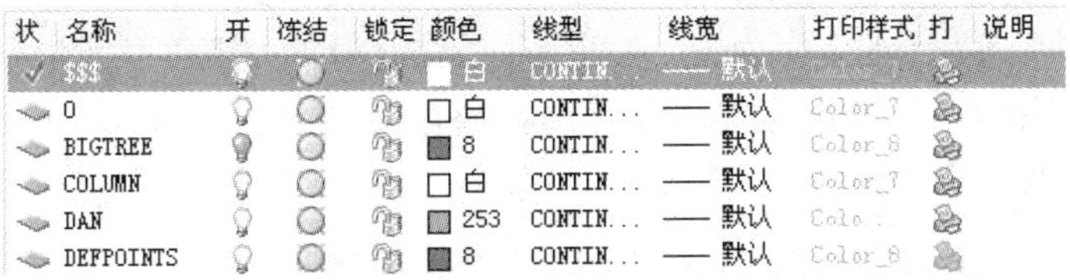

状	名称	开	冻结	锁定	颜色	线型	线宽	打印样式	打	说明
✔	$$$				白	CONTIN...	—— 默认	Color_7		
	0				白	CONTIN...	—— 默认	Color_7		
	BIGTREE				8	CONTIN...	—— 默认	Color_8		
	COLUMN				白	CONTIN...	—— 默认	Color_7		
	DAN				253	CONTIN...	—— 默认	Colo...		
	DEFPOINTS				8	CONTIN...	—— 默认	Color_8		

图 2－25　图层列表

1. 名称

显示并修改各个图层的名称，选择某一层名，按重命名快捷键 F2 就可修改选定图层的名称。AutoCAD 规定，图层 0 以及依赖外部参照的图层是不能重命名的。

2. 开/关

控制图层的打开或关闭。在“开”的列表下，图标表示图层处于打开状态，图标表示图层处于关闭状态。当图层打开时，它与其上的对象在屏幕上是可见的，并且可以打印；当图层关闭时，它与其上的对象在屏幕上是不可见的，并且在打印输出时不能打印，即使“打印”选项是打开的。单击该列中的图标，可以切换图层的开和关的状态。

3. 冻结

控制所有视口中图层的冻结与解冻。在“冻结”列表下，图标表示该图层处于解冻状态，图标表示该图层处于冻结状态。当图层冻结后，该图层上的实体对象不能在屏幕上显示或打印出来，并且不参加重生成、消隐、渲染和打印等操作，而关闭的图层则要参加这些操作。

冻结视口可以加快 ZOOM、PAN 和许多其他操作的运行速度，增强对象选择的性能并减少复杂图形的重生成时间。建议用户冻结长时间不用的图层，当解冻图层时，AutoCAD 会重生成并显示该图层上的对象。如果计划在可见和不

可见状态之间频繁切换，请使用“开/关”设置。

在 AutoCAD 中，当前层是不能被冻结的，并且被冻结的图层不能被设置为当前层。用户可以在创建时冻结所有视口、当前视口或新视口中的图层。

在当前视口中冻结指的是冻结当前布局视口中的选定图层。可以冻结或解冻当前布局视口中的图层，而不影响其他视口中图层的可见性。冻结的图层是不可见的，并且不能重生成或打印，此功能非常有用，例如，可以创建一个注释图层，仅在某特定视口中可见。

在新视口中冻结指的是冻结新建布局视口中的选定图层。例如，冻结所有新建视口中的图层 1，可以限制任何新创建的布局视口中该图层上标注的显示，但不影响现有视口中的图层 1。如果接着创建一个需要标注的视口，可以通过解冻该视口中的图层来替代默认设置。

当前视口中冻结或在新视口中冻结这两个操作仅在布局视口工作时才可用。

单击“图层特性管理器”对话框左上方的“图层状态管理器”按钮 ，即弹出“图层状态管理器”对话框，如图 2-26 所示，在此对话框下方就可以勾选“当前视口冻结/解冻”和“新视口冻结/解冻”选项。有关这方面的内容，将会在“图形打印输出”的章节中讲到。

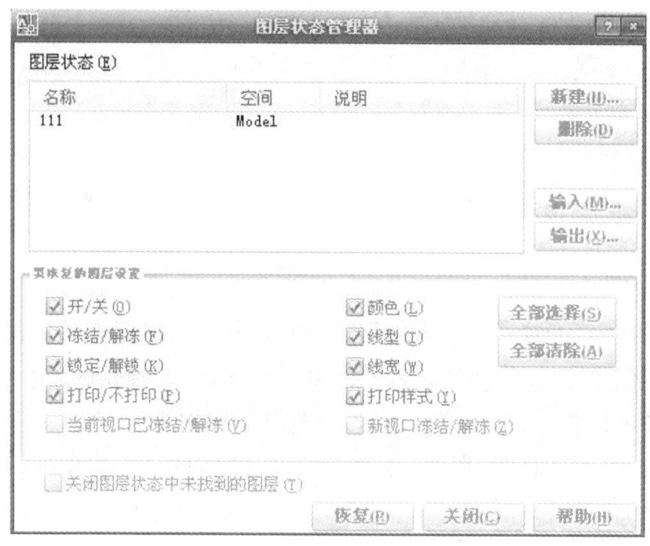

图 2-26 “图层状态管理器”对话框

4. 锁定

控制图层的锁定和解锁。在“锁定”列表下， 图标表示图层处于解锁状态， 图标表示图层处于锁定状态，加锁不影响图层上对象的显示。当图层锁定后，该图层上的实体是不能被编辑的，用户只能观察该图层上的实体，并且该图层上的实体仍然可以被打印输出的。如果锁定层是当前层，仍可以在该层上作图。此外，用户还可在锁定层上使用查询命令和目标捕捉功能，但不能对其进行其他编辑操作。如果只想查看图层信息而不需要编辑图层中的对象，将图层锁定则是有益的。

5. 颜色

改变和选定图层相关联的颜色。每个图层都具有一定的颜色。所谓图层的颜色，是指该图层上面的图形对象的颜色。在建立图层的时候，图层的颜色承接上一个图层的颜色。对于图层 0 系统默认的是 7 号颜色，可以是白色或黑色，这取决于背景颜色的设置。

在绘图过程中，需要对各个图层的对象进行区分，为了区分不同的图层，建议为不同图层设置不同的颜色。默认状态下该层的所有对象的颜色将随之改变。具体的操作步骤如下：

① 在“图层特性管理器”对话框的图层列表框中，选取所需要的图层，使其呈现高亮度显示；

② 在图层名称后的“颜色”列表下的颜色特性图标 ■ 白 上单击，弹出如图 2-2 所示的“选择颜色”对话框，用户可以利用“选择颜色”对话框对图层颜色进行设置；

③ 在“选择颜色”对话框中选择一种颜色，单击“确定”按钮 [确定] 即可完成图层颜色的设置。具体的设置方法在第一节的颜色的设置里面详细讲解了，在这里就不再赘述。

6. 线型

显示可以用于选定图层（包括默认值）的固定线宽列表。AutoCAD 允许用户为每个图层分配一种线型。在默认情况下，线型为连续细实线（Continuous），可以根据需要为图层设置不同的线型。

如果所需线型已经加载，可以直接从线型列表框中选择，然后单击“确定”按钮 [确定]。如果当前所列线型不能满足要求，单击“加载”按钮 [加载(L)...]，弹出“加载或重载线型”对话框。

具体的操作方法，在前面的章节已经详细讲解了，在这里就不再阐述了。

7. 线宽

修改与选定图层相关联的线宽。显示可应用于选定图层（包括默认值）的固定线宽列表。除了前面讲到的线宽设置的方法外，也可以用“打印样式编辑器”自定义线宽以任意宽度打印，具体的操作方法，在后面的章节将会做详细的讲解，这里不再阐述。

8. 打印样式

修改与选定图层相关联的打印样式。打印样式是指 AutoCAD 在打印过程中所用的属性设置集合。如果正在使用颜色相关打印样式，那么就不能修改与图层相关联的打印样式。单击任意打印样式均可以弹出“选择打印样式”对话框，如果没有安装打印设备，则此项不可用。具体内容将在后续的章节中详细讲解，在这里就不再阐述了。

9. 打印

控制在打印输出图形时是否打印选定的图层。在“打印”列表下，图标表示该图层处于正常的打印状态，图标则表示该图层为不打印状态。不打印指的是禁止打印该图层。如果关闭某一图层的打印设置，那么 AutoCAD 在打印输出时不会打印该图层上的对象，即使关闭了图层的打印，该图层上的对象仍会显示出来，关闭图层打印只对图形中的可见图层(即图层是打开的并且是解冻的)有效。如果图层设为打印但该图层是冻结的或是关闭的，则 AutoCAD 不打印该图层。如果图层包含了参照信息(例如，构造线)，则关闭该图层的打印可能更好。

10. 说明

AutoCAD 2007 推出的一项功能，用于记录简短的图层说明。用户可以在该选项中输入简明的说明，点取选定图层的“说明”列表，按下快捷键 F2 即可开始输入。

(五)图层过滤器

[想一想]

图层过滤器在实际绘图过程中有什么作用?

有时用户可能希望在只列出某些图层，这个时候就可以使用图层过滤器限制列出的图层名。AutoCAD 允许用户根据下列条件过滤图层名。

- 是否设置打印图层。
- 图层名、颜色、线型、线宽和打印样式。
- 打开还是关闭图层。
- 在当前视口中冻结图层还是解冻图层。
- 锁定图层还是解锁图层。

单击“图层特性管理器”对话框的左上方的“新特性过滤器”按钮即可启动“图层过滤器”对话框，如图 2-27 所示。

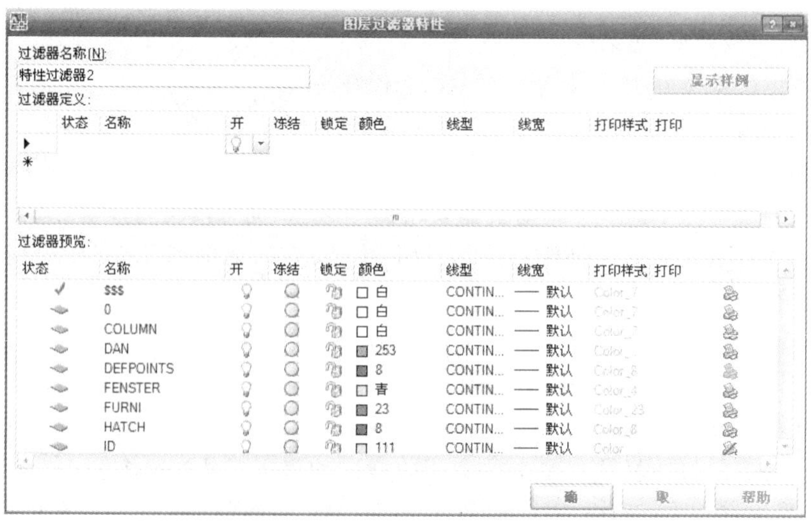

图 2-27 “图层过滤器”对话框

1. 设置图层过滤器的方法

如图 2－27 所示，各选项的含义如下：

(1)过滤器名称：为新建的图层过滤器指定名称。

(2)过滤器定义：指定通过过滤图层的属性，包括：

① 名称：指定要过滤的图层名称。

② 开：设定通过过滤的图层是打开的、关闭的、还是两者都包括。

③ 冻结：选择通过过滤的图层是冻结的、解冻的、还是两者都包括。

④ 锁定：指定通过过滤的图层是锁定的、解锁的、还是两者都包括。

⑤ 颜色：为过滤器设定图层颜色条件。

⑥ 线型：为过滤器设定图层线型条件。

⑦ 线宽：为过滤器设定图层线宽条件。

⑧ 打印样式：为过滤器设定图层打印样式条件。

⑨ 打印：指定通过过滤的图层是设置为打印、不打印、还是两者都包括。

(3)过滤器预览：在此列表中将列出符合条件的所有图层以及这些图层的属性。

2. 一个设置图层过滤器的实例

下面以一个实例来讲解如何设置图层过滤器，其操作步骤如下：

(1)在“图层特性管理器”对话框中单击“新建图层”按钮，新建 6 个新的图层。将图层 1、3、5 的颜色值设置为 200 号的紫色，其他属性不变。如图 2－28 所示。

图 2－28 设置新建图层的属性

(2)单击“图层特性管理器”对话框的左上方的“新特性过滤器”按钮，启动“图层过滤器”对话框，在“过滤器定义”窗口中的颜色列表下输入 200，其他设置不变，回车，这时就会看到“过滤器预览”窗口中就会显示图层 1、3、5，再单击“确定”按钮，就会看到“图层特性管理器”对话框中的图层列表也只显示图层 1、3、5，因为它们满足颜色值为 200 的过滤条件。

“图层特性管理器”对话框里的颜色、线型、线宽选项和“特性”工具栏中的颜色、线型、线宽有所不同。“图层特性管理器”对话框中颜色等属性的改变，只是改变该图层的属性，只对该图层上图形属性设置为“ByLayer”的对象有效；而“特性”工具栏中颜色等属性指的是新建图形对象将要使用的属性。

三、“图层”工具栏的基本操作

利用如图 2-29 所示的“图层”工具栏来改变图形对象属性，其实是指将某一个图形对象放到指定的图层中，则选定的对象会采用指定图层所有的关于图形对象的属性设定。用户选择需要放入指定图层的图形对象，在“图层”工具栏的下拉列表中选择需要指定的图层名称，则可将选择的图形对象放入到该图层中。

图 2-29 “图层”工具栏

“图层”工具栏从左到右依次为：“图层特性管理器”按钮、“应用的过滤器”下拉列表框、“将对象的图层置为当前”按钮、“上一个图层”按钮。

(1)“图层特性管理器”按钮：单击该按钮，弹出“图层特性管理器”对话框。

(2)“应用的过滤器”下拉列表框：在该下拉列表中选取某一层，即可将其设置为当前层。选择一个对象后，可以查看和改变对象所属层。用鼠标单击某一图标，可快速改变层状态。

(3)“将对象的图层置为当前”按钮：单击该按钮后，提示选择对象。选择对象后，AutoCAD 自动将该对象所在层设置为当前层。

(4)“上一个图层”按钮：单击该按钮后，将返回到上一个图层信息。

第四节 “特性”选项板的使用

在前面的章节中，我们已经学习使用一些工具栏来访问以及修改对象的特性，但这些命令一般只设计对象的一种或几种特性。如果用户想访问或者修改特定对象的完整特性，则可通过“特性”选项板来实现。

在 AutoCAD 中，最重要的一个功能就是“特性”选项板。该对话框同其他编辑语言如 Visual Basic 等一样，提供了关于所选对象的各种特性，例如，对于一个直线来说，它有线型、颜色、图层、粗细等特性。通过“特性”选项板，用户完全免去了只能利用命令行来修改属性的麻烦。另外，当选择了很多个对象时，也可以依次修改它们的共有特性。这些无疑大大增加了 AutoCAD 的处理效率。所以，本节着重讲解如何通过“特性”选项板来修改对象的特性。

一、“特性”选项板简介

“特性”选项板是供给用户查询选定图形对象或对象集的特性的当前设置，还可以通过指定新值进行修改任何的特性。根据所选的对象，AutoCAD 在“特性”选项板中列出该对象的全部特性，用户可以直接修改这些特性。但是，有些特性是无法编辑的，这需要用户在不断的学习中加以理解。

“特性”选项板启动的具体操作方法有以下几种：

(1)在未指定对象时，在菜单栏中“工具”的下拉菜单中的“选项板”中找到“特性”命令，单击，可以弹出“特性”选项板。

(2)在未指定对象时，单击菜单栏中的“修改”下拉菜单中的“特性”命令启动“特性”选项板。

(3)直接单击快捷键“Ctrl＋1”启动“特性”选项板。

(4)在命令行中输入命令 properties 并回车，即可弹出“特性”选项板。

(5)单击“标准”工具栏中的“特性”按钮即可。

(6)选定要编辑的对象，单击鼠标右键，在快捷菜单中选择“特性”项即可。

在 AutoCAD 中，“特性”选项板有三种显示状态：浮动状态、固定状态和隐藏状态，如图 2－30 所示。

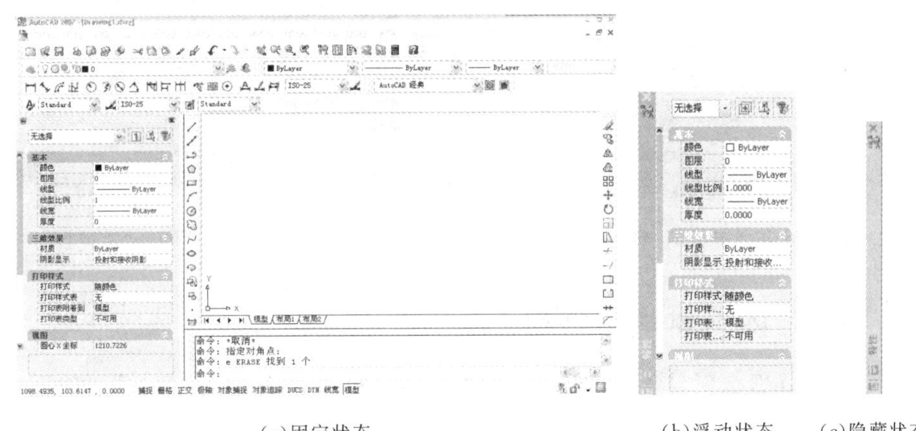

(a)固定状态　　(b)浮动状态　　(c)隐藏状态

图 2－30　“特性”选项板

“特性”选项板只能停靠在 AutoCAD 绘图窗口的两侧。当用鼠标拖动窗口的标题条到不同的位子时，将可以非常自由地切换“特性”选项板的固定和浮动两种状态。在“特性”选项板中单击鼠标右键将显示快捷菜单，使用快捷菜单能够改变光比窗口和打开/关闭说明等操作。单击窗口右上角的关闭按钮，可关闭该窗口。此外在命令行输入 propertiesclose 命令也可以将窗口关闭。用户在工作时可以将“特性”选项板一直保持打开。由于考虑到打开状态下选项板占用空间较大，所以 AutoCAD 提供了隐藏这一新功能。在标题条上单击“自动隐藏”按钮，整个“特性”选项板将收缩成为一个标题条。此时该按钮变成，单击它将重新展开选项板。该按钮是 AutoCAD 提供的多个新工具的共有按钮。

“特性”选项板效果如图 2－31 所示。选项板只显示当前图层的基本特性、图层附着的打印样式表的名称、查看特性，以及有关 UCS 的信息。

当选定一个对象时，用户可以通过右键快捷菜单“特性”命令打开特性选项板，选项板显示选定图形对象的参数特性，如图 2－32 所示的为选定一个圆时特性选项板的参数状态。如果选择多个对象，则“特性”选项板显示选择几种所有对象的公共特性；如果选择“全部”选项，AutoCAD 将在“特性”选项板中显示所选择对象中的全部通用特性，在显示特性时，如果所有被选择对象的某一特性的特性值均相同，AutoCAD 将显示该特性的值；否则将不显示该特性的值。

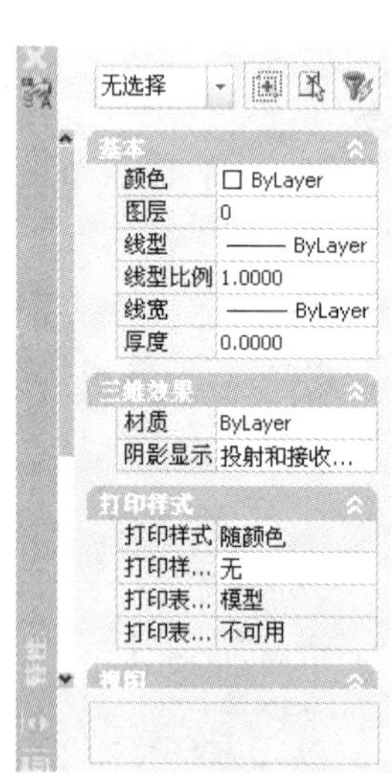

图 2－31　无选择对象时“特性”选项板

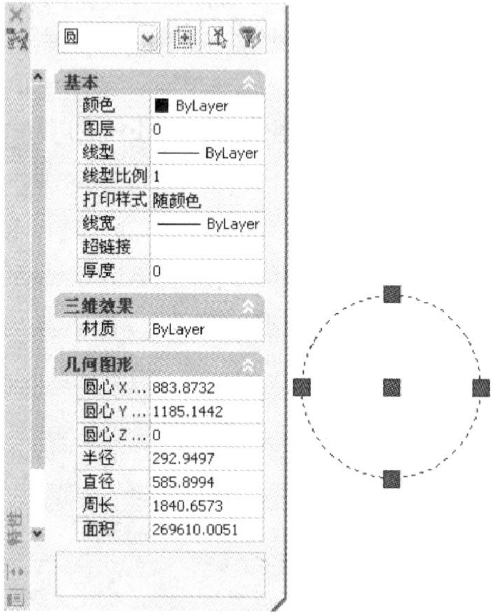

图 2－32　有选择对象时“特性”选项板

二、“特性”选项板窗口详解

“特性”选项板窗口与 AutoCAD 绘图窗口相对独立，在打开“特性”选项板窗口的同时可以在 AutoCAD 中输入命令、使用菜单和对话框等。因此，在 AutoCAD 中工作时可以一直将“特性”选项板窗口打开，而每当用户选择了一个或多个对象时，“特性”选项板窗口就显示选定对象的特性。

首先，以未选中任何对象的“特性”选项板为例介绍其基本界面，如图 2－30 所示。该窗口中各组成部分功能如下：

（一）无选择

从左到右依次为“选定对象列表”、“切换 PICKADD 系统变量的值”、“选择对象”、“快速选择”。

1. 选择对象列表：分类显示选定的对象，并用数字来表示同类的对象的个数，如“圆(3)”表示选定对象中包括三个圆。如图 2－33 所示。

2. 切换 PICKADD 系统变量的值：单击该按钮可使按钮图案在和之间

图 2-33　有选择对象时的"选择对象列表"

切换，按钮图案表示系统变量 PICKADD 值置为 1，此时连续的选择对象；按钮图案表示系统变量 PICKADD 值置为 0，此时只能单个的选择对象，当想同时选择对象时，比如在选择对象的同时按住 Shift 键。

3. 选择对象：单击该按钮后进入选择状态，这时可在绘图窗口选择待定对象。

4. 快速选择：单击该按钮可弹出"快速选择"对话框，如图 2-34 所示。有关内容将在后面做详细讲解。

(二)特性条目

1."特性条目"简介

显示并设置特定对象的各种特性。根据选定对象的不同，特性条目的内容和数量也有所不同。图 2-35 所示的是未选中任何对象时的特性条目。

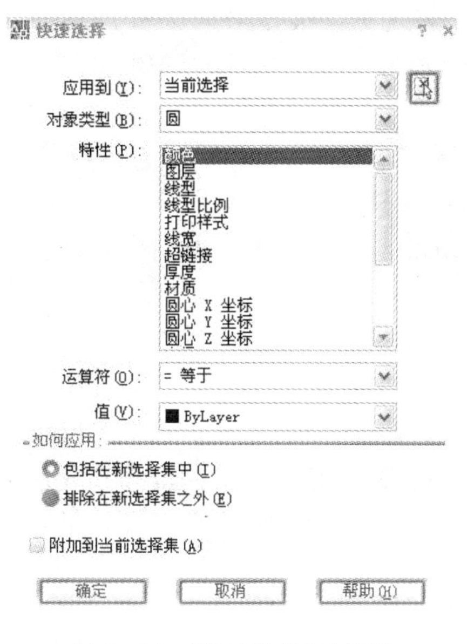

图 2-34　"快速选择"对话框

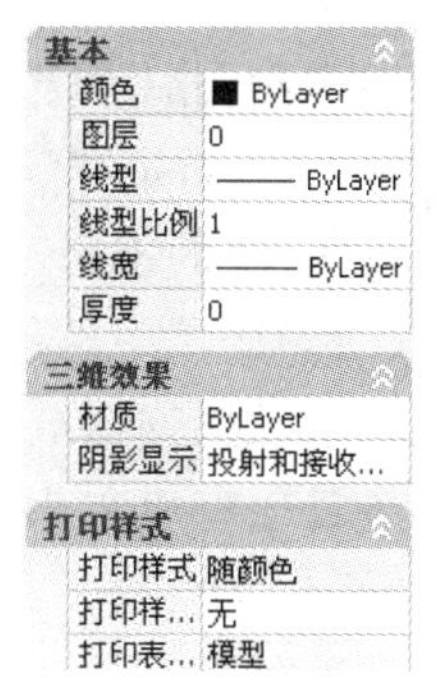

图 2-35　"特性条目"

"特性条目"区域中的各选项的具体含义如下：

(1)基本

① 颜色：指定当前颜色。

② 图层：指定当前图层。

③ 线型：指定当前线型。

④ 线型比例：指定当前线型比例。

⑤ 线宽：指定当前线宽。

⑥ 厚度：指定当前厚度。

(2)三维效果

① 材质:指定当前材质。

② 阴影显示:指定阴影显示特性。

(3)打印样式

① 打印样式:指定当前打印样式。

② 打印样式表:指定当前打印样式表。

③ 打印表附着到:指定当前打印样式表所附着的空间。

④ 打印表类型:指定当前有效的打印样式表类型。

(4)视图

① 中心点 X 坐标:指定当前视口中心点的 X 坐标,该项为只读状态,不可编辑。

② 中心点 Y 坐标:指定当前视口中心点的 Y 坐标,该项为只读状态,不可编辑。

③ 中心点 Z 坐标:指定当前视口中心点的 Z 坐标,该项为只读状态,不可编辑。

④ 高度:指定当前视口的高度,该项为只读状态,不可编辑。

⑤ 宽度:指定当前视口的宽度,该项为只读状态,不可编辑。

(5)其他

① 打开 UCS 图标:指定 UCS 图标的“打开”或“关闭”状态。

② 在原点显示 UCS:指定是否将 UCS 显示在原点。

③ 每个视口都显示 UCS:指定 UCS 是否随视口一起保存。

④ UCS 名称:指定 UCS 名称。

⑤ 视觉样式:指定视口的视觉样式。

2.“特性条目”的编辑

如果在绘图区域中选择某一对象,“特性”窗口将显示此对象所有特性的当前设置,用户可以根据需要修改任意可修改的特性。根据所选择对象种类的不同,其特性条目也有所变化,用户可参考相关章节中的介绍。在这里我们只介绍一些通用特性和对象的公共特性。

在“特性”选项板中,选择要编辑的特性,只需要在相应的特性框中输入一个新值,也可以在下拉列表中选择需要的项,这样就能编辑选定的对象的特性了。

① 颜色:指定选择对象的颜色。

② 图层:指定选择对象的图层。

③ 线型:指定选择对象的线型。

④ 线型比例:指定选择对象的线型比例。在前面讲到的通过“线型管理器”对话框改变线型比例,指的是改变所有符合这种线型的对象的线型比例,当我们只需要改变某一个图形时,我们就可以通过“特性”选项板中的“线型比例”文本框中改变。

如图 2-36 所示,两者均为“ACAD_ISO02W100”线型,(a)为在“特性”选项板中的“线型比例”设置为 2,(b)为在“线型管理器”对话框中的“全局比例”设置为 10,虽然两者线型一样,但是通过“特性”选项板改变的线型比例只是用户选择的对象的线型比例。

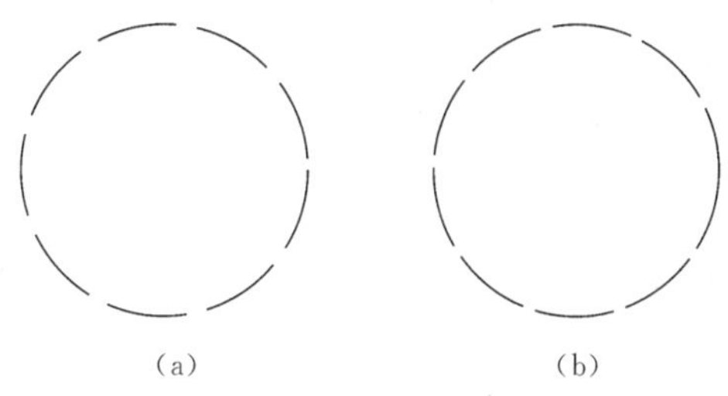

图 2-36　“线型比例”编辑实例

⑤ 线宽:指定选择对象的线宽。

⑥ 厚度:指定选择对象的厚度。

3. 说明栏

显示选定特性条目的说明。位于“特性”选项板下端,如图 2-37 所示。

图 2-37　说明栏

本章思考与实训

设置如图 2-38 所示的图层,并指定各图层的颜色、线型、线宽。

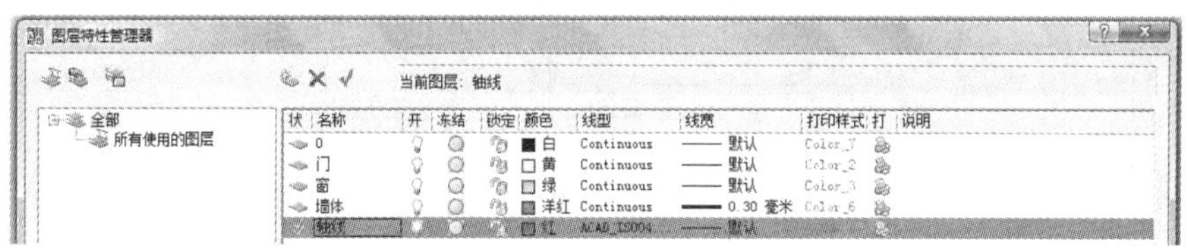

图 2-38　图层设置

第三章 二维图形的绘制

【内容要点】

介绍常用二维图形绘图命令的调用方法。

【知识链接】

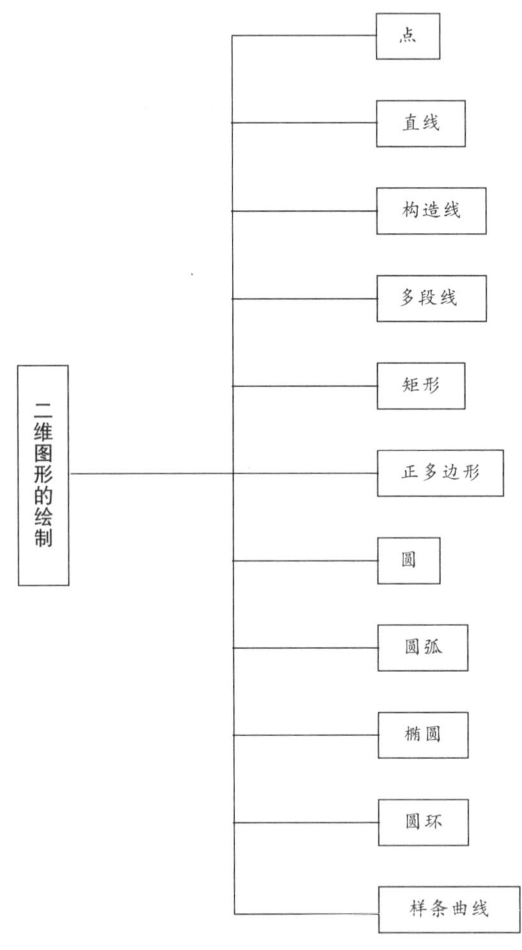

第一节　点

命令:POINT

下拉菜单:【绘图】\【点】\【单点】

【绘图】工具栏:

功能:创建点对象。

操作与说明:

命令:POINT ↙

当前点模式:PDMODE = 0,PDSIZE =0.0000

指定点:(指定点的位置)

指定点的位置可以通过屏幕上拾取或捕捉,或者键入绝对坐标值或相对坐标值的方法。

为了在图上表示点的存在,在AutoCAD中,点可以被设置形状和大小。用户可以通过下拉菜单选择【格式】\【点样式】,弹出如图3-1所示的【点样式】对话框进行选择设置。

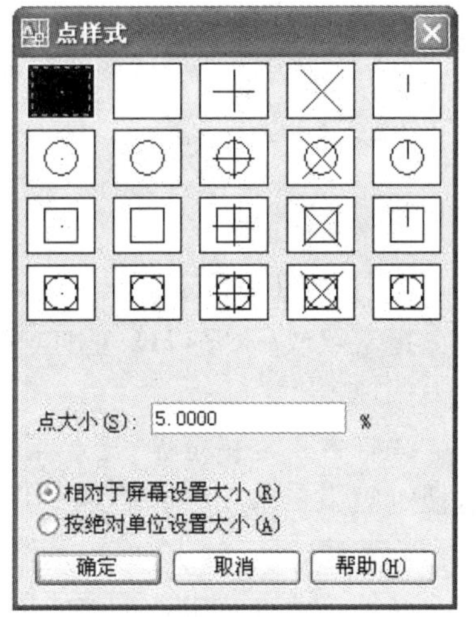

图3-1　【点样式】对话框

第二节　直　线

[做一做]

设置不同的线型、比例绘制直线,并进行观察比较。

命令:LINE

下拉菜单:【绘图】\【直线】

【绘图】工具栏:

功能:创建直线段

操作与说明:

命令:LINE ↙

指定第一点:(指定一点)

指定下一点或[放弃(U)]:(指定一点或放弃)

指定下一点或[放弃(U)]:(指定一点或放弃)

指定下一点或[闭合(C)/放弃(U)]:(指定一点或闭合或放弃)

……

指定下一点或[闭合(C)或放弃(U)]:↙(回车结束画线)

在"指定第一点:"的提示下,可以指定一点的位置,也可按回车键表示使用此前最后绘制的直线段或圆弧的终点作为新直线段的起点,且与圆弧相切。

在"指定下一点或[放弃(U)]:"或"指定下一点或[闭合(C)/放弃(U)]:"的提示下,缺省方式为指定下一点。选项方式,若键入U并按回车键,表示放弃最后所画的线段，连续键入 U 并按回车键，表示逆着画线的顺序逐步放弃已经画好的线段；若键入 C 并按回车键，表示闭合已画好的线段，即将已画折线的最后端点与起点连接。也可以直接按回车键，表示结束画线命令。

第三节　构造线

命令：XLINE

下拉菜单：【绘图】\【构造线】

【绘图】工具栏：

功能：创建无限长的直线。

操作与说明：

命令：XLINE ↙

指定点或[水平(H)/垂直(V)/角度(A)/二等分(B)/偏移(O)]：(指定点或输入选项)

缺省方式是指定点，指定点后连续提示“指定通过点：”，再指定一点，则通过这两点画了一条无限长直线。用户可以不断指定新的点，画出许多条交于第一点的构造线。

其他选项方式中各选项的含义是：

H——过一点画水平无限长直线。

V——过一点画竖直无限长直线。

A——过一点画指定倾角的无限长直线。

B——画指定角的无限长角平分线。

O——画指定直线偏移一段距离的无限长平行线。

第四节　多段线

命令：PLINE

下拉菜单：【绘图】\【多段线】

【绘图】工具栏：

功能：创建二维多段线。多段线是由连续的线段和圆弧组成，这些线段和圆弧可以有不同的宽度。

操作与说明：

命令：PLINE ↙

[做一做]

修改多段线命令中相应参数绘制多段线，并观察比较。

指定起点：(指定一点)

当前线宽为 0.0000

指定下一点或[圆弧(A)/闭合(C)/半宽(H)/长度(L)/放弃(U)/宽度(W)]：(指定一点或输入选项)

缺省方式是指定线段的另一端点。

其他选项方式中各选项的含义是：

A——转入画圆弧方式。

C——连接当前位置与起点，画一线段使多段线闭合。

H——指定线宽的一半值。线宽包括起点宽度和终点宽度。线宽为0时表示最细，并且不受图形放大的影响。

L——沿前一直线方向连续画一指定长度的线段。

U——放弃最后所画的线段或圆弧。

W——指定线宽。

转入画圆弧方式后，提示变为“指定圆弧的端点或[角度(A)/圆心(CE)/闭合(CL)/方向(D)/半宽(H)/直线(L)/半径(R)/第二点(S)/放弃(U)/宽度(W)]:”。缺省方式是指定一点作为圆弧的终点，该圆弧与上一线段或圆弧相连并且二者相切。其他选项方式中各选项的含义是：

A——指定圆弧的圆心角，逆时针方向为正。

CE——指定圆弧的圆心。

CL——用圆弧将此多段线闭合，用于闭合的圆弧与上一线段或圆弧相切。

D——指定圆弧起点切向。

H——指定圆弧线宽的一半值。

L——转换到画直线方式。

R——指定圆弧的半径。

S——指定圆弧的第二点。然后再指定圆弧的端点，以三点定弧方式画圆弧。

U——放弃最后所画的线段或圆弧。

W——指定圆弧的线宽。

第五节　矩　形

命令：RECTANG

下拉菜单：【绘图】\【矩形】

【绘图】工具栏：▭

功能：绘制矩形多段线，矩形可带有圆角或倒角。

操作与说明：

命令：RECTANG ↙

指定第一个角点或[倒角(C)/标高(E)/圆角(F)/厚度(T)/宽度(W)]:(指定一点或输入选项)

[做一做]

修改矩形命令中相应的参数绘制指定长宽尺寸的矩形。

缺省方式是指定一点作为矩形的第一角点，然后再指定一点作为矩形的另一角点，以该两点作为矩形的对角点画矩形，矩形的边平行于当前用户坐标系的X轴和Y轴。

其他选项方式中各选项的含义是：

C——指定矩形两个方向的倒角距离，画出带倒角的矩形。

E——指定矩形的标高，用于三维绘图。

F——指定矩形圆角的半径，画出带圆角的矩形。

T——指定矩形的厚度，用于三维绘图。

W——指定矩形边线的线宽。

倒角距离、标高、圆角半径、厚度、线宽等数据设置后，以后再执行 RECTANG 命令则把这些数值作为当前值。

第六节　正多边形

命令：POLYGON

下拉菜单：【绘图】\【正多边形】

【绘图】工具栏：

功能：创建等边闭合多段线。

操作与说明：

命令：POLYGON ↙

输入边的数目〈4〉：(输入多边形的边数"〈〉"符号内的数值为缺省值)。

指定多边形的中心点或[边(E)]：

缺省方式是指定一点作为多边形的中心，然后出现提示"输入选项[内接于圆(I)/外切于圆(C)]〈I〉："，要用户选择以内接于圆的方式或外切于圆的方式来确定正多边形，键入 I 或 C 后按回车键，系统继续询问圆的半径，指定半径后即画出正多边形，辅助圆不显示。

选项 E 表示以指定第一条边两端点的方法画正多边形。选择该项后，按系统提示指定两点作为正多边形指定边的端点，系统以该边为第一边并按逆时针走向画出正多边形。

第七节　圆

命令：CIRCLE

下拉菜单：【绘图】\【圆】

【绘图】工具栏：

功能：用多种方法创建圆。

操作与命令：

命令：CIRCLE ↙

指定圆的圆心或[三点(3P)/两点(2P)/相切、相切、半径(T)]：(指定圆心或输入选项)

缺省方式是指定圆心。指定圆心后，系统提示："指定圆的半径或[直径(D)]："，缺省方式是指定圆的半径，此时若移动光标则可看到屏幕上有一动态、

[想一想]

绘制圆的方法有哪几种？各适用什么条件？

大小随光标移动变化的圆，键入半径值，或用光标将圆调整至合适的大小并单击鼠标左键即可将圆确定下来；若键入 D 并按回车键，则系统提示："指定圆的直径："，键入直径值或用光标在屏幕上指定直径的大小，即可确定圆。

其他选项方式中各选项的含义是：

3P——指定圆周上的三点画圆。

2P——指定直径的两个端点画圆。

T——指定圆与相切的两个对象及半径画圆。

圆心、半径(R)
圆心、直径(D)
两点(2)
三点(3)
相切、相切、半径(T)
相切、相切、相切(A)

图 3-2 【圆】子菜单

通过下拉菜单选择【绘图】\【圆】，即显示如图 3-2 所示的子菜单，子菜单上列出了 6 种绘制圆的方法。

第八节 圆 弧

命令：ARC

下拉菜单：【绘图】\【圆弧】

【绘图】工具栏：

功能：用多种方法创建圆弧。

操作与说明：

命令：ARC ↙

指定圆弧的起点或[圆心(CE)]：

AutoCAD 提供了 11 种创建圆弧的方法，缺省方式下是依次指定圆弧的起点、第二点和端点，用三点创建圆弧，其他方式要结合选项输入。

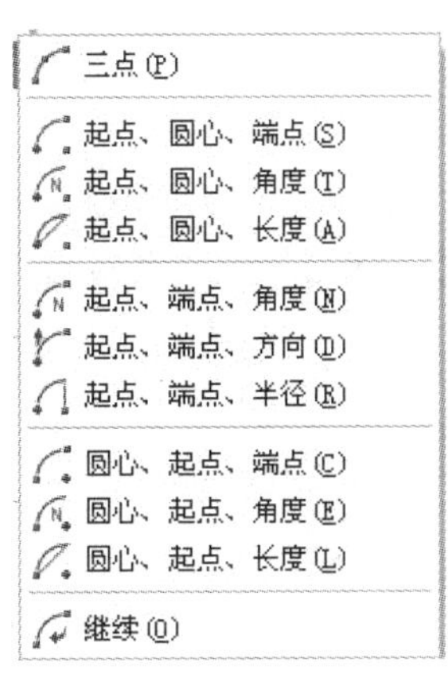

图 3-3 【圆弧】子菜单

若通过下拉菜单选择【绘图】\【圆弧】。即显示如图 3-3 所示的子菜单，子菜单上列出了 11 种创建圆弧的方法，其中"继续"是指通过上一次绘制线或圆弧的终点并与之相切，再通过提示，指定圆弧的端点创建圆弧。

第九节 椭 圆

命令：ELLIPSE

下拉菜单：【绘图】\【椭圆】

【绘图】工具栏：

功能：创建椭圆或椭圆圆弧

操作与说明：

命令：ELLIPSE ↙

指定椭圆的轴端点或[圆弧(A)/中心点(C)]：

缺省方式是指定椭圆的轴端点，指定后系统提示："指定轴的另一端点："。

再指定该轴的另一端点，系统提示："指定另一条半轴长度或[旋转(R)]："。此时可以指定或输入数值通过指定另一条半轴长度来创建椭圆；也可以输入选项 R 并按回车键，系统提示："指定绕长轴旋转的角度："，此处长轴是指刚才经过指定两端点确定的轴，并以此轴为椭圆的长轴，通过绕该轴旋转定义椭圆长短轴比例、值越大，短轴对长轴的缩短就越大，数值若为 0，就是一个圆，此时可以指定点或输入数值(0—89.4)。

选项 A 用来画椭圆圆弧。首先画出椭圆圆弧的母体椭圆，然后可以通过指定椭圆圆弧的起始角度及终止角度创建椭圆圆弧，也可以根据系统提示的其他选项输入创建椭圆圆弧。

选项 C 是用指定的中心点创建椭圆。通过"指定椭圆的中心点"、"指定轴的端点"、"指定另一条半轴长度或[旋转(R)]"，依次根据提示创建椭圆。

通过下拉菜单选择【绘图】\【椭圆】，也有三种方式"中心点"、"轴、端点"和"圆弧"来创建椭圆或椭圆圆弧。

第十节　圆　环

命令：DONUT

下拉菜单：【绘图】\【圆环】

功能：绘制填充的圆和圆环。

操作与说明：

命令：DONUT ↙

指定圆的内径〈当前值〉：(给出圆的内径)

指定圆的外径〈当前值〉：(给出圆的外径)

指定圆环的中心点〈退出〉：(指定圆环的中心点)

指定圆环的中心点〈退出〉：(按回车键结束命令)

当前值是上次执行该命令时输入的数值，若直接按回车键表示选用该数值。若要绘制填充的圆，可以指定内径为 0。

对于 DONUT 和 SOLID 以及 TRACE、PLINE 等有内部填充的命令，可以使用 FILL 命令来打开或关闭填充模式。

[想一想]

在建筑图形上有哪些位置图形可以用圆环绘制?

命令：FILL ↙

输入模式[开(ON)/关(OFF)]〈ON〉：

选择 ON 表示打开填充模式，选择 OFF 表示关闭填充模式。FILL 命令为透明命令，也可在其他命令操作过程中同时执行，键入'FILL 并回车即可。

第十一节　样条曲线

命令：SPLINE

下拉菜单：【绘图】\【样条曲线】

【绘图】工具栏：

功能：创建样条曲线。

操作与说明：

命令：SPLINE ↙

指定第一个点或[对象(O)]：(指定一点)

指定下一点：(指定一点)

指定下一点或[闭合(C)/拟合公差(F)]〈起点切向〉：(指定一点)

……

指定下一点或[闭合(C)/拟合公差(F)]〈起点切向〉：(直接按回车键)

指定起点切向：(指定起点切向)

指定端点切向：(指定端点切向)

样条曲线是非均匀有理B样条函数(NURBS)拟合一定数量的数据点形成的一种光滑曲线。样条曲线的形状主要由拟合数据点的位置确定，但也与端点切线方向有关。

本章思考与实训

上机绘制下列图形：

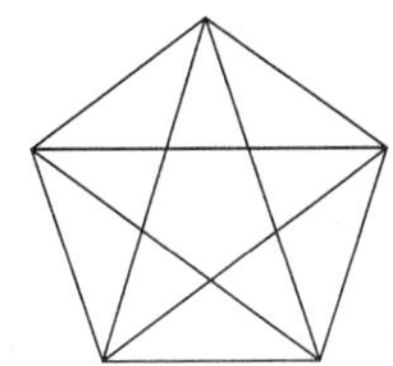
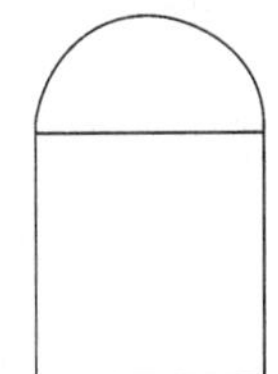
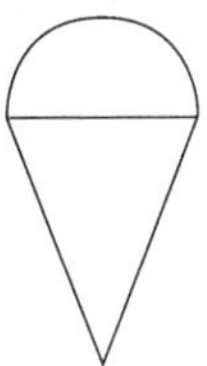
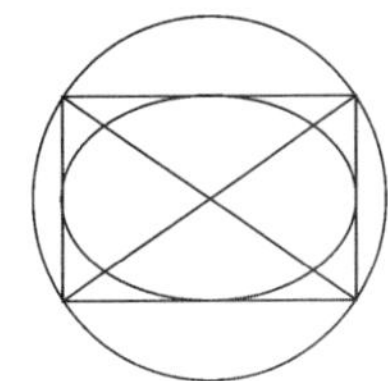

第四章 二维图形的编辑

【内容要点】

1. 目标对象的选择方法；
2. 退出、放弃和重做命令的操作；
3. 删除、移动、比例缩放对象；
4. 复制、偏移、旋转对象；
5. 镜像、阵列对象；
6. 修剪、延伸、拉长、拉伸对象；
7. 打断；
8. 倒角和圆角；
9. 分解和合并。

【知识链接】

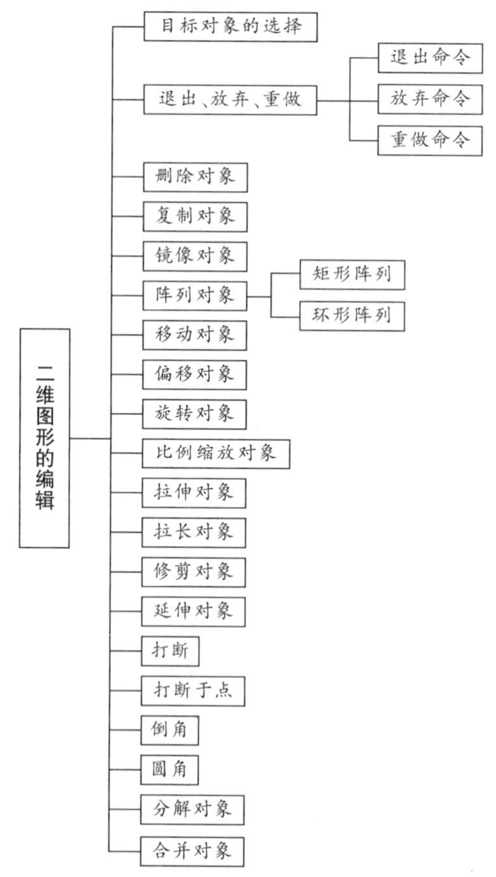

第一节　目标对象的选择

对已有的图形进行编辑，有两种不同的编辑顺序：1. 先下达编辑命令，再选择对象。2. 先选择对象，再下达编辑命令。无论何种方式，都必须选择对象，所以，我们首先介绍对象的选择方法，然后再介绍不同的编辑方法和技巧。

目标对象的选择，顾名思义就是如何选择目标。在 AutoCAD 中，要正确地进行编辑命令，前提必须是要正确地选择对象，必须要准确无误地通知 AutoCAD 是对图形中的哪些对象进行命令。

当执行编辑命令或执行其他某些命令时，命令行中通常会提示："选择对象："，此时光标变成一个小正方形方框。在 AutoCAD 中，这个小正方形方框被称为拾取框。当目标对象被选中之后，该实体将呈现高亮显示，即组成实体的边界轮廓线由原来的实线变成虚线，十分明显地和那些未被选中的实体区分开来。如图 4-1 所示，图 4-1(a)所示的为选中的矩形，此时矩形四个顶点显示的小蓝点称之为夹点，一般情况下，选中对象的夹点的颜色、大小均可以通过"选项"对话框中的"选择"标签页设置，有关内容马上就会讲到，而有关利用夹点来编辑对象的内容，则在后面的章节会详细讲解，在这里就不做详细阐述了；图 4-1(b)所示的是没有被选中的矩形，此时矩形的显示不做任何变化。每次选定对象后，"选择对象："提示会重复出现，这时我们可以再次选择对象，此操作直至在键盘上按下"回车—空格—右击"才能结束选择。

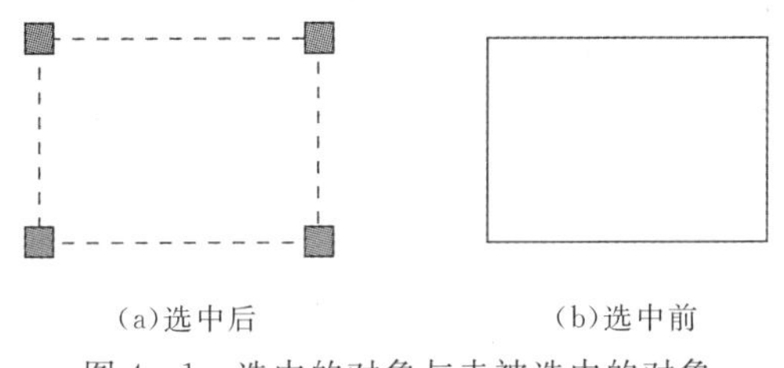

(a)选中后　　(b)选中前

图 4-1　选中的对象与未被选中的对象

一、利用对话框设置选择方式

"选项"对话框中的"选择"标签页可以设置拾取框大小、夹点大小和选择模式，从而控制选择对象的方式。如果能熟悉该对话框的各种选项并可以进行设置，则能非常大地提高绘图效率。我们强烈建议读者掌握该功能，"选择"标签页如图 4-2 所示。

1. 启动"选项"对话框

启动"选项"标签页的方法有以下几种：

(1)单击菜单栏的"工具"下拉列表中的"选项"，即可启动"选项"对话框；

(2)在命令行中输入"选项"的快捷键：OP，即可启动"选项"对话框；

(3)单击鼠标右键，在快捷菜单中选择"选项"项，也可以启动"选项"对话框。

图 4-2 “选择”标签页

启动“选项”对话框后，单击“选择”选项卡按钮 选择 ，就可以切换到“选择”标签页。

2. 模式设置

(1)拾取框大小。该调节杆可以控制拾取框的大小。设置恰当的拾取框对于快速、高效地编辑实体很重要。因为拾取框设置过大，在选择实体时很容易将该实体邻近的其他实体也选择在内；若拾取框设置过小，选取实体时十分费劲。左、右移动滑块可以改变 AutoCAD 显示拾取框的大小，左侧动态显示拾取框大小的变化。

(2)夹点大小。该调节杆用于设置夹点的大小。左、右移动滑块可以改变 AutoCAD 显示夹点的大小，左侧动态显示夹点大小的变化。夹点的默认大小为 3 个像素，在对话框中可以设置夹点大小范围为 1 到 20 个像素，而在命令行中可设置的夹点大小的范围为 1 到 255 个像素。

(3)选择预览。这是 AutoCAD 2007 新推出的一项功能，当用户用光标放到对象上面时，该对象就会变粗，变得更加显眼，让用户知道，现在能选择的是什么对象。“选择预览”就是设置预览效果。

① 命令处于活动状态时：选中“命令处于活动状态时”复选框，用户在进行命令中，“选择预览”仍然有效。

② 未激活任何命令时：选中“未激活任何命令时”复选框，用户在不进行任何命令时，“选择预览”仍然有效。

③ 视觉效果设置：单击此键，则会弹出“视觉效果设置”对话框，如图 4-3 所示。在此对话框中，用户可以设置“选择预览效果”和“区域选择效果”。“窗口选

择”和“交叉选择”在后面将会讲到，在这里就不再阐述了。

图 4-3 “视觉效果设置”对话框

(4)选择模式。

① 先选择后执行：在此方式下，必须首先选择要进行编辑的实体目标，然后再执行相关的编辑命令。

AutoCAD 提供 Pickfirst 系统变量，用以控制“先选择后执行”的开关状态。当 Pickfirst=1 时，系统处于“先选择后执行”方式。当 Pickfirst=0 时，系统关闭“先选择后执行”方式。

建议初级用户养成“先命令，后选择”的操作习惯，因为这样操作思路将十分清楚。当然，对于高级用户可用“夹点”进行操作，以提高绘图速度。

当然，并非所有的编辑命令都适用于“先选择，后命令”方式，在后面的章节也会分命令讨论。

② 用 Shift 键添加到选择集：选中该复选框，此时可以直接用拾取框选择实体目标。如果要取消某个已经选中的实体，只需先按下“Shift 键”，再用鼠标单击该实体即可。

若关闭该复选框，用户每次只能选择一个实体，而且原先已被选中的实体自动取消选择。若要同时选择多个实体，可先按下“Shift 键”，再用鼠标单击将要添加的实体目标。

③ 按住并拖动：选中此复选框，用户需用矩形选择框选择目标对象时，要先单击确定矩形选择框的一个角，然后拖动鼠标至另一对角，再松开鼠标左键。

若关闭此复选框，要使用矩形选择框选择目标对象时，只需单击确定矩形选择框的一个角，松开鼠标左键，移动鼠标至另一对角，再单击鼠标左键即可。

④ 隐含窗口：选择该选项，从左到右定义窗口，则选择窗口内的对象；从右向左定义窗口，则选择窗口内及与窗口边界相交的对象。

⑤ 对象编组：选中此复选框后可方便地定义一个目标组，并对该目标组进行编辑。有关目标组的详细内容，请参阅后面的章节。

⑥ 关联填充：选择该复选框后，AutoCAD 自动将图样填充和包围该图样填充的封闭区域关联起来。选择图样填充时，也自动选择相对应的封闭区域。不

选择该复选框时，AutoCAD将图样填充和其对应的封闭区域看成两个独立的图形实体。有关图样填充的内容将在后面的章节做详细的介绍，在这里就不再阐述了。

(5)夹点。在执行编辑命令前，若选择实体目标，则实体上有若干个蓝色的小正方形，称之为“夹持点”，也可简称为“夹点”。夹点就是一些特征控制点，是AutoCAD为每个对象预先定义的。

用户在使用夹点编辑对象时，首先要用光标拾取待编辑的对象，对象被拾取后，AutoCAD将该对象加入选择集并用蓝色方框标出相应的夹点，此时的所有的夹点显示都一样，在“选择”标签页中相对应的名称为“未选中的夹点”。当用户可以使用光标在所有夹点中选择一个夹点作为基点进入夹点编辑模式，AutoCAD就会用红色的实心方块标识这个基准夹点，使之与其他夹点显示不同，此时的这个基准夹在“选择”标签页中相对应的名称为“选中的夹点”。而当用户把十字光标停留在某一个没选中的夹点上，不做任何命令，此时这个夹点则会变成绿色，在“选择”标签页中相对应的名称为“悬停夹点”。利用夹点，可方便快捷地进行有关编辑操作，本书将在后续章节中详细介绍。

① 未选中夹点颜色：改变未选中的夹点的颜色，在“未选中夹点颜色”下拉列表框中选择一种颜色，AutoCAD将使用该颜色来显示那些没有被选中作为基点的夹点。如果选择了“其他”选项，AutoCAD将显示“选择颜色”对话框。一般AutoCAD默认的是颜色编号为160号的蓝色。

② 选中夹点颜色：改变选中的夹点的颜色，在“选中夹点颜色”下拉列表框中选择一种颜色，AutoCAD将使用该颜色来显示那些作为基点的夹点。如果选择了“其他”选项，AutoCAD将显示“选择颜色”对话框。一般AutoCAD默认的是颜色编号为1号的红色。

③ 悬停夹点颜色：改变悬停夹点的颜色，在“选中夹点颜色”下拉列表框中选择一种颜色，确定光标悬浮在夹点上时，夹点显示的颜色。如果选择了“其他”选项，AutoCAD将显示“选择颜色”对话框。一般AutoCAD默认的是颜色编号为3号的绿色。

④ 启用夹点：选取“启用夹点”选项，打开夹点功能。如果取消了该选项，则将关闭夹点功能。夹点功能打开时，如果在没有任何命令处于活动状态下选择了对象，AutoCAD将在选择的对象上显示夹点，用户就可以通过夹点来编辑对象。

⑤ 在块中启用夹点：选取“在块中启用夹点”选项，打开块中的夹点。这时，如果选择了一个块，AutoCAD将显示块中的每一个对象上的所有夹点。否则，AutoCAD将只在块的插入点处显示夹点。有关块的概念参见后面章节。

⑥ 启用夹点提示：选取“启用夹点提示”选项，当光标悬浮在自定义对象的夹点上时，显示夹点特定的提示。此选项不会影响AutoCAD对象。

⑦ 显示夹点时限制对象选择：在“显示夹点时限制对象选择”文本框中输入数目，当选择了多于该数目的对象时，禁止显示夹点，默认设置为100。

二、用拾取框选择单个实体

将拾取框移至要编辑的对象上，单击鼠标左键，即可选中目标，此时，被选中的目标是高亮显示的。

利用拾取框选择对象的方法一次只可以选择一个对象，要重复选择，则可按照上述方法利用拾取框重复选择对象即可。

三、选择全部对象

使用该方式可以选择图形中除冻结层以外的所有对象。在编辑命令中，只需要在命令行“选择对象：”的提示下，输入 ALL 命令，就可选中所有对象。

当用户没有进行任何命令时，只需要按下快捷键“Ctrl＋A”也可以选中所有对象。

四、利用矩形窗口方式和交叉方式选择对象

除了可用单击拾取框方式选择单个实体外，AutoCAD 还提供了矩形选择框方式来选择多个实体。矩形选择框方式又包括窗口方式和交叉方式，这两种方式既有联系，又有区别。

(一)窗口方式

使用该方式可以选择一个实线的矩形区域，而全部对象被包含在该选择框中的实体目标才被选中。

执行编辑命令后，在“选择对象：”提示下，在绘图区域选择第一对角点，用鼠标单击，从左到右移动鼠标到合适位置，移动时会发现，该矩形框区域变成了蓝色，再单击鼠标，选取另一对角点，AutoCAD 则将用这两点作为对角点定义选择对象的窗口。此时，我们可以看到，在绘图区域内出现一个实线的矩形，这个矩形框就被称之为窗口方式下的矩形选择框。

(二)交叉方式

使用该方式可以选择一个虚线的矩形区域，此时，不仅被包含在矩形区域内的对象被选中，而且与该矩形边界相交的对象也被选中。

执行编辑命令后，在“选择对象：”提示下，在绘图区域选择第一角点，用鼠标单击，从右到左移动鼠标到合适位置，移动时会发现，该矩形框区域变成了绿色，再单击鼠标，选取另一对角点，AutoCAD 则将用这两点作为对角点定义选择对象的窗口。此时，我们可以看到，在绘图区域内出现一个虚线的矩形，这个矩形框就被称之为交叉方式下的矩形选择框。

这两个选择方法在没有进行任何命令时也能使用。只需要从左到右定义一个矩形框，此时显示的是一个实线的矩形框，启动的是“窗口”选择方式，完全被包含在里面的对象才会被选中；从右到左定义一个矩形框，此时显示的是一个虚线的矩形框，启动的是“交叉”选择方式，此时，完全被包含在矩形区域内的对象以及和该矩形框相交的对象均会被选中。两者区别如图 4－3 所示，图 4－3(a)

[比一比]

这两种交叉选择方式的结果有什么不同？如何灵活应用？

为窗口方式选择，图 4－3(b)为交叉方式选择，此时可以很明显看到，图 4－3(a)中，只有矩形框中的两个圆形被选中，而其他对象均未被选中；而图 4－3(b)中，不光矩形框中的两个圆形被选中，与矩形框相交的两条直线也被选中，但是没有和矩形框发生关系的两个椭圆在这两种情况下均未被选中。

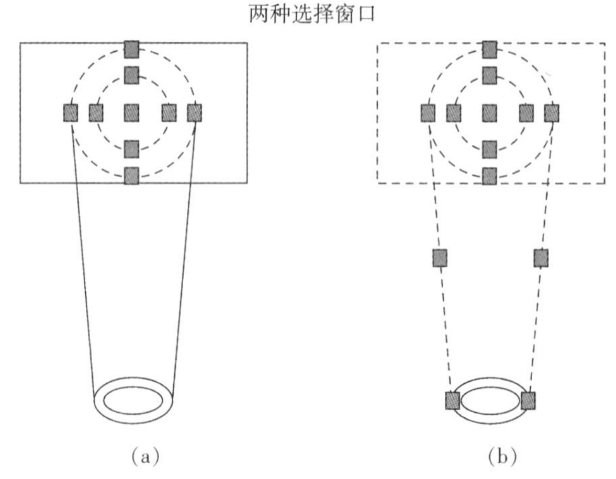

图 4－3 “窗口选择”与“交叉选择”方式

用户可以根据需要，灵活运用两种选择方式，当我们只需要一部分对象时，如图 4－3(a)所示，我们只需要选择两个圆形，那么用户就可以采用“窗口选择”方式选取我们需要的对象；如果我们还需要两条直线时，那么用户就可以采用“交叉选择”的方式选取。只有灵活运用两种方式，才能让我们的作图速度得到提高。

五、利用多边形窗口方式和多边形交叉方式选择对象

该选择方式是指在绘图区域画出一个多边形，利用此多边形来框定要选定的对象，多边形选择框方式同样包括了窗口方式和交叉方式。

(一)窗口方式

只需要在命令行“选择对象:”的提示下输入 WP 命令，即可进入多边形窗口方式，AutoCAD 提示指定一系列的顶点，它用这些点定义选择对象的多边形。此时，AutoCAD 用实线显示选择对象的多边形窗口。此时，只有完全被包含在多边形窗口里面的对象才会被选中。

用户可以指定任意形状的多边形窗口，AutoCAD 会自动绘制多边形的最后一条边，如图 4－4(a)所示。多边形的各边不能相交或重合。

(二)交叉方式

该选择方式不仅选取包含在多边形区域内的对象，而且也选取与多边形边界相交的对象。

只需要在命令行“选择对象:”的提示下输入 CP 命令，即可进入多边形交叉方式，多边形交叉方式与多边形窗口选择方式类似，但多边形交叉选择方式的窗

口为虚线窗口，如图 4－4(b)所示，同样，多边形的各边不能相交或重合。

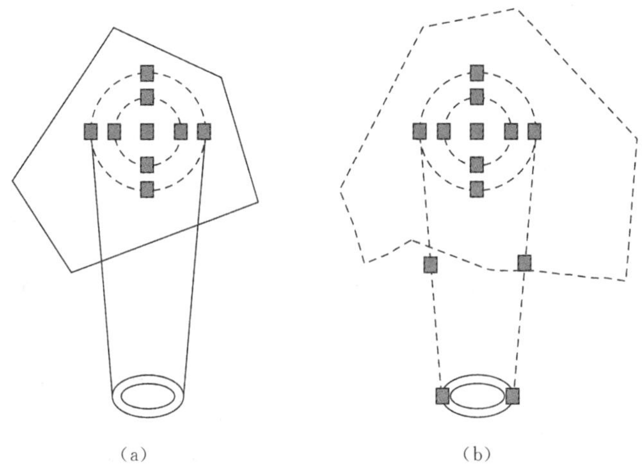

图 4－4　多边形窗口选择方式与多边形交叉选择方式

六、选择最后创建的对象

使用该方式可以选取最后创建的可见对象。在“选择对象:”的提示下，输入“L”(Last)，此时只选中一个对象，用户可以重复使用该方法按创建对象的逆序依次选取。

七、撤销选择

在命令行“选择对象:”的提示下，输入“U”(Undo)命令，AutoCAD 将取消上一个选择操作。

八、前一选择对象组选择方式

该选择方式将最近的选择集作为当前选择集。在命令行“选择对象:”的提示下，输入“P”(Previous)命令，即可进入选择“前一选择对象组”方式。如果在当前图形中删除对象或在模型空间与图纸空间之间切换，则该方式无效。

九、栅栏选择方式

该选择方式提示用户指定一个多段折线选择所有与该折线相交的对象。在命令行“选择对象:”的提示下，输入“F”命令，即可进入选择“栅栏选择”方式。“栅栏选择”方式与多边形交叉方式相似，但“栅栏选择”方式下最后一个矢量不闭合，并且栅栏可以与自己相交。“栅栏选择”方式在修剪、延伸等命令时尤为有用，这在后面的内容也会详细讲到。

十、快速选择

AutoCAD 为用户提供了快速选择命令，帮助用户实现快速图形过滤功能。

所谓快速过滤功能，实质上是AutoCAD根据用户所设定的条件进行图形复选的过程，即用户预先设定一系列选择条件（如实体类别、线型、尺寸、位置等），然后再在绘图区域用框选方式选择一批目标实体，AutoCAD将自动进行筛选，最终识别出满足用户设定条件的那些目标。

使用快速选择功能，可以一次将指定类型的对象或具有指定属性值的对象加入选择集或排除在选择集之外。用户既可以在整个图形中使用快速选择功能，也可以选择集中使用。快速选择功能所选择的对象既可以代替当前选择集，也可以添加到当前选择集中。但如果当前图形是部分打开的，那么快速选择功能不会选择那些没有加载进来的对象。

1. 启动方式

（1）单击菜单栏中“工具”下拉菜单中的“快速选择”按钮，即可启动“快速选择”对话框。

（2）在没有执行任何命令时在绘图区域右击鼠标，在快捷菜单中选择“快速选择”项也可启动“快速选择”对话框。

（3）在命令行中输入：QSELECET命令，也可以启动“快速选择”对话框。

启动快速选择功能后，AutoCAD显示如图4－5所示的“快速选择”对话框。

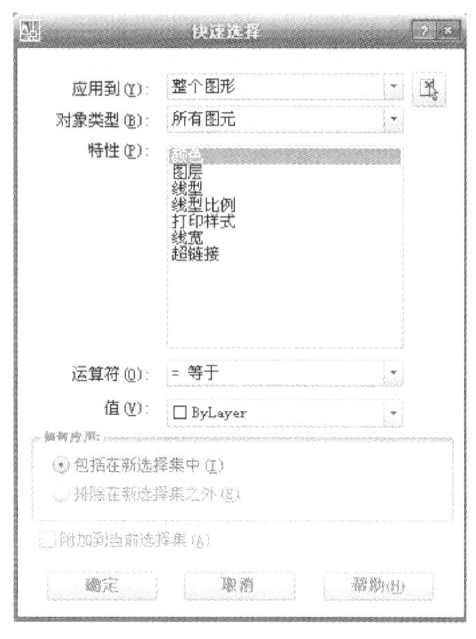

图4－5 “快速选择”对话框

2. 操作方法

在选择对象前，用户应设置选择对象的条件及如何创建选择集。该窗口中的各部分具体含义如下：

（1）“应用到”下拉列表框：它决定快速选择的操作范围。其中有两个选项：“整个图形”和“当前选择集”选项，分别表示当前快捷过滤功能应用于全部图形文件还是用户所选区域。如果在进入“快速选择”对话框时当前图形中存在着一个选择集，那么 AutoCAD 自动将“当前选择”选项设置为默认选项。如果没有当前选择集，那么 AutoCAD 将“整个图形”选项设置为默认项，并且不提供“当前选择”选项。

(2)“选择对象”按钮：位于“应用到”下拉列表框的右侧，单击此按钮，可暂时退出“快速选择”对话框，从而在绘图区域选择要使用设置条件过滤的对象。返回到“快速选择”对话框后，AutoCAD 将“应用到”下拉列表框设置为“当前选择”选项。

(3)“对象类型”下拉列表框：该列表框可以设置选择对象的类型。该列表框共有 3 种基本实体类型：多段线、圆和直线。缺省情况下为“所有图元”项。如果当前图形中没有选择集，那么在“对象类型”下拉列表框中将列出 AutoCAD 中所有图元。如果存在选择集，AutoCAD 将只列出选择集中存在的对象类型。

(4)“特性”列表框：为过滤器指定对象特性。列出了“对象类型”下拉列表框中所选择的实体类型的所有属性，包括颜色、超级链接、图层、线型、线型比例、线宽、打印机类型等。AutoCAD 按名称或分类根据当前排序次序确定这些特性的排序次序。所选择的特性决定在“运算符”和“值”中可获得的选项。

(5)“运算符”下拉列表框：用来设定过滤范围，即需要选择的目标实体满足哪些条件，该列表框列出了一些基本判断语句。AutoCAD 共提供了 5 种运算操作，包括“＝等于”、“＜＞不等于”、“＞大于”、“＜小于”和“全部选择”。它控制过滤器的范围。对于某些特性，“＞大于”和“＜小于”不可用。“＊通配符”仅适用于可编辑的文字字段。

(6)“值”下拉列表框：设置和特性相配套的值。该列表框中的内容根据所选实体的属性类型变化。如果选定的特性有已知值，则“值”变成一个列表，可以从中选择一个值，而当选择属性为数值型时，用户可在其中输入适当的值。可以在特性、运算符和值中设定多个表达式表示的条件，各条件之间为逻辑“与”的关系。

(7)“包括在新选择集中”单选按钮：按设定的条件创建新的选择集。

(8)“排除在新选择集之外”单选按钮：选择该单选按钮，则 AutoCAD 将会在指定范围内排除所有满足用户设定条件的图形实体，而将不符合条件的实体选中。

(9)“附加到当前选择集”复选框：即追加选取按钮。选择该复选框后，AutoCAD 允许用户将使用快选功能选取的目标追加至已选取的目标集中。例如，假若在启动“快速选择”命令之前已选取了一组图形实体，在启动该命令之后，选择“附加到当前选择集”复选框，那么通过“快速选择”选取的实体将被添加到原本已选好的目标组中。相反，若未选择此复选框，则 AutoCAD 将取消用户在启动本命令之前就已经选取的目标，而只为用户选取利用“快速选择”选出的目标。

十一、多重选择方式

该选择方式可以使用鼠标连续选择所需的对象。在命令行“选择对象:”的提示下,输入“M”命令,即可进入“多重选择”方式。AutoCAD 在选择全部对象后采用虚线显示所选择对象,该选择对象的方式可以加快选择速度,在选择复杂对象时其效果尤其明显。

十二、单一选择方式

该选择方式允许用户使用前面介绍的任意方法选择全部所需对象,在命令行“选择对象:”的提示下,输入“SI”命令,即可进入选择“单一选择”方式。选择完所需对象后不用确认,AutoCAD 自动将所选对象加入选择集中,并结束选择。而其他所有的选择对象对象方式都要求在选择后按回车键确认。

十三、自动选择方式

该选择方式综合了直接选取方式和窗选方式的功能。在命令行“选择对象:”的提示下,输入“AU”命令,即可进入选择“自动选择”方式。如果在拾取点处存在一个对象,则选取该对象;否则按窗选方式选择对象。该模式为 AutoCAD 默认模式。

十四、添加方式

该选择方式将使用上面介绍的任意方法选择的对象添加到选择集中。在命令行“选择对象:”的提示下,输入“A”命令,即可进入选择“添加选择”方式。该模式为 AutoCAD 默认模式。

十五、选择组中的对象

该选择方式将选择用户所指定的组中的全部对象。在“选择对象:”的提示下,输入“G”,进入选择组中对象的方式。

所谓对象编组,就是将一组图形实体定义为一个选择集合。只要选择其中一个,实体选择集内的其他实体也同时被选择。与未命名的对象选择集不同,编组是随图形保存的。当用图形作为外部参照或将它插入到另一图形中时,编组的定义仍然有效。

对象编组的启动方法很简单,直接在命令行输入:GROUP 命令,快捷键为“G”。命令执行后,AutoCAD 将会弹出如图 4-5 所示的“对象编组”对话框。

1. 创建编组

新建一个对象编组的步骤如下:

(1)在“编组名”文本框中输入对象编组名称。编组名称最多只能使用 255 个字符,包括字母、数字和空格等字符。

(2)在“说明”文本框中输入新建对象编组的有关文字说明,不能超过 64 个

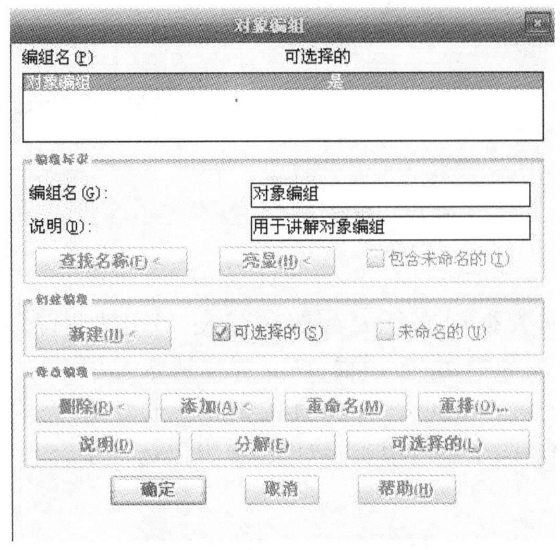

图 4-5 “对象编组”对话框

字符。

(3)单击“新建”按钮，AutoCAD 隐藏“对象编组”对话框，提示选择组成对象编组的对象。

(4)选择后，按回车键返回“对象编组”对话框。AutoCAD 根据输入的编组名和说明及所选择的对象创建新对象编组，并将编组名显示在编组名列表中。在创建对象编组时，还有两个选项可以选择：

① “可选择的”选项：能够控制所建的编组是可选择状态。当编组可选择时，选定一个编组成员也就选定了当前图形中该编组的所有成员，但在备用空间、被冻结及被锁定的图层上的成员除外。当编组不可选时，选定一个编组对象则仅选定了该对象。

② “未命名的”选项：指出是否为新编组命名。创建编组时，既可以给它命名也可以将它指定为匿名。AutoCAD 给未命名编组指定缺省名 *An，其中 n 随着创建新编组数目的增加而递增。

2. 编辑编组

(1)检索对象所属的编组

在“对象编组”对话框中单击“查找名称”按钮，AutoCAD 关闭对话框，提示选择要查询的编组中的对象。选择对象后，AutoCAD 显示如图 4-6 所示“编组成员列表”对话框，并在其中列出对象所属的编组。

(2)查看组成对象

在“编组名”列表框中选择要查看的对象编组，然后单击“亮显”按钮，AutoCAD 隐藏“对象编组”对话框，并在图形区域中高亮显示所选择编组的成员对象。如果对象是多个，将显示如图 4-7 所示对话框，提示用户继续进行查看操作。

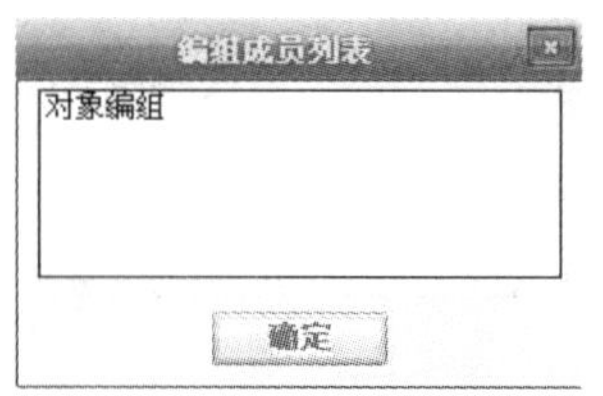

图 4-6 “编组成员列表”

图 4-7 提示框

(3)删除对象

在“编组名”列表框中选择要修改的编组，单击“删除”按钮，AutoCAD 将隐藏“对象编组”对话框，高亮显示所选择编组中的对象，提示选择要删除的对象。选择后，AutoCAD 将直接删除所选对象，完成后按回车键返回对话框。即使用户删除了编组中所有对象，编组依然存在。

(4)添加对象

在“编组名”列表框中选择要编组，单击“添加”按钮，AutoCAD 将隐藏“对象编组”对话框，高亮显示所选编组中的对象，提示选择要添加到组中的对象。选择后，AutoCAD 将所选择的对象直接添加到编组中，完成后按回车键返回对话框。

(5)修改对象编组名称

在“编组名”列表框中选择要编组，在“编组名”编辑框中直接输入目的名称完成后，单击“重命名”按钮即可更名。

(6)对编组中的对象排序

创建对象编组后，编组中的对象是按照被添加到编组中的顺序排列的。有时对编组中的对象进行重排序是很有用的。单击“重排”按钮，AutoCAD 将显示如图 4-8 所示的“编组排序”对话框。

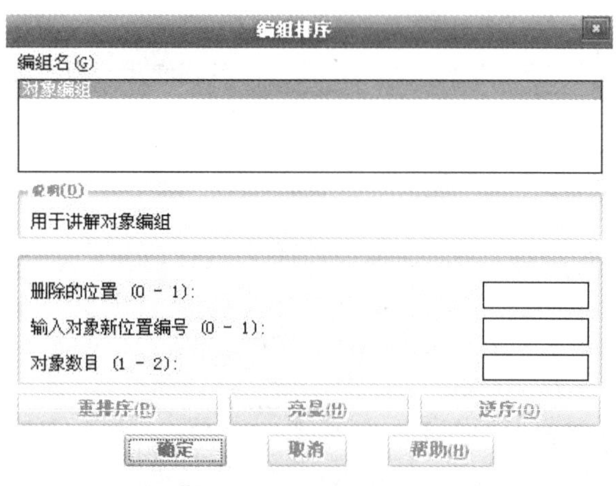

图 4-8 “编组排序”对话框

① 选择要进行排序的对象编组。

② 在“删除的位置”框中输入需要排序对象的当前位置。

③ 在“输入对象新位置编号”框中指定对象要的目的位置。

④ 在“对象数目”框中输入需要排序的对象号码或号码范围。

⑤ 单击“重排序”按钮，AutoCAD 将按指定顺序重新排列对象。

⑥ 单击“逆序”按钮，AutoCAD 将编组中所有成员逆序排列。

⑦ 单击“高显”按钮，AutoCAD 隐藏“编组排序”对话框，查看编组中对象的排列顺序。

操作完成后，单击“确定”按钮，返回“对象编组”对话框。

(7)修改对象编组说明。

在“编组名”列表框中选择要修改的编组，在“说明”框中输入所选择编组的文字说明。修改完成后，单击“说明”按钮 说明(D) 即可。

(8)删除对象编组。

在“编组名”列表框中选择要删除的编组，单击“分解”按钮 分解(E)，AutoCAD 将删除选定的编组。对象编组被删除后，编组中的对象仍保留在图形中。

(9)改变对象编组可选择性。

在“编组名”列表框中选择要编辑的编组，单击“可选择的”按钮 可选择的(L)，即可切换该编组的可选择状态。

十六、满足条件的对象的过滤

在 AutoCAD 中，为了方便用户快捷地选择对象，还提供了“过滤选择”的功能，使用过滤选择，可以以对象的类型(如直线、圆、圆弧等)、图层、颜色、线型或线宽等特性作为条件，来过滤选择符合设定条件的对象。

执行过滤选择的命令为 FILTERE 命令，快捷键为 F1。在命令行输入“F1”后，AutoCAD 将“对象选择过滤器”对话框，如图 4-9 所示。用户可利用这个对话框对对象进行设置过滤选择条件。

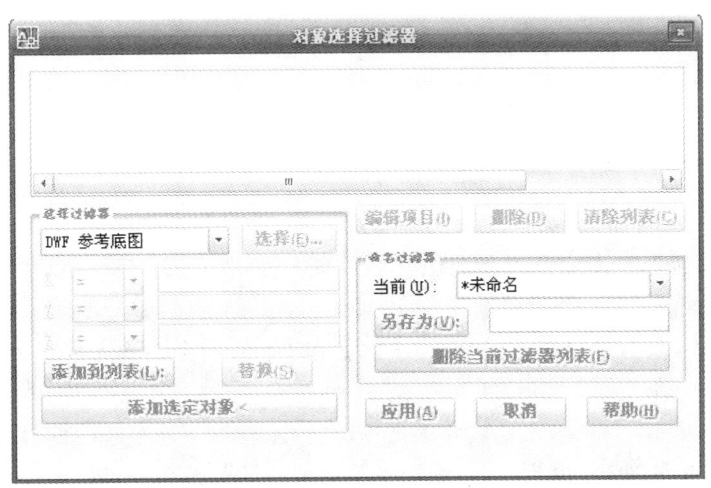

图 4-9 “对象选择过滤器”对话框

第二节　退出、放弃和重做

AutoCAD运行时，系统记录了曾运行的每一个命令，因此在绘图过程中，若发现前面所生成的图形或对图形的编辑有误，或者在取消命令时，多余地取消了几个命令，这时通过AutoCAD提供的取消和重复命令，便可很方便地恢复到正常位置，但存盘、图形的重生成等操作是不能放弃的。

一、退出命令

当我们在命令中忽然发现此时正在操作的命令不正确，那我们就要退出命令回到AutoCAD的正常状态，在命令执行过程中要放弃命令的执行，只需要按键盘左上角的ESC键即可。

二、放弃命令

绘图过程中，执行错误操作是很难避免的，当失误严重时，就会对图形文件造成很大的损害。这时，AutoCAD允许用户使用Undo命令来取消这些错误的操作。

只要没有退出AutoCAD结束绘图，进入AutoCAD后的全部绘图操作都会存储在缓冲区中，使用Undo命令可以逐步放弃本次进入绘图状态后的操作，直至初始状态。当放弃到初始状态时，命令行会出现如图4-10所示的提示。这样，用户可以一步一步地找出错误所在，重新进行编辑修改。

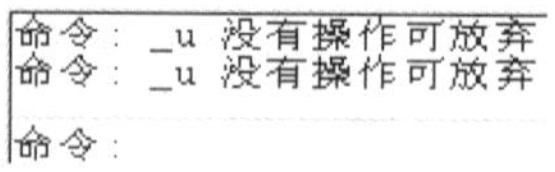

命令: _u 没有操作可放弃
命令: _u 没有操作可放弃

命令:

图4-10　放弃到初始状态的命令行

启动放弃命令有如下5种方式：

(1)打开“菜单栏”中“编辑”下拉列表，单击“放弃”选项。

(2)在命令行中输入命令“Undo”并回车。

(3)在命令行中输入命令“U”并回车。

(4)在命令行中输入其快捷键“Ctrl+Z”。

(5)单击“标准”工具栏上的“放弃”按钮。

[想一想]

当“放弃”按钮变成灰色时，再点击按钮图形有什么变化?

Undo命令最多能恢复到打开DWG时的图形，它还有一个更为常用的形式，即U命令。在命令行中输入U和Undo是不同的，U命令是Undo命令的单个使用方式，没有命令选项，执行一次犹如在Undo命令中输入数字1一样，即向前恢复一个命令。Undo命令则是全功能命令，在命令行中输入该命令，AutoCAD提示用户“输入要放弃的操作数目”以及以下几个选项的设置：

(1)“自动”选项：设为“开”，则同一菜单项后的几条命令可以用一个Undo命令返回。

(2)“控制”选项:该选项允许用户决定保留多少恢复信息,AutoCAD默认设置为“全部”。

(3)“开始”选项:该选项和“结束”选项联合使用,用户可以通过这一命令把一系列命令定义为一个小组,这个组由Undo命令统一处理。

(4)“结束”选项:用于定义组的结束部位。

(5)“标记”选项:用来将命令的执行过程加以标记,该选项和“后退”选项联合使用,用来在编辑过程中设置标记,以后可用Undo命令返回这一标记位置。

(6)“后退”选项:用来从当前位置一次恢复到最近的标记处。该选项和“标记”选项联合使用,使图形返回到标记位置。

在放弃命令时,读者可以根据自己的需要选择启动方式,一般来说,直接在命令行中重复输入其快捷键“Ctrl+Z”会更加方便一些。

三、重做命令

与Windows的其他应用软件相似,AutoCAD提供了重复执行上一命令的命令Redo。启动Redo命令可通过以下几种方式:

(1)打开“菜单栏”中“编辑”下拉列表,单击“重做”选项。

(2)在命令行中输入命令“Redo”并回车。

(3)在命令行中输入其快捷键“Ctrl+Y”。

(4)单击“标准”工具栏上的“放弃”按钮。

Redo命令只有在U或Undo命令之后才能起作用,它没有下属选项,如果连续运行了两次以上的Undo命令,Redo命令则只对最近一次Undo命令起作用。

第三节　删除对象

在绘图工作中,经常会产生一些中间阶段的实体,可能是辅助线,也可能是一些错误的或者没有作用的图形。在最终的图形中,是不需要这些实体的。“删除”命令为用户提供了删除实体的方法。

一、启动

启动“删除”命令可以通过如下3种方法:

1. 单击“菜单栏”中“修改”下拉菜单中的“删除”选项,即可启动“删除”命令。
2. 在命令行中输入快捷键“E”并回车,也可启动“删除”命令。
3. 单击“修改”工具栏中的“删除”按钮,也可启动“删除”命令。

[问一问]

删除命令的英文全称是什么?

二、操作方法

在启动了“删除”命令后,AutoCAD的命令行中会提示:“选择对象:”,此时十字光标变成拾取框,这时可以用前面讲过的任何一种方式选择需要删除的对象，选定要删除的对象后再回车，被选定的对象就被删除了。

最直接的方法是先选择对象后，按 Delete 键再按回车键完成“删除”命令。

使用“删除”命令，有时很可能会误删除一些有用的图形实体。如果在删除实体后，立即发现操作失误，可用 Oops 命令来恢复删除的实体，只要直接在命令行中输入：“Oops”命令即可，也可以直接输入“Ctrl+Z”命令返回，这在前面都已经叙述过了。

第四节　复制对象

如果在绘图中，需要一次又一次地重复绘制相同的实体实在麻烦。在 AutoCAD 中，就提供了“复制”命令，让用户轻松地将实体目标复制到新的位置。

“复制”命令用于将选定的对象复制到指定的位置，且原对象保持不变。复制的对象与原对象的方向、大小均相同。如果需要，还可以进行多重复制，每个复制的对象均与原对象各自独立，可以像原对象一样被编辑和使用。

一、启动

启动“复制”命令可以通过如下 3 种方法：

1. 单击“菜单栏”中“修改”下拉菜单中的“复制”选项，即可启动“复制”命令。
2. 在命令行中输入快捷键“CO”并回车，也可启动“复制”命令。
3. 单击“修改”工具栏中的“复制”按钮，也可启动“复制”命令。

二、操作方法

通过以上任一操作启动“复制”命令，AutoCAD 提示如下：

“选择对象：”：此时十字光标变成拾取框，这时可以用前面讲过的任何一种方式选择需要复制的对象，AutoCAD 将一直重复进行“选择对象”提示，用户可以多次选择需要复制的对象，选定要复制的对象后再按回车键确定，即结束“选择对象”的提示。

“指定基点或【位移 D】<位移>：”：在该选项下，指定一点作为对象复制的基点。

[想一想]
如何准确地将物体复制到指定位置上？

“指定位移的第二点或<使用第一点作为位移>：”：此时，用户可以指定一点作为第二个位移点，AutoCAD 将用这两点之间的距离和方向来确定复制的对象的位置。如果用“回车键”响应上面的提示，AutoCAD 将以基点的坐标值作为所选复制对象沿 X 轴和 Y 轴方向上的位移。

完成上述操作，命令行中将再次提示“指定位移的第二点或<使用第一点作为位移>：”，此时，用户复制完一次对象后，仍可以进行多次复制，多次复制完对象后，只需按“回车键”即可完成“复制”命令。

确定位移时，应充分利用诸如对象捕捉、栅格和捕捉等精确绘图的辅助工具。

三、使用剪贴板在图形窗口之间复制对象

在 AutoCAD 中，可以同时打开多个文档，用户不但可以在当前工作的图形中复制对象，而且还允许在打开的不同图形文件之间进行复制。

剪贴板是 Windows 提供的一个实用工具，可方便地实现应用程序间图形数据和文本数据的传递。

打开“菜单栏”中的“编辑”下拉列表，就可以看到“剪切”、“复制”、“带基点复制”等选项，下面我们就来分别讨论一下这几个选项。

(一)剪切(Ctrl＋X)

该命令是指将选定的对象复制并且移动。

1. 启动

启动“剪切(Ctrl＋X)”命令可以通过如下 4 种方法：

(1)单击“菜单栏”中“编辑”下拉菜单中的“剪切”选项，即可启动“剪切(Ctrl＋X)”命令。

(2)在命令行中输入快捷键“Ctrl＋X”并回车，也可启动“剪切(Ctrl＋X)”命令。

(3)在绘图区域单击鼠标右键，弹出快捷菜单，单击快捷菜单中的“剪切”选项，也可启动“剪切(Ctrl＋X)”命令。

(4)单击“标准”工具栏中的“剪切”按钮 ✂，也可启动“剪切(Ctrl＋X)”命令。

2. 操作方式

通过以上任一操作启动“剪切(Ctrl＋X)”命令，AutoCAD 提示如下：

“选择对象：”：此时十字光标变成拾取框，这时可以用前面讲过的任何一种方式选择需要复制的对象，AutoCAD 将一直重复进行“选择对象”提示，用户可以多次选择需要复制的对象，选定要复制的对象后再按回车键确定，即结束“剪切(Ctrl＋X)”命令。此时，被选择的对象被删除，用户只需要在需要粘贴的图形文件中输入“粘贴(Ctrl＋V)”命令并回车，则刚才被剪切的对象就将复制进来。

(二)复制(Ctrl＋C)

“编辑”菜单下的“复制”命令和“修改”菜单下的“复制”命令有本质的区别，前者是将目标复制到剪贴板上，需再进行一次粘贴操作才能最终完成复制工作，就和在 Windows 操作中的文件的“复制”和“粘贴”操作具有一样的意义；而后者是在文档内部的复制，只是一个文件之间的图形之间的复制。

1. 启动

启动“复制(Ctrl＋C)”命令可以通过如下 4 种方法：

(1)单击“菜单栏”中“编辑”下拉菜单中的“复制”选项，即可启动“复制(Ctrl＋C)”命令。

(2)在命令行中输入快捷键“Ctrl＋C”并回车，也可启动“复制(Ctrl＋C)”命令。

(3)在绘图区域单击鼠标右键，弹出快捷菜单，单击快捷菜单中的“复制”选

项，也可启动“复制(Ctrl+C)”命令。

(4)单击“标准”工具栏中的“复制”按钮，也可启动“复制(Ctrl+C)”命令。

2. 操作方式

通过以上任一操作启动“复制(Ctrl+C)”命令，AutoCAD 提示如下：

“选择对象：”：此时十字光标变成拾取框，这时可以用前面讲过的任何一种方式选择需要复制的对象，AutoCAD 将一直重复进行“选择对象”提示，用户可以多次选择需要复制的对象，选定要复制的对象后再按回车键确定，即结束“复制(Ctrl+C)”命令。

如果光标处在绘图区域，那么 AutoCAD 将选定的对象复制到剪贴板。如果光标处于命令行或文本窗口，那么被选定的文本将复制到剪贴板中。然后用户只需要在需要粘贴的图形文件中输入“粘贴(Ctrl+V)”命令并回车，则刚才被选定的对象就将复制进来。此命令不仅可以在相同图形文件之间进行复制，还可以在不同图形文件之间进行。

(三)带基点复制(Ctrl++Shift+C)

运用“编辑”菜单下的“复制(Ctrl+C)”命令将图形对象复制到剪贴板上的方式不允许用户确定基准插入点，因此它在新文件或新位置上的粘贴不容易准确控制位置。于是，AutoCAD 推出了另一项命令：“带基点复制(Ctrl++Shift+C)”。

1. 启动

启动“带基点复制(Ctrl++Shift+C)”命令可以通过如下 3 种方法：

(1)单击“菜单栏”中“编辑”下拉菜单中的“带基点复制”选项，即可启动“带基点复制(Ctrl++Shift+C)”命令。

(2)在命令行中输入快捷键“Ctrl++Shift+C”并回车，也可启动“带基点复制(Ctrl++Shift+C)”命令。

(3)在绘图区域单击鼠标右键，弹出快捷菜单，单击快捷菜单中的“带基点复制”选项，也可启动“带基点复制(Ctrl++Shift+C)”命令。

2. 操作方式

通过以上任一操作启动“带基点复制(Ctrl++Shift+C)”命令，AutoCAD 提示如下：

“指定基点：”：提示用户在绘图区域指定复制的基点。

“选择对象：”：此时十字光标变成拾取框，这时可以用前面讲过的任何一种方式选择需要复制的对象，AutoCAD 将一直重复进行“选择对象”提示，用户可以多次选择需要复制的对象，选定要复制的对象后再按回车键确定，即结束“带基点复制(Ctrl++Shift+C)”命令。

然后用户只需要在需要粘贴的图形文件中输入“粘贴(Ctrl+V)”命令并回车，这样，用户从剪贴板中将对象粘贴到同一图形或其他图形时能够精确定位。

(四)复制链接

1. 启动

启动“复制链接”命令可以通过如下 2 种方法：

(1)单击“菜单栏”中“编辑”下拉菜单中的“复制链接”选项，即可启动“复制链接”命令。

(2)在命令行中输入“COPYLINK”并回车，也可启动“复制链接”命令。

2. 操作方式

通过以上任一操作启动“复制链接”命令，AutoCAD 将当前视口复制到剪贴板。

(五)粘贴(Ctrl＋V)

1. 启动

启动“粘贴(Ctrl＋V)”命令可以通过如下 4 种方法：

(1)单击“菜单栏”中“编辑”下拉菜单中的“粘贴”选项，即可启动“粘贴(Ctrl＋V)”命令。

(2)在命令行中输入快捷键“Ctrl＋V”并回车，也可启动“粘贴(Ctrl＋V)”命令。

(3)在绘图区域单击鼠标右键，弹出快捷菜单，单击快捷菜单中的“粘贴”选项，也可启动“粘贴(Ctrl＋V)”命令。

(4)单击“标准”工具栏中的“粘贴”按钮，也可启动“粘贴(Ctrl＋V)”命令。

2. 操作方式

通过以上任一操作启动“粘贴(Ctrl＋V)”命令，AutoCAD 提示指定插入点，如果剪贴板中的对象是通过“复制(Ctrl＋C)”命令复制进去的，插入点则是该对象的最左下的一个角点；如果剪贴板中的对象是通过带基点复制(Ctrl＋＋Shift＋C)”命令复制进去的，插入点就是复制时命令的那个基点。

AutoCAD 可以粘贴剪贴板中的对象、文字以及各类文件，包括图元文件、位图文件和多媒体文件。此时，粘贴进来的对象属性和复制进剪贴板时一样。

(六)粘贴为块(Ctrl＋＋Shift＋V)

1. 启动

启动“粘贴为块(Ctrl＋＋Shift＋V)”命令可以通过如下 3 种方法：

(1)单击“菜单栏”中“编辑”下拉菜单中的“粘贴为块”选项，即可启动“粘贴为块(Ctrl＋＋Shift＋V)”命令。

(2)在命令行中输入快捷键“Ctrl＋＋Shift＋V”并回车，也可启动“粘贴为块(Ctrl＋＋Shift＋V)”命令。

(3)在绘图区域单击鼠标右键，弹出快捷菜单，单击快捷菜单中的“粘贴为块”选项，也可启动“粘贴为块(Ctrl＋＋Shift＋V)”命令。

2. 操作方式

通过以上任一操作启动“粘贴为块(Ctrl＋＋Shift＋V)”命令，AutoCAD 提示用户指定块的插入点。然后，将剪贴板中的对象以块的形式插入到当前的图形中。

(七)粘贴到原坐标

1. 启动

启动“粘贴到原坐标”命令可以通过如下 3 种方法：

(1)单击“菜单栏”中“编辑”下拉菜单中的“粘贴到原坐标”选项，即可启动“粘贴到原坐标”命令。

(2)在命令行中输入“PASTEORIG”并回车，也可启动“粘贴到原坐标”命令。

(3)在绘图区域单击鼠标右键，弹出快捷菜单，单击快捷菜单中的“粘贴到原坐标”选项，也可启动“粘贴到原坐标”命令。

2. 操作方式

通过以上任一操作启动“粘贴到原坐标”命令，AutoCAD 复制剪贴板中的对象将其粘贴到新图形。对象在新图形中的坐标值与原图形相同。

只有当剪贴板中包含了其他图形(当前图形除外)中的 AutoCAD 数据时，用户才能实用“粘贴到原坐标”命令。

(八)选择性粘贴

1. 启动

启动“选择性粘贴”命令可以通过如下 3 种方法：

(1)单击“菜单栏”中“编辑”下拉菜单中的“选择性粘贴”选项，即可启动“选择性粘贴”命令。

(2)在命令行中输入“PASTESPEC”并回车，也可启动“选择性粘贴”命令。

2. 操作方式

通过以上任一操作启动“粘贴到原坐标”命令，AutoCAD 弹出“选择性粘贴”对话框，如图 4－11 所示。

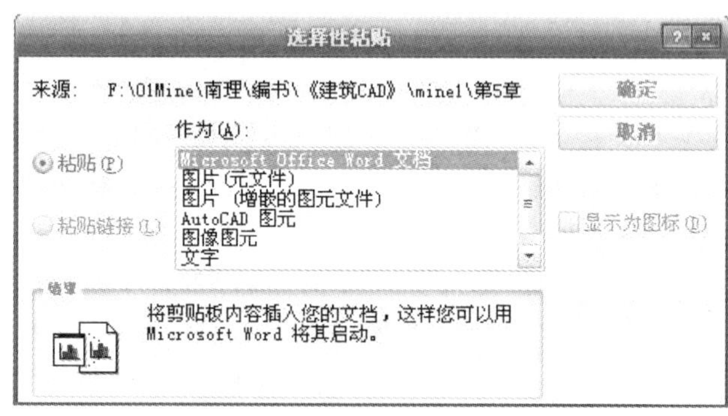

图 4－11 “选择性粘贴”对话框

在“作为”列表框中选择剪贴板中的对象粘贴到图形中的有效格式。如果选择了“AutoCAD 图元”选项，AutoCAD 将把剪贴板中图元文件格式的图形转换为 AutoCAD 对象。如果没有转换图元文件格式的图形，图元文件将显示为 OLE 对象。

【实践训练】

课目一：复制对象

(一)已知条件

给定图 4-12。

(二)问题

将图 4-12(a)中的对象按照 A 点至 B 点的矢量变化复制一个出来。

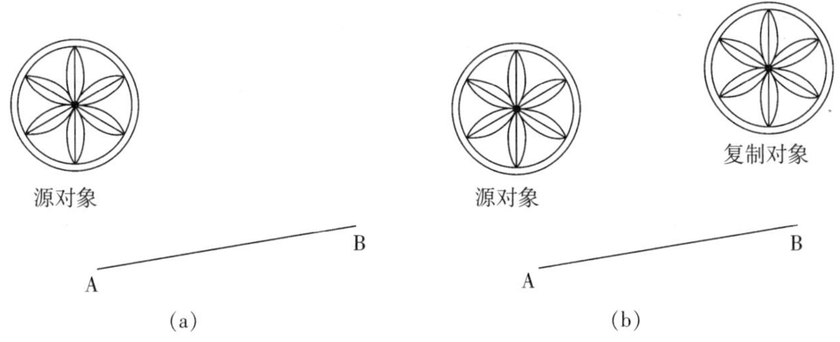

图 4-12　使用“复制”命令复制对象

(三)分析与解答

调用“复制”命令，AutoCAD 提示如下：

命令：CO(按回车键启动命令)

选择对象：(选择源对象)

选择对象：(按回车键结束对象的选择)

指定基点或[位移(D)]<位移>：(打开“对象捕捉”精确捕捉到 A 点)。

指定第二个点或<使用第一个点作为位移>：(打开“对象捕捉”精确捕捉到 B 点)。

指定第二个点或[退出(E)/放弃(U)]<退出>：(按回车键结束命令)。

结果如图 4-12(b)所示。

课目二：多次复制对象

(一)已知条件

给定图 4-13。

(二)问题

将图 4-13(a)中的圆依次复制至矩形的四个顶点上。

(三)分析与解答

调用“复制”命令，AutoCAD 提示如下：

命令:CO(按回车键启动命令)

选择对象:(选择源对象圆)

选择对象:(按回车键结束对象的选择)

指定基点或[位移(D)]<位移>:(打开“对象捕捉”精确捕捉到圆的圆心)

指定第二个点或<使用第一个点作为位移>:(打开“对象捕捉”精确捕捉到矩形的一个顶点)。

指定第二个点或<使用第一个点作为位移>:(打开“对象捕捉”精确捕捉到矩形的第二个顶点)。

指定第二个点或<使用第一个点作为位移>:(打开“对象捕捉”精确捕捉到矩形的第三个顶点)。

指定第二个点或<使用第一个点作为位移>:(打开“对象捕捉”精确捕捉到矩形的第四个个顶点)。

指定第二个点或[退出(E)/放弃(U)]<退出>:(按回车键结束命令)。

结果如图 4-13(b)所示。

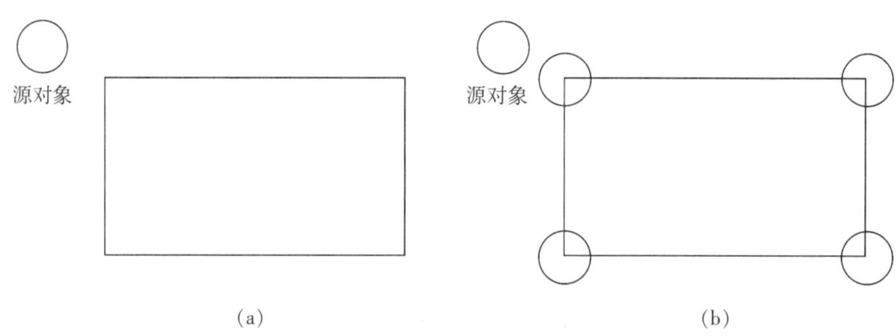

(a) (b)

图 4-13 使用“复制”命令多次复制对象

第五节 镜像对象

在实际过程中,经常会遇到一些对称的图形。例如在一个单元中的两个户型,其左右两侧往往是相同的户型。如果重复绘制则影响绘图速度,于是,AutoCAD 则提供了“图形镜像”功能,即只需要绘制出相对称图形的公共部分,利用“图形镜像”命令就可将对称的另一部分镜像复制出来。实用“图形镜像”命令,可以围绕用两点定义的轴线镜像对象,同时可以选择删除或保留原对象。“图形镜像”命令作用于当前 UCS 的 XY 平面平行的任何平面。

制图中对称的情况很多,所以图形的“镜像”命令应用较多。和旋转、缩放功能不同,镜像后原对象可以选择是删除还是保留。对于对称图形可以先生成一部分,然后利用镜像生成对称图形。

一、启动

启动“图形镜像”命令可以通过如下 3 种方法:

1. 单击“菜单栏”中“修改”下拉菜单中的“镜像”选项，即可启动“镜像”命令。

2. 在命令行中输入快捷键“MI”并回车，也可启动“镜像”命令。

3. 单击“修改”工具栏中的“镜像”按钮 ，也可启动“镜像”命令。

[问一问]

镜像命令的英文全称是什么?

二、操作方法

在进行“镜像”命令时，用户只需要告诉 AutoCAD 要对哪些实体目标进行对称复制以及对称线的位置即可。具体操作步骤如下：

通过上述任何一种方式启动“镜像”命令，AutoCAD 给出提示：

1.“选择对象:”选择需要镜像的实体。和其他编辑命令一样，可用各种选择方法来选择目标，且可以重复选择，直至按下“回车键”结束选择对象。

2.“指定镜像线的第一点:”：确定镜像线的起点位置。

3.“指定镜像线的第二点:”：确定镜像线上的另外一点。确定了这两点，镜像线也就确定下来了，系统将以该对称线为轴创建镜像。对称线只是一条辅助绘图线，当“镜像”命令执行完毕后，将看不到这条对称线。对称线可以是任一角度的斜线，不一定非得是水平线或垂直线。

4.“要删除原对象吗? [是(Y)/否(N)]<N>:”：提示下确定是否删除原来选择的实体对象。输入“Y”是删除原对象；输入“N”是不删除原对象。AutoCAD 的默认选项为 N，所以只需要直接按下回车键，就是“N”(不删除原对象)选项。如果只需要得到新出现的镜像，输入“Y”并回车即可。

“镜像”命令除了镜像图形，还可以镜像文本。但在镜像文本时，应注意 Mirrtext 这个系统变量的设置。当 Mirrtext=0 时，生成文本“部分镜像”，即文本只是位置发生变化，而文本从左到右的顺序并没有发生改变，原来文本顺序如何，产生镜像后文本的顺序仍如此，如图 4-14(a)所示。当 Mirrtext=1 时，生成文本“全部镜像”，即它的位置和顺序与其他实体一样都产生了镜像，如图 4-14(b)所示。要设置系统变量 Mirrtext 的值，用户只需在命令行输入“Mirrtext”命令并回车，然后根据需要在其提示后输入 0 或 1 即可。

Mirrtext=0　Mirrtext=0　　　Mirrtext=1　1=txettriM

(a)Mirrtext=0 时　　(b)Mirrtext=1 时

图 4-14　Mirrtext 系统变量的设置

【实践训练】

课目：利用“镜像”命令复制两个圆

(一)已知条件

已给定图 4-15(a)。

(二)问题

利用镜像命令将图 4－15(a)中两个圆复制到矩形的另外两个顶点上。

(三)分析与解答

利用镜像命令将图 4－15(a)中的两个圆复制到矩形的另外的两个顶点上。

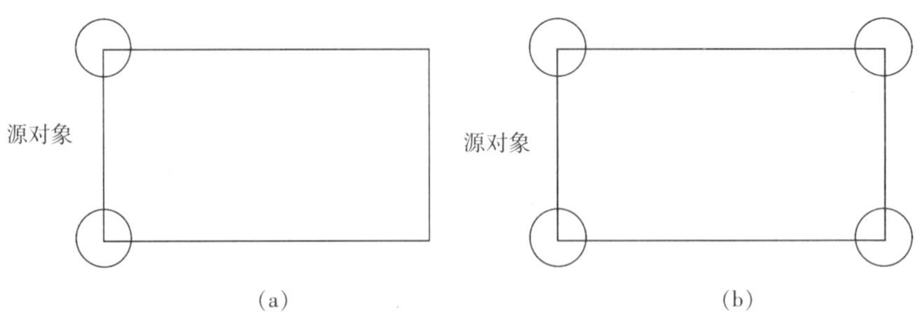

图 4－15　利用"镜像"命令复制两个圆

调用"镜像"命令，AutoCAD 提示如下：

命令：MI(按回车键启动命令)

选择对象：(选择源对象一个圆)

选择对象：(选择源对象另一个圆)

选择对象：(按回车键结束对象的选择)

指定镜像线的第一点：(打开"对象捕捉"精确捕捉到矩形一条长边的中点)。

指定镜像线的第二点：(打开"对象捕捉"精确捕捉到矩形另一条长边的中点)。

要删除原对象吗？[是(Y)/否(N)]<N>：直接按回车键结束命令。

结果如图 4－15(b)所示。

第六节　阵列对象

在一张图形中，当需要利用一个实体组成含有多个相同实体的矩形方阵或环形方阵时，"阵列"命令是非常有效的。

"阵列"命令用于将所选择的对象按照矩形或环形图案方式进行多重复制。当使用矩形阵列时，需要用户指定行和列的数目、它们之间的行间距和列间距(行间距和列间距可以不同)，整个矩形可以以某个角度旋转。当使用环形阵列，需要用户指定间隔角、复制对象的数目、整个阵列的包含角以及对象阵列时是否保持原对象方向。

和"复制"功能不同，阵列复制可以将对象沿平行于当前 UCS 坐标系的 X 轴和 Y 轴进行等间距矩形多重阵列复制或绕一点沿圆周进行圆形多重阵列复制。文字的阵列复制在图的表格绘制中应用较多，因为先复制在修改文字内容才能保证书写位置准确的对齐。

一、启动

启动“阵列”命令可以通过如下 3 种方法：

1. 单击“菜单栏”中“修改”下拉菜单中的“阵列”选项，即可启动“阵列”命令。
2. 在命令行中输入快捷键“AR”并回车，也可启动“阵列”命令。
3. 单击“修改”工具栏中的“阵列”按钮，也可启动“阵列”命令。

二、操作方法

进行上述任何操作，即可弹出“阵列”对话框。在 AutoCAD 中，图形阵列分为“矩形阵列”和“环形阵列”两种类型。

“阵列”对话框各选项的含义如下：

1. 矩形阵列：“阵列”对话框弹出后，AutoCAD 将“矩形阵列”设置默认为系统初始默认方式，如图 4－16 所示。该选项用于控制阵列时对象的位置和姿态，对话框右侧空白处给出了矩形阵列的预览图像。

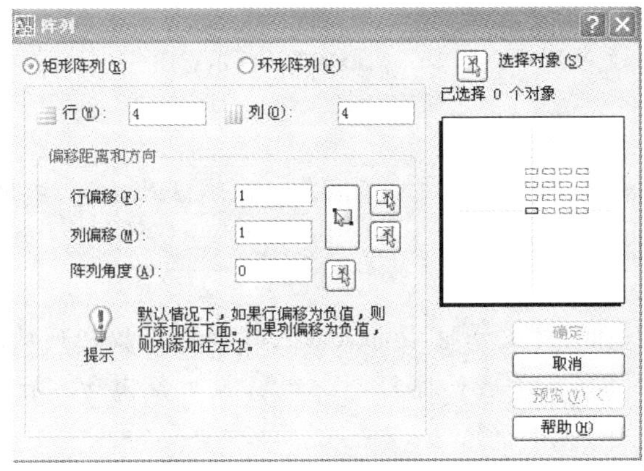

图 4－16　“矩形阵列”对话框

2. 环形阵列：选中“环形阵列”单选按钮，则弹出如图 4－17 所示的对话框，对话框右侧空白处给出了环形阵列的预览图像。

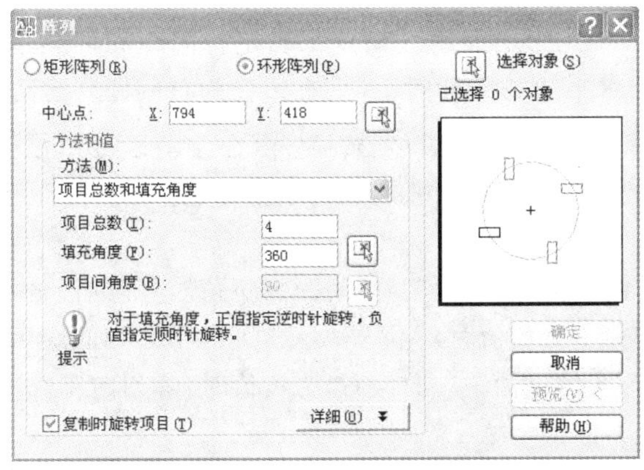

图 4－17　“环形阵列”对话框

(一)矩形阵列

[想一想]

矩形阵列示意图中,比较产生阵列的实体与窗子、列间距与开间、行间距与层高的相似性。

矩形阵列是按照网格行列的方式进行实体复制的,所以用户必须告诉AutoCAD想将实体目标复制成几行,几列,而且行间距、列间距又分别是多少。矩形阵列示意图如图4-18所示。

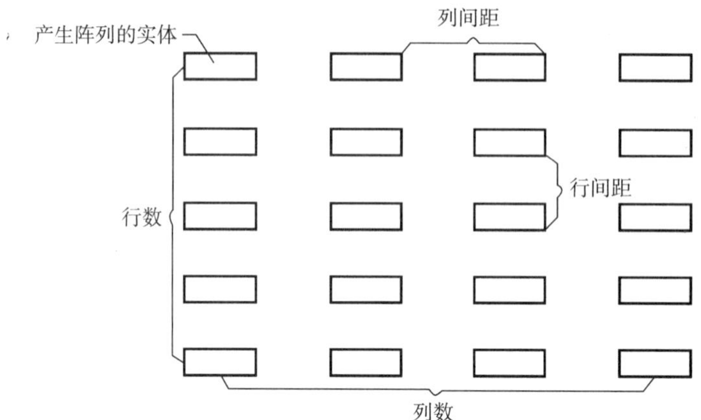

图4-18 图形矩形阵列示意图

1."矩形阵列"对话框的含义

启动"阵列"命令,弹出"阵列"对话框,AutoCAD默认为"矩形阵列"对话框,对话框中各选项的含义如下:

(1)行、列

在"行"文本框和"列"文本框中可以输入阵列的行数和列数的任意组合(行数和列数均为1时,则不生成任何复制对象),源对象包含在行数和列数之中。如图4-18所示,为5行、4列。

(2)行偏移、列偏移

可以输入阵列中的行间距和列间距。行间距和列间距可以不同,根据提示输入各自的值,行间距和列间距的含义如图4-18所示。除了直接在文本框中输入数值,还可以单击"行偏移"和"列偏移"右侧的"拾取两个偏移"按钮,在绘图区域用鼠标拖动一个矩形的一组对角点来确定行间距和列间距,此矩形框称为单元框,单元框的水平边长为列间距,垂直边长为行间距。也可以分别单击"拾取行偏移"按钮或者"拾取列偏移"按钮,在绘图区域用鼠标分别指定行间距和列间距,只需要在绘图区域中拾取两个点,利用两点间距离和方向来确定间距。

行间距和列间距有正、负之分。行间距为正值时,阵列后的实体群相对于源实体目标的方向向上;为负值时,AutoCAD阵列向下。列间距为正值时,阵列后的实体群相对于源实体目标的方向向右;为负值时,阵列向左。

(3)阵列角度

如果要生成如图4-19所示的倾斜的矩形阵列,就必须在"阵列角度"文本框中输入倾斜角度。除了在“阵列角度”文本框中直接输入倾斜角度，还可以单击“阵列角度”文本框右侧的“拾取阵列的角度”按钮，在绘图区域用鼠标指定倾斜角度。

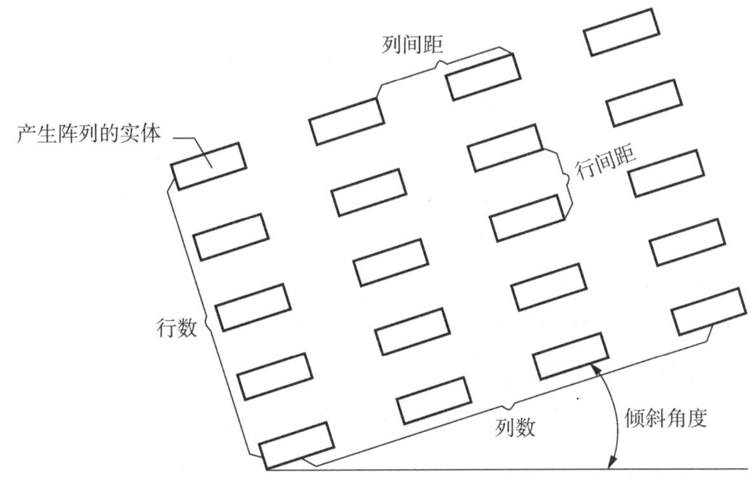

图 4-19　倾斜矩形阵列示意图

(4)“选择对象”按钮

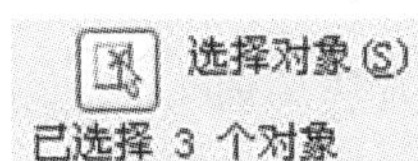

图 4-20　选择对象后显示

该按钮用于选择要阵列的源对象。点击该按钮，则暂时退出“矩形阵列”对话框，返回到绘图区域，此时十字光标变成拾取框形式，则可用以前讲过的任何一种方法选取要阵列的对象，选择一个对象后，命令行重复“选择对象:”提示，此时，用户可以重复选择对象，直至按“回车”键即可结束选择，AutoCAD 回到“矩形阵列”对话框。这时，“选择对象”按钮下面则显示出已经选择了几个对象，如图 4-20 所示。

(5)预览区域

位于“环形阵列”对话框的右侧，在此预览区域中，可预览当前设置所会产生的阵列效果。

2.“矩形阵列”的具体操作

“环形阵列”对话框是“阵列”对话框的缺省项，具体操作如下：

(1)单击“选择对象”按钮，选择要进行阵列复制的对象，按“回车键”结束选择。

(2)在“行”和“列”的文本框中输入行数和列数。

(3)在“行偏移”和“列偏移”的文本框中输入行间距和列间距。用户还可以单击文本框右侧的“拾取行偏移”、“拾取列偏移”或“拾取两个偏移”按钮，在绘图区域拾取行间距和列间距。

(4)在“阵列角度”文本框中输入阵列对象的旋转角度。

(5)决定各参数后，可以单击“预览”按钮 预览(V) < 查看结果。系统将弹出

如图 4-21 所示的对话框。如果选择“接受”，则完成阵列；如果选择“修改”，则返回对话框修改参数；如果选择“取消”，则放弃阵列命令。

图 4-21　确认对话框

(二)环形阵列

[想一想]

哪些图形可以用环形阵列命令绘制?

“阵列”命令除了可产生矩形阵列之外，还可以将所选择的目标按圆周等距排列，即环形阵列图形。

要生成环形阵列图形，就必须在“阵列”对话框中，选中“环形阵列”单选框，这时就会弹出如图 4-17 所示的“环形阵列”的对话框。

1.“环形阵列”对话框的含义

如图 4-14 所示的“环形阵列”对话框中各选项的含义如下：

(1)中心点

该选项用于指定阵列中心。可以在“中心点”文本框中直接输入环形圆周的中心点的坐标，X 对应着横坐标；Y 对应着纵坐标。也可以单击文本框右边的“拾取中心点”按钮，直接在图形中用鼠标指定中心点。

(2)方法和值

在“方法和值”选项组里面可以设置环形阵列的排列方式，在“方法”环下拉文本框里面提供了 3 种排列设置方法，选择其中一种，然后在下面的文本框中设置相应的参数。

环形阵列一共有三种方法：项目总数和填充角度、项目总数和项目间的角度、填充角度和项目间的角度。随着选择方法不同，“方法”下的各参数也分为可用和不可用两种状态。

① 项目总数：指定在最后阵列时需要复制对象的总数，默认值为 6。

② 填充角度：通过定义阵列中第一个和最后一个元素的基点之间的包含角来设置阵列大小。默认值为 360，不允许为 0。

③ 项目间的角度：指定阵列对象的基点之间包含的角度和阵列的中心。只能是非零正值，默认方向值为 90。

输入一个“正”的角度，AutoCAD 会按逆时针方向阵列实体图形；如果输入一个“负”的角度，AutoCAD 会按顺时针方向生成环形阵列实体图形。

(3)复制时旋转项目(T)

该复选框用于控制阵列时是否旋转对象。选中“复制时旋转项目”复选框，表示旋转复制，阵列后每个实体的方向均朝向环形阵列的中心；如果不选，表示平移复制，阵列后每个实体图形均保持原实体图形的方向。用户可以直接在预览区观察到。

在环形阵列中，旋转复制和平移复制的区别如图 4-22(a)和 4-22(b)所示。

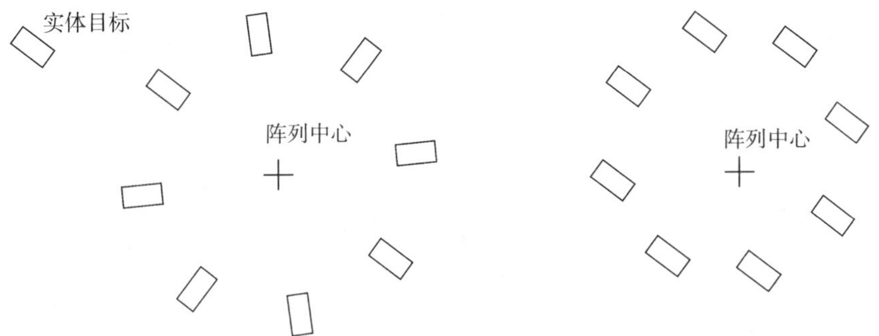

图 4-22　在环形阵列图形时，旋转复制和平移复制的区别

(4)详细

单击该按钮，"环形阵列"对话框将扩展至如图 4-23 所示，它显示了复制对象时的基点。如果选择"设为对象的默认值"，将使用对象的默认基点定位阵列对象。如果要手动设置基点，可以取消选择该复选框，然后用户可自行在文本框中定义输入坐标值即可。

AutoCAD 为每一个对象都规定了唯一的一个参考点，不同对象的参考点如下：

① 直线、轨迹线：取第一个端点作为参考点。

② 圆、圆弧、椭圆、椭圆弧：取圆心作为参考点。

③ 块、形：取插入点作为参考点。

④ 文本：取文本定位基点作为参考点。

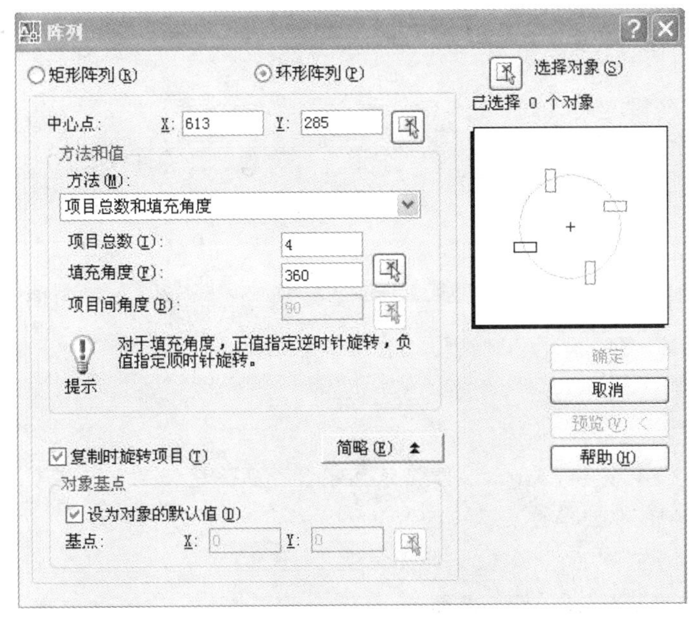

图 4-23　单击"详细"按钮后的"环形阵列"对话框

(5)预览区域

位于"环形阵列"对话框的右侧，在此预览区域中，可预览当前设置所会产生的阵列效果。

(6)"选择对象"按钮

该选项用于选择需要阵列的对象。单击左边的"选择对象"按钮，暂时退出对话框回到绘图区域，十字光标变成拾取框形式，这时，用我们前面讲过的任何一种选择对象的方式在图形中选择需要阵列的对象，重复选择，并按"回车键"结束"选择对象"的提示。

2."环形阵列"的具体操作

(1)弹出"阵列"对话框，点击上方的"环形阵列"单选框，即可启动"环形阵列"对话框。

(2)单击"选择对象"按钮选择对象。

(3)在 X、Y 文本框中输入环形阵列中心点的坐标值，也可以通过"拾取中心点"按钮直接在图形窗口中选择。

(4)确定阵列方法。按照 AutoCAD 提供的 3 种阵列方法输入不同的参数即可。

(5)确定对象是否旋转。

(6)设置附加选项。

(7)决定各参数后，可以单击"预览"按钮 预览(V) < 查看结果。

【实践训练】

课目：使用"阵列命令"

(一)已知条件

A 点为矩形阵列：3 行 3 列，行间距为 170，列间距为 141.5；B 点组合为环形阵列：中心点为下面圆弧的圆心，项目总数为 5，填充角度为 70°。

(二)问题

利用"阵列"命令将图 4－24(a)中的转角沙发中的 A 点和 B 点组合分别阵列。

(三)分析与解答

1. A 点的矩形阵列：

调用"阵列"命令，AutoCAD 提示如下：

命令：AR(按回车键启动命令)

弹出"阵列"对话框。选择"矩形阵列"单选框。

在对话框中的"行"文本框输入 3，"列"文本框输入 3，"行偏移"文本框输入 170，"列偏移"文本框输入 141.5，"阵列角度"默认为 0°。选中 A 点为阵列的对

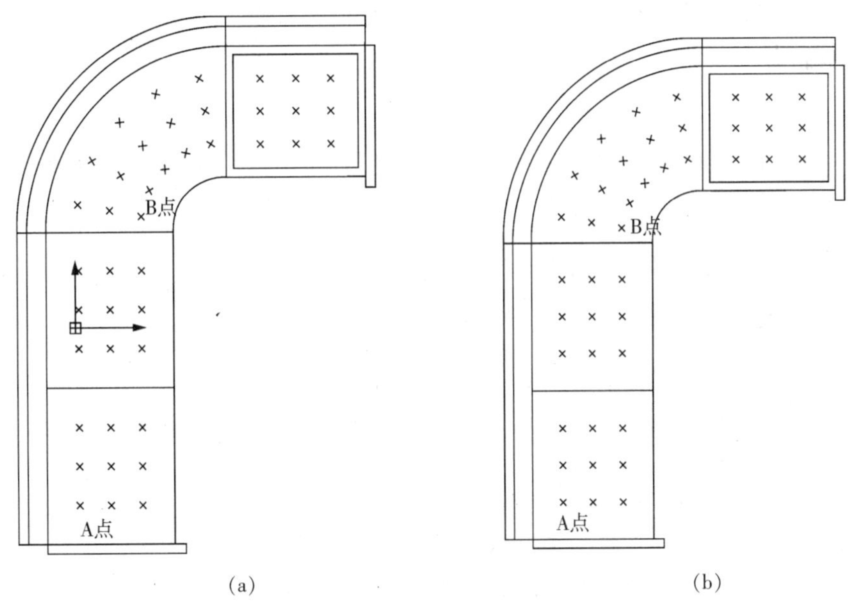

图 4－24　转角沙发

象，单击“预览”按钮进行预览，即弹出如图 4－21 所示的确认对话框，再单击“确定”按钮，即可完成命令。

2. B 点组合的环形阵列：

调用“阵列”命令，AutoCAD 提示如下：

命令：AR(按回车键启动命令)

弹出“阵列”对话框。选择“环形阵列”单选框切换到“环形阵列”对话框。

在对话框中，单击“拾取中心点”按钮，在图形中利用“对象捕捉”精确捕捉到圆弧的圆心，在“项目总数”文本框输入 5，“填充角度”文本框输入输入－70(因为此时为顺时针旋转，所以输入负值)，选中 B 点组合为阵列的对象，单击“预览”按钮进行预览，即弹出如图 4－21 所示的确认对话框，再单击“确定”按钮，即可完成命令。

结果如图 4－24(b)所示。

第七节　移动对象

在手工绘图阶段，要移动图形时，必须先把原图形擦掉，然后在新位置再重新画，十分麻烦。特别对于复杂的工程图纸来说，手工移动图形更是十分困难。为了调整图纸上各实体的相对位置和绝对位置，常常需要移动图形或文本实体的位置，AutoCAD 提供了“移动”命令，以便用户轻松快捷地不改变对象的方向和大小将其由原位置移动到新位置。而在命令进行中，用户只需告诉 AutoCAD

要将一个实体从哪移到哪即可。

一、启动

启动“移动”命令可以通过如下 3 种方法：

1. 单击“菜单栏”中“修改”下拉菜单中的“移动”选项，即可启动“移动”命令。
2. 在命令行中输入快捷键“M”并回车，也可启动“移动”命令。
3. 单击“修改”工具栏中的“移动”按钮 ，也可启动“移动”命令。

二、操作方法

进行上述任何操作后，AutoCAD 将有如下提示：

“选择对象：”：选择需要移动的对象。此时十字光标变成拾取框，这时可以用前面讲过的任何一种方式选择需要复制的对象，AutoCAD 将一直重复进行“选择对象”提示，用户可以多次选择需要复制的对象，选定要复制的对象后再按回车键确定，即结束“选择对象”的提示。

“指定基点或【位移 D】＜位移＞：”：在该选项下，指定一点作为对象移动的基点。即告诉 AutoCAD 将所选的实体目标从哪点开始移动。

“指定位移的第二个点或＜使用第一点作为位移＞：”：此时，用户需要确定移动的终点，即定义要将所选的实体目标移动到哪个位置。

确定移动的终点有如下几种方法：

1. 可以在图形中任意指定输入新的一点作为移动的终点。在移动光标时，AutoCAD 将用一条橡皮筋线动态显示移动后的位置。此时，可以借助目标捕捉功能或相对坐标形式来确定基点与终点的位置。

2. 直接按“回车键”响应上面的提示，AutoCAD 将以第一点的坐标值作为相对移动坐标，即以它的 X 轴坐标值为目标在 X 方向的移动量，Y 轴坐标值为目标在 Y 方向的移动量。

3. 在屏幕上用鼠标指定位移的方向，此时，AutoCAD 也将用一条橡皮筋线动态显示移动后的方向，输入位移的距离，则可确定移动的终点。

完成上述操作，即完成了一次“移动”命令。

有时需要将对象按指定的距离移动，例如，X 方向移动 20，Y 方向移动 30，用上述方法显然不可能满足要求，为此可以采用如下步骤：

[比一比]

移动命令和复制命令在操作方法上有什么不同地方？编辑的结果有什么不同？

1. AutoCAD 提示“指定基点或【位移 D】＜位移＞：”时，在屏幕上任意指定一点。

2. AutoCAD 提示“指定位移的第二个点或＜使用第一点作为位移＞：”时，输入“@X，Y”，其中 X 为 X 轴方向移动的距离，Y 为 Y 轴方向移动的距离。如输入：“@20，30”，则表示：X 轴方向移动 20，Y 轴方向移动 30。此为相对坐标的输入方式，在前面的章节都已经详细讲解过。

【实践训练】

课目:移动对象

(一)已知条件

给定图 4-25(a)

(二)问题

利用"移动"命令将图 4-25(a)中的图形按照 A 点和 B 点的矢量关系进行移动。

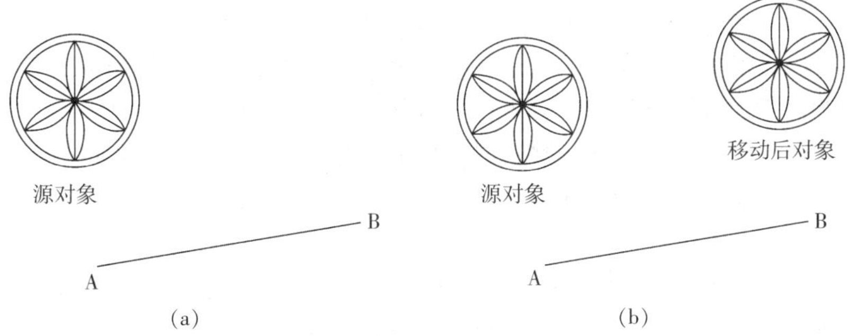

图 4-25　利用"移动"命令移动图形

(三)分析与解答

调用"移动"命令,AutoCAD 提示如下:

命令:M(按回车启动命令)

选择对象:(选择图形,用框选法选定整个对象)

选择对象:(按回车键结束对象的选择)

指定基点或【位移 D】<位移>:打开"对象捕捉"精确捕捉到 A 点

指定位移的第二个点或<使用第一点作为位移>:打开"对象捕捉"精确捕捉到 B 点,即完成"移动"命令。

结果如图 4-25(b)所示。进行完"移动"命令后,源对象并不存在,图中"源对象"以虚线方式出现,只是为了表示源对象和移动后对象的位置关系。

第八节　偏移对象

在绘图过程中,经常遇到一些间距相等、形状相似的图形,比如环形跑道、人行横道线等等,对于这类图形,AutoCAD 提供了"偏移"命令,使用户能够快速便捷地偏移复制对象。

用"偏移"命令可以创建一个与原实体相似的另一个实体,相对于已存在对象的平行线、平行曲线或同心圆，同时偏移指定的距离。

一、启动

［问一问］

偏移命令的英文全称是什么？

启动“偏移”命令可以通过如下3种方法：

1. 单击“菜单栏”中“修改”下拉菜单中的“偏移”选项，即可启动“偏移”命令。

2. 在命令行中输入快捷键“O”并回车，也可启动“偏移”命令。

3. 单击“修改”工具栏中的“偏移”按钮，也可启动“偏移”命令。

二、操作方法

进行上述任何操作后，AutoCAD将有如下提示：

1.“指定偏移距离或[通过(T)/删除(E)/图层(L)]＜通过(T)＞:”:指定偏移距离。这时AutoCAD允许用户进行如下操作：

(1)若直接输入数值，则表示以该数值为偏移距离进行偏移；如果用给定距离的方式生成等距偏移对象，对于多段线来说，其距离按中心线计算。

(2)除了可以直接输入偏移值外，还可以输入T或直接按回车键启动[通过(T)]选项，则表示物体要通过一个定点进行偏移，此时，AutoCAD会有如下提示：

① “选择要偏移的对象，或[退出(E)/放弃(U)]＜退出＞:”选择需要偏移复制的对象。与其他编辑命令不同，用户只能用拾取框选取实体，并且一次只能选择一个实体。如要退出命令，直接按回车键响应；如要放弃前面已经进行的命令，则需输入“U”即可，重复输入“U”，可以把前面已经进行的命令全部取消，此时，命令行中将显示:“命令已全部放弃”。

② “指定通过点，或[退出(E)/多个(M)/放弃(U)]＜退出＞:”点取要通过的点。如要退出命令，直接按回车键响应；如要重复将刚才选择的对象进行偏移复制的话，只需要输入“M”，启动“多个”命令，此时AutoCAD会要求用户重复指定通过点，这时可以重复偏移复制刚才选定的对象，直至按回车键结束命令；如要放弃前面已经进行的命令，则需输入“U”即可，重复输入“U”，可以把前面已经进行的命令全部取消，此时，命令行中将显示:“命令已全部放弃”。

③ 若直接点取要通过的点，此时AutoCAD仍会提示:“选择要偏移的对象，或[退出(E)/放弃(U)]＜退出＞:”AutoCAD重复提示“选择对象”命令，此时，需要用户重复选择对象，可以和上一次选择的一样，也可以不一样。

④ “指定通过点，或[退出(E)/多个(M)/放弃(U)]＜退出＞:”AutoCAD重复提示“指定通过点”命令，此时，需要用户重复指定通过点，以确定将对象偏移后所处的位置。

2. 若直接输入数值确定偏移距离，AutoCAD会提示:“选择要偏移的对象，或[退出(E)/放弃(U)]＜退出＞:”与其他编辑命令不同，用户只能用拾取框选取实体，并且一次只能选择一个实体。选定后，AutoCAD继续提示：

3.“指定要偏移的那一侧上的点，或[退出(E)/多个(M)/放弃(U)]＜退出

＞：”指定偏移的方向。相对于源对象，在要偏移对象的一侧指定一点，则对象就偏移至那一侧。“退出（E）”、“多个（M）”和“放弃（U）”与前面讲到的意义一样。

4. 此时，AutoCAD 仍会提示：“选择要偏移的对象，或[退出（E）/放弃（U）]＜退出＞：”此时，AutoCAD 允许用户重复选择对象。

5. 选择对象后，AutoCAD 重复提示：“指定要偏移的那一侧上的点，或[退出（E）/多个（M）/放弃（U）]＜退出＞：”此时重复上述操作，继续在要偏移对象的一侧指定一点。

再重复选择要偏移的对象并在要偏移对象的一侧指定一点，直至按回车键结束该命令。

在 AutoCAD 2007 中，可以偏移的对象包括直线、圆弧、圆、二维多段线、椭圆、椭圆弧、参照线、射线和平面样条曲线，不能偏移三维面和三维对象。如果选择了其他类型的对象，比如文字，命令行将显示如下错误信息：“无法偏移该对象”。

对不同的图形执行偏移命令，会有不同的结果，①对圆弧执行偏移命令时，新圆弧的长度要发生变化，但新旧圆弧的中心角相同；②对直线、构造线、射线执行偏移命令时，实际是绘制它们的平行线；③对圆或椭圆执行偏移命令时，圆心不变，但圆半径或椭圆的长、短轴会发生变化；④对样条曲线执行偏移命令时，其长度和起始点要调整，从而使新样条曲线的各个端点在源样条曲线相应端点的法线处；⑤对多段线执行偏移命令时，各段长度将重新调整。各种实体偏移前后的图形参见图 4－26。

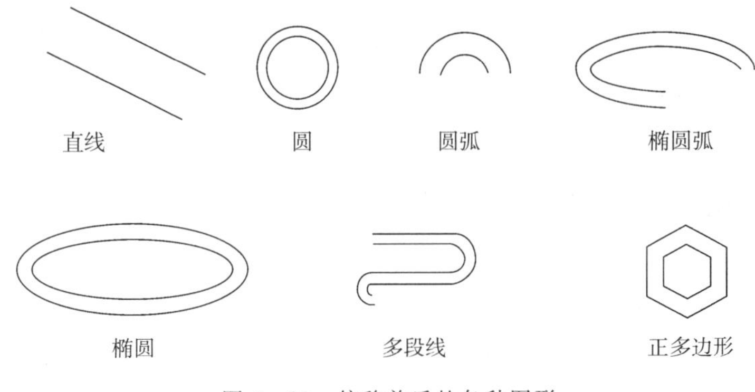

图 4－26　偏移前后的各种图形

【实践训练】

课目一：指定距离偏移实例

（一）已知条件

给定图 4－27。

(二)问题

利用"偏移"命令将图 4－27(a)中的正五边形 ABCDE 向内侧和外侧分别偏移 40 个单位。

(三)分析与解答

具体操作如下：

调用"偏移"命令，AutoCAD 提示如下：

命令：O(按回车启动命令)

指定偏移距离或[通过(T)]＜1.0000＞：(输入数值 40，按回车键)。

选择要偏移的对象或＜退出＞：(选择正五边形 ABCDE)。

偏移后指定点以确定偏移所在一侧：(在对象的内侧和外侧分别指定一点)。

选择要偏移的对象或＜退出＞：(按回车键结束该命令)。

结果如图 4－27(b)所示。

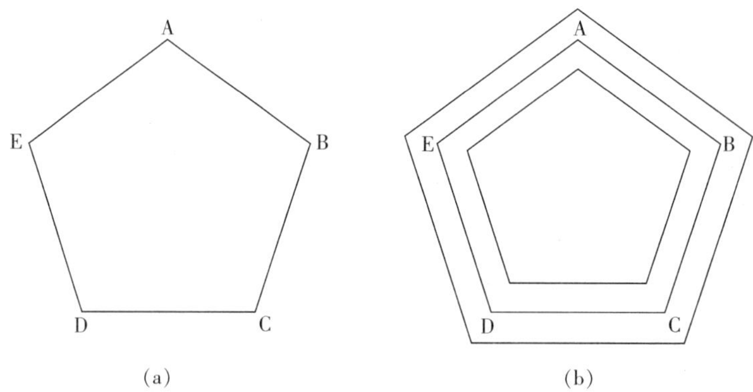

图 4－27　指定距离偏移对象

课目二：指定点偏移实例

(一)已知条件

给定图 4－28。

(二)问题

利用"偏移"命令将图 4－28(a)中的正五边形 ABCDE 偏移至 F 点。

(三)分析与解答

具体操作如下：

调用"偏移"命令，AutoCAD 提示如下：

命令：O(按回车键启动命令)

指定偏移距离或[通过(T)]＜1.0000＞：(输入 T，按回车键)。

选择要偏移的对象或＜退出＞：(选择正五边形 ABCDE)。

偏移后指定点以确定偏移所在一侧：(用"对象捕捉"功能精确选择点 F)。

选择要偏移的对象或<退出>:(按回车键结束该命令)。

结果如图 4-28(b)所示。

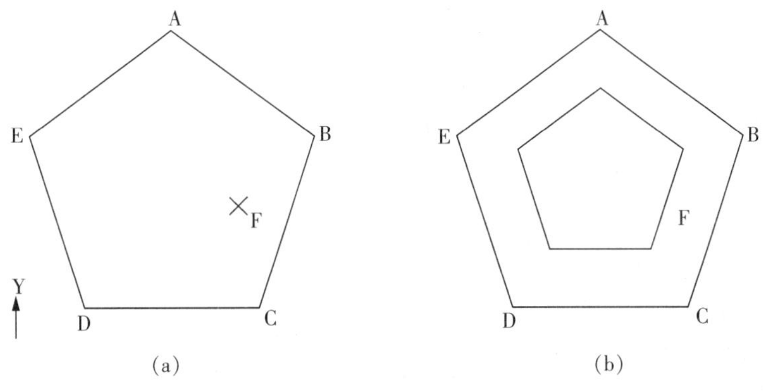

图 4-28 指定点偏移对象

第九节 旋转对象

AutoCAD 2007 提供了"旋转"命令,以便用户将特定的实体绕某一基准点进行旋转。要旋转图形,首先要选择实体目标,然后告诉 AutoCAD 将绕着哪一点旋转多大角度。

一、启动

启动"旋转"命令可以通过如下 3 种方法:

1. 单击"菜单栏"中"修改"下拉菜单中的"旋转"选项,即可启动"旋转"命令。

2. 在命令行中输入快捷键"RO"并回车,也可启动"旋转"命令。

3. 单击"修改"工具栏中的"旋转"按钮,也可启动"旋转"命令。

二、操作方法

进行上述任何操作后,AutoCAD 将有如下提示:

1. "选择对象:":提示下选择要进行旋转操作的实体目标。选择一个对象后,命令行将继续显示"选择对象:",此时,用户可以继续选择对象,按下回车键则完成选择,进入下一步。

2. "指定基点:":确定旋转基点,AutoCAD 将绕着该点旋转所选择的实体目标。

3. "指定旋转角度,或[复制(C)/参照(R)]<0>:":提示下确定旋转角度或输入 C 复制并且旋转实体目标,或输入 R 选择相对参考角度。AutoCAD 的默认方式为确定绝对旋转角度。

① 旋转角度。它是缺省项。若用户选择绝对旋转角度方式(即直接输入旋转角度),则 AutoCAD 将所选择的实体目标绕旋转基点,按指定的角度值进行旋

转。该角度值决定了 AutoCAD 将所选择的对象绕基点相对于原位置旋转的角度。

需要注意的是，旋转角度有正、负之分：当输入的绝对旋转角度为正值，那么 AutoCAD 将沿逆时针方向旋转实体目标；当输入的绝对旋转角度为负值，那么 AutoCAD 将沿顺时针方向旋转实体目标。如图 4－29 所示，将正五边形旋转 45 度，调用旋转命令，AutoCAD 提示如下：

命令：_rotate

UCS 当前的正角方向：ANGDIR＝逆时针 ANGBASE＝0

选择对象：(选择正五边形)

选择对象：(回车结束选择)

指定基点：(拾取圆心)

指定旋转角度，或[复制(C)/参照(R)]＜45＞：45

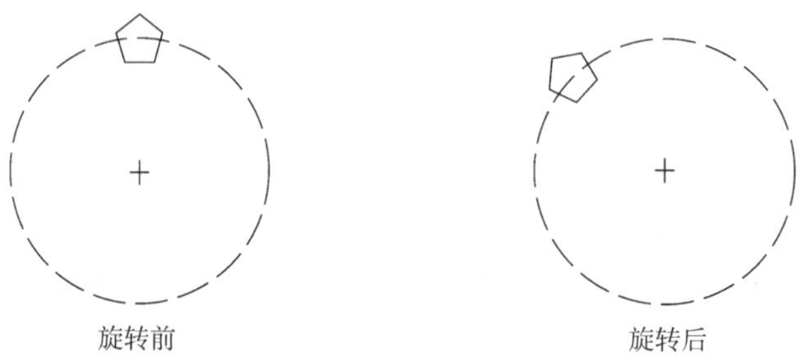

图 4－29　按指定角度旋转对象

② 复制(C)。若需要复制并且旋转选中的实体目标时，则可选用此选项。只需输入 C 并回车即可，此时 AutoCAD 将出现操作提示，要求用户确定旋转角度或输入 R 选择相对参考角度。

③ 参照(R)。若选择相对参考角度方式(即输入 R 并回车)，表示将所选择的对象以参照方式进行旋转。此时 AutoCAD 将出现操作提示，要求用户确定相对于某个参考方向的参考角度和新角度。

AutoCAD 根据这两角度之差确定实体目标实际应旋转的角度，因此我们把这种方式称之为相对参考角度方式，以示和前面介绍的绝对旋转角度方式相区别。

现将相对参考角度的旋转操作方式具体命令解释如下：

① “指定参照角＜0＞：”确定相对于参考方向的参考角度。此时，可以直接输入具体的角度数值(可正可负)；还可以确定两个点并通过这两个点确定一个角度。通常是利用“对象捕捉”功能确定特殊点来定义参考角度的。

② “指定新角度或[点(P)]＜0＞：”确定相对参考方向的新角度。如前所述，此时可直接输入一个角度；也可以确定一个点，通过该点和前面所定义的旋转基点来确定新角度。

执行该选项可免去繁琐的计算，实际旋转角度为新角度与参考角度之差。

【实践训练】

课目：

(一)已知条件

给定图 4－30。

(二)问题

利用“旋转”命令将图 4－30 中的矩形 ABCD 的 AB 边旋转至 AE 方向。

(三)分析与解答

调用旋转命令，AutoCAD 提示如下：

命令：RO(按回车键启动命令)

UCS 当前的正角方向：ANGDIR＝逆时针 ANGBASE＝0

选择对象：(选择矩形 ABCD)

选择对象：(回车结束选择)

指定基点：(拾取点 A)

指定旋转角度，或[复制(C)/参照(R)]＜45＞：R

指定参照角＜43＞：(拾取点 A)

指定第二点：(拾取 AB 上任意点)

指定新角度或[点(P)]＜119＞：(拾取 AE 上任意点)

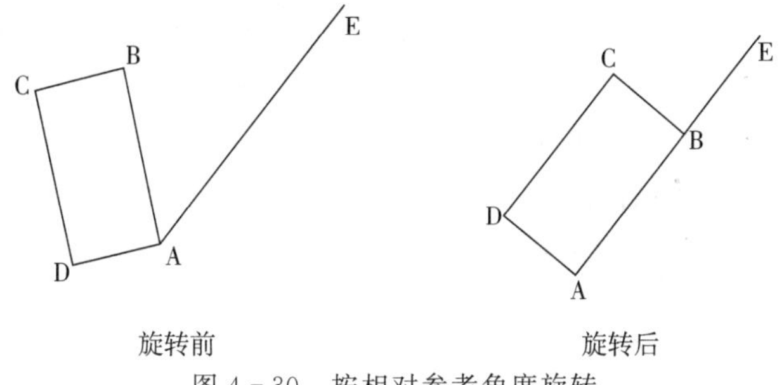

旋转前　　　　旋转后

图 4－30　按相对参考角度旋转

课目：

(一)已知条件

给定图 4－31。

(二)问题

利用“旋转”命令复制并且旋转图 4－31 中的矩形 ABCD，且其 AB 边旋转至 AE 方向。

(三)分析与解答

调用旋转命令，AutoCAD 提示如下：

命令：RO（按回车启动命令）

UCS 当前的正角方向：ANGDIR＝逆时针 ANGBASE＝0

选择对象：（选择矩形 ABCD）

选择对象：（回车结束选择）

指定基点：（拾取点 A）

指定旋转角度，或［复制（C）/参照（R）］＜45＞：（输入 c）

指定旋转角度，或［复制（C）/参照（R）］＜45＞：（输入 r）

指定参照角＜43＞：（拾取 AB 上任意点）

指定新角度或［点（P）］＜119＞：（拾取 AE 上任意点）

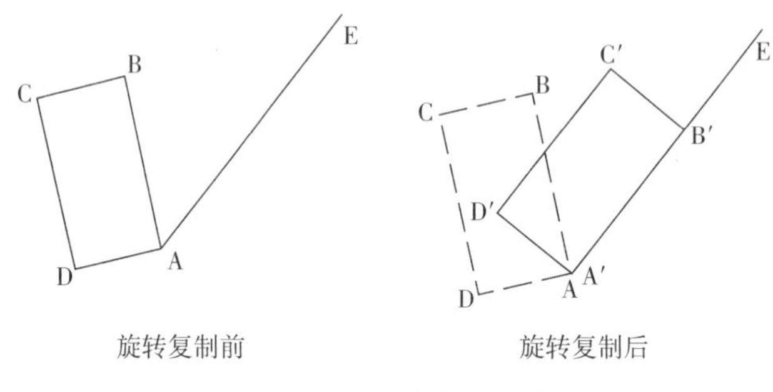

旋转复制前　　　旋转复制后

图 4-31　按相对参考角度旋转复制

第十节　比例缩放对象

在工程图纸中，经常需要比例缩放图形中的实体对象。比如，在讨论方案时，通常需要工艺流程图，在重点确定某一部分工艺时，常常要将该部分按比例放大。另外，对于某些复杂图形，当结构表达不清时，可以用局部放大来表示。AutoCAD 提供了“比例缩放”命令，以便用户快捷地进行比例缩放。

一、启动

启动“比例缩放”命令可以通过如下 3 种方法：

［问一问］

比例缩放命令的英文全称是什么？

1. 单击“菜单栏”中“修改”下拉菜单中的“比例缩放”选项，即可启动“比例缩放”命令。

2. 在命令行中输入快捷键“SC”并回车，也可启动“比例缩放”命令。

3. 单击“修改”工具栏中的“比例缩放”按钮，也可启动“比例缩放”命令。

二、操作方法

进行上述任何操作后，AutoCAD 将有如下提示：

1.“选择对象：”：提示下选择要进行比例缩放操作的实体目标。选择一个对象后，命令行将继续显示“选择对象：”，此时，用户可以继续选择对象，按下回车键则完成选择，进入下一步。

2."指定基点:":提示下确定比例缩放基点,这个基点是指比例缩放中的基准点,一旦选定基点,拖动光标时,AutoCAD 将以该点为中心,按移动光标的幅度放大或者缩小所选择的实体目标。

原则上基点可以定在任意位置上,但根据作者的使用经验,建议将基点选择在实体的几何中心或实体上的特殊点(或实体目标附近),这样在比例缩放后,实体目标仍然在附近位置上,而不至于跑到很遥远的位置,导致众多初学者惊呼"比例缩放后实体失踪"。

3."指定比例因子,或[复制(C)/参照(R)]<0>:":提示下确定比例因子或输入 C 复制实体目标,或输入 R 选择相对参考比例因子。AutoCAD 的默认方式为确定绝对比例因子。

[想一想]

比例缩放的结果与 ZOOM 命令缩放的结果有什么不同?

① 若选择绝对比例因子方式(即直接输入比例因子),此时所选实体目标按输入比例因子相对基点进行放大或者缩小。应注意的事项是:该比例因子应是个正数。如果比例因子大于 1,那么实体目标将被放大;如果比例因子小于 1,那么实体目标将被缩小。

② 若选择复制实体目标方式(即输入"C"并按回车键),此时 AutoCAD 将出现操作提示,要求用户确定旋转角度或输入 R 选择相对参考角度。具体操作方式参照"1 选择绝对比例因子方式"和"3 选择相对参照比例因子方式"。

③ 若选择相对参照比例因子方式(即输入 R 并回车),此时 AutoCAD 将出现操作提示,要求用户确定相对参照长度和新长度。

在用户不知道实体目标究竟要放大(或缩小)多少倍时,可以采用相对比例因子方式来缩放实体。该方式要求用户分别确定比例缩放前后的参照长度和新长度,新长度和参照长度的比值就是比例因子,因此称该因子为相对比例因子,如果相对比例因子大于 1,则图形将被放大;如果相对比例因子小于 1,则图形将被缩小。需注意的是:我们通常把实体的实际长度或实体上某两个特殊点之间的长度定义为参照长度。

要选择相对比例因子方式,输入 R 键并按回车键即可。AutoCAD 将给出如下操作提示:

① "指定参照长度<1>:"确定参照长度。可以直接输入一个长度值;也可以确定两点,并通过这两个点确定一个长度。

② "指定新长度或[点(P)]<1>:"确定新长度。可以直接输入一个长度值,亦可确定一个点,该点和缩放基点连线的长度就是新长度。

【实践训练】

课目一:比例缩放对象

(一)已知条件

给定图 4-32。

(二)问题

利用"比例缩放"命令将图 4-32 中的正六边形以圆心为基点缩小 1 倍。

(三)分析与解答

调用旋转命令,AutoCAD 提示如下:

命令:scale

选择对象:(选择正六边形)

选择对象:(回车结束选择)

指定基点:(拾取圆心为基点)

指定比例因子或[复制(C)/参照(R)]<0.5000>:

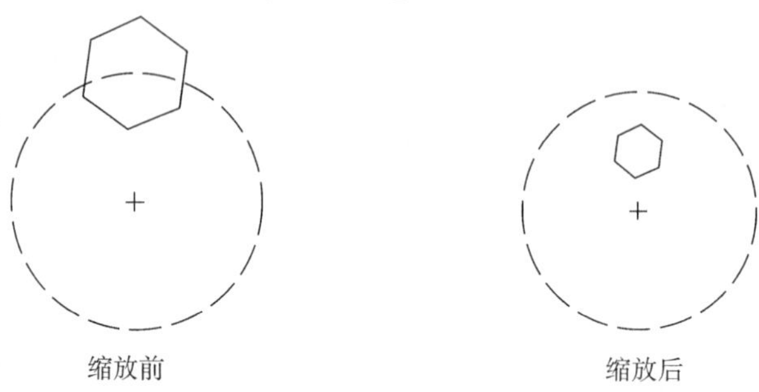

图 4-32　按绝对比例因子方式

课目二:缩放

(一)已知条件

给定图 4-33。

(二)问题

利用"比例缩放"命令将图 4-33 中的正六边形 ABCD 以 A 点为基点复制并使 AF 边扩伸至 F′点。

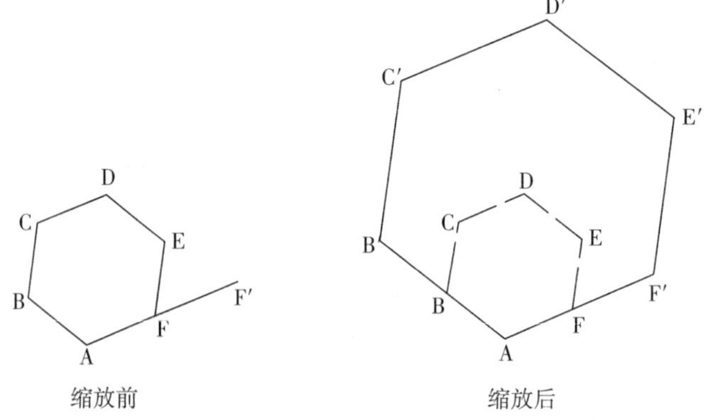

图 4-33　按绝对比例因子方式

(三)分析与解答

调用比例缩放命令,AutoCAD 提示如下:

命令:SCALE
选择对象:(选择正六边形)
选择对象:(回车结束选择)
指定基点:(拾取圆心为基点)
指定比例因子或[复制(C)/参照(R)]＜2.1889＞:C 缩放一组选定对象
指定比例因子或[复制(C)/参照(R)]＜2.1889＞:R
指定参照长度＜146.4396＞:(拾取点 A)
指定第二点:(拾取点 F)
指定新的长度或[点(P)]＜320.5361＞:(拾取点 F′)

第十一节　拉伸对象

AutoCAD 提供了“拉伸”命令,以便用户对实体对象进行拉伸。“拉伸”命令可以在一个方向上按用户所指定的尺寸拉伸图形。但是,首先要为拉伸操作指定一个基点,然后指定两个位移点。

一、启动

启动“拉伸”命令可以通过如下 3 种方法:

1. 单击“菜单栏”中“修改”下拉菜单中的“拉伸”选项,即可启动“拉伸”命令。
2. 在命令行中输入快捷键“s”并回车,也可启动“拉伸”命令。
3. 单击“修改”工具栏中的“拉伸”按钮,也可启动“拉伸”命令。

二、操作方法

进行上述任何操作后,AutoCAD 将有如下提示:
“命令”:s
“以交叉窗口或交叉多边形选择要拉伸的对象...”
“选择对象:”
“指定基点或[位移(D)]＜位移＞:”
“指定第二个点或＜使用第一个点作为位移＞:”

1.“选择对象:”:提示下选择要进行拉伸操作的实体目标。选择对象时一定要以交叉窗口或交叉多边形选择要拉伸的对象。

2.“指定基点或[位移(D)]＜位移＞:”:提示下确定拉伸基点,AutoCAD 将以该点为基点到第二点拉伸矢量距离移动所选实体目标;或输入 D 确定位移,AutoCAD 的默认方式为确定位移。

3.“指定第二个点或＜使用第一个点作为位移＞:”:提示下确定第二点位置或按空格键确定使用第一个点作为 X、Y 轴的位移值,AutoCAD 的默认方式为使用第一个点作为位移。

在选取实体对象时,对于由直线、圆弧、轨迹线、区域填充、多线段等命令绘制的直线段或圆弧段，若其整个对象均在窗口内，则执行的结果是对其移动；若一端在选取窗口内，另一端在外，则有以下拉伸规则：

① 直线、区域填充：窗口外端点不动，窗口内端点移动。

② 圆弧：窗口外端点不动，窗口内端点移动，并且在圆弧的改变过程中，圆弧的弦高保持不变，由此来调整圆心位置。

③ 轨迹线、区域填充：窗口外端点不动，窗口内端点移动。

④ 多段线：与直线或圆弧相似但多段线的两端宽度、切线方向以及曲线拟合信息都不变。

⑤ 对于圆、形、块、文本、和属性定义，如果其定义点位于选取窗口内，对象移动，否则不移动。圆的定义点为圆心，形和块的定义点为插入点，文本和属性定义的定义点为字符串的基线左端点。

【实践训练】

课目：拉伸对象

（一）已知条件

给定图 4－34。

（二）问题

利用“拉伸”命令将图 4－34 中的虚线框里的对象拉伸。

（三）分析与解答

调用拉伸命令，AutoCAD 提示如下：

命令：stretch

以交叉窗口或交叉多边形选择要拉伸的对象...

选择对象：（框选要拉伸范围的第一个角点）

指定对角点：（确定要拉伸范围的对角点，得到下图拉伸前的虚线框）

选择对象：（回车结束选择）

指定基点或[位移(D)]<位移>：（拾取点 A）

指定第二个点或<使用第一个点作为位移>：（拾取点 E）

［问一问］

如何将物体拉伸指定长度尺寸？

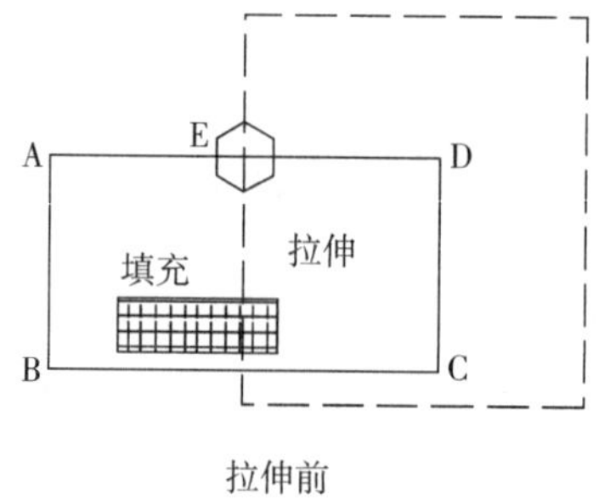

拉伸前

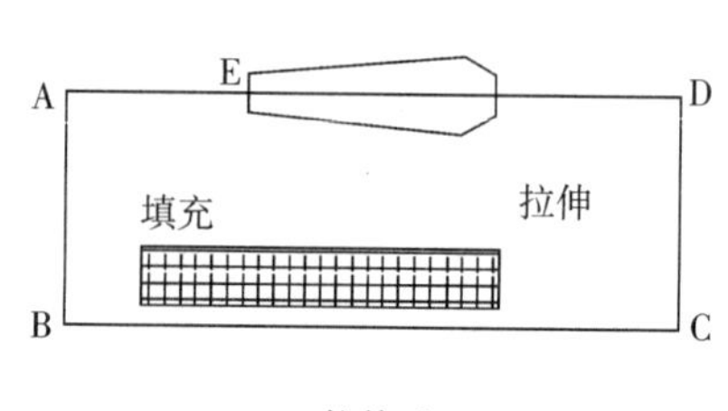

拉伸后

图 4－34 “拉伸”命令应用

第十二节　拉长对象

AutoCAD 提供了“拉长”命令，以便用户对实体对象进行拉长。“拉伸”命令可以延伸或缩短非闭合的直线、圆弧、非闭合多段线、椭圆弧和非闭合样条曲线的长度，也可以改变圆弧的角度。

一、启动

启动“拉伸”命令可以通过如下 2 种方法：

1. 单击“菜单栏”中“修改”下拉菜单中的“拉长”选项，即可启动“拉长”命令。

2. 在命令行中输入快捷键“len”并回车，也可启动“拉长”命令。

二、操作方法

进行上述任何操作后，AutoCAD 将有如下提示：

“选择对象或[增量(DE)/百分数(P)/全部(T)/动态(DY)]：”

1. 选择对象：缺省项，在此提示下选择要查看的对象。每选择一个对象，AutoCAD 便会提示所选择对象的长度，若是圆弧还会显示中心角，观察完后按 Eenter 键结束操作。

2. 增量：在提示下输入“DE”，或在快捷键菜单栏中选择“增量”选项，进入增量操作模式。AutoCAD 提示如下：

输入长度增量或[角度(A)]＜当前值＞：

再次提示下，用户可以输入长度增量或角度增量。

① 角度：以角度方式改变弧长。在提示中输入“A”，执行该选项时，AutoCAD 将有如下提示：

输入角度增量＜0＞：(输入圆弧的角度增量)

选择要修改的对象或[放弃(U)]：(选取圆弧或输入“U”放弃上次操作)

此时，圆弧按指定的角度增量在离拾取点近的一端变长或变短。若角度增量为正，则圆弧变长；若角度增量为负，则圆弧变短。

② 输入长度增量：缺省项，若直接输入数值，则该数值为弧长的增量。同时，AutoCAD 会有如下提示：

输入长度增量或[角度(A)]＜1.0000＞：(选取圆弧或输入“U”放弃上次操作)

此时，圆弧按指定的长度增量在离拾取点近的一端变长或变短。若长度增量为正，则圆弧变长；若长度增量为负，则圆弧变短。该选项只对圆弧适用。

3. 百分数：以总长百分比的形式改变圆弧角度或直线长度，执行该选项时，AutoCAD 将有如下提示：

输入长度百分数＜100.0000＞：(输入百分值)

选择要修改的对象或[放弃(U)]：(选取对象或输入“U”放弃上次操作)

此时，所选圆弧或直线在离拾取点近的一端按指定比例值变长或变短。

4. 全部：输入直线或圆弧的新绝对长度。执行该选项时，AutoCAD 将有如下提示：

指定总长度或[角度(A)]<1.0000)>：

① 角度 确定圆弧的新角度。该选项只适用于圆弧。在提示中输入"A"，执行该选项时，AutoCAD 将有如下提示：

指定总角度<57>：(输入角度)

选择要修改的对象或[放弃(U)]：(选取弧或输入"U"放弃上次操作)

此时，所选圆弧在离拾取点近的一端按指定角度变长或变短。

② 指定总长度 缺省项，若直接输入数值，则改制为直线或圆弧的新长度。同时 AutoCAD 有如下提示：

选择要修改的对象或[放弃(U)]：(选取弧或输入"U"放弃上次操作)

此时，所选圆弧或直线在离拾取点近的一端按指定的长度变长或变短。

5. 动态：通过动态拖动模式改变对象的长度。在提示下输入"DY"，或在快捷菜单中选择"动态"选项，进入动态拖动操作模式。AutoCAD 见有如下提示：

选择要修改的对象或[放弃(U)]：(选取要修改的对象)

指定新端点：(将端点移动到所需要的长度或角度，而另一端保持固定)

需要注意的是：多段线只能被缩短，不能被加长。直线由长度控制加长或缩短，圆弧由圆心角控制。"拉长"与"拉伸"有相似又有区别，通常"拉长"命令较为少用，此处不详加阐述了。

第十三节　修剪对象

在绘图过程中，我们经常需要在由一个或多个对象定义的边上精确地剪切对象，逐个剪切显然很费时间，于是 AutoCAD 便提供了"修剪"命令，以便用户可以方便快捷地在一个或多个对象定义的边上进行精确修剪对象，并可以修剪到隐含交点。该命令要求用户首先定义各剪切边界，然后再用此边界剪去实体的一部分。

该命令有两种操作方式：

1. 首先定义一个剪切边界，然后再用此边界剪去实体的一部分。

2. 可以不用先定义剪切边界，按 Enter 键就可对边界进行剪切，AutoCAD 中默认图中所显示图形为边界。

一、启动

启动"修剪"命令可以通过如下 3 种方法：

[问一问]

修剪命令的英文全称是什么？

1. 单击"菜单栏"中"修改"下拉菜单中的"修剪"选项，即可启动"修剪"命令。

2. 在命令行中输入快捷键"tr"并回车，也可启动"修剪"命令。

3. 单击"修改"工具栏中的"修剪"按钮-/--，也可启动"修剪"命令。

二、操作方法

进行上述任何操作后，AutoCAD 将有如下提示：

“选择对象或＜全部选择＞：”

“选择要修剪的对象，或按住 Shift 键选择要延伸的对象，或[栏选(F)/窗交(C)/投影(P)/边(E)/删除(R)/放弃(U)]：”

1.“选择对象或＜全部选择＞：”：提示下选择实体目标作为修剪边界，可以连续选择多个实体作为边界，选择完毕后回车确认；或按 Enter 键选择全部作为修剪边界，这时所选择对象既可以作为修剪边界线，又可以作为待修剪的对象。

选择修剪边界后不要忘记按回车键完成选择，否则，程序将不进行下一步，仍然等待输入修剪边界直到按回车键为止。

2.“选择要修剪的对象，或按住 Shift 键选择要延伸的对象，或[栏选(F)/窗交(C)/投影(P)/边(E)/删除(R)/放弃(U)]：”：

① 选择要修剪的对象　提示下选择被修剪实体对象的被剪切部分。若直接选取所选对象上的某部分，AutoCAD 即剪去相应部分。

② 按住 Shift 键选择要延伸的对象　提示下选择被延伸实体对象的被延伸部分。若按住 Shift 键的同时，直接选取所选对象上的某部分，AutoCAD 即延伸相应部分。

③ 栏选　确定执行修剪对象范围。输入“F”，执行该选项，AutoCAD 便修剪被栏选的实体对象。

⑤ 窗交　确定执行修剪对象范围。输入“C”，执行该选项，AutoCAD 便修剪被框选到的实体对象。

⑥ 投影　确定执行修剪空间。输入“P”，执行该选项，AutoCAD 有如下提示：

输入投影选项[无(N)/UCS(U)/视图(V)]＜UCS＞：

a.“无”。输入“N”，表示按三维方式修剪。该选项对只在空间相交的对象有效。

b.“UCS”。缺省项，在当前用户坐标系的 *XY* 平面上修剪，也可以在 *XY* 平面上按投影关系修剪在三维空间中相交的对象。

c.“视图”。输入“V”，在当前视图平面上修剪。

⑥ 边　用来确定修剪方式。输入“E”，执行该选项时，AutoCAD 将有如下提示：

输入隐含边延伸模式[延伸(E)/不延伸(N)]＜不延伸＞：

a.“延伸”。输入“E”，按延伸方式剪切。如果剪切边界没有与被剪切边相交，则不能按正常方式进行延伸；此时，AutoCAD 会假设将剪切边界延长，然后再进行修剪。

b.“不延伸”。缺省项，或输入“N”，按剪切边界与剪切边的实际相交情况修剪。如果被剪边与剪切边没有相交，则不进行剪切。

⑦ 放弃　输入“U”,放弃上一次的操作。

三、说明

1.“修剪”命令中,可被修剪的对象包括:直线、圆弧、椭圆弧、圆、二维和三维多段线、参照线、射线以及样条曲线,有效的修建边界可以是直线、圆弧、椭圆弧、圆、二维和三维多段线、浮动视口、参照线、射线、样条曲线、面域以及文字。

2. 指定被修剪对象的拾取点,决定对象被剪切的部分。

3. 使用修剪命令修剪实体,第一次选取的实体是剪切边界而非被剪实体。

4. 剪切边自身也可以同时作为被剪切边。

5. 使用修剪命令可以剪切尺寸标注线。

6. 带有宽度的多段线作被剪切边时,剪切交点按中心线计算并保留宽度信息,修剪边界与多段线的中心线垂直。

如图 4 - 35 所示,在其中分别选择在剪切边一侧的被剪切对象,观察前后效果。

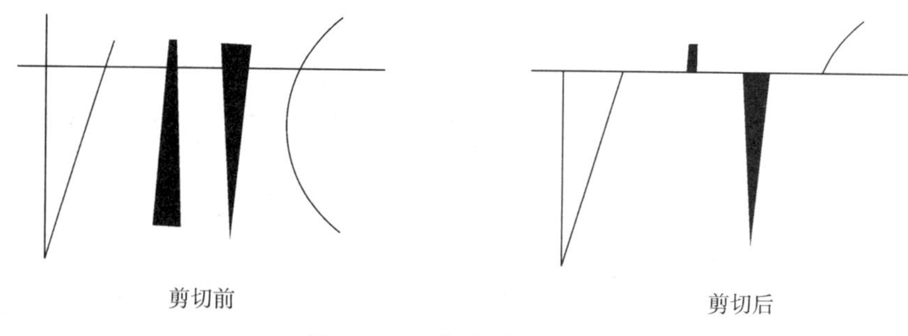

图 4 - 35　“修剪”命令的应用

【实践训练】

课目:修剪对象

(一)已知条件

给定图 4 - 36。

(二)问题

利用“修剪”命令将图 4 - 36 中左图多余部分剪切掉,制作成右图所示的马桶。

(三)分析与解答

调用修剪命令,AutoCAD 提示如下:

命令:tr TRIM

当前设置:投影=UCS,边=无

选择剪切边...

选择对象或＜全部选择＞:(按空格键,选择缺省项即全部选择)

选择要修剪的对象,或按住 Shift 键选择要延伸的对象,或

[栏选(F)/窗交(C)/投影(P)/边(E)/删除(R)/放弃(U)]:(选择图中多余的部分)

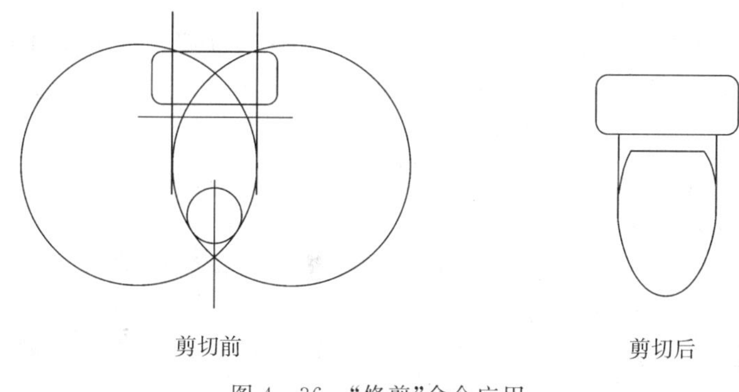

图 4－36 “修剪”命令应用

第十四节　延伸对象

AutoCAD 提供了“延伸”命令,用于延伸各类曲线,使它与其他对象相接,也可以使它们精确地延伸至有其他对象定义地边界。在进行操作时,首先要确定一个边界,然后选择要延伸到改边界的实体目标。

一、启动

启动“延伸”命令可以通过如下 3 种方法:

1. 单击“菜单栏”中“修改”下拉菜单中的“延伸”选项,即可启动“延伸”命令。
2. 在命令行中输入快捷键“Ex”并回车,也可启动“延伸”命令。
3. 单击“修改”工具栏中的“延伸”按钮,也可启动“延伸”命令。

二、操作方法

进行上述任何操作后,AutoCAD 将有如下提示:

“选择对象或＜全部选择＞:”

“选择要延伸的对象,或按住 Shift 键选择要修剪的对象,或[栏选(F)/窗交(C)/投影(P)/边(E)/放弃(U)]:”

1. “选择对象或＜全部选择＞:”:提示下选择作为延伸边界的实体目标,这些实体对象包括:直线、圆弧、椭圆弧、圆、椭圆、二维和三维多段线、浮动视口、参照线、射线、样条曲线、面域以及字符串,选择完毕回车确认后,对象延伸至实体边界;或按 Enter 键选择全部实体,这时所选择对象既可以作为延伸边界线,又可以作为待延伸的对象。

2. “选择要延伸的对象,或按住 Shift 键选择要修剪的对象,或[栏选(F)/窗

交(C)/投影(P)/边(E)/放弃(U)]:”:

① 选择要延伸的对象　提示下选择要延伸的部分。在 AutoCAD 中,可以延伸的实体包括:直线、圆弧、椭圆弧、圆、椭圆、射线、开放的二维和三维多段线。注意理解“选择要延伸的部分”:选择点击要延伸对象时,要选择被延伸实体的中心处至延伸边界的部分。

② 按住 Shift 键选择要修剪的对象　提示下选择要修剪的实体对象。若直接选取所选对象上的某部分,AutoCAD 即修剪相应部分,此处功能与“延伸”命令功能互补。

③ 栏选　确定执行延伸对象范围。输入“F”,执行该选项,AutoCAD 便延伸被栏选的实体对象。

④ 窗交　确定执行延伸对象范围。输入“C”,执行该选项,AutoCAD 便修剪被框选到的实体对象。

⑤ 投影　确定执行延伸空间。输入“P”,执行该选项,AutoCAD 有如下提示:

输入投影选项[无(N)/UCS(U)/视图(V)]<UCS>:

a.“无”。输入“N”,表示按三维方式延伸。该选项对只在空间能相交的对象有效。

b.“UCS”。缺省项,在当前用户坐标系的 XY 平面上延伸,此时也可以在 XY 平面上按投影关系延伸在三维空间中没有相交的对象。

c.“视图”。输入“V”,在当前视图平面上延伸。

⑥ 边　用来确定延伸方式。输入“E”,执行该选项时,AutoCAD 将有如下提示:

输入隐含边延伸模式[延伸(E)/不延伸(N)]<不延伸>:

a.“延伸”。如果延伸边延伸后不能与边相交,AutoCAD 会假象将延伸边界延长,使延伸边伸长到与其相交的位置。

b.“不延伸”。缺省项,或输入“N”,按延伸边界与延伸边的实际位置进行延伸。

⑦ 放弃　输入“U”,放弃上一次的操作。

如果选择二维多线段作为边界对象,AutoCAD 将忽略其宽度并将对象延伸到多线段的中心线处。多段线中有宽度的直线段与圆弧,会按照原倾斜度延伸,如延伸后其末端出现负值,该段宽度为零,不封闭的多段线可以延长,封闭的多段线不能延长。当多段线作边界时,其中心线为实际的边界线。

[比一比]

延伸命令中输入隐含边延伸模式参数与修剪命令中输入隐含边延伸模式参数有什么不同?

【实践训练】

课目:延伸对象

(一)已知条件

给定图 4-37。

(二)问题

利用“延伸”命令将图 4-37 中的圆弧、两直线、多线段延伸至直线 L。

(三)分析与解答

调用延伸命令，AutoCAD 提示如下：

命令：ex EXTEND

当前设置：投影＝UCS，边＝无

选择边界的边...

选择对象或＜全部选择＞：(选择直线 l)

选择对象：(回车结束选择)

选择要延伸的对象，或按住 Shift 键选择要修剪的对象，或

[栏选(F)/窗交(C)/投影(P)/边(E)/放弃(U)]：(点选圆弧)

选择要延伸的对象，或按住 Shift 键选择要修剪的对象，或

[栏选(F)/窗交(C)/投影(P)/边(E)/放弃(U)]：f

指定第一个栏选点：(点选多线段左边第一点)

指定下一个栏选点或[放弃(U)]：(点选多线段左边第二点)

指定下一个栏选点或[放弃(U)]：(输入 U'，选择放弃)

选择要延伸的对象，或按住 Shift 键选择要修剪的对象，或

[栏选(F)/窗交(C)/投影(P)/边(E)/放弃(U)]：c

指定第一个角点：(框选两直线右边第一点)

指定对角点：(框选两直线左边第二点)

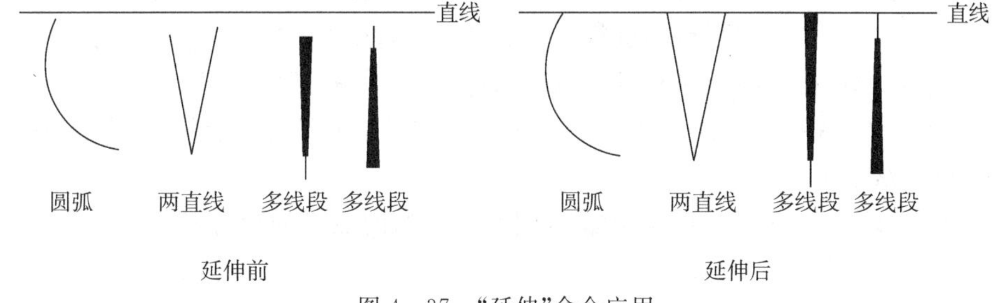

图 4-37 “延伸”命令应用

第十五节 打 断

绘图过程中，有时需要将一个实体(如圆、直线)从某一点打断，甚至需要删掉该实体的某一部分，为此，AutoCAD 为用户提供了打断命令，利用打断命令，可以方便地进行这些工作。该命令可用于直线、参照线、射线、圆弧、圆、椭圆、样条曲线、实心圆环、填充多边形以及二维或三维多段线。

一、启动

启动“打断”命令可以通过如下 3 种方法：

1. 单击“菜单栏”中“修改”下拉菜单中的“打断”选项，即可启动“打断”命令。

2. 在命令行中输入快捷键“Br”并回车，也可启动“打断”命令。

3. 单击“修改”工具栏中的“打断”按钮，也可启动“打断”命令。

二、操作方法

进行上述任何操作后，AutoCAD 将有如下提示：

“选择对象：”

“指定第二个打断点或[第一点(F)]：”

1.“选择对象：”：提示下选择要打断的实体目标。若在下一步“指定第二个打断点或[第一点(F)]：”中不选择“第一点(F)”时，此时所点选的位置就是AutoCAD 默认的第一打断点。

2.“指定第二个打断点或[第一点(F)]：”：

① 指定第二个打断点　提示下选择指定第二个打断点，此时 AutoCAD 将把上一步中所点选的第一打断点到第二打断点的部分删除。

② 在“指定第二个打断点或[第一点(F)]：”提示键下输入@，就可以把一个对象分解为两部分，此时与“打断于点”命令功能相同。

③ 第一点(F)　确定执行重新指定第一打断点和第二打断点。输入“F”，执行该选项，AutoCAD 有如下提示：

“指定第一个打断点：”

“指定第二个打断点：”

a.“指定第一个打断点：”重新指定第一个打断点。

b.“指定第二个打断点：”重新指定第二个打断点。

AutoCAD 在打断对象时，依据对象的性质不同，打断的方式也不同：

① 如果选择一个圆，AutoCAD 将从第一点沿逆时针方向至第二点删除圆的一部分形成圆弧。

② 如果选择一条封闭的多线段，则所删除的两点间的部分的方向为从第一个顶点指向最后一个顶点。

③ 如果是带宽度的而为多线段，打断命令将在断点处创建方形端点。

④ 如第二点在对象外部，系统自动在对象上选择与第二点最近的点作为断开点，对象被切除一部分后，不产生新对象。

【实践训练】

课目：打断命令

(一)已知条件

如图 4-38(a)所示。

(二)问题

利用"打断"命令将图 4－38 中的正六边形以圆心为基点缩小 1 倍。

(三)分析与解答

调用打断命令,AutoCAD 提示如下:

命令:_break 选择对象:(选择要打断对象)

指定第二个打断点或[第一点(F)]:F

指定第一个打断点:(重新选择第一个打断点)

指定第二个打断点:(重新选择第二个打断点)

[比一比]

实践训练中打断命令编辑图形后的结果与修剪命令操作的结果可一样?

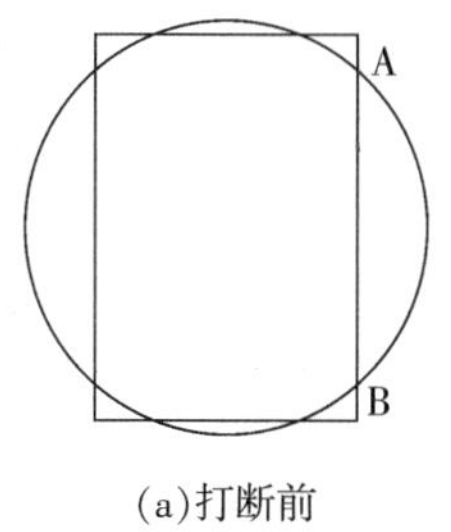

(a)打断前

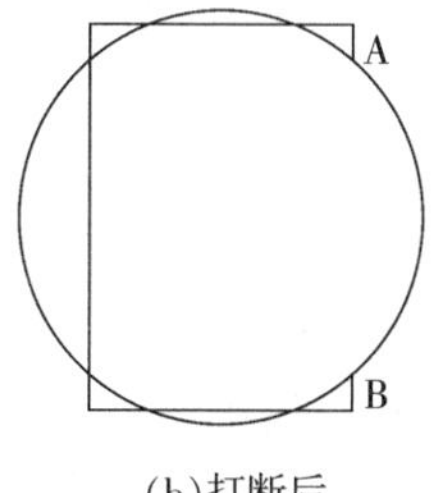

(b)打断后

图 4－38　使用打断命令

第十六节　打断于点

"打断于点"功能是"打断"功能的特殊情况。它将对象在选择点指直接打断,只需要选择一点即可。该命令可用于直线、参照线、射线、圆弧、圆、椭圆、样条曲线、实心圆环、填充多边形以及二维或三维多段线。

一、启动

启动"打断于点"命令可以通过如下 2 种方法:

1. 在命令行中输入快捷键"Break"并回车,也可启动"打断于点"命令。

2. 单击"修改"工具栏中的"打断于点"按钮 ,也可启动"打断于点"命令。

二、操作方法

进行上述任何操作后,AutoCAD 将有如下提示:

"指定第二个打断点或[第一点(F)]:_f"

"指定第一个打断点:"

"指定第二个打断点:@"

这时 AutoCAD 默认程序,已经把第一个断点和第二个打断点重合;此时,我们可以点选任意一点即可打断实体对象。

【实践训练】

课目：

(一)已知条件

给定图 4-39。

(二)问题

利用"打断于点"命令将图 4-39 中的矩形 ABCD 于点 E 及点 F—G 处打断。

(三)分析与解答

调用打断于点命令，AutoCAD 提示如下：

命令：_break 选择对象：(选择要打断于点的矩形 ABCD)

指定第二个打断点或[第一点(F)]：_f

指定第一个打断点：(拾取点 E)

指定第二个打断点：@

命令：BREAK 选择对象：(在 F 点处选择要打断于点的多段线 ADCB)

指定第二个打断点或[第一点(F)]：(拾取点 G)

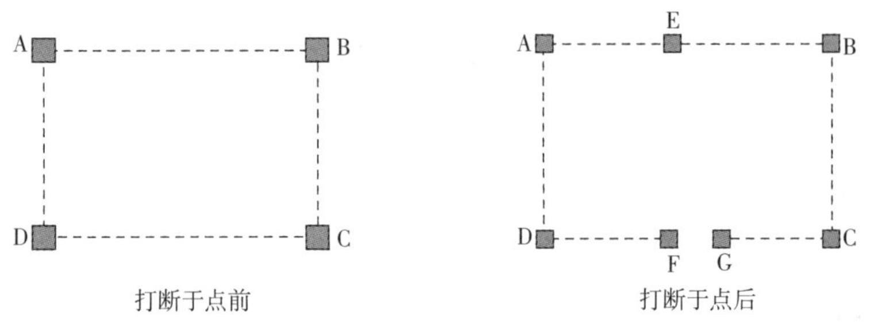

图 4-39 "打断于点"命令应用

第十七节 倒 角

[想一想]

哪些图形可以用倒角命令绘制?

在绘制工程图纸过程中，经常需要处理尖锐的边角部分。AutoCAD 提供了"倒角"命令，该命令在两条直线已相交于一点(或可以相交于一点)的前提条件下，可定义一倾斜面；另外可以进行倒角操作的对象包括：直线、参照线、射线、多段线。

一、启动

启动"倒角"命令可以通过如下 3 种方法：

1. 单击"菜单栏"中"修改"下拉菜单中的"倒角"选项，即可启动"倒角"命令。

2. 在命令行中输入快捷键“CHA”并回车，也可启动“倒角”命令。

3. 单击“修改”工具栏中的“倒角”按钮，也可启动“倒角”命令。

二、操作方法

进行上述任何操作后，AutoCAD 将有如下提示：

“选择第一条直线或[放弃(U)/多段线(P)/距离(D)/角度(A)/修剪(T)/方式(E)/多个(M)]：”

“选择第二条直线，或按住 Shift 键选择要应用角点的直线：”

1. “选择第一条直线或[放弃(U)/多段线(P)/距离(D)/角度(A)/修剪(T)/方式(E)/多个(M)]：”：

① 选择第一条直线　缺省项。若拾取一条直线，则直接执行该选项，同时 AutoCAD 会有如下提示：

“选择第二条直线”　在此提示下，选取相邻的另一条线，AutoCAD 就会对这两条线进行倒角。并以第一条线的距离为第一个倒角距离，以第二条线的距离为第二个倒角距离。所谓倒角距离时每个对象于倒角线相接或与其他相交而进行修剪或延伸的长度。

② 多段线　提示下选择要倒角的多段线，表示要对整条多段线进行倒角。输入“P”，执行该选项，AutoCAD 会有如下提示：“选择第二维多段线：(选取多段线)”

③ 距离　确定倒角时的倒角距离。输入“D”，执行该选项，AutoCAD 会有如下提示：

“指定第一个倒角距离<0.0000>：(输入第一条边的倒角距离值)”

“指定第二个倒角距离<44.5775>：(输入第二条边的倒角距离值)”

④ 角度　根据一个倒角距离和一个角度进行倒角。输入“A”，执行该选项，AutoCAD 会有如下提示：

“指定第一条直线的倒角长度<0.0000>：(输入第一条边的倒角距离值)”

“指定第一条直线的倒角角度<0>：(输入一个倒角角度)”

⑤ 修剪　确定倒角时是否对相应的倒角进行修剪。输入“T”，执行该选项，AutoCAD 会有如下提示：

“输入修剪模式选项[修剪(T)/不修剪(N)]<修剪>：”。

a. “修剪”。输入“T”，表示倒角后对倒角边进行修剪。

b. “不修剪”。输入“N”，表示倒角后对倒角边不进行修剪。

⑥ 方式　确定倒角方式。输入“E”，执行该选项，AutoCAD 会有如下提示：

“输入修剪方法[距离(D)/角度(A)]<距离>：”

a. “距离”。输入“D”，表示按已经确定的两条边的倒角距离进行倒角。

b. “角度”。输入“A”，表示按已经确定的一条边的距离以及相应角度的方式进行倒角。

⑦ 多个　表示对多个对象集加倒角。输入“M”，执行该选项，AutoCAD 将

重复显示主提示和“选择第二个对象”提示，直到按 Enter 键结束命令。如果在主提示下输入除“第一个对象”之外的其他选项，则显示该选项的提示，然后再次显示主提示。当放弃该项操作时，所有用“多个”选项创建的倒角将被删除。

⑧ 放弃　输入“D”，执行该选项，AutoCAD 便执行放弃倒角命令。

2.“选择第二条直线，或按住 Shift 键选择要应用角点的直线：”：

① 选择第二条直线　在此提示下，选取相邻的另一条线，同上。

② 按住 Shift 键选择要应用角点的直线　按住 Shift 键操作，表示确定要应用角点的直线。

【实践训练】

课目：“倒角”命令

(一)已知条件

给定图 4-40。

(二)问题

利用“倒角”命令将图 4-40 中的矩形 ABCD 于点 E 及点 F—G 处打断。

(三)分析与解答

调用倒角命令，AutoCAD 提示如下：

命令：_chamfer

(“修剪”模式)当前倒角距离 1＝0.0000，距离 2＝0.0000

选择第一条直线或[放弃(U)/多段线(P)/距离(D)/角度(A)/修剪(T)/方式(E)/多个(M)]：(输入 M)

选择第一条直线或[放弃(U)/多段线(P)/距离(D)/角度(A)/修剪(T)/方式(E)/多个(M)]：(输入 D)

指定第一个倒角距离<0.0000>：(输入第一个倒角距离 20)

20 指定第二个倒角距离<20.0000>：(输入第一个倒角距离 40)

选择第一条直线或[放弃(U)/多段线(P)/距离(D)/角度(A)/修剪(T)/方式(E)/多个(M)]：(拾取 AB 边)

选择第二条直线，或按住 Shift 键选择要应用角点的直线：(拾取 AD 边)

选择第一条直线或[放弃(U)/多段线(P)/距离(D)/角度(A)/修剪(T)/方式(E)/多个(M)]：a

指定第一条直线的倒角长度<0.0000>：(输入第一个倒角距离)20

指定第一条直线的倒角角度<0>：(输入第一个倒角角度)45

选择第一条直线或[放弃(U)/多段线(P)/距离(D)/角度(A)/修剪(T)/方式(E)/多个(M)]：(拾取 AB 边)

选择第二条直线，或按住 Shift 键选择要应用角点的直线：(拾取 BC 边)

选择第一条直线或[放弃(U)/多段线(P)/距离(D)/角度(A)/修剪(T)/方式(E)/多个(M)]:(输入 E)E

输入修剪方法[距离(D)/角度(A)]<角度>:(输入 D)D

选择第一条直线或[放弃(U)/多段线(P)/距离(D)/角度(A)/修剪(T)/方式(E)/多个(M)]:(拾取 AD 边)

选择第二条直线,或按住 Shift 键选择要应用角点的直线:(拾取 DC 边)

选择第一条直线或[放弃(U)/多段线(P)/距离(D)/角度(A)/修剪(T)/方式(E)/多个(M)]:(输入 E)E

输入修剪方法[距离(D)/角度(A)]<距离>:(输入 A)A

选择第一条直线或[放弃(U)/多段线(P)/距离(D)/角度(A)/修剪(T)/方式(E)/多个(M)]:(输入 T)T

输入修剪模式选项[修剪(T)/不修剪(N)]<修剪>:(按 Enter 键,选择缺省项即修剪)

选择第一条直线或[放弃(U)/多段线(P)/距离(D)/角度(A)/修剪(T)/方式(E)/多个(M)]:(拾取 BC 边)

选择第二条直线,或按住 Shift 键选择要应用角点的直线:(拾取 DC 边)

选择第一条直线或[放弃(U)/多段线(P)/距离(D)/角度(A)/修剪(T)/方式(E)/多个(M)]:(输入 U,选择放弃)U

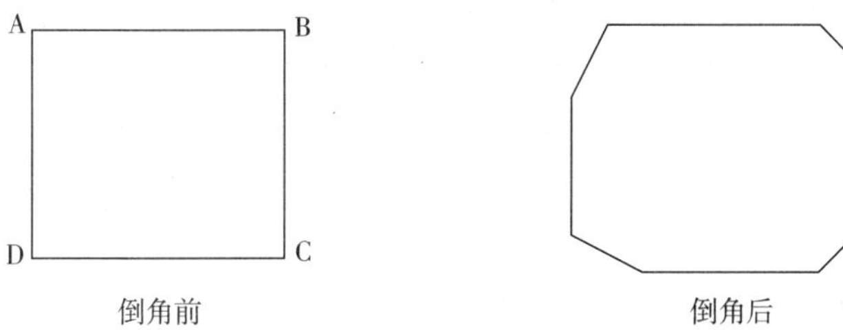

倒角前　　　　倒角后

图 4-40 "倒角"命令应用

第十八节 圆 角

使用 AutoCAD 提供了"圆角"命令,可以用光滑的弧把两个实体连接起来。该功能的对象主要包括:直线、圆弧、椭圆弧、多义线、样条曲线、射线、多段线。

[想一想]

工程图中哪些图形可以用圆角命令绘制?

一、启动

启动"圆角"命令可以通过如下 3 种方法:

1. 单击"菜单栏"中"修改"下拉菜单中的"圆角"选项,即可启动"圆角"命令。

2. 在命令行中输入快捷键"F"并回车,也可启动"圆角"命令。

3. 单击"修改"工具栏中的"圆角"按钮,也可启动"圆角"命令。

二、操作方法

进行上述任何操作后，AutoCAD 将有如下提示：

“选择第一个对象或[放弃(U)/多段线(P)/半径(R)/修剪(T)/多个(M)]：”

“选择第二个对象或按住 Shift 键选择要应用角点的对象：”

1.“选择第一个对象或[放弃(U)/多段线(P)/半径(R)/修剪(T)/多个(M)]：”：

① 选择第一个对象　缺省项。若拾取一条直线，则直接执行该选项，同时 AutoCAD 会有如下提示：

“选择第二条直线”在此提示下，选取相邻的另一条线，AutoCAD 就会按指定的圆角半径对这两条线进行倒圆角。

② 多段线　对二维多段线倒圆角。如果“P”，AutoCAD 会有如下提示：

“选择二维多段线(选择多段线)”

则按指定的圆角半径在该多段线各个顶点处倒圆角。

③ 半径　确定要倒圆角的圆角半径。输入“R”，执行该选项，AutoCAD 会有如下提示：“指定圆角半径<0.0000>：(输入圆角半径值)”。

④ 修剪　确定倒圆角的方法。输入“T”，执行该选项，AutoCAD 会有如下提示：

“输入修剪模式选项[修剪(T)/不修剪(N)]<修剪>：”。

确定在倒圆角时是否对相应的两条边进行修剪。

⑤ 多个　给多个对象集加圆角。输入“M”，执行该选项，AutoCAD 将重复显示主提示和“选择第二个对象”提示，直到按 Enter 键结束命令。如果在主提示下输入“第一个对象之外的其他选项，则显示该选项的提示，然后再次显示主提示。当放弃时，所有用“多个”选项创建的圆角都被删除。

⑥ 放弃　确定执行放弃命令。输入“U”，执行该选项，AutoCAD 便结束命令。

2.“选择第二个对象，或按住 Shift 键选择要应用角点的对象：”

① 选择第二条直线　选取相邻的另一条线，AutoCAD 就会按指定的圆角半径对这两条线进行倒圆角。

② 按住 Shift 键选择要应用角点的对象　按住 Shift 键操作，表示确定要应用角点的直线。

【实践训练】

课目：“圆角”命令

(一)已知条件

给定图 4-41。

(二)问题

利用“圆角”命令将图 4－41 中的矩形 ABCD 中角 A 和角 C 倒圆角处理。

(三)分析与解答

调用圆角命令,AutoCAD 提示如下:

命令:f FILLET

当前设置:模式=修剪,半径=0.0000

选择第一个对象或[放弃(U)/多段线(P)/半径(R)/修剪(T)/多个(M)]:(输入 M)

选择第一个对象或[放弃(U)/多段线(P)/半径(R)/修剪(T)/多个(M)]:(输入 R)

指定圆角半径<0.0000>:(输入圆角半径值 50)

选择第一个对象或[放弃(U)/多段线(P)/半径(R)/修剪(T)/多个(M)]:(拾取 AB 边)

选择第二个对象,或按住 Shift 键选择要应用角点的对象:(拾取 AD 边)

选择第一个对象或[放弃(U)/多段线(P)/半径(R)/修剪(T)/多个(M)]:(输入 R)

指定圆角半径<50.0000>:(输入圆角半径值 80)

选择第一个对象或[放弃(U)/多段线(P)/半径(R)/修剪(T)/多个(M)]:(拾取 AB 边)

选择第二个对象,或按住 Shift 键选择要应用角点的对象:(拾取 BC 边)

选择第一个对象或[放弃(U)/多段线(P)/半径(R)/修剪(T)/多个(M)]:(输入 U,选择放弃)

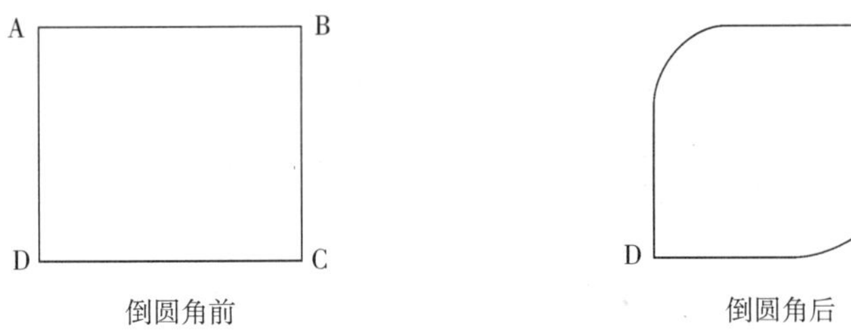

图 4－41 “圆角”命令应用

第十九节 分解对象

当在绘制工程图纸时,我们经常会碰到想编辑多线段、矩形等实体对象的某个组成单位,这时 AutoCAD 提供了“分解”命令,可以分解实体对象。该功能的对象主要包括:多段线、矩形、正多边形、块等。

[想一想]

不分解形体,能否编辑其中的一部分?

一、启动

启动"分解"命令可以通过如下3种方法：

1. 单击"菜单栏"中"修改"下拉菜单中的"分解"选项，即可启动"分解"命令。
2. 在命令行中输入快捷键"X"并回车，也可启动"分解"命令。
3. 单击"修改"工具栏中的"分解"按钮，也可启动"分解"命令。

二、操作方法

进行上述任何操作后，AutoCAD将有如下提示：

"选择对象：(选择实体对象)"在此提示下，选取要分解的实体对象，AutoCAD就会将指定的对象分解成单元实体。

【实践训练】

课目：分解对象

(一)已知条件

给定图4-42。

(二)问题

利用"分解"命令将图4-42中的矩形分解。

(三)分析与解答

调用分解命令，AutoCAD提示如下：

命令：EXPLODE

选择对象：(选择矩形再按空格键)

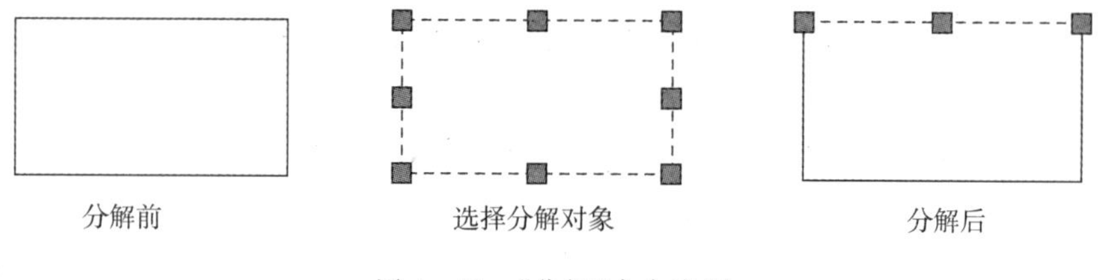

图4-42 "分解"命令应用

第二十节 合并对象

当在绘制工程图纸时，我们经常想把两段直线或多段线合并成一条直线，这时AutoCAD提供了"合并"命令，可以合并实体对象。该功能的对象主要包括：同在一直线上的直线、开放的多段线、圆弧、椭圆弧或开放的样条曲线。

一、启动

启动“合并”命令可以通过如下 3 种方法：

1. 单击“菜单栏”中“修改”下拉菜单中的“合并”选项，即可启动“合并”命令。

2. 在命令行中输入快捷键“join”并回车，也可启动“合并”命令。

3. 单击“修改”工具栏中的“合并”按钮，也可启动“合并”命令。

二、操作方法

进行上述任何操作后，AutoCAD 将有如下提示：

“选择源对象：”

“选择要合并到源的对象：”

在此提示下，选取要合并的实体对象，AutoCAD 就会将指定的对象合并。需要注意是以下几点：

1. 选择合并两条在同一直线上的直线时，可以不相接而空开一段距离，在执行合并命令后，两直线合并为一条直线。

2. 选择合并圆弧或椭圆弧在执行合并命令后，AutoCAD 将有如下提示：

“选择椭圆弧，以合并到源或进行[闭合(L)]：(选择被合并的椭圆弧或选择闭合椭圆弧)”

3. 选择合并开放的样条曲线时，AutoCAD 将有如下提示：“选择要合并到源的样条曲线或螺旋：(选择被合并的开放的样条曲线或螺旋)”

【实践训练】

课目：合并对象

(一)已知条件

给定图 4－43。

(二)问题

利用“合并”命令将图 4－43 中的矩形分解。

(三)分析与解答

调用合并命令，AutoCAD 提示如下：

命令：EXPLODE

选择对象：(选择矩形再按空格键)

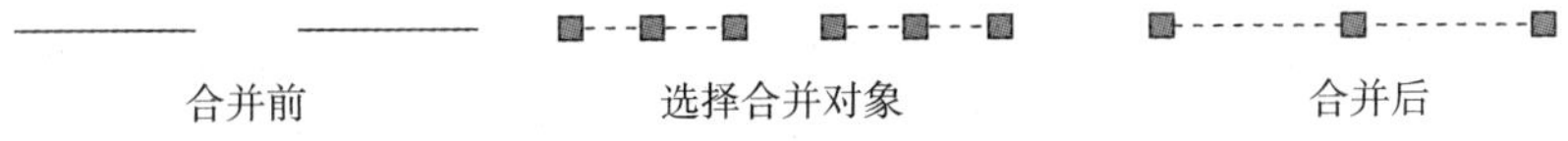

合并前　　选择合并对象　　合并后

图 4－43　“合并”命令应用

本章思考与实训

一、试一试:创建一个目标选择集,并利用它进行编辑。

1. 在屏幕上绘制一组图形,如图 4-44 所示。

2. 在命令行输入:G 命令,打开“对象编组”对话框。

3. 在“编组名”文本框中,输入“圆”作为选择集名。

4. 单击“新建”按钮,AutoCAD 自动进入绘图界面。

5. 在绘图区域用拾取框选择中间的大圆,并回车。

6. 在列表框中,用鼠标单击选择集“圆”所在位置,将其选中。

7. 单击“添加”按钮,用拾取框选取另外 4 个小圆,回车确认。

8. 在“说明”文本框中输入“所有的圆”,标识该选择集选择本图中所有的圆。

9. 单击“修改编组”中的“说明”按钮,将“说明”文本框中的描述内容赋予选择集。

10. 单击“确定”按钮,结束命令。此时,已将图中所有的圆定义为一个选择集。

11. 在绘图区域用光标单击其中的 1 个圆,其他 3 个圆也呈高亮显示,表明也被选中,如图 4-45 所示。

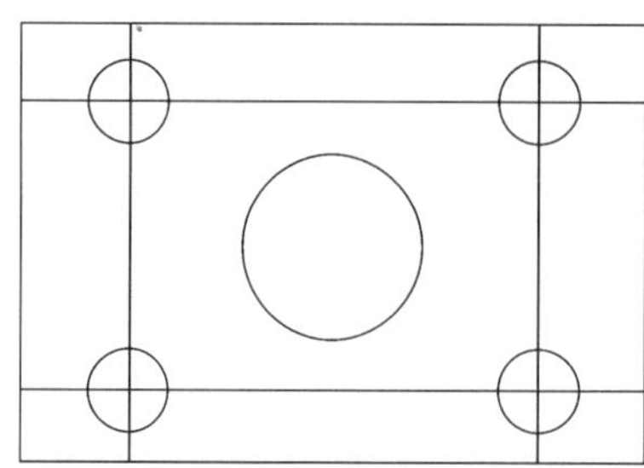

图 4-44

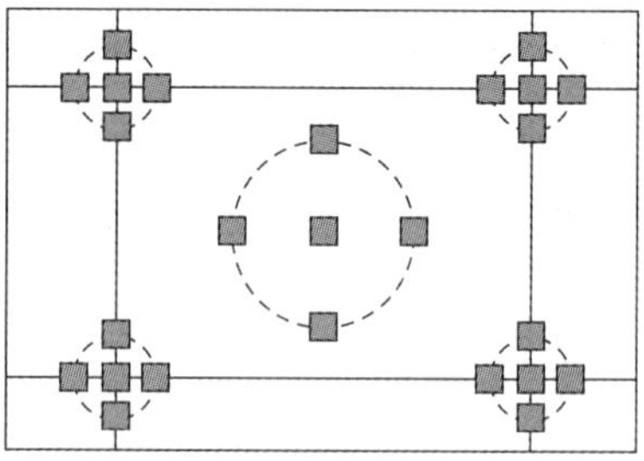

图 4-45

二、将图 4-46 内的图形编辑成如图 4-47 所示。(详细尺寸见图 4-47)

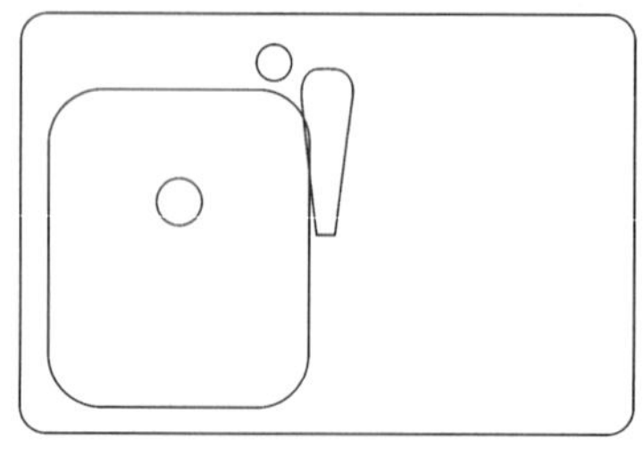

图 4-46

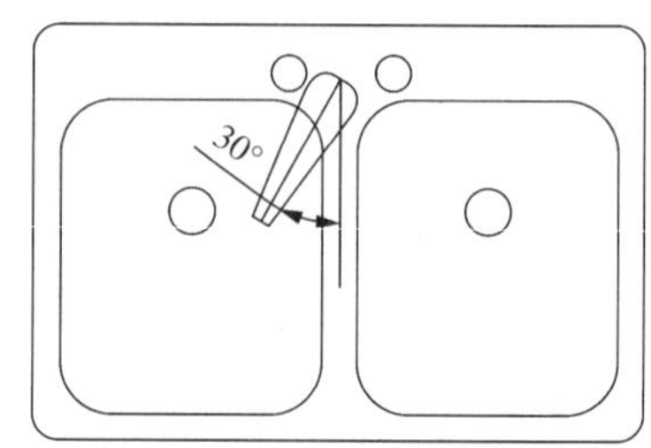

图 4-47

三、将图 4－48 内的图形编辑成如图 4－48 所示。(详细尺寸见图 4－49)

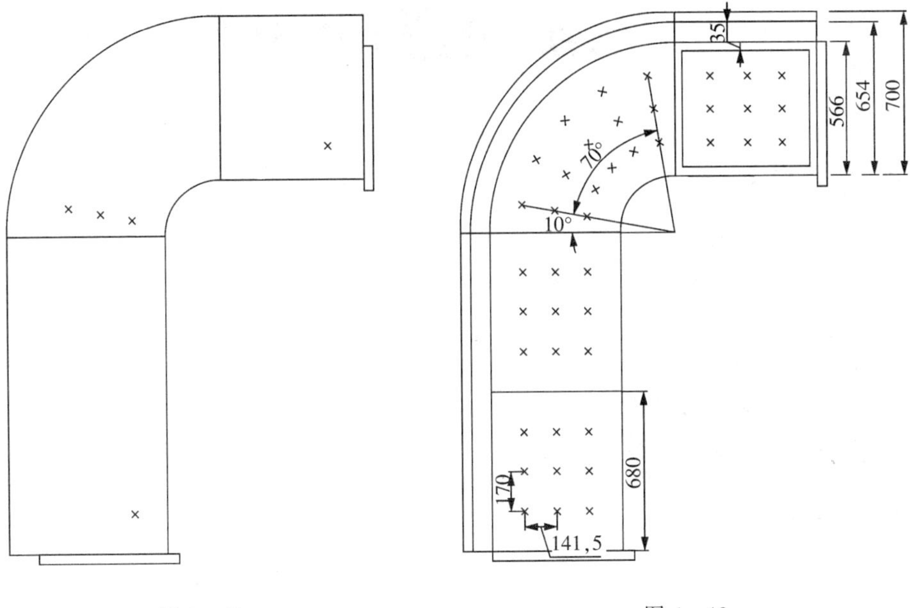

图 4－48　　　　图 4－49

第五章 高级绘图与编辑

【内容要点】

1. 精确绘图;
2. 使用夹点编辑及修改现有对象的特性;
3. 图案填充;
4. 块的操作;
5. 显示控制和对象查询。
6. 多线的绘制和编辑。

【知识链接】

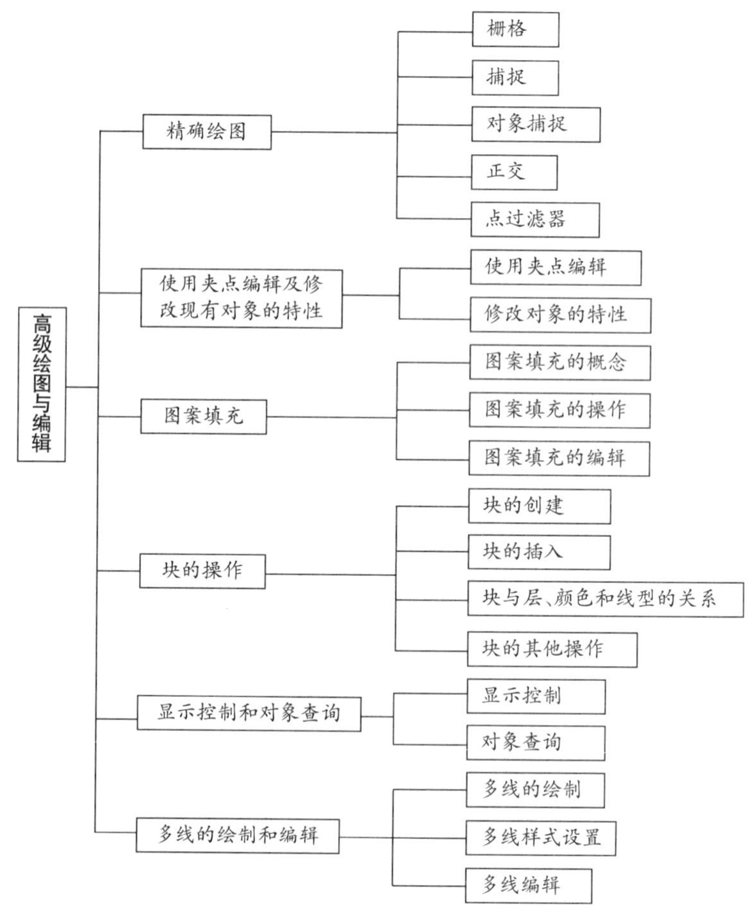

第一节　精确绘图

要想精确绘图，关键是如何精确定位图形上的点。通过键盘输入点的坐标可以精确确定点的位置，但通常情况下不可能知道所有点的坐标值，且数据量大容易录入错误。通过移动光标定点，尽管可以通过状态栏上的坐标数值了解到当前光标的位置，但想精确点取也非常困难。AutoCAD 提供了许多辅助工具来帮助用户精确绘图，主要有栅格、捕捉、对象捕捉、正交等方式。状态栏上显示了这些方式的状态，如图 5－1 所示，每种方式在打开状态下有效。状态栏上的各种方式（包括是否显示移动光标的坐标值）均可以通过单击鼠标左键切换其打开或关闭状态，也可以通过单击鼠标右键弹出相应的快捷菜单进行开关切换及有关设置。

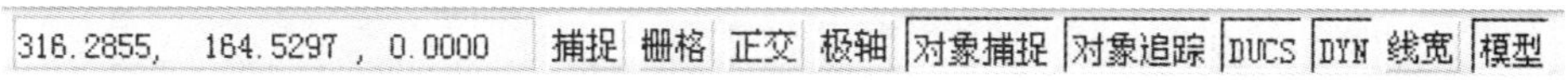

316.2855,　164.5297 ,　0.0000　捕捉　栅格　正交　极轴　对象捕捉　对象追踪　DUCS　DYN　线宽　模型

图 5－1　【状态栏】上各种绘图辅助工具

一、栅格

栅格（Grid）是由间隔一定距离的小点组成的网格图案。绘图时可将栅格显示在屏幕上，用来帮助定位，如同手工绘图的方格纸一样。栅格仅用于视觉参考，它既不能被打印，也不能被认为是图形的一部分。

关于栅格的操作方法：

（1）可以将光标移动至工具栏上的【栅格】按钮处，单击鼠标左键切换打开或关闭栅格显示，或单击鼠标右键弹出快捷菜单，进行开关切换和设置栅格（如图 5－2所示）。

（2）也可以使用 F7 功能键或 Ctrl＋G 键切换打开或关闭栅格显示。

（3）或者使用 GRID 命令进行设置，GRID 为透明命令。

命令：GRID　↙

指定栅格间距（X）或[开（ON）/关（OFF）/捕捉（S）/主（M）/自适应（D）/界限（L）/跟随（F）/纵横向间距（A）]〈当前值〉：

缺省方式是设置栅格间距。若在输入的数值后面加上“x”，则表示将栅格间距设置为捕捉间距的指定倍数。

其他选项方式中各选项的含义是：

ON——按当前间距打开栅格；

OFF——关闭栅格；

S——将栅格间距定义为与当前捕捉间距相同；

M——指定主栅格线与次栅格线比较的频率；

D——控制放大或缩小时栅格线的密度；

L——显示超出 LIMITS 命令指定区域的栅格；

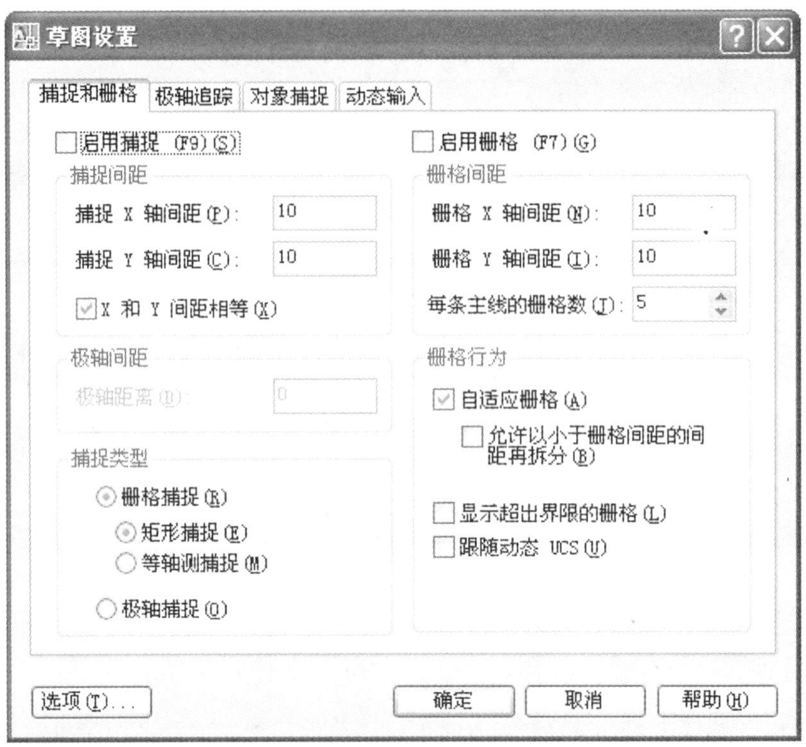

图 5-2 设置捕捉和栅格

F——更改栅格平面以跟随动态 UCS 的 *XY* 平面，该设置也由 GRIDDISPLAY 系统变量控制；

A——设置栅格的 *X* 向间距和 *Y* 向间距。

二、捕捉

捕捉(Snap)用于控制光标移动的最小间距。捕捉特性与栅格特性类似，但由捕捉命令在屏幕上生成的虚拟栅格是不可见的，光标在移动中只能落在虚拟栅格的格点上。

关于捕捉的操作方法：

(1)可以将光标移至工具栏上的【捕捉】按钮，单击鼠标左键切换打开或关闭捕捉模式，或单击鼠标右键弹出快捷菜单，进行打开极轴捕捉或打开栅格捕捉或关闭捕捉模式之间的切换，或设置捕捉(如图 5-2 所示)。

(2)也可以使用 F9 功能键或 Ctrl+B 键切换打开或关闭捕捉模式。

(3)或使用 SNAP 命令进行设置，SNAP 为透明命令。

命令：SNAP↙

指定捕捉间距或[开(ON)/关(OFF)/纵横向间距(A)/样式(S)/类型(T)]〈当前值〉：

缺省方式是用指定的值激活捕捉模式。

其他选项方式中各选项的含义是：

ON——用当前栅格的分辨率、旋转角和模式激活捕捉模式；

OFF——关闭捕捉模式但保留值和模式的设置；

A——为捕捉栅格指定 X 和 Y 间距。如果当前捕捉模式为“等轴测”，不能使用该选项；

S——指定栅格的样式为标准或等轴测；

T——指定捕捉类型，按极轴追踪捕捉或按栅格捕捉。

三、对象捕捉

作图时经常需要使用图上的某些特殊点（如线段的端点、中点、圆的圆心等），对于这些特殊点，如果用光标拾取，难免会有误差，如果用键盘输入，又可能不知道它的准确数据。使用对象捕捉功能可以帮助用户快速准确地捕捉到这些特殊点。对象捕捉本身并不产生实体，而是配合需要指定点的命令（如 LINE、CIRCLE、ARC 等）使用。

[问一问]

对象捕捉对准确绘制图形有什么帮助？如何设置对象捕捉模式？

对象捕捉设置，可以用 OSNAP 命令或将光标移至状态栏上的【对象捕捉】按钮，单击鼠标右键弹出快捷菜单选择【设置】选项，这两种方法均直接弹出【草图设置】对话框并显示【对象捕捉】选项卡，如图 5－3 所示，对话框中被选中的选项表示该对象类型将被捕捉。也可以通过下拉菜单选择【工具】\【草图设置】或－OSNAP 命令来进行设置。

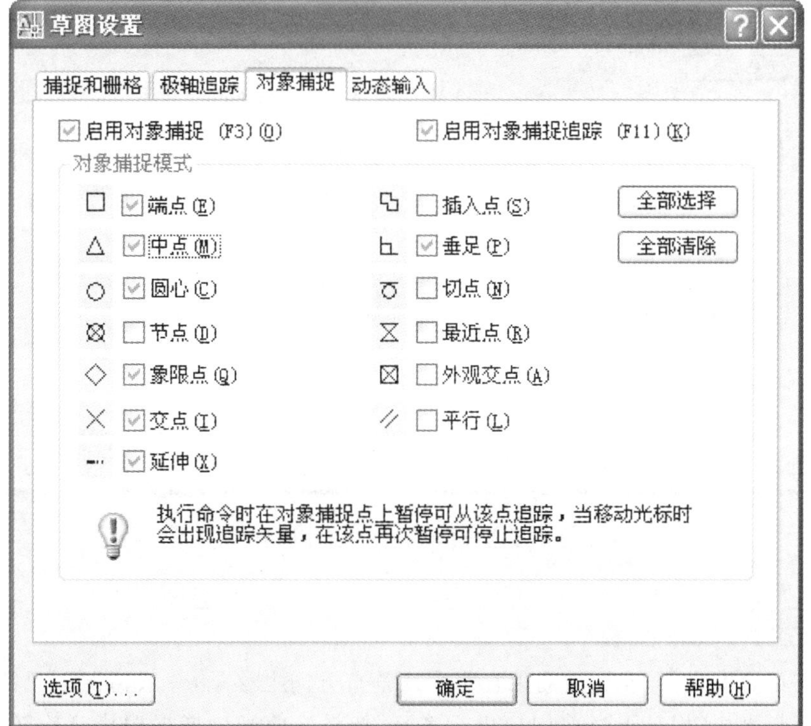

图 5－3 【草图设置】对话框中的【对象捕捉】选项卡

对象捕捉包括直观的辅助工具，称为自动捕捉，它有助于更有效地使用对象捕捉，自动捕捉包含下列元素：

标记：在对象捕捉位置显示一个符号，表明对象捕捉的类型。

工具栏提示：在光标所处的对象捕捉位置标识对象捕捉类型。

磁吸：在光标移近捕捉点时，自动移动光标并将其锁定到该点上。

靶框：光标周围的方框，用于定义框中的区域，在移动光标时，AutoCAD 估算该区域内的对象以便进行对象捕捉。可以选择显示或关闭靶框，也可以调整靶框大小。

设置执行对象捕捉之后，单击状态栏上的【对象捕捉】按钮或使用 F3 功能键将打开或关闭对象捕捉。

自动捕捉标记、捕捉提示和磁吸在缺省状态下是打开的。在图 5－3 所示的【对象捕捉】选项卡中，若单击其中的【选项】按钮，将显示如图 5－4 所示的【草图】选项卡，用户可以对自动捕捉、自动追踪、获取对齐点以及自动捕捉标记大小和靶框大小等进行设置。

图 5－4 【选项】对话框中的【草图】选项卡

四、正交

在正交模式下，光标被约束在水平或垂直方向上移动，一般情况下只能画水平线和竖直线(相对于当前用户坐标系)。如果当前光标捕捉栅格已旋转，所画的线将是栅格所定义的 X 轴方向和 Y 轴方向的直线。单击状态栏上的【正交】按钮或按 F8 功能键切换打开或关闭正交模式，也可以使用 ORTHO 命令选择打开或关闭正交模式，ORTHO 为透明命令。

五、点过滤器

通过点过滤器可以一次只指定一个坐标值，而暂时忽略其他坐标值。与对象捕捉一起使用时，点过滤器可以从一个现有的对象提取坐标值来定位另一个点。

可以在需要输入点的任何时候使用点过滤器。“.*X*”过滤点的 *X* 坐标，“.*Y*”过滤点的 *Y* 坐标，“.*Z*”过滤点的 *Z* 坐标，“.*XY*”过滤点的 *X* 与 *Y* 坐标，“.*YZ*”过滤点的 *Y* 与 *Z* 坐标，“.*XZ*”过滤点的 *X* 与 *Z* 坐标。

例如，以矩形的中心为圆心画圆(假设中点捕捉方式已打开)。

命令:CIRCLE ↙

指定圆的圆心或[三点(3P)/两点(2P)/相切、相切、半径(T)]:.*X* ↙

于:(捕捉“中点 1”)

(需要 *YZ*):(捕捉“中点 2”)

指定圆的半径或[直径(D)]:(指定圆的半径)

此时即实现了以矩形的中心为圆心画圆，如图 5－5 所示。该图形也可以利用对象追踪来实现。

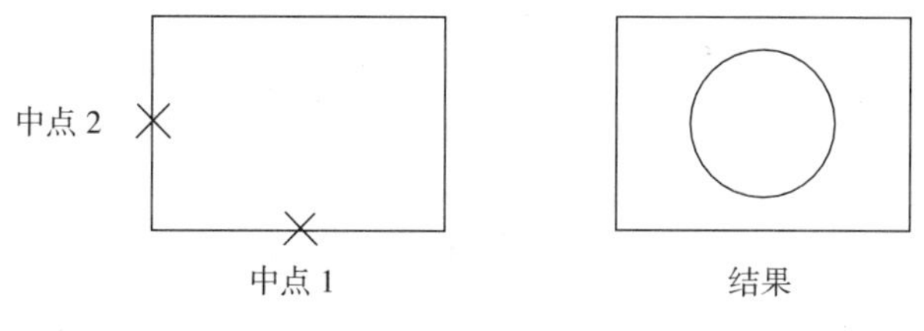

图 5－5 使用点过滤器画圆

第二节 使用夹点编辑及修改现有对象的特性

一、使用夹点编辑

在命令行显示“命令:”的提示下，直接选取对象，则这些对象便在一些特殊位置上显示出小方框(初始为蓝色)，对象本身也变为醒目的显示方式，这些小方框表示的就是夹点。使用夹点可以进行一些编辑操作，如拉伸、移动、旋转、缩放、镜像等。

当夹点出现后，移动光标对准夹点单击，此时夹点便成了基点，小方框被用别的颜色(初始为红色)涂实。此时同时命令行窗口显示:

* * 拉伸 * *

指定拉伸点或[基点(B)/复制(C)/放弃(U)/退出(X)]:

此时如移动鼠标，光标拖着基点将对象拉伸，到达合适位置单击左键，基点即将定位在新的位置，图形也随之发生变化。

此时也可以使用回车键或空格键切换各种状态，也可以使用命令。

如直接按一次回车键，系统提示变为：

* * 移动 * *

指定移动点或[基点(B)/复制(C)/放弃(U)/退出(X)]：

此时如移动光标，可以将所选择的所有对象平移；如直接继续按回车键，系统提示又变为：

* * 旋转 * *

指定旋转角度或[基点(B)/复制(C)/放弃(U)/参照(R)/退出(X)]：

此时进入旋转操作状态，可进行旋转操作。如再直接按回车键，系统提示：

* * 比例缩放 * *

指定比例因子或[基点(B)/复制(C)/放弃(U)/参照(R)/退出(X)]：

此时进入比例缩放操作状态，可进行缩放操作。再直接按回车键，系统提示：

* * 镜像 * *

指定第二点或[基点(B)/复制(C)/放弃(U)/退出(X)]：

此时进入镜像操作状态，可进行镜像操作。若再按回车键，系统又回至拉伸状态。按 ESC 键，可撤销基点可控状态，再按两次 ESC 键则可撤销夹点显示。

二、修改现有对象的特性

命令：PROPERTIES

下拉菜单：【工具】\【选项板】\【特性】

【标准】工具栏：

[问一问]

图形对象的特性有哪些内容?

命令执行后，系统弹出【特性】对话框。在此对话框中可以修改选定对象的属性和几何参数。对话框的具体内容与选定对象的多少和类型有关，图 5-6 是选中一条直线进行修改时显示的【特性】对话框。

对话框中顶部的列表框中标识出当前表内显示的对象。如果选取的对象不止一个，对话框中顶部的列表框中将会分类提示每一类型的数量，可以通过列表框选择某一类型的对象，表内显示的信息也随之发生变化。表内显示的信息呈现灰色显示的为只读信息，其余可以修改，可以选中需要修改的信息对其进行修改，多个对象可以按某一类型整体进行修改。

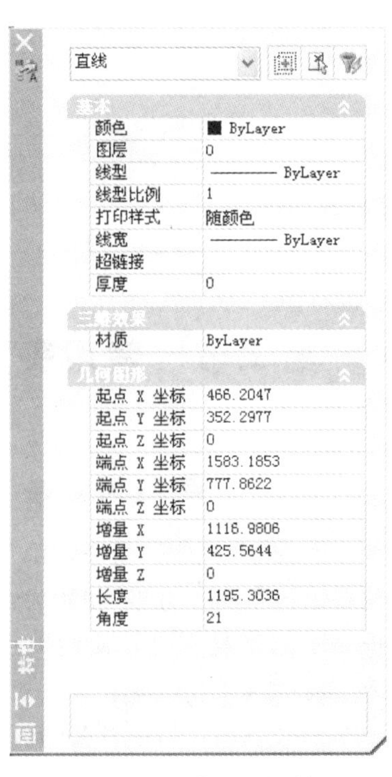

图 5-6 【特性】对话框

第三节　图案填充

在建筑、机械等行业的工程图纸中，常常需要用某种形式的图案填充某些区域，来表示剖切到的材料。

一、图案填充的概念

图案填充是在一个封闭的区域内进行的，填充区域的边界称为填充边界。填充边界可以是一个对象(如圆、矩形等)，也可以是由多个对象连接而成。填充区域的内部，可能嵌套有另外一些较小的封闭区域，这些填充区域内部的封闭区域称为孤岛。对于孤岛可以进行填充也可不进行填充，有普通、外部和忽略三种填充方式。

[问一问]

填充的三种方式的结果有什么不同?

1. 普通方式

普通方式从外部边界向内填充，如果遇到了一个内部交点，将关闭填充，直到遇见另一个交点为止。也就是说，从填充区域外部算起由奇数交点分隔的区域将被填充，由偶数交点分隔的区域不被填充，填充交替进行，如图 5-7(a)所示。

2. 外部方式

外部方式也是从外部边界向内填充，但在下一个边界处就停止填充，内部区域将不再考虑，如图 5-7(b)所示。

3. 忽略方式

忽略方式将忽略内部边界，填充外部边界所围成的整个区域，如图 5-7(c)所示。

(a)

(b)

(c)

图 5-7　孤岛的三种填充方式

如果图案填充线遇到了文字、属性、形、宽线或实体填充对象，而且这些对象被选作边界的一部分，AutoCAD 将不填充这些对象。例如绘制的图形内部有文字标记，进行填充时，文字将不被填充而保持清晰易读，如图 5-8 所示。如果要将它们填充，需要选择忽略方式。

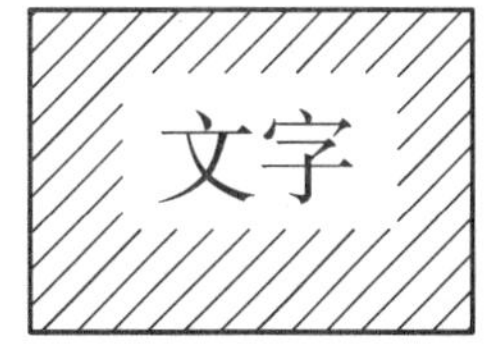

图 5-8　缺省文字填充

二、图案填充的操作

绘制图案填充的命令为 HATCH 和 BHATCH。

命令：BHATCH

[想一想]

如何用填充命令绘制钢筋砼梁截面的建筑大样详图?

下拉菜单：【绘图】\【图案填充】

【绘图】工具栏：

命令执行后，系统将显示如图 5－9 所示的【图案填充和渐变色】对话框。对话框上有【图案填充】和【渐变色】两个选项卡，图 5－9 显示的是【图案填充】选项卡。

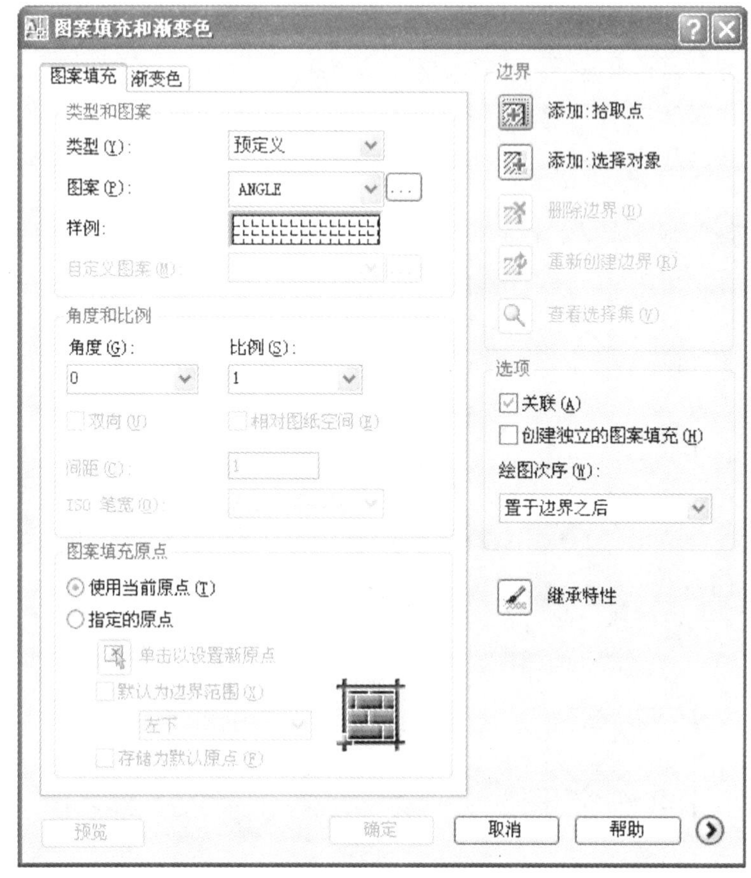

图 5－9 【图案填充和渐变色】对话框

在【图案填充】选项卡中，【类型】列表框内有 3 个选项：预定义、用户定义和自定义，用以选择填充图案的类型。【图案】列表框中显示可用的预定义图案，选择列表框右边的按钮可打开如图 5－10 所示的【填充图案选项板】对话框，从中可以查看所有预定义和自定义图案的预览图案，以便用户作出选择。选中图案的样式显示在【样例】条框内。【角度】列表框用于指定填充图案的角度。【比例】列表框用于放大或缩小预定义或自定义的填充图案，以调节图案的疏密程度。

单击【图案填充和渐变色】对话框中【图案填充】选项卡右下角的按钮，【图案填充】选项卡即展开，如图 5－11 所示，用于选择孤岛填充方式、边界对象类型及其他一些高级设置。

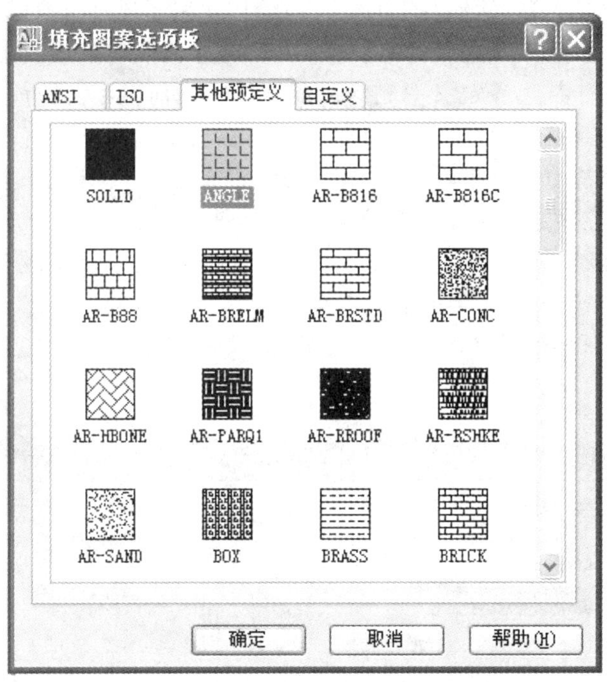

图 5－10 【图案填充选项板】对话框

图 5－11 展开后的【图案填充】选项卡

【边界图案填充】对话框右边的【拾取点】按钮用于通过拾取区域内一点的方法自动搜索填充边界。【选择对象】按钮用于通过选取对象构成填充边界。【删除边界】按钮用于从边界定义中删除以前添加的任何对象。【重新创建边界】按钮用于围绕选定的图案填充或填充对象创建多段线或面域，并使其与图案填充对象相关联。【查看选择集】按钮可显示当前定义的边界。【选项】组合框用于控制图案填充与边界之间是否关联，关联即如果图案填充的边界被修改了，则该图案填充也被更新，不关联则图案填充独立于边界。【继承特性】按钮可用来继承图形中已有的填充图案为当前填充图案。

【图案填充和渐变色】对话框中的【渐变色】选项卡如图 5－12 所示，用来定义要应用的渐变填充的外观。

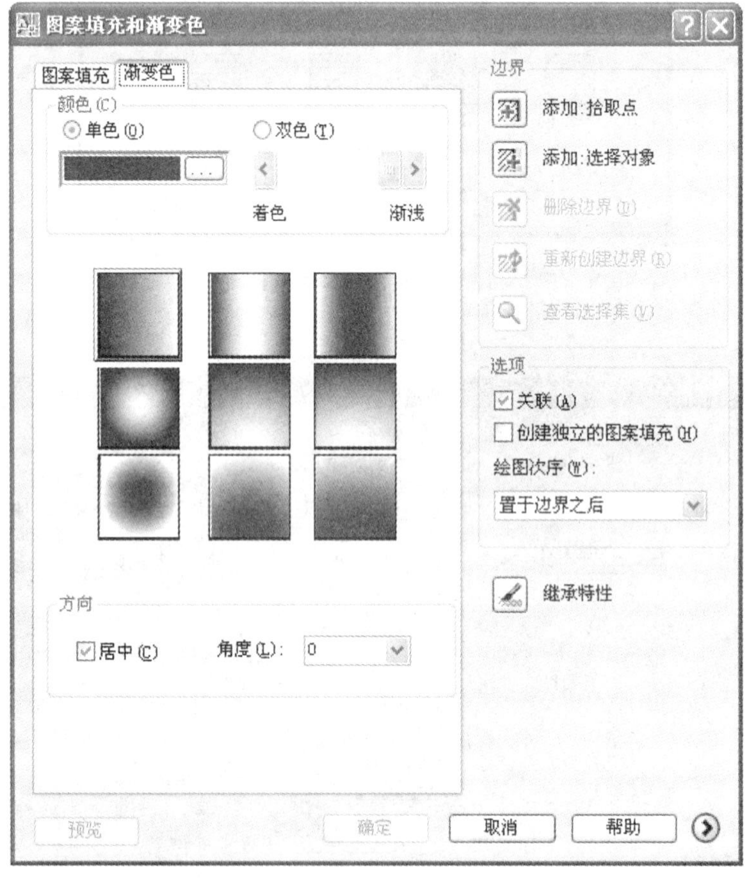

图 5－12 【渐变色选项卡】对话框

三、图案填充的编辑

命令：HATCHEDIT

下拉菜单：【修改】\【对象】\【图案填充】

修改Ⅱ工具栏：

功能:修改现有的图案填充对象。

操作与说明:

命令:HATCHEDIT ↙

选择图案填充对象:(选择要编辑的图案填充对象)

此时,AutoCAD 显示如图 5-13 所示的【图案填充编辑】对话框,该对话框与【边界图案填充】对话框相同。利用【图案填充编辑】对话框,用户可以对已有的图案填充进行编辑。

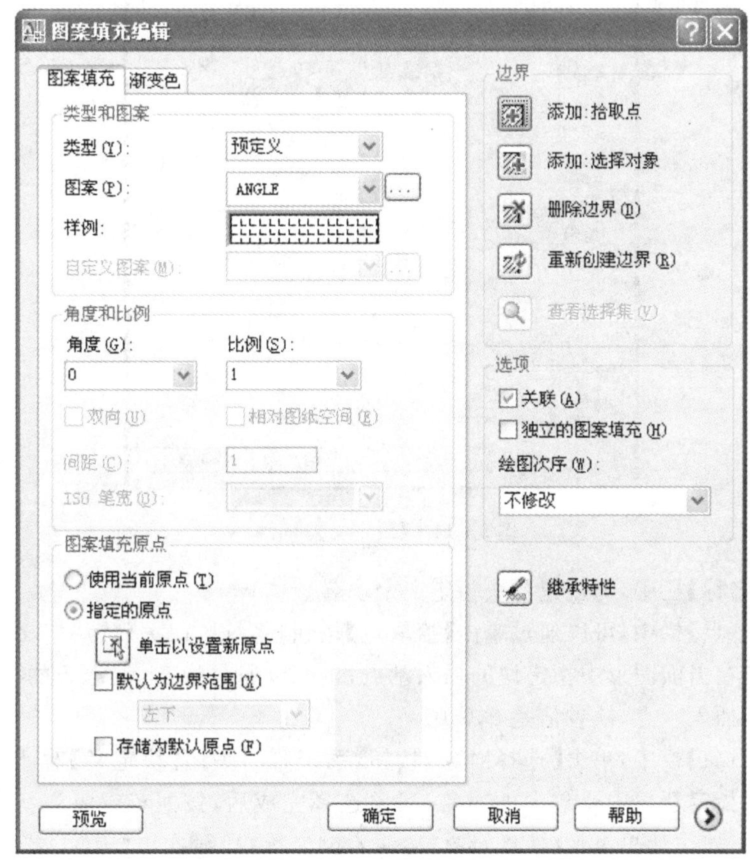

图 5-13 【图案填充编辑】对话框

第四节 块的操作

可将常用的图形和符号定义为块,便于随时调用。关于块操作的方法和命令有多种,下面介绍其中的一些。

[想一想]
创建块的目的是什么?

一、块的创建

命令:BLOCK

下拉菜单:【绘图】\【块】\【创建】

【绘图】工具栏：

功能：将选定对象定义为块。

操作与说明：通过命令行、下拉菜单和【绘图】工具栏 3 种方式创建块均弹出如图 5－14 所示的【块定义】对话框。

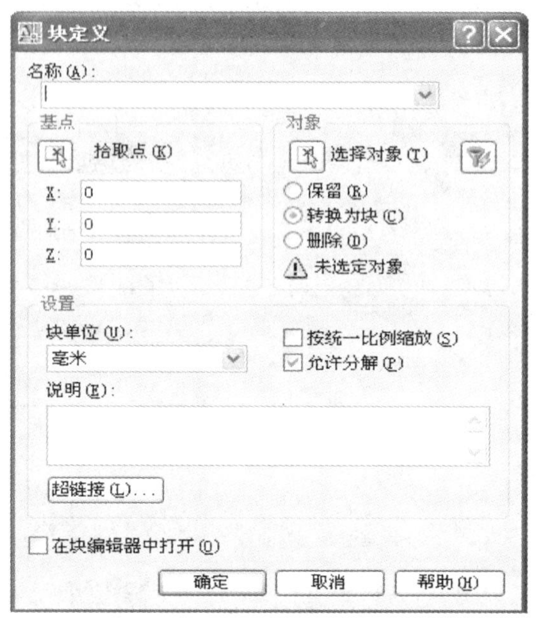

图 5－14 【块定义】对话框

在【名称】栏中，为创建的块指定一个块名。

在【基点】栏中，可以通过单击【拾取点】按钮，系统临时关闭【块定义】对话框以便用户在当前图形中指定块的插入基点；也可以通过指定 X、Y、Z 的坐标值来指定块的插入基点，缺省值是 0,0,0。

在【对象】栏中，单击【选择对象】按钮，系统临时关闭【块定义】对话框，以便用户选取指定新块中要包含的对象，对象选择完成后，按回车键将重新显示【块定义】对话框。如果单击【选择对象】按钮右侧的【快速选择】按钮，系统将显示【快速选择】对话框，在此可以定义一个选择集。【保留】、【转换为块】和【删除】分别表示为创建块以后是保留选定的对象还是将它们转换成块的引用或者删除选定的对象。【说明】用于指定与块定义相关联的文字说明。

二、块的插入

命令：INSENT

下拉菜单：【插入】\【块】

【绘图】工具栏：

功能：调用块插入到当前图形中。

操作与说明：通过命令行，下拉菜单和【绘图】工具栏 3 种方式插入图块，系统均弹出如图 5－15 所示的【插入】对话框。

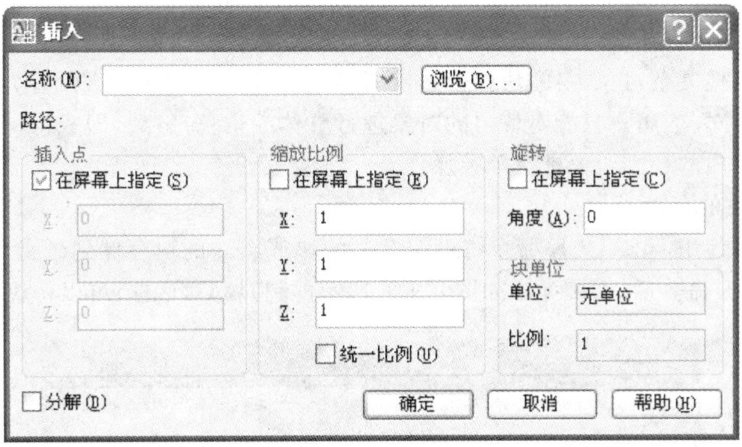

图 5－15 【插入】对话框

在【名称】栏中，指定要插入的块名，或指定要作为块插入的文件名。

单击【浏览】按钮，打开【选择图形文件】对话框，可以在此选择要插入的块或文件，【路径】显示指定块的路径。

在【插入点】栏中，用户可以在屏幕上指定块的插入点，也可以用坐标值设定，该插入点对应于在块定义时的插入基点。

在【缩放比例】栏中，用户可以在屏幕上指定插入块的缩放比例，也可以直接设置 X、Y、Z 方向的比例系数，【统一比例】是指为 X、Y 和 Z 方向指定一个统一的比例系数。

在【旋转】栏中，用户可以在屏幕上指定插入块的旋转角度，也可以直接设置插入块的旋转角度。

对话框左下角的【分解】若被选中，表示分解块并插入该块的各个部分，便于插入后对块内各组成成分的修改。

三、块与层、颜色和线型的关系

定义块时，对象的颜色、线型与层等特性将随着对象一起存储于块定义中。插入块时，块内各对象的特性将按下列方法处理：

(1)对于块中原来位于 0 层上且颜色和线型设置为随层或随块的对象，当块被插入时，块内的对象被绘制在当前层，并按当前层的颜色和线型绘制。

(2)对于块中其他层上的对象，如果当前文件与插入块有同名层，块内各对象各自放在相应的层上；颜色与线型设置为随层或随块时，插入块时对象的颜色与线型将随当前文件的同名层。如果当前文件中设有同名层，则系统自动建立同名层，并将对象放在相应的层上；若对象的颜色与线型设置为随层，插入块时，仍随层，也是原来定义的颜色与线型；若对象的颜色与线型设置为随块，插入时，此随当前文件当前层的颜色与线型。

四、块的其他操作

1. 块的分解

与其他复杂对象一样，块的分解使用的是 EXPLODE 命令。没有分解前，块作为一个对象，用户只能对块内的对象进行整体编辑；分解后，即成为一般图形，可以对块内的各个对象进行单独操作。

2. 块的存盘

可以使用 WBLOCK 命令将已定义过的块或新建的块存储到磁盘上。执行 WBLOCK 命令后，系统弹出如图 5－16 所示的【写块】对话框，可以将块存盘。

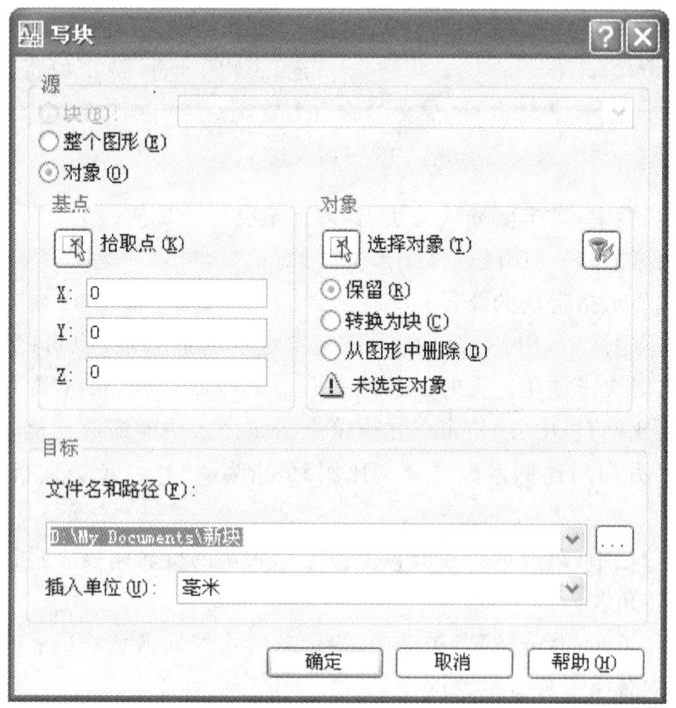

图 5－16 【写块】对话框

3. 块的更名

使用 RENAME(或 REN)命令，可以实现块的更名。执行 RENAME 命令后，系统弹出如图 5－17 所示的【重命名】对话框，可以更改块的名称。

4. 块的删除

可以使用 PURGE(不能用 ERASE)命令或通过下拉菜单:【文件】\【绘图实用程序】\【清理】\【块】，删除图形数据库中没有使用的命名对象，例如块或图层。

5. 块的重定义

重定义块也就是改变或修改组成块的对象。修改对象并不能在块内进行，而只能修改块的原始图形。原始图形修改后，再重新定义一次块，块名可以采用原块名，也可以另取新名。

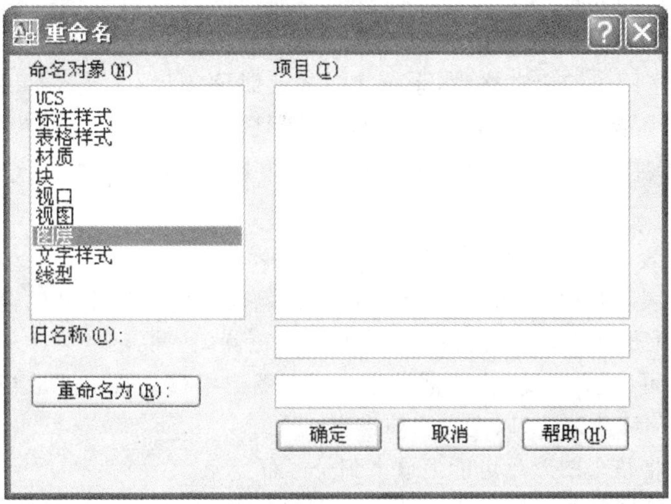

图 5－17 【重命名】对话框

第五节　显示控制和对象查询

一、显示控制

AutoCAD 提供了多种显示图形的方式。在编辑图形时，用户可以通过缩放图形显示来改变大小或通过平移重新定位视图在绘图区域中的位置。将图形放大，便于对细部的操作；将图形缩小，便于浏览较大范围的图面，了解绘图效果。下面介绍一些图形显示控制的命令和操作方法。

[问一问]
执行 ZOOM 命令以后，屏幕上图形显示大小发生改变，图形的实际尺寸是否跟着发生变化？

1. 显示缩放

ZOOM 命令用来放大或缩小显示对象的视觉尺寸，但对象本身的实际尺寸并未发生改变。ZOOM 命令在大多数情况下可以透明使用。

命令：ZOOM

下拉菜单：【视图】\【缩放】

【标准】工具栏：【缩放】随位工具栏中的各按钮

功能：放大或缩小当前视口对象的外观尺寸。

操作与说明：

命令：ZOOM(或 Z)↙

指定窗口的角点，输入比例因子(nX 或 nXP)，或者[全部(A)/中心点(C)/动态(D)/范围(E)/上一个(P)/比例(S)/窗口(W)/对象(O)]〈实时〉。

各选项含义如下：

若直接在屏幕上点取窗口的一对对角点，则点取的窗口内的图形将被放大到全屏幕显示。

若直接输入一数值，系统将以此数值为比例因子，按图形实际尺寸大小进行缩放;若在数值后加上“X”,系统将根据当前视图进行缩放;若在数值后加上“XP”,系统将根据当前的图纸空间进行缩放。

若直接按回车键或空格键,系统将进入实时缩放状态。按住鼠标左键向上移动光标,图形随之放大;向下移动光标,图形随之缩小。若要在新位置上退出缩放,按回车键或ESC键。直接单击【标准】工具栏上的按钮,也具有同样的作用。

选项A表示在当前视口缩放显示整个图形。

选项C表示缩放显示由中心点和缩放比例(或高度)所定义的窗口,高度值较小时增加缩放比例,高度值较大时减小缩放比例。

选项D可以动态调整视图框大小并可在图形中移动自由选取视察区域,将其中的图形平移或缩放,以充满当前视窗。

选项E将整个图形尽可能地放大到全屏幕。

选项P将恢复显示前一个视图。AutoCAD2005最多可恢复此前的十个视图。直接单击【标准】工具栏上的按钮,也具有同样的作用。

选项S表示以指定的比例因子缩放显示。

选项W表示用窗口缩放显示,将由两个对角点定义的矩形窗口内的图形放大到全屏幕显示。

选项O表示缩放以便尽可能大地显示一个或多个选定的对象并使其位于绘图区域的中心,可以在启动ZOOM命令之前或之后选择对象。

2. 平移视图

PAN命令用于平移视图,以便查看图形的不同部分。PAN为透明命令。

[想一想]

执行平移命令时,屏幕图形显示的比例是否会发生变化?

命令:PAN

下拉菜单:【视图】\【平移】\【实时】

【标准】工具栏:

功能:移动当前视口中显示的图形。

操作与说明:执行此命令后,光标变成手状,用户可以像用手抓着图纸一样对图形进行平移。

3. 重画和重新生成

(1)重画

使用命令REDRAWALL和REDRAW均可刷新图形。命令REDRAWALL刷新显示所有视口,命令REDRAW刷新当前视口,它们都可以透明使用。

命令:REDRAWALL

下拉菜单:【视图】\【重画】

功能:重画所有视口,并删除点标记和由编辑命令留下的杂乱显示内容。

(2)重新生成

使用命令REGEN和REGENALL均可重新生成图形并刷新显示。命令REGEN重新生成图形并刷新显示当前视口,命令REGENALL重新生成图形并刷新显示所有视口,它们都可以透明使用。

命令:REGEN

下拉菜单:【视图】\【重生成】

功能:重新生成图形并刷新当前视口。重新计算所有对象的屏幕坐标,重新建立图形数据库索引,从而优化显示和对象选择的性能。有时当使用 ZOOM 命令缩放图形后,圆有可能变成了多边形,这时执行一次 REGEN 命令即可恢复成圆。

二、对象查询

AutoCAD 提供了一系列用于查询的命令。用户可以通过下拉菜单【工具】下的【查询】子菜单中的各选项(如图 5-18 所示),查询需要的有关信息,也可以通过【查询】工具栏(如图 5-19 所示)进行查询。

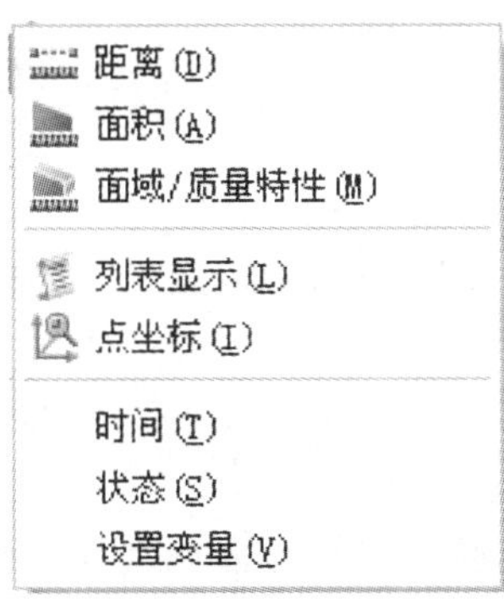

图 5-18 【查询】子菜单

图 5-19 【查询】工具栏

例如,可以使用 DIST 命令或通过下拉菜单【工具】\【查询】\【距离】,或【查询】工具栏上的按钮查询两点之间的距离。

命令:DIST ↙

指定第一点:(指定一点)

指定第二点:(指定另一点)

距离=(距离值),*XY* 平面中的倾角=(角度值),与 *XY* 平面的夹角=(角度值)*X* 增量=(*X* 坐标变化量),*Y* 增量=(*Y* 坐标变化量),*Z* 增量=(*Z* 坐标变化量)

第六节 多线的绘制和编辑

多线是一种由多条平行线组成的线型,建筑工程图中墙体线的绘制经常使用。

一、多线的绘制

命令:MLINE

下拉菜单:【绘图】\【多线】

功能:创建多条平行线

操作与说明:

命令:MLINE ↙

[问一问]

在用多线绘制双线墙时,墙体的厚度与多线的比例有什么关系?

当前设置:对正=上,比例=20.00,样式=STANDARD

指定起点或[对正(J)/比例(S)/样式(ST)]:(指定点或输入选项)

缺省方式是指定点,指定一点后提示“指定下一点或[放弃(U)]:”,再指定一点,则提示“指定下一点或[闭合(C)/放弃(U)]:”。

其他选项方式中各选项的含义是:

J——对正,确定如何在指定的点之间绘制多线。

S——比例,控制多线的全局宽度,该比例不影响线型比例。

ST——样式,指定多线的样式。

输入选项“J”后系统提示:输入对正类型[上(T)/无(Z)/下(B)]<当前>:(输入选项或按 ENTER 键)。

各选项的含义是:

T——在光标下方绘制多线,因此在指定点处将会出现具有最大正偏移值的直线。

Z——将光标作为原点绘制多线,因此 MLSTYLE 命令中“元素特性”的偏移 0.0 将在指定点处。

B——在光标上方绘制多线,因此在指定点处将出现具有最大负偏移值的直线。

输入选项“S”后系统提示:输入多线比例<当前>:(输入比例或按 ENTER 键)

这个比例基于在多线样式定义中建立的宽度。比例因子为 2 绘制多线时,其宽度是样式定义的宽度的两倍。

输入选项“ST”后系统提示:输入多线样式名或[?]:(输入名称或输入?)

样式名,指定已加载的样式名或创建的多线库(MLN)文件中已定义的样式名。? —列出样式,列出已加载的多线样式。

绘制多线时,可以使用包含两个元素的 STANDARD 样式,也可以指定一个以前创建的样式。开始绘制之前,可以修改多线的对正和比例。

二、多线样式设置

命令:MLSTYLE

下拉菜单:【格式】\【多线样式】

功能:创建、修改、保存和加载多线样式。

操作与说明:

启动多线样式命令后,系统弹出如图 5-20 所示的【多线样式】对话框。

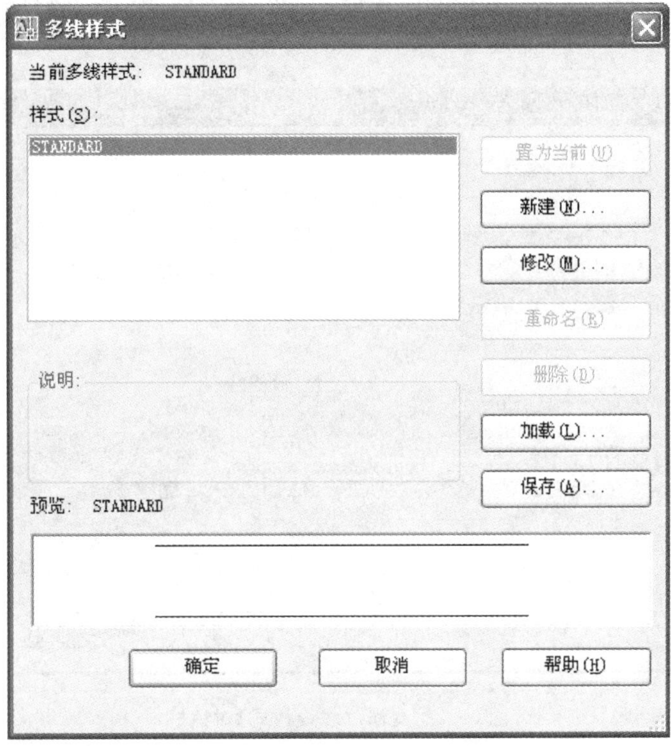

图 5-20 【多线样式】对话框

【当前多线样式】显示当前多线样式的名称,该样式将在后续创建的多线中用到。

【样式】显示已加载到图形中的多线样式列表。

【说明】显示选定多线样式的说明。

【预览】显示选定多线样式的名称和图像。

【置为当前】设置用于后续创建的多线的当前多线样式。从"样式"列表中选择一个名称,然后选择"置为当前"。注意,不能将外部参照中的多线样式设置为当前样式。

单击【新建】按钮系统弹出如图 5-21 所示的【创建新的多线样式】对话框,从中可以创建新的多线样式。

图 5-21 【创建新的多线样式】对话框

单击【修改】按钮系统弹出如图 5－22 所示的【修改多线样式】对话框，从中可以修改选定的多线样式，不能修改默认的 STANDARD 多线样式。

图 5－22 【修改多线样式】对话框

注意，不能编辑 STANDARD 多线样式或图形中正在使用的任何多线样式的元素和多线特性。要编辑现有多线样式，必须在使用该样式绘制任何多线之前进行。

【重命名】重新命名当前选定的多线样式，不能重命名 STANDARD 多线样式。

【删除】从【样式】列表中删除当前选定的多线样式。此操作并不会删除 MLN 文件中的样式。不能删除 STANDARD 多线样式、当前多线样式或正在使用的多线样式。

单击【加载】按钮系统弹出如图 5－23 所示的【加载多线样式】对话框，从中可以从指定的 MLN 文件加载多线样式。

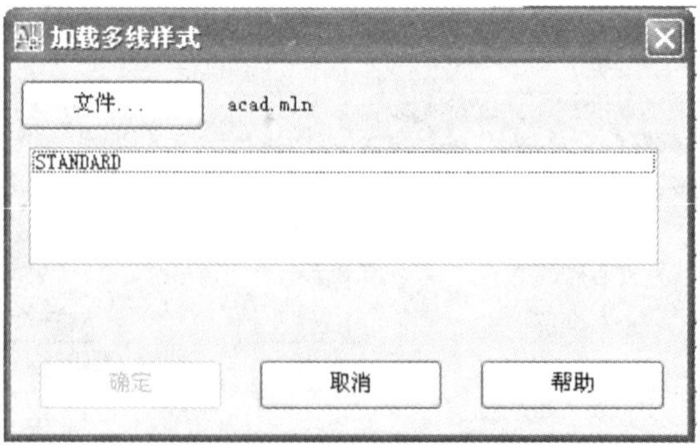

图 5－23 【加载多线样式】对话框

【保存】将多线样式保存或复制到多线库(MLN)文件。如果指定了一个已存在的 MLN 文件,新样式定义将添加到此文件中,并且不会删除其中已有的定义,默认文件名是 acad. mln。

三、多线编辑

命令:MLEDIT

下拉菜单:【修改】\【对象】\【多线】

功能:编辑多线交点、打断和顶点。

操作与说明:启动多线编辑命令后,系统弹出如图 5 - 24 所示的【多线编辑工具】对话框。

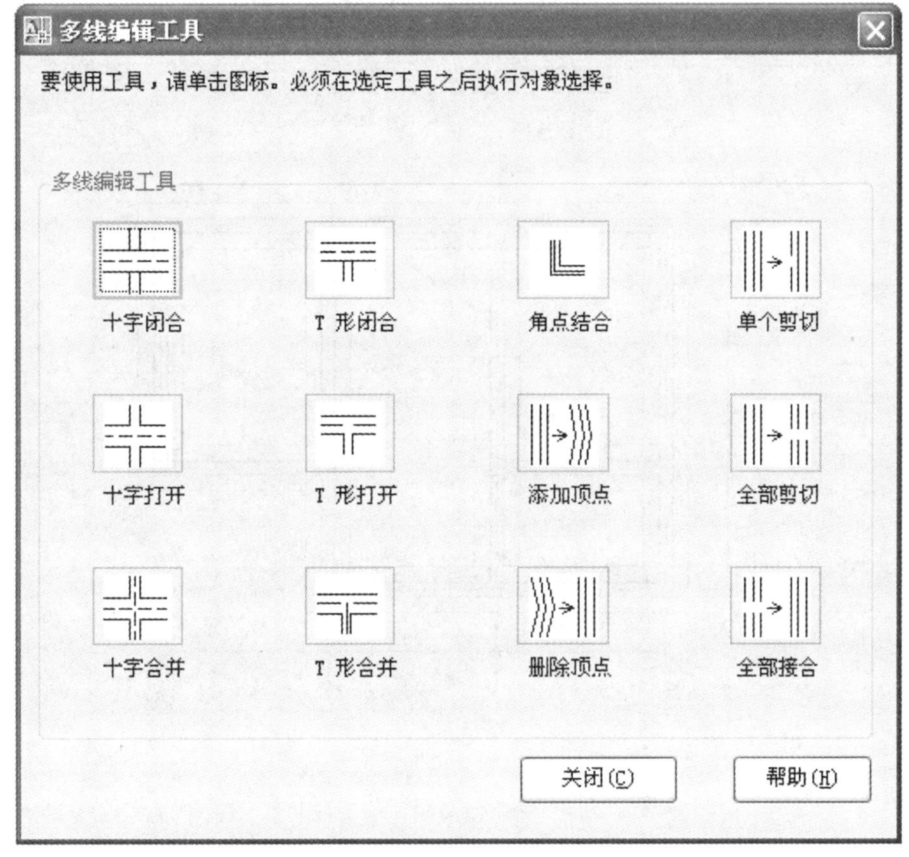

图 5 - 24 【多线编辑工具】对话框

根据不同的需要点取相应的图像按钮,选择不同的编辑方式。

本章思考与实训

上机绘制下列图形：

1.

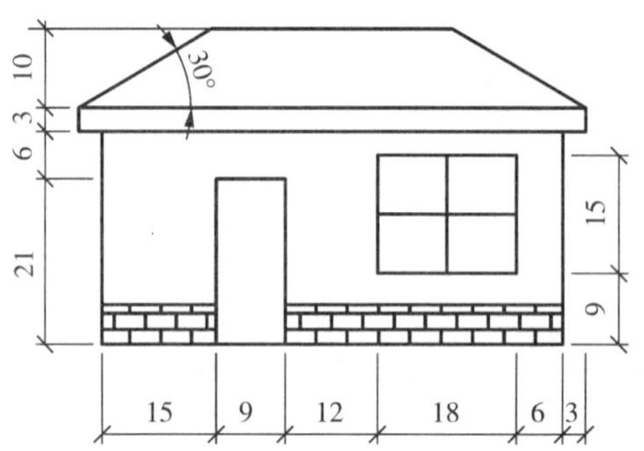

2.

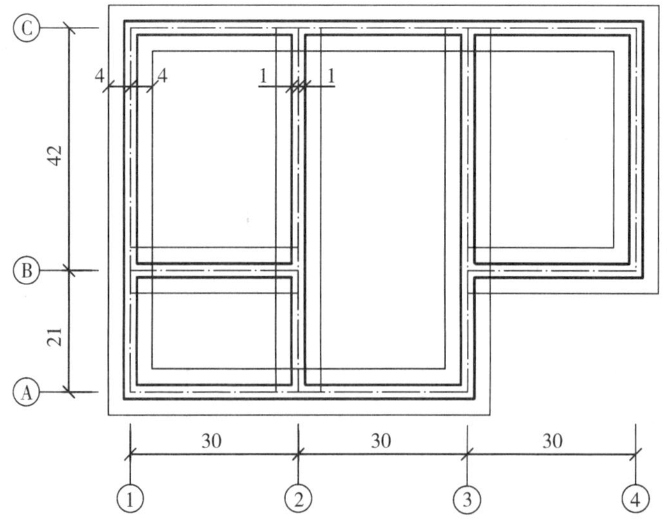

第六章 建筑图文字标注

【内容要点】

1. 创建文字样式；
2. 创建和编辑单行文字；
3. 创建和编辑多行文字；
4. 创建和编辑表格样式。

【知识链接】

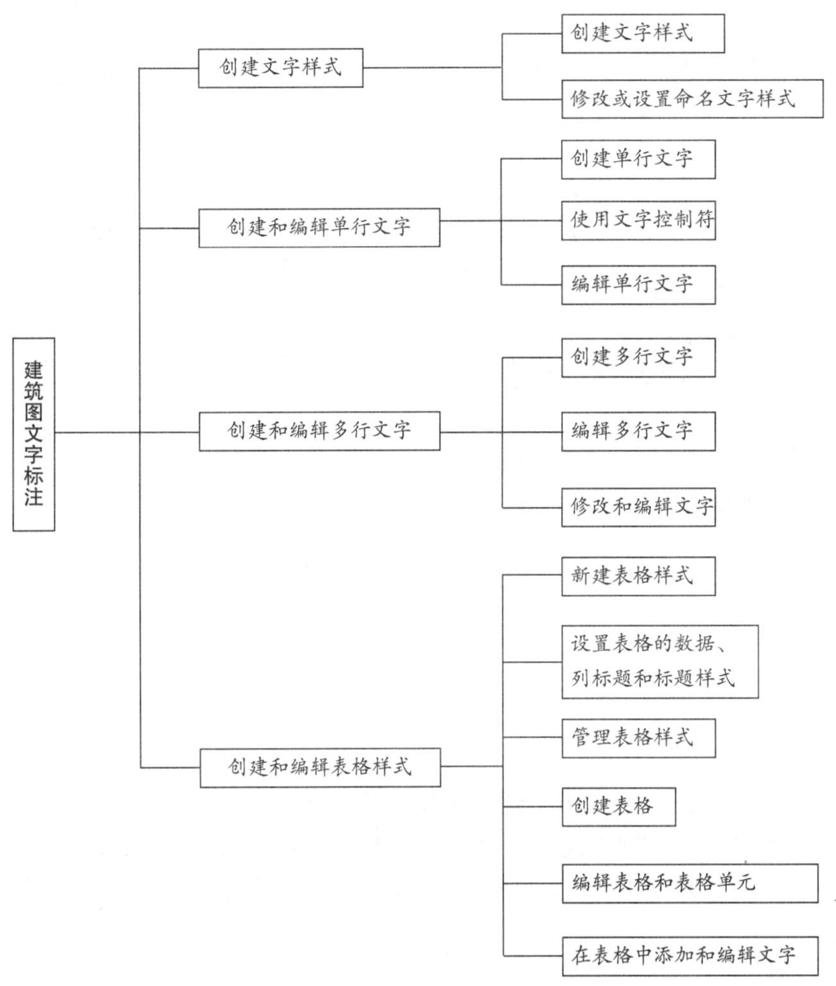

第一节　创建文字样式

在 AutoCAD 中,所有文字都有与之相关联的文字样式。在创建文字注释和尺寸标注时,AutoCAD 通常使用的是当前文字样式,也可以根据具体要求重新设置文字样式或创建新的样式。文字样式包括文字"字体"、"字形"、"高度"、"宽度系数"、"倾斜角"、"反向"、"倒置"以及"垂直"等参数。

一、创建文字样式

"文字"工具栏:

"格式"菜单:"文字样式"

命令行:style(或'style,用于透明使用)

显示"文字样式"对话框(如右图 6-1)。

图 6-1　"文字样式"对话框

二、修改或设置命名文字样式

(一)样式名

列表中包括已定义的样式名并默认显示当前样式。如要更改当前样式,可以从列表中选择另一种样式,或选择"新建"以创建新样式。样式名称可长达 255 个字符,包括字母、数字以及特殊字符,例如,美元符号($)、下划线(_)和连字符(—)等。

1."新建"

单击"新建"按钮显示"新建文字样式"对话框(如图 6-2 所示),并为当前设置自动提供"样式 n"名称(其中 n 为所提供样式的编号)。可以采用默认值,也可以在该框中输入自定的名称，然后选择"确定"使新样式名使用当前样式设置。

2."重命名"

只有已经输入新名称并选择"确定"后，方能显示"重命名文字样式"对话框（如图 6－3 所示），才可以重命名方框中所列出的样式，AutoCAD 默认的 standard 样式无法重新命名。也可以用 RENAME 来更改现有文字样式的名称。任何使用旧样式名的文字对象都将自动使用新名称。

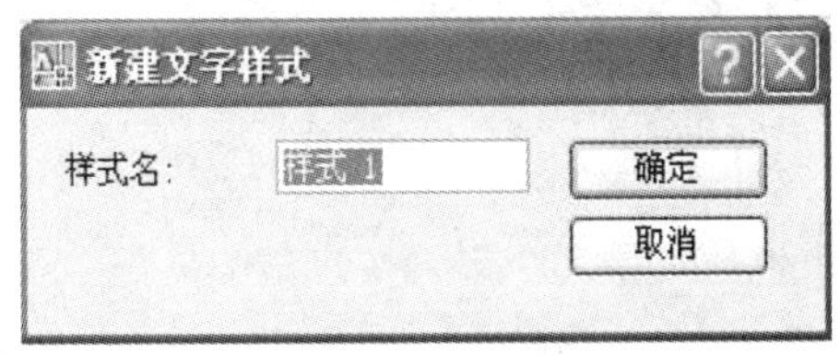

图 6－2 "新建文字样式"对话框

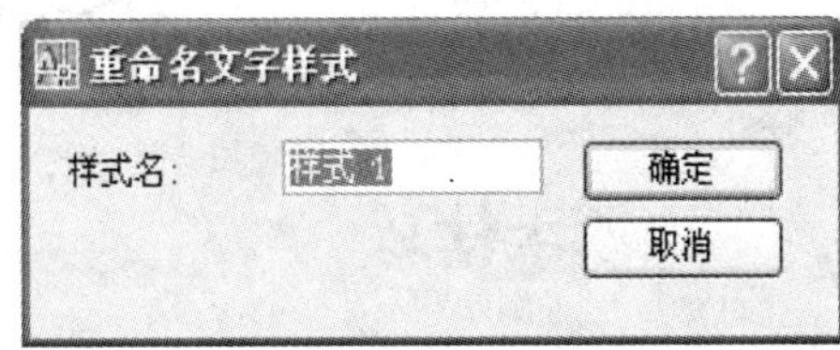

图 6－3 "重命名文字样式"对话框

3."删除"

从列表中选择一个样式名将其置为当前，然后选择"删除"。

(二)字体

1."字体名"

方框中列出所有注册的 TrueType 字体和 Fonts 文件夹中编译的形(SHX)字体的字体族名。从列表中选择名称后，该程序将读取指定字体的文件。除非文件已经由另一个文字样式使用，否则将自动加载该文件的字符定义，可以定义使用同样字体的多个样式。

2."字体样式"

指定字体格式，比如斜体、粗体或者常规字体。选定"使用大字体"后，该选项变为"大字体"，用于选择大字体文件。

3."高度"

根据输入的值设置文字高度。如果输入 0.0，每次用该样式输入文字时，系统都将提示输入文字高度。输入大于 0.0 的高度值则为该样式设置固定的文字高度。注意：在相同的高度设置下，TrueType 字体显示的高度要小于 SHX 字体。

4."使用大字体"

指定亚洲语言的大字体文件。只有在"字体名"中指定 SHX 文件，才能使用"大字体"。只有 SHX 文件可以创建"大字体"。

(三)效果

修改字体的特性，例如高度、宽度比例、倾斜角以及是否颠倒显示、反向或垂直对齐。

(1)"颠倒"：颠倒显示字符。

(2)"反向"：反向显示字符。

(3)"垂直":显示垂直对齐的字符。只有在选定字体支持双向时"垂直"才可用。TrueType 字体的垂直定位不可用。

(4)"宽度比例":设置字符间距。输入小于 1.0 的值将压缩文字。输入大于 1.0 的值则扩大文字。

(5)"倾斜角度":设置文字的倾斜角。输入一个－85 和 85 之间的值将使文字倾斜。

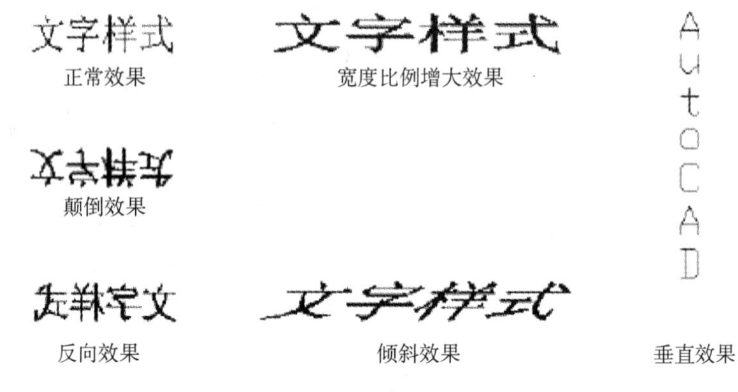

图 6－4　文字效果

(四)预览

在字符预览图像中随着字体的改变和效果的修改动态显示样例文字。在字符预览图像下方的方框中输入不同字符,将改变样例文字。注意:预览图像不反映文字的实际高度。

1."预览文字"

提供了要在预览图像中显示的文字。系统默认为 AaBbCcD。也可以自己设定。

2."预览"按钮

根据对话框中所做的更改,可以自行设定字符预览图像中的样例文字。

(五)应用

将"文字样式"对话框中所做的样式更改应用到图形中,作为当前样式的文字。

(六)关闭

将"文字样式"对话框中所做的样式更改应用到当前样式。只要对"样式名"中的任何一个选项作出更改,"取消"就会变为"关闭"。更改、重命名或删除当前样式以及创建新样式等操作立即生效,无法取消。

(七)取消

取消当前的操作,不做任何更改,保留原有样式。注意:只要对"样式名"中的任何一个选项作出更改,"取消"就会变为"关闭"。

【实践训练】

课目:创建文字样式

[问一问]

《房屋建筑制图统一标准(GB/T50001—2001)》中关于字体的格式、字高等是如何规定的?

(一)问题

定义符合国标要求的新文字样式 Mytext。字高为 5。

(二)分析与解答

(1)选择"格式"/"文字样式"命令,打开"文字样式"对话框。

(2)在"样式名"选项组中单击"新建"按钮,打开"新建文字样式"对话框,在"样式名"文本框中输入 Mytext,然后单击"确定"按钮,AutoCAD 返回到"文字样式"对话框,如图 6-5 所示。

(3)在"字体"选项组中的"SHX 字体"下拉列表中选择 gbenor. shx;在"大字体"下拉列表框中仍采用 gbcbig. shx;在"高度"文本框中输入 5。如图 6-6 所示。

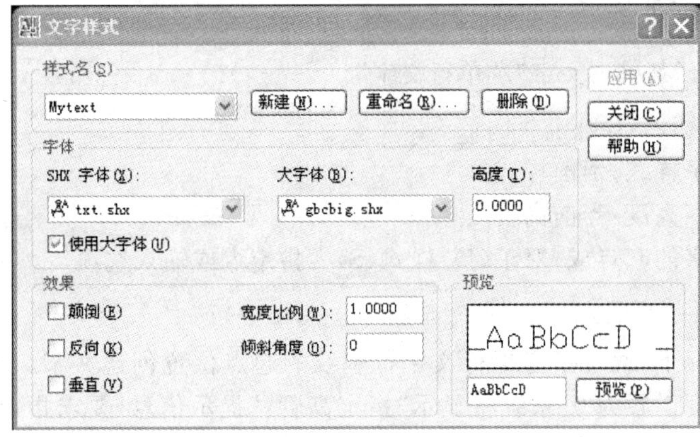

图 6-5 创建新样式

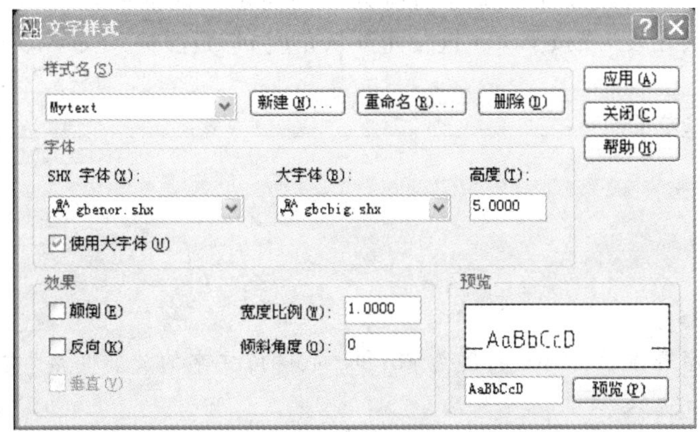

图 6-6 选择符合国标要求的字体

(4)单击“应用”按钮应用该文字样式，然后单击“关闭”按钮关闭“文字样式”对话框，并将文字样式 Mytext 置为当前样式。

第二节　创建和编辑单行文字

在 AutoCAD 2007 中，“文字”工具栏可以创建和编辑文字。对于单行文字来说，每一行都是一个文字对象。

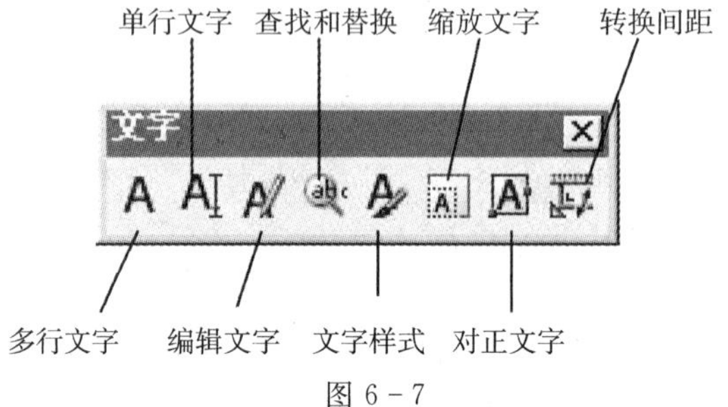

图 6－7

一、创建单行文字

“绘图”菜单：“文字”/“单行文字”

命令输入：text

当前文字样式：当前样式

当前文字高度：当前高度

指定文字的起点或[对正(J)/样式(S)]：指定点或输入选项

(一)指定文字的起点

默认情况下，通过指定单行文字行基线的起点位置创建文字。如果当前文字样式的高度设置为 0，系统将显示“指定高度：”提示信息，要求指定文字高度，否则不显示该提示信息，而使用“文字样式”对话框中设置的文字高度。

然后系统显示“指定文字的旋转角度<0>：”提示信息，要求指定文字的旋转角度。文字旋转角度是指文字行排列方向与水平线的夹角，默认角度为 0°。输入文字旋转角度，或按 Enter 键使用默认角度 0°，最后输入文字即可。

【实践训练】

课目：

(一)问题

绘制文字高度为 40，倾斜度为 45°和－45°的“文字的旋转角度”文字。

(二)分析与解答

(1)“绘图”/“文字”/“单行文字”或在命令行输入命令：text

(2)命令行显示以下信息：

当前文字样式:Standard 当前文字高度:2.5000

指定文字的起点或[对正(J)/样式(S)]:

此时可以通过坐标或鼠标指定文字的起点。

(3)指定文字的起点后，命令行显示以下信息：

指定高度<2.5000>:

输入数字40，按Enter键。

(4)命令行显示以下信息：

指定文字的旋转角度<0>:

输入数字45，按Enter键。

(5)在绘图区单行文字在位文字编辑器输入“文字的旋转角度”即可得文字高度为45°，倾斜度为45的单行文字(如图6-8)。

(6)按照(1)—(5)步骤可绘制出文字高度为40，倾斜度为−45°的单行文字(如图6-9)。

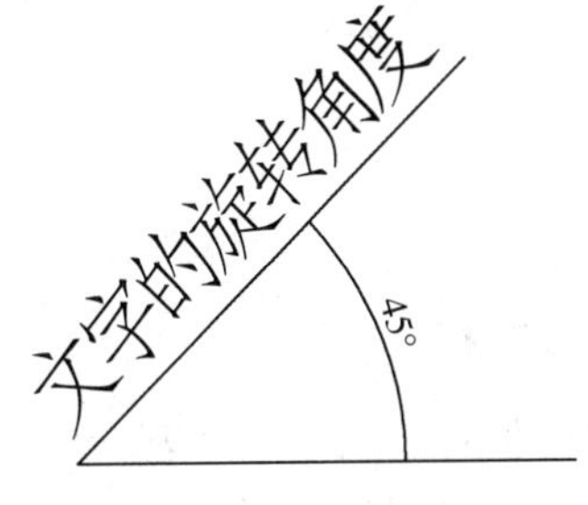

图6-8　文字的旋转角度45°

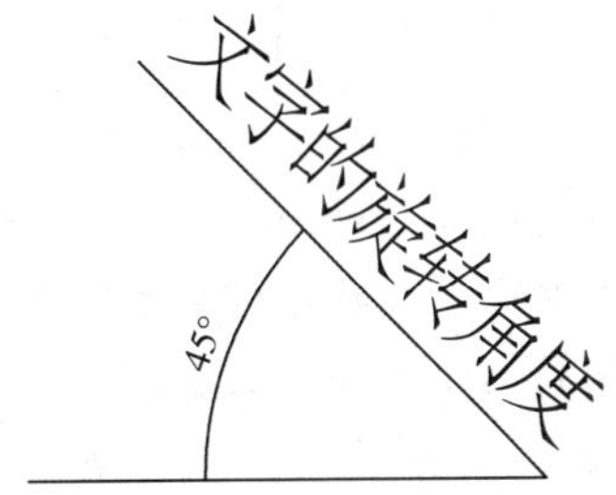

图6-9　文字的旋转角度−45°

(二)设置对正方式

在“指定文字的起点或[对正(J)/样式(S)]:”提示信息后输入J，可以设置文字的排列方式。此时命令行显示如下提示信息：

输入对正选项[左(L)/对齐(A)/调整(F)/中心(C)/中间(M)/右(R)/左上(TL)/中上(TC)/右上(TR)/左中(ML)/正中(MC)/右中(MR)/左下(BL)/中下(BC)/右下(BR)]<左上(TL)>:

在AutoCAD 2007中，系统为文字提供了多种对正方式。

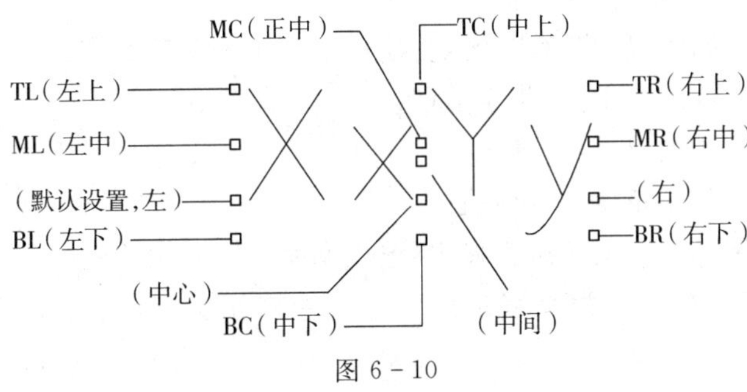

图6-10

"对齐"选项：通过指定基线端点来指定文字的高度和方向。

指定文字基线的第一个端点：指定点(1)

指定文字基线的第二个端点：指定点(2)

在单行文字的在位文字编辑器中，输入文字。

字符的大小根据其高度按比例调整。文字字符串越长，字符越矮。

"调整"选项：指定文字按照由两点定义的方向和一个高度值布满一个区域，只适用于水平方向的文字。

指定文字基线的第一个端点：指定点(1)

指定文字基线的第二个端点：指定点(2)

指定高度<当前值>：

在单行文字的在位文字编辑器中，输入文字。

高度以图形单位表示，是大写字母从基线开始的延伸距离。指定的文字高度是文字起点到用户指定的点之间的距离。文字字符串越长，字符越窄，字符高度保持不变。

"中心"选项：从基线的水平中心对齐文字，此基线是由用户给出的点指定的。

指定文字的中心点：指定点(1)

指定高度<当前值>：

指定文字的旋转角度<当前值>：

在单行文字的在位文字编辑器中，输入文字。

旋转角度是指基线以中点为圆心旋转的角度，它决定了文字基线的方向，可通过指定点来决定该角度。文字基线的绘制方向为从起点到指定点。如果指定的点在中心点的左边，将绘制出倒置的文字。

"中间"选项：文字在基线的水平中点和指定高度的垂直中点上对齐，中间对齐的文字不保持在基线上。

指定文字的中间点：指定点(1)

指定高度<当前值>：

指定文字的旋转角度<当前值>：

在单行文字的在位文字编辑器中，输入文字。

"中间"选项与"正中"选项不同，"中间"选项使用的中点是所有文字包括下行文字在内的中点，而"正中"选项使用大写字母高度的中点。

"右"选项：指在由用户给出的点指定的基线上右对正文字。

指定文字基线的右端点：指定点(1)

指定高度<当前值>：

指定文字的旋转角度<当前值>：

在单行文字的在位文字编辑器中，输入文字。

"左上"选项：在指定为文字顶点的点上左对正文字，只适用于水平方向的文字。

指定文字的左上点:指定点(1)

指定高度＜当前值＞:

指定文字的旋转角度＜当前值＞:

在单行文字的在位文字编辑器中,输入文字。

“中上”选项:以指定为文字顶点的点居中对正文字,只适用于水平方向的文字。

指定文字的中上点:指定点(1)

指定高度＜当前值＞:

指定文字的旋转角度＜当前值＞:

在单行文字的在位文字编辑器中,输入文字。

“右上”选项:以指定为文字顶点的点右对正文字,只适用于水平方向的文字。

指定文字的右上点:指定点(1)

指定高度＜当前值＞:

指定文字的旋转角度＜当前值＞:

在单行文字的在位文字编辑器中,输入文字。

“左中”选项:在指定为文字中间点的点上靠左对正文字,只适用于水平方向的文字。

指定文字的左中点:指定点(1)

指定高度＜当前值＞:

指定文字的旋转角度＜当前值＞:

在单行文字的在位文字编辑器中,输入文字。

“正中”选项:在文字的中央水平和垂直居中对正文字,只适用于水平方向的文字。

指定文字的正中点:指定点(1)

指定文字的高度＜当前值＞:

指定文字的旋转角度＜当前值＞:

在单行文字的在位文字编辑器中,输入文字。

“正中”选项与“中央”选项不同,“正中”选项使用大写字母高度的中点,而“中央”选项使用的中点是所有文字包括下行文字在内的中点。

“右中”选项:以指定为文字的中间点的点右对正文字,只适用于水平方向的文字。

指定文字的右中点:指定点(1)

指定高度＜当前值＞:

指定文字的旋转角度＜当前值＞:

在单行文字的在位文字编辑器中,输入文字。

“左下”选项:以指定为基线的点左对正文字,只适用于水平方向的文字。

指定文字的左下点:指定点(1)

指定高度＜当前值＞：

指定文字的旋转角度＜当前值＞：

在单行文字的在位文字编辑器中，输入文字。

“中下”选项：以指定为基线的点居中对正文字，只适用于水平方向的文字。

指定文字的中下点：指定点(1)

指定高度＜当前值＞：

指定文字的旋转角度＜当前值＞：

在单行文字的在位文字编辑器中，输入文字。

“右下”选项：以指定为基线的点靠右对正文字。只适用于水平方向的文字。

指定文字的右下点：指定点(1)

指定高度＜当前值＞：

指定文字的旋转角度＜当前值＞：

在单行文字的在位文字编辑器中，输入文字。

(三)设置当前文字样式

“指定文字的起点或[对正(J)/样式(S)]：”提示下输入S，可以设置当前使用的文字样式。选择该选项时，命令行显示如下提示信息：

输入样式名或[?]＜Mytext＞：

可以直接输入文字样式的名称，也可输入“?”，在“AutoCAD文本窗口”中显示当前图形已有的文字样式。如图6-11所示。

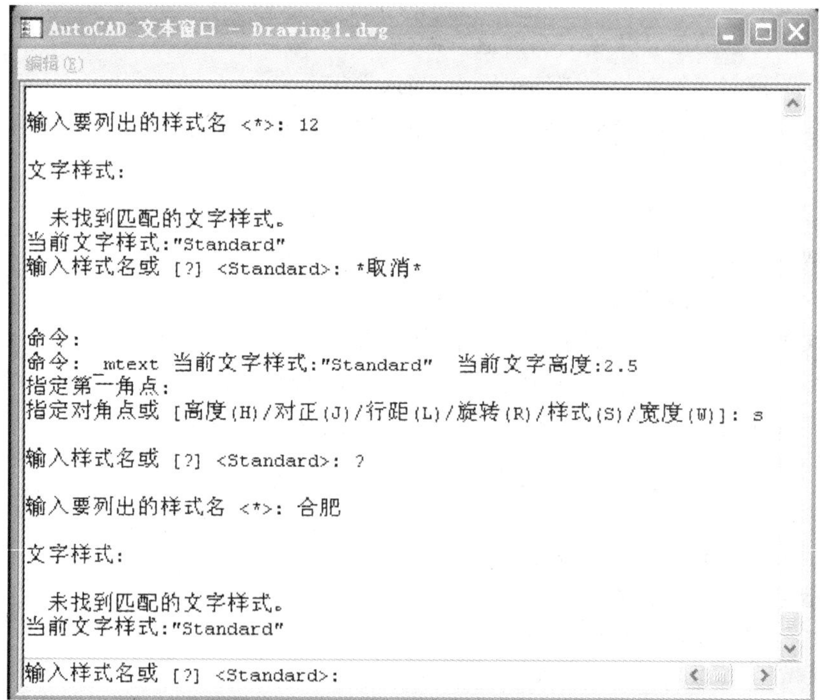

图6-11　文本窗口

二、使用文字控制符

[做一做]
给指定的 AutoCAD 文字加下划线。

在实际建筑工程图中，往往需要标注一些特殊的字符。例如，在文字上方或下方添加划线、标注度(°)、±、φ 等符号。这些特殊字符不能从键盘上直接输入，因此 AutoCAD 提供了相应的控制符，以实现这些标注要求。

在 AutoCAD 的控制符中，%%O 和%%U 分别是上划线与下划线的开关。第 1 次出现此符号时，可打开上划线或下划线，第 2 次出现该符号时，则会关掉上划线或下划线。

在“输入文字：”提示下，输入控制符时，这些控制符也临时显示在屏幕上，当结束文本创建命令时，这些控制符将从屏幕上消失，转换成相应的特殊符号

我们比较经常使用的具有标准 AutoCAD 文字字体的控制代码有：

控制符	功　能
%%o	控制是否加上划线
%%u	控制是否加下划线
%%d	绘制度符号°
%%p	绘制正/负公差符号±
%%c	绘制圆直径标注符号
%%%	绘制百分号%

三、编辑单行文字

单行文字可进行单独编辑，编辑单行文字包括编辑文字的内容、对正方式及缩放比例等。

(一)“编辑”命令(DDEDIT)

“文字”工具栏：

“修改”/“对象”/“文字”/“编辑”

定点设备双击文字对象。

快捷菜单选择文字对象，在绘图区域中单击鼠标右键，然后单击“编辑”。

命令输入：ddedit

(二)“比例”命令(SCALETEXT)

“文字”工具栏：

“修改”/“对象”/“文字”/“比例”

命令输入：scaletext

选择对象：使用对象选择方法并在完成时按 ENTER 键

输入缩放的基点选项[现有(E)/对齐(A)/调整(F)/中心(C)/中间(M)/右

(R)/左上(TL)/中上(TC)/右上(TR)/左中(ML)/正中(MC)/右中(MR)/左下(BL)/中下(BC)/右下(BR)]<现有>:指定一个位置作为缩放基点

指定文字高度或[匹配对象(M)/缩放比例(S)]<0.5000>:指定文字高度或输入选项

(三)"对正"命令(JUSTIFYTEXT)

选择该命令,然后在绘图窗口中单击需要编辑的单行文字,此时可以重新设置文字的对正方式。具体操作详见第七章第一节"对正"命令。

第三节 创建和编辑多行文字

"多行文字"又称为段落文字,是一种更易于管理的文字对象,可以由两行以上的文字组成,而且各行文字都是作为一个整体处理。选择"绘图"/"文字"/"多行文字"命令(MTEXT),或在"绘图"工具栏中单击"多行文字"按钮,然后在绘图窗口中指定一个用来放置多行文字的矩形区域,将打开"文字格式"工具栏和文字输入窗口。利用它们可以设置多行文字的样式、字体及大小等属性。

一、创建多行文字

"绘图"/"文字"/"多行文字"

"绘图"工具栏 A

命令输入:MTEXT

(一)使用"文字格式"工具栏

使用"文字格式"工具栏,可以设置文字样式、文字字体、文字高度、加粗、倾斜或加下划线效果。如图 6-12 所示。

图 6-12 文字格式

(二)设置缩进、制表位和多行文字宽度

在文字输入窗口的标尺上右击,从弹出的标尺快捷菜单中选择"缩进和制表位"命令,打开"缩进和制表位"对话框(如图 6-13 所示),可以从中设置缩进和制表位位置。其中,在"缩进"选项组的"第一行"文本框和"段落"文本框中设置首行和段落的缩进位置;在"制表位"列表框中可设置制表符的位置,单击"设置"按钮可设置新制表位,单击"清除"按钮可清除列表框中的所有设置。

在标尺快捷菜单中选择"设置多行文字宽度"子命令,可打开"设置多行文字宽度"对话框(如图 6-14 所示),在"宽度"文本框中可以设置多行文字的宽度。

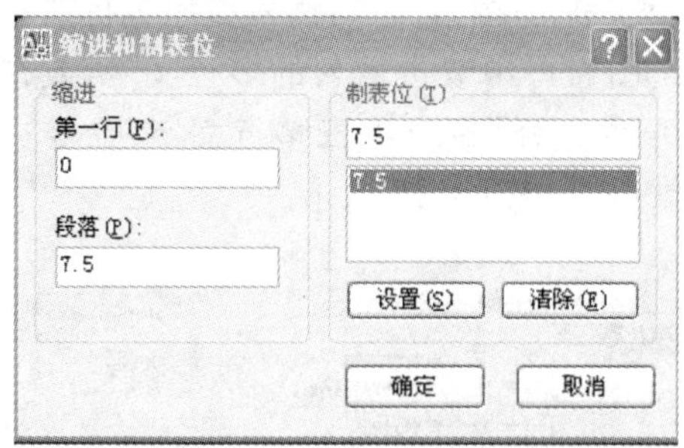

图 6-13 “缩进和制表位”对话框

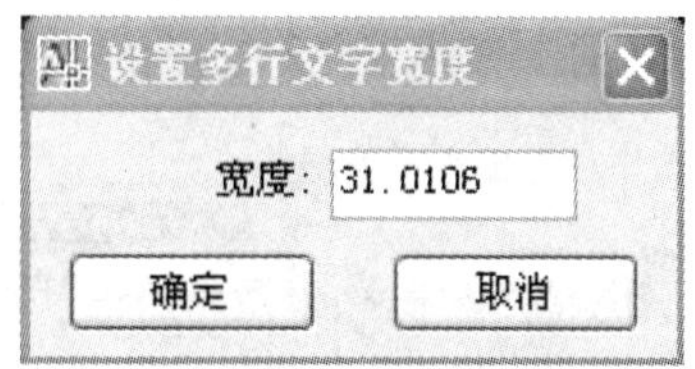

图 6-14 “设置多行文字宽度”对话框

(三)使用选项菜单

在“文字格式”工具栏中单击“选项”按钮，打开多行文字的选项菜单，可以对多行文本进行更多的设置。在文字输入窗口中右击，将弹出一个快捷菜单，该快捷菜单与选项菜单中的主要命令一一对应。

(四)输入文字

在多行文字的文字输入窗口中，可以直接输入多行文字，也可以在文字输入窗口中右击，从弹出的快捷菜单中选择“输入文字”命令，将已经在其他文字编辑器中创建的文字内容直接导入到当前图形中。

(五)在多行文字中插入符号或特殊字符

在 AutoCAD 中，某些符号不能用键盘直接输入，我们可以通过以下步骤进行插入：

(1)双击多行文字对象，打开在位文字编辑器(文字格式对话框)。

(2)在展开的工具栏上单击 @ 按钮。

(3)单击菜单上的选项之一，或单击“其他”显示“字符映射表”对话框，注：要访问“字符映射表”对话框，必须先安装 charmap. exe。

(4)在“字符映射表”对话框中，选择一种字体。

(5)选择一种字符，并使用以下方法之一：

① 要插入单个字符，请将选定字符拖动到编辑器中。

② 要插入多个字符，请单击“选定”，将所有字符都添加到“复制字符”框中。选择了所有所需的字符后，单击“复制”。在文字编辑器中单击鼠标右键。单击“粘贴”。

(6)要保存修改并退出编辑器，请使用以下方法之一：

① 单击工具栏上的“确定”。

② 单击编辑器外部的图形。

③ 按 CTRL＋ENTER 组合键。

二、编辑多行文字

要编辑创建的多行文字，可选择“修改”/“对象”/“文字”/“编辑”命令

(DDEDIT)，并单击创建的多行文字，打开多行文字编辑窗口，然后参照多行文字的设置方法，修改并编辑文字。也可以在绘图窗口中双击输入的多行文字，或在输入的多行文字上右击，从弹出的快捷菜单中选择“重复编辑多行文字”命令或“编辑多行文字”命令，打开多行文字编辑窗口，如图 6－15 所示。

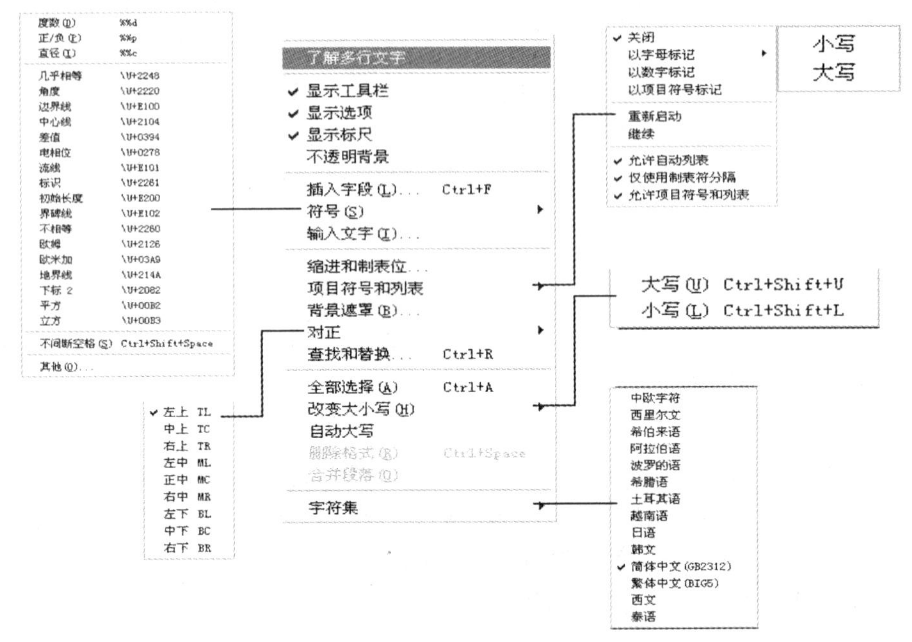

图 6－15

(一)向多行文字对象添加不透明背景或进行填充

当我们需要向多行文字对象添加不透明背景或者进行填充时，我们可以执行以下步骤：

(1)双击多行文字对象，打开在位文字编辑器。

(2)在编辑器中单击鼠标右键。单击“背景遮罩”。

(3)在“背景遮罩”对话框中，选择“使用背景遮罩”。

(4)输入边界偏移因子的值。该值是基于文字高度的。偏移因子 1.0 非常适合多行文字对象，偏移因子 1.5(默认值)会使背景扩展文字高度的 0.5 倍。

(5)在“填充颜色”下执行以下操作之一：

① 选择“使用图形背景色”选项。

② 选择一种背景色，或者单击“选择颜色”，打开“选择颜色”对话框。

(6)单击“确定”，返回编辑器。

(7)要保存修改并退出编辑器，请使用以下方法：

① 单击工具栏上的“确定”。

② 单击编辑器外部的图形。

③ 按 CTRL＋ENTER 组合键。

退出编辑器时即会应用不透明背景。

(二)创建堆叠文字

要打开“堆叠特性”对话框，请选择多行文字在位编辑器中的堆叠文字，单击鼠标右键，然后在快捷菜单中单击“堆叠特性”，出现“堆叠特性”对话框如图 6－16 所示，可以分别编辑上面和下面的文字。“外观”选项控制堆叠文字的堆叠样式、位置和大小。

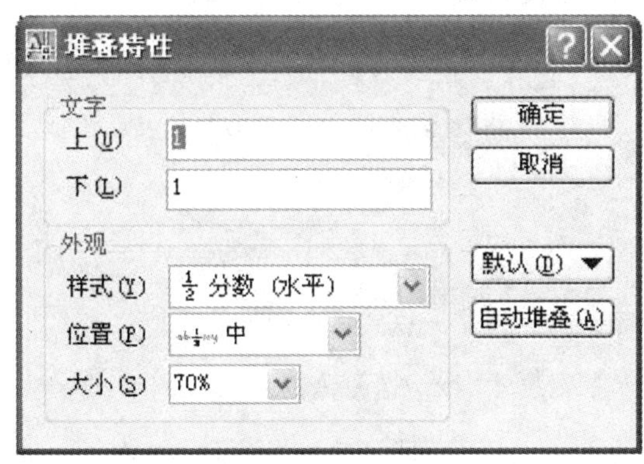

图 6－16

(1)“文字”选项组：改变堆叠分数的分子和分母。

① “上”选项：编辑上面的数字或堆叠分数中的分子。

② “下”选项：编辑下面的数字或堆叠分数中的分母。

(2)“外观”选项：编辑堆叠分数的样式、位置或字号。

① “样式”选项：指定堆叠文字的样式格式：公差、水平分数、斜分数。

② “公差”选项：堆叠选定文字，将第一个数字堆叠到第二个数字的上方，数字之间没有直线。

③ “分数(水平)”选项：堆叠选定文字，将第一个数字堆叠到第二个数字的上方，中间用水平线隔开。

④ “分数(斜)”选项：第一个数字堆叠到第二个数字的上面，数字之间用斜线隔开。

注：AutoCAD 2000 之前的 AutoCAD 版本不支持斜分数。如果多行文字对象包含斜分数，当把图形保存到 AutoCAD 2000 以前的版本时，AutoCAD 将把斜分数转换成水平分数。当在 AutoCAD 2000 或更高版本中重新打开图形时，将恢复斜分数。如果单个多行文字对象中同时包含水平分数和斜分数，当在 AutoCAD 2000 或更高版本中重新打开图形时，所有分数都会被转换为斜分数。

⑤ “位置”选项：指定分数如何对齐。默认为置中对齐。同一个对象中的所有堆叠文字使用同一种对齐方式。

⑥ “上”选项：分数的顶部与文字行的顶部对齐。

⑦ “中心”选项：文字行的中央对准分数的中央。

⑧ “下”选项：分数的底部与文字的基线对齐。

⑨ “大小”选项：控制堆叠文字的大小占当前文字样式大小的百分比(从

25%到125%)，默认文字大小是70%。

(3)“默认”按钮：将新设置保存为默认值或把当前堆叠文字的设置恢复为以前的默认值。

(4)“自动堆叠”按钮：显示“自动堆叠特性”对话框(如图6-17所示)。自动堆叠仅堆叠紧邻“^”、“/”或“#”前后的数字字符。要堆叠非数字字符或包含空格的文字，请选择要堆叠的文字，然后选择“堆叠”按钮。

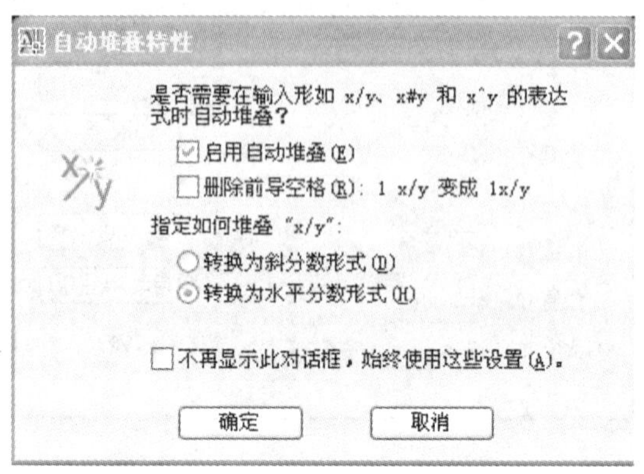

图6-17 “自动堆叠特性”对话框

① “启动自动堆叠”选项：指在“^”、“/”或“#”前后输入的数字字符。例如，如果在非数字字符或空格之后输入1#3，则输入的文字自动堆叠为斜分数。

② “删除前导空格”选项：指删除整数和分数之间的空格。此选项仅在自动堆叠打开时可用。

③ “转换为斜分数形式”选项：指当启用自动堆叠时，把斜杠字符转换成斜分数。

④ “转换为水平分数形式”选项：指当启用自动堆叠时，把字符“/”转换成水平分数。

注意：无论启用还是关闭自动堆叠，字符“#”始终被转换为斜分数，“^”始终被转换为公差格式。

⑤ “不再显示此对话框，始终使用这些设置”选项：指禁止显示“自动堆叠特性”对话框。当前特性设置适用于所有堆叠文字。如果没有选择此选项，当在空格或非数字字符前输入两个用“^”、“/”或“#”标记隔开的数字时，AutoCAD将自动显示“自动堆叠特性”对话框。

三、修改和编辑文字

(一)缩放选定文字对象而不改变其位置

一幅建筑工程图形中可能包含成百上千个需要设置不同比例的文字对象，如果对这些比例单独进行设置既繁琐又很浪费时间，使用“scaletext”命令可以修改一个或多个文字对象(如文字、多行文字和属性)的比例。可以指定相对比例因子或绝对文字高度，或者调整选定文字的比例以匹配现有文字的高度。每个文字对象使用同一个比例因子设置比例，并且保持当前的位置。

"文字"工具栏：

"修改"菜单："对象"/"文字"/"比例"

命令输入：scaletext

选择对象：使用对象选择方法并在完成时按 ENTER 键

输入缩放的基点选项[现有(E)/对齐(A)/调整(F)/中心(C)/中间(M)/右(R)/左上(TL)/中上(TC)/右上(TR)/左中(ML)/正中(MC)/右中(MR)/左下(BL)/中下(BC)/右下(BR)]<现有>：指定一个位置作为缩放基点

按照基点提示，可以选择某个位置作为缩放基点，供每个选定的文字对象单独使用。缩放基点位于文字选项的一个插入点处，但是即使选项与选择插入点时的选项相同，文字对象的对正也不受影响。

上面显示的基点选项在 TEXT 命令中有说明。除了"对齐"、"调整"和"左"文字选项与左下(BL)多行文字附着点相同外，单行文字的基点选项与多行文字的基点选项类似。

指定文字高度或[匹配对象(M)/缩放比例(S)]<0.5000>：指定文字高度或输入选项

"匹配对象"：缩放最初选定的文字对象以与选定文字对象的大小匹配

选择具有所需高度的文字对象：选择要匹配的文字对象

"比例因子"：通过输入比例因子的数值来缩放所选文字对象

指定比例因子或[参照(R)]：指定比例因子或输入 r

"参照"：相对参照长度和新长度来缩放选定的文字对象。

指定参照长度<1>：输入长度作为参照距离

指定新长度：比较参照长度输入另一长度

选定文字将按新长度和参照长度中输入的值进行缩放。如果新长度小于参照长度，选定的文字对象将缩小。

(二)在文字中插入字段

当我们需要向文字对象插入字段时，可以执行以下步骤：

(1)双击文字，显示相应的文字编辑对话框。

(2)将光标放在要显示字段文字的位置，然后单击鼠标右键。单击"插入字段"。(如果使用键盘，可以按"CTRL+F"组合键。)

(3)在"字段"对话框的"字段类别"中，选择"全部"或选择一个类别。选定类别中的字段将显示在"字段名称"列表中。

(4)在"字段名称"列表中，选择一个字段。将在"字段类别"右侧的一个着色文本框中显示大部分字段的当前值。将在"样例"列表中显示日期字段的当前值。

(5)选择一种格式和任意其他选项。

例如，如果选择了"命名对象"字段，并选择一种类型(例如，图层或文字样式)和一个名称(例如，为图层选择 0，或者为文字样式选择 Standard)。

字段表达式将显示说明字段的表达式。无法编辑该字段表达式，可以通过查看此部分了解字段的构造方式。

(6)单击“确定”插入字段。

关闭“字段”对话框时，字段将在文字中显示其当前值。

插入字段往往是为了创建指向某个特定的图纸或视图标题以及编号，我们为它们指定超链接。在图纸集管理器中修改或移动这些项目后，与它们关联的超链接仍然可以跳到正确的位置。

添加超链接字段的步骤如下：

(1)单击“绘图”菜单/“文字”/“多行文字”。

(2)将光标放在要显示超链接文字的位置。

(3)在编辑器中单击鼠标右键，单击“插入字段”。

(4)在“字段”对话框的“字段类别”中，选择“已链接”。

(5)在“字段名称”中，选择“超链接”，然后单击“超链接”。

(6)在“插入超链接”对话框中，使用以下方法指定位置：

① 在“键入文件或 Web 页名称”下输入与超链接关联的文件的路径和名称。

② 在“浏览”下，单击“文件”、“Web 页”或“目标”。定位到要链接的位置，然后单击“打开”或“确定”。

(7)(可选)在“显示文字”中，选中显示的默认文字，然后输入要显示在多行文字对象中的链接文字。

(8)单击“确定”关闭各个对话框。

(9)要保存修改并退出编辑器，可以使用以下方法：

① 单击工具栏上的“确定”。

② 单击编辑器外部的图形。

③ 按“CTRL＋ENTER”组合键。

具有用户输入的链接文字的超链接将显示在多行文字对象中，使用“CTRL＋单击”方法可跳转到超链接的位置。

(三)在模型空间和图纸空间之间转换长度值

SPACETRANS 命令在模型空间单位和图纸空间单位之间转换距离。通过以透明命令方式使用“spacetrans”命令，可以为命令提供相对于其他空间的距离条目。例如，要在模型空间中创建匹配布局中其他文字高度的文字对象。

“文字”工具栏：

命令输入 spacetrans

在模型空间中，提示以如下形式显示：

指定图纸空间距离＜1.000＞：输入一个图纸空间长度以转换为等价的模型空间长度

在图纸空间布局中，提示以如下形式显示：

选择视口：拾取布局视口对象

指定模型空间距离＜1.000＞：输入一个模型空间长度以转换为等价的图纸

空间长度

SPACETRANS 可将模型空间或图纸空间中的长度(特别是文字高度)转换为其他空间中的等价长度。在提示输入文字高度或其他长度值时,可透明调用该命令。在命令提示下使用时,SPACETRANS 将在“命令”窗口中显示计算出的等价长度。

(四)拼写检查

可以检查图形中所有文字的拼写,包括单行文字、多行文字、属性值中的文字、块参照及其关联的块定义中的文字、嵌套块中的文字等,默认情况下一般只是检查当前选择集的对象中的拼写。如果在选择对象时输入了“All”选项,拼写将在模型空间和所有布局的对象中检查。拼写不在未选定的块参照的块定义或标注中的文字中检查。

“拼写检查”的步骤如下:

(1)单击“工具”菜单/“拼写”。

(2)选择要检查的文字对象,或输入 All 选择所有文字对象。

(3)如果没有找到拼错的词语,将显示一条信息。如果找到错误拼写,“拼写检查”对话框会标识出拼错的词语。

(4)出现以上情况,请执行以下操作之一:

① 要更正某个词语,从“建议”列表中选择一个替换词语或在“建议”框中键入一个词语,单击“修改”或“全部修改”。

② 要保留某个词语不改变,请单击“忽略”或“全部忽略”。

③ 要保留某个词语不改变并将其添加到自定义词典,请单击“添加”。(除非指定了自定义词典,否则此选项不可用。)

(5)为每个拼错的词语重复步骤(4)。单击“确定”或“取消”退出。

(五)文字的查找和替换

AutoCAD2007 提供查找和替换文字命令“find”,可以对我们所选定的文本进行查找和替代,并且如果需要替换的文字,也只是替换文字内容,字符格式和文字特性不变。

[想一想]

文字的查找和替换功能与 Word 软件中查找和替换功能是否一样?

“编辑”/“查找”

注:快捷菜单终止所有活动命令,在绘图区域单击鼠标右键然后选择“查找”。

“文字”工具栏:

命令输入 find

显示“查找和替换”对话框(如右图 6-18)。

指定要查找、替换或选择的文字和控制搜索的范围及结果。

(1)“查找字符串”:指定要查找的字符串。输入包含任意通配符的文字字符串,或从列表中选择最近使用过的六个字符串中的一个。

(2)“改为”:指定用于替换找到文字的字符串。输入字符串,或从列表中最

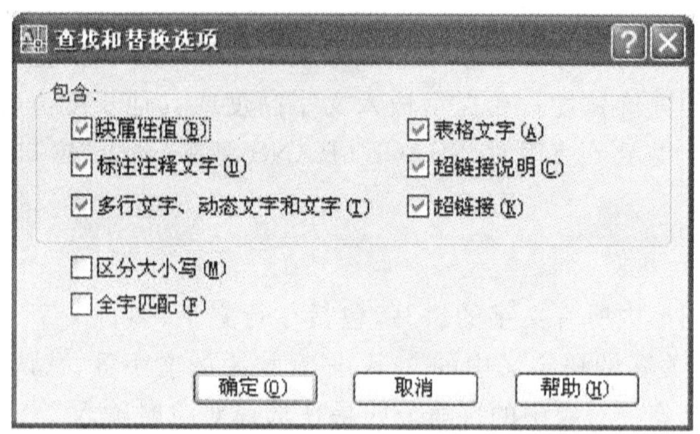

图 6-18 “查找和替换”对话框

近使用过的六个字符串中选择一个。

(3)“搜索范围”:指定是在整个图形中查找还是仅在当前选择中查找。如果已选择某选项,“当前选择”将为默认值。如果未选择任何选项,“整个图形”将为默认值。可以用“选择对象”按钮临时关闭该对话框,并创建或修改选择集。

(4)“选择对象”按钮:暂时关闭对话框,允许用户在图形中选择对象。按ENTER键返回该对话框。当选择对象时,“搜索范围”将显示“当前选择”。

(5)“选项”:显示“查找和替换选项”对话框(如图 6-15),从中可以定义要查找对象的类型以及要查找的文字。“包含”指在搜索中要包括的对象类型,AutoCAD2007 在默认情况下,选定所有选项。“区分大小写”将“查找字符串”中的文字的大小写作为搜索条件的一部分。“全字匹配”只查找与“查找字符串”中的文字完全匹配的文字,如选择“全字匹配”然后搜索“Front Door”,则“查找”不会找到文字字符串“Front Doormat”。

(6)“查找/查找下一个”:查找在“查找字符串”中输入的文字。如果没有在“查找字符串”里输入文字,则该选项不可用。在“上下文”区域中显示找到的文字。一旦找到第一个匹配的文本,“查找”选项变为“查找下一个”,用“查找下一个”可以查找下一个匹配的文本。

(7)“替换”:用“改为”中输入的文字替换找到的文字。

(8)“全部替换”:查找所有与“查找字符串”中输入的文字匹配的文本,并用“改为”中输入的文字替换。“搜索范围”设置用于控制是在整个图形中查找和替换文字,还是在当前选择中查找和替换文字。状态区对替换进行确认并显示替换次数。

(9)“全部选择”:查找并选择所有包含“查找字符串”中输入的文字的已加载对象。只有当“搜索范围”设置为“当前选择”时,此选项才可用。当选择“全部选择”时,该对话框将关闭,命令行将显示一条信息说明找到并选择的对象数目。注意,“全部选择”并不替换文字;将忽略“改为”中的任何文字。

(10)“缩放为”:显示当前图形中包含查找或替换结果的区域。尽管将搜索模型空间和图形中定义的所有布局,但只能对当前“模型”或布局选项卡中的文字进行缩放。当缩放到在多行文本对象中找到的文字时，有时找到的字符串可能不在图形的可视区里显示。

(11)“对象类型”：指定在其中找到文字的对象类型。

(12)“上下文”：在上下文中显示并亮显当前找到的字符串，如果单击“查找下一个”，将会刷新“上下文”区域并在上下文中显示下一个找到的字符串。

(13)“状态”：显示查找和替换的确认信息。

【实践训练】

课目：

(一)问题

把图 6－19 中的 AutoCAD 全部替换为 AUTOCAD，如图 6－20。

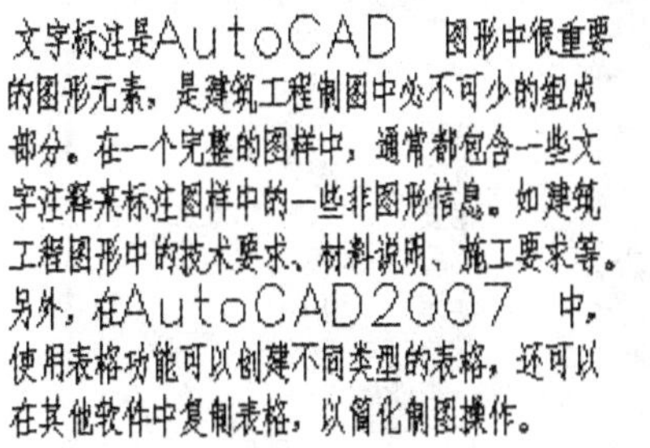

文字标注是AutoCAD 图形中很重要
的图形元素，是建筑工程制图中必不可少的组成
部分。在一个完整的图样中，通常都包含一些文
字注释来标注图样中的一些非图形信息。如建筑
工程图形中的技术要求、材料说明、施工要求等。
另外，在AutoCAD2007 中，
使用表格功能可以创建不同类型的表格，还可以
在其他软件中复制表格，以简化制图操作。

图 6－19

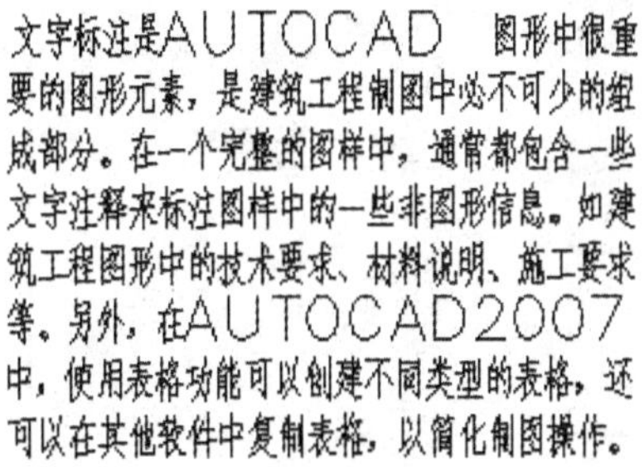

文字标注是AUTOCAD 图形中很重
要的图形元素，是建筑工程制图中必不可少的组
成部分。在一个完整的图样中，通常都包含一些
文字注释来标注图样中的一些非图形信息。如建
筑工程图形中的技术要求、材料说明、施工要求
等。另外，在AUTOCAD2007
中，使用表格功能可以创建不同类型的表格，还
可以在其他软件中复制表格，以简化制图操作。

图 6－20

(二)分析与解答

(1)可以使用以下方法之一打开“查找和替换”对话框。

“编辑”/“查找”

“文字”工具栏：

命令输入 find

(2)在“查找字符串”中输入“AutoCAD”。

(3)在“搜索范围”中，选择“整个图形”或单击按钮选择文字对象。

(4)单击“选项”，在包含选项栏中采用默认方式，不勾选“全字匹配”以及“区分大小写”。

(5)在“改为”中输入文字“AUTOCAD”，用来替换查找到的“AutoCAD”。

(6)单击“查找”后，再单击“全部改为”。

(7)单击“关闭”，可得到如图 6－20 的结果。

(六)利用特性命令编辑文字

用户可通过“特性”面板编辑文字。选择多行文字，系统打开如图 6－21 所示

的“特性”。在“文字”特性选项区中选择“内容”选项，然后单击其右边的[...]按钮，系统弹出“文字格式”编辑器，此时，用户可以对其中的文字或设置进行修改。利用该面板还可以方便地修改文本的内容颜色、线型、位置、倾斜角等属性。

利用特性命令编辑单行文字或多行文字打开的面板有所不同，如果选择的是多行文字，系统将打开“特性”面板(如图 6-22)，与编辑单行文字“特性”窗口相比，该窗口中少了“宽度比例”、“倾斜”、“颠倒”和“反向”4 个选项，但增加了“行距比例”、“行距样式”和“方向”3 个选项。

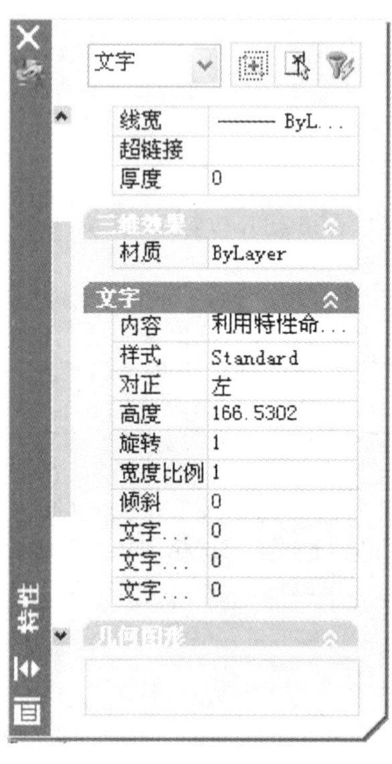

图 6-21

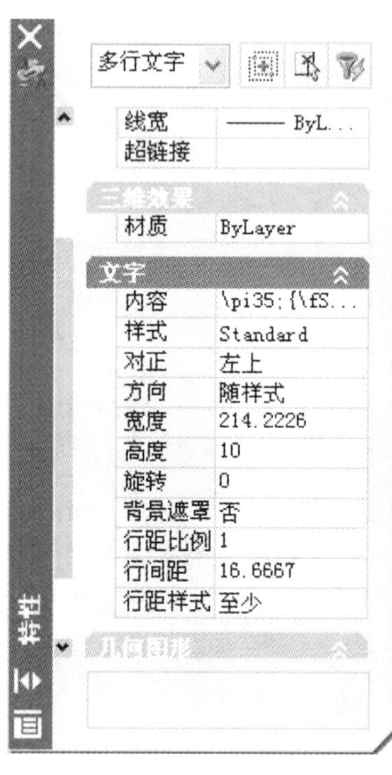

图 6-22

第四节　创建和编辑表格样式

[问一问]

建筑工程图中哪些内容需用表格表示?

表格使用行和列以一种简洁清晰的形式提供信息，常用于一些组件的图形中。表格样式控制一个表格的外观，用于保证标准的字体、颜色、文本、高度和行距。用户可以使用默认的表格样式，也可以根据需要自定义表格样式。

一、新建表格样式

选择“格式”/“表格样式”命令(TABLESTYLE)，打开“表格样式”对话框(如图 6-23 所示)。单击“新建”按钮，可以使用打开的“创建新的表格样式”对话框创建新表格样式。在“新样式名”文本框中输入新的表格样式名，在“基础样式”下拉列表中选择默认的表格样式、标准的或者任何已经创建的样式，新样式将在该样式的基础上进行修改。然后单击“继续”按钮，将打开“新建表格样式”对话框，可以通过它指定表格的行格式、表格方向、边框特性和文本样式等内容。

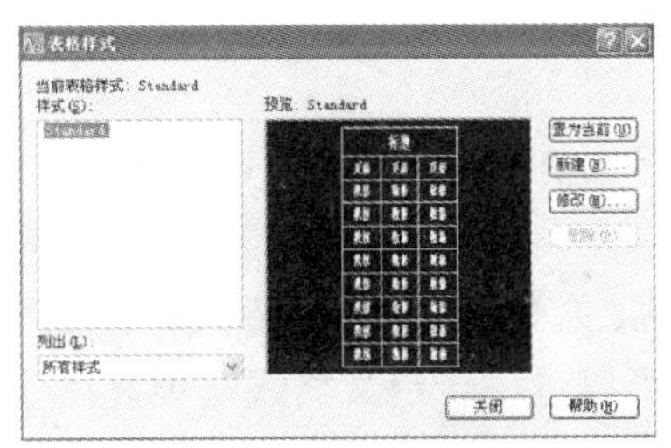

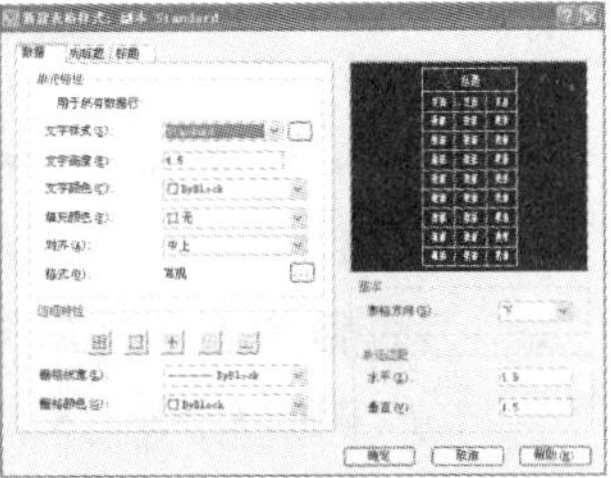

图 6－23　新建表格样式

二、设置表格的数据、列标题和标题样式

(一)设置表格

1.“基本”

通过选择“下”或“上”来设置表格方向。“上”创建由下而上读取的表格，标题行和列标题行都在表格的底部。

2.“单元边距”

输入单元边框和单元内容之间的水平和垂直间距的值。默认设置是数据行中文字高度的三分之一，最大高度是数据行中文字的高度。

(二)设置数据单元的外观、列标题单元以及标题单元

如果要包含标题行或表格头行，请在“标题”选项卡或“列标题”选项卡(如果适用)中选择或清除以下选项：

1.“包含标题行”

选中此选项时，表格的首行都是一个具有在“标题”选项卡上设置的外观的单元。

2.“包含页眉行”

选中此选项时，每列的首行都是具有在“列标题”选项卡上设置的外观的列标题行。同时选中这两个选项时，表格的第一行是标题行，第二行是列标题行。

(三)使用单元特性选项控制单元内容的外观

1.“文字样式”

选择文字样式，或单击[...]按钮打开“文字样式”对话框并创建新的文字样式。

2.“文字高度”

输入文字的高度。此选项仅在选定文字样式的文字高度为 0 时适用(默认文字样式 STANDARD 文字高度为 0)。如果选定的文字样式指定了固定的文字高度，则此选项不可用。

3.“文字颜色”

选择一种颜色，或者单击“选择颜色”显示“选择颜色”对话框。

4."填充颜色"

选择"无"或选择一种背景色，或者单击"选择颜色"以显示"选择颜色"对话框。

5."对齐"

为单元内容指定一种对齐方式。"中心"指水平对齐;"中间"指垂直对齐。

6."格式"

为表格中的"数据"、"列标题"或"标题"行设置数据类型和格式。单击"[...]"按钮以显示"表格单元格式"对话框，从中可以进一步定义格式选项。

(四)使用"边框特性"选项控制网格线的外观

1."边框显示按钮"

单击按钮将线宽和颜色特性应用到所有的单元边框、外部边框、内部边框(不适用于"标题"选项卡)、无边框或底部边框。对话框中的预览将更新以显示设置后的效果。

2."栅格线宽"

输入用于边框显示的线宽。如果使用加粗的线宽，可能必须修改单元边距才能看到文字。

3."栅格颜色"

为显示的边框选择一种颜色，或单击"选择颜色"以显示"选择颜色"对话框。

【实践训练】

课目:

(一)问题

创建新的表格样式 MyStandard。

(二)分析与解答

(1)选择"格式"/"表格样式"命令，打开"表格样式"对话框。

(2)在"表格样式"对话框中单击"新建(N)..."按钮，打开"创建新的表格样式"对话框，在"新样式名"文本框中输入"My Standard"，"样式基础"不变，然后单击"继续"按钮，进入"新建表格样式:My Standard"对话框。

(3)在"数据"选项组中的"字体高度"改为 5;在"边框特性"中把"栅格颜色"改为红色，然后单击田，使数据行栅格置为红色栅格。

(4)在"列标题"选项组中的"字体高度"改为 5;在"边框特性"中把"栅格颜色"改为红色，然后单击田，使页眉行栅格置为红色栅格。

(5)在"标题"选项组中的"字体高度"改为 6.5;在"边框特性"中把"栅格颜色"改为红色，然后单击田，使标题行栅格置为红色栅格。

(6)在“单元边距”选项组中把“水平”数据改为 10,“垂直”数据改为 2,然后单击“确定”按钮,建得新的表格样式 MyStandard。

三、管理表格样式

在 AutoCAD 2007 中,还可以使用“表格样式”对话框来管理图形中的表格样式。在该对话框的“当前表格样式”后面,显示当前使用的表格样式(默认为 Standard);在“样式”列表中显示了当前图形所包含的表格样式;在“预览”窗口中显示了选中表格的样式;在“列出”下拉列表中,可以选择“样式”列表是显示图形中的所有样式,还是正在使用的样式。

此外,在“表格样式”对话框中,还可以单击“置为当前”按钮,将选中的表格样式设置为当前;单击“修改”按钮,在打开的“修改表格样式”对话框中修改选中的表格样式;单击“删除”按钮,删除选中的表格样式。

四、创建表格

选择“绘图”/“表格”命令,打开“插入表格”对话框(如图 6-24 所示)。在“表格样式设置”选项组中,可以从“表格样式名称”下拉列表框中选择表格样式,或单击其后的按钮,打开“表格样式”对话框,创建新的表格样式。在该选项组中,还可以在“文字高度”下面显示当前表格样式的文字高度,在预览窗口中显示表格的预览效果。

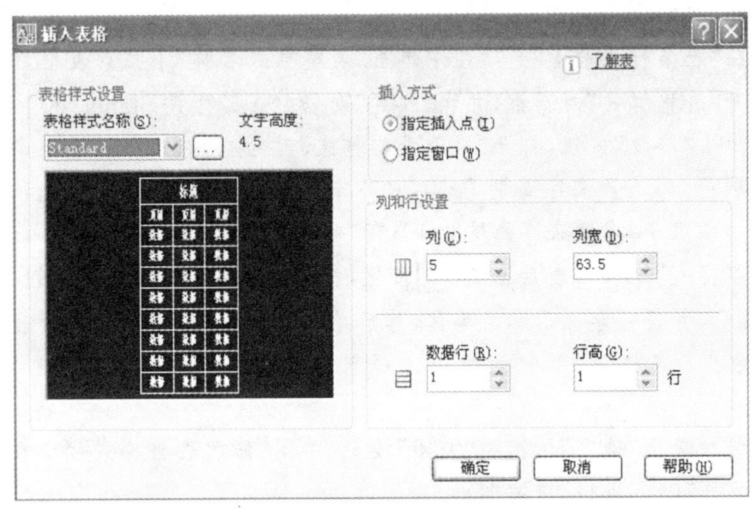

图 6-24 “插入表格”对话框

在“插入方式”选项组中,选择“指定插入点”单选按钮,可以在绘图窗口中的某点插入固定大小的表格;选择“指定窗口”单选按钮,可以在绘图窗口中通过拖动表格边框来创建任意大小的表格。

[问一问]

插入表格的行高、列宽如何设置?与字体尺寸有什么关系?

在“列和行设置”选项组中,可以通过改变“列”、“列宽”、“数据行”和“行高”文本框中的数值来调整表格的外观大小。

【实践训练】

课目：

(一)问题

创建如图 6-25 所示的表格。

产品目录				
序号	代号	名称	数量	金额
1				
2				
3				
4		□		
5				

图 6-25

(二)分析与解答

(1)选择"绘图"/"表格"命令，或在"绘图"工具栏中单击"表格"按钮，打开"插入表格"对话框。

(2)在"表格样式设置"选项组中单击"表格样式名称"下拉列表框后面的[...]按钮，打开"表格样式"对话框，并在"样式"列表中选择样式 Standard。

(3)单击"修改"按钮，打开"修改表格样式"对话框，在"数据"选项卡的"单元特性"选项组中，设置文字高度为 10，对齐方式为正中；在"列标题"选项卡的"单元特性"选项组中，设置文字高度为 10；在"标题"选项卡的"单元特性"选项组中，单击"文字样式"下拉列表后面的[...]按钮，打开"文字样式"对话框，创建一个新的文字样式，并设置字体名称为黑体，然后单击"关闭"按钮返回"修改表格样式"对话框，在"文字样式"下拉列表中选择新创建的文字样式，并设置文字高度为 20。

(4)依次单击"确定"按钮和"关闭"按钮，关闭"修改表格样式"和"表格样式"对话框，返回"插入表格"对话框。

(5)在"插入方式"选项组中选择"指定插入点"单选按钮；在"列和行设置"选项组中分别设置"列"和"数据行"文本框中的数值为 5 和 5。

(6)单击"确定"按钮，移动鼠标在绘图窗口中单击将绘制出一个表格，此时表格的最上面一行处于文字编辑状态。

(7)在表格单元输入文字"产品目录"。

(8)单击其他表格单元，使用同样的方法输入如图 6-25 所示的相应文字内容。

五、编辑表格和表格单元

在 AutoCAD 2007 中，还可以使用表格的快捷菜单来编辑表格。

[想一想]

编辑表格的方法与Excel软件中编辑的方法有什么相同之处?

(一)编辑表格

从表格的快捷菜单中可以看到，可以对表格进行剪切、复制、删除、移动、缩放和旋转等简单操作，还可以均匀调整表格的行、列大小，删除所有特性替代。当选择“输出”命令时，还可以打开“输出数据”对话框，以.csv 格式输出表格中的数据。

当选中表格后，在表格的四周、标题行上将显示许多夹点，也可以通过拖动这些夹点来编辑表格。

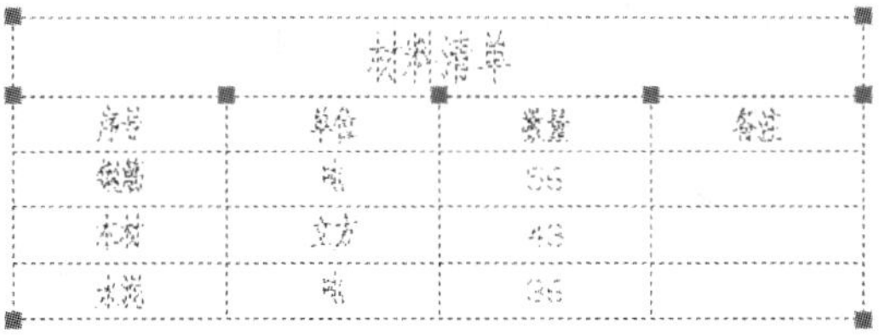

材料清单			
序号	单位	数量	备注
钢筋	吨	55	
木材	立方	43	
水泥	吨	36	

1. 使用夹点修改表格

步骤如下：

(1)单击网格线以选中该表格。

(2)使用以下夹点之一：

左上夹点：移动表格。

右上夹点：修改表宽并按比例修改所有列。

左下夹点：修改表高并按比例修改所有行。

右下夹点：修改表高和表宽并按比例修改行和列。

列夹点(在列标题行的顶部)：将列的宽度修改到夹点的左侧，并加宽或缩小表格以适应此修改。

CTRL+列夹点：加宽或缩小相邻列而不改变表宽。

最小列宽是单个字符的宽度，空白表格的最小行高是文字的高度加上单元边距。

(3)按 ESC 键可以删除选择。

2. 使用夹点修改表格中单元

步骤如下：

(1)使用以下方法之一选择一个或多个要修改的表格单元：

① 在单元内单击。

② 按住 SHIFT 键并在另一个单元内单击可以同时选中这两个单元以及它们之间的所有单元。

③ 在选定单元内单击，拖动到要选择的单元，然后释放鼠标。

(2)要修改选定单元的行高，请拖动顶部或底部的夹点。如果选中多个单元，每行的行高将做同样的修改。

(3)要修改选定单元的列宽，请拖动左侧或右侧的夹点。如果选中多个单元，每列的列宽将做同样的修改。

(4)要合并选定的单元，请单击鼠标右键，然后单击“合并单元”。如果选择了多个行或列中的单元，可以按行或按列合并。

(5)按 ESC 键可以删除选择。

3. 在表格中添加列或行

步骤如下：

(1)在要添加列或行的表格单元内单击，可以选择在多个单元内添加多个列或行。

(2)单击鼠标右键并使用以下选项之一：

① “插入列”/“右侧”。在选定单元的右侧插入列。

② “插入列”/“左侧”。在选定单元的左侧插入列。

③ “插入行”/“上方”。在选定单元的上方插入行。

④ “插入行”/“下方”。在选定单元的下方插入行。

(3)按 ESC 键可以删除选择。

4. 在表格中删除列或行

步骤如下：

(1)在要删除的列或行中的表格单元内单击。

按住 SHIFT 键并在另一个单元内单击可以同时选中这两个单元以及它们之间的所有单元。

(2)单击鼠标右键并使用以下选项之一：

① 删除列：删除指定的列。

② 删除行：删除指定的行。

(3)按 ESC 键可以删除选择。

5. 输出表格

步骤如下：

(1)在命令提示下，输入 tableexport。选择要输出的表格。

(2)将显示标准的文件选择对话框，输入文件名并为该文件选择一个位置。

(3)表格数据以逗号分隔(CSV)文件格式输出，所有表格和文字格式将丢失。

命令输入：选中表格后，单击鼠标右键，然后单击“输出”。

(二)编辑表格单元

使用表格单元快捷菜单可以编辑表格单元，其主要命令选项的功能说明如下：

1.“单元对齐”命令

在该命令子菜单中可以选择表格单元的对齐方式，如左上、左中、左下等。

“单元边框”命令：选择该命令将打开“单元边框特性”对话框，可以设置单元格边框的线宽、颜色等特性。

2."匹配单元"命令

用当前选中的表格单元格式(源对象)匹配其他表格单元(目标对象),此时鼠标指针变为刷子形状,单击目标对象即可进行匹配。

3."插入块"命令

选择该命令将打开"在表格单元中插入块"对话框。可以从中选择插入到表格中的块,并设置块在表格单元中的对齐方式、比例和旋转角度等特性。在表格单元中插入块的步骤如下:

(1)在表格单元内单击将其选中,然后单击鼠标右键。单击"插入块"。

(2)在"插入"对话框中,从图形的块列表格中选择块,或单击"浏览"查找其他图形中的块。

(3)指定块的以下特性:

① 单元对齐。

② 比例:指定块参照的比例。输入值或选择"自动调整"缩放块以适应选定的单元。

③ 旋转角度。指定块的旋转角度。

(4)单击"确定"。如果块具有附着属性,则显示"编辑属性"对话框。

4."合并单元"命令

当选中多个连续的表格元格后,使用该子菜单中的命令,可以全部、按

列或按行合并表格单元。在表格中合并单元的步骤如下:

(1)使用以下方法之一选择要合并的表格单元:

① 选择一个单元,然后按住 SHIFT 键并在另一个单元内单击,可以同时选中这两个单元以及它们之间的所有单元。

② 在选定单元内单击,拖动到要选择的单元,然后释放鼠标。

注:最终合并的单元必须是矩形。

(2)单击鼠标右键。单击"合并单元"。如果要创建多个合并单元,请使用以下选项之一:

① 按行:水平合并单元,方法是删除垂直网格线,并保留水平网格线不变。

② 按列:垂直合并单元,方法是删除水平网格线,并保留垂直网格线不变。

(3)开始在新合并的单元中输入文字,或按 ESC 键删除选择。

六、在表格中添加和编辑文字

(一)在表格中输入文字

(1)在表格单元内单击,然后开始输入文字,将显示"文字格式"工具栏。

(2)在单元中,使用箭头键在文字中移动光标。

(3)要在单元中创建换行符,请按 ALT+ENTER 组合键。

(4)要替代表格样式中指定的文字样式,请单击工具栏上"文字样式"控件旁的箭头并选择新的文字样式。选择的文字样式将应用于单元中的文字以及在该单元中输入的所有新文字。

(5)要替代当前文字样式中的格式，请首先按以下方式选择文字：

① 要选择一个或多个字符，请在这些字符上单击并拖动定点设备。

② 要选择词语，请双击该词语。

③ 要选择单元中所有的文字，请在单元中单击三次；还可以单击鼠标右键，然后单击“全部选择”。

(6)在工具栏上，按以下方式修改格式：

① 要修改选定文字的字体，请从列表格中选择一种字体。

② 要修改选定文字的高度，请在“文字高度”框中输入新值。

③ 要使用粗体或斜体设置 TrueType 字体的文字的格式，或者创建任意字体的下划线文字，请单击工具栏上的相应按钮。SHX 字体不支持粗体或斜体。

④ 要向选定文字应用颜色，请从“颜色”列表格中选择一种颜色。单击“选择颜色”选项，可显示“选择颜色”对话框。

(7)使用键盘从一个单元移动到另一个单元：

① 按 TAB 键可以移动到下一个单元。在表格的最后一个单元中，按 TAB 键可以添加一个新行。

② 按 SHIFT＋TAB 组合键可以移动到上一个单元。

③ 光标位于单元中文字的开始或结束位置时，使用箭头键可以将光标移动到相邻的单元，也可以使用 CTRL＋箭头组合键。

④ 单元中的文字处于亮显状态时，按箭头键将删除选择，并将光标移动到单元中文字的开始或结束位置。

⑤ 按 ENTER 键可以向下移动一个单元。

(8)要保存修改并退出，请单击工具栏上的“确定”或按 CTRL＋ENTER 组合键。

(二)在表格单元中编辑文字

(1)在要编辑其文字的单元内双击，或者选择该单元并在快捷菜单上单击“编辑单元文字”。

(2)使用“文字格式”工具栏或快捷菜单进行修改。

(3)要保存修改并退出，请单击工具栏上的“确定”，按 CTRL＋ENTER 组合键或在单元外单击。

(4)要从表格中删除选择，请按 ESC 键。

(三)在表格单元中插入字段

(1)在表格单元内双击。

(2)单击鼠标右键，单击“插入字段”，或者按 CTRL＋F 组合键。

(3)在“字段”对话框中，选择“字段类别”列表格中的类别以显示该类别中的字段名。

(4)选择一个字段。

(5)选择可用于该字段的格式或其他选项。

(6)单击“确定”。

本章思考与实训

一、解答题

1. 单行文字和多行文字的区别是什么？
2. 在 AutoCAD2007 中，如何创建文字样式？
3. 在 AutoCAD2007 中，如何创建单行和多行文字？
4. 在 AutoCAD2007 中，如何插入表格？
5. 对标注文字进行镜像时，如何保证文字方向？
6. 文字样式设置中，为什么要将高度设置为 0？
7. 如何标注带有分数的文字？
8. 如何对多行文字中的部分字符进行效果设置？
9. 如何在 AutoCAD 中输入"Φ"、"%%C"？

二、上机练习

1. 利用单行文本标注命令输入文字"欢迎使用中文 AutoCAD 2007 教程"，字体为黑体，字高为 20，倾斜度为 15。

绘制图签(见下图)：

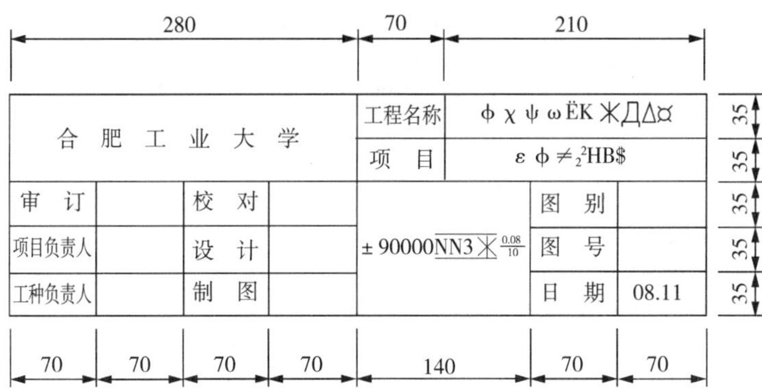

2. 绘制如下表格：

类别	门窗名称	门窗形式	洞口尺寸	门窗数量	备　注
窗	C－1	70 系列铝合金固定窗	ϕ1000		白色铝合金框，清水玻璃
	C－2	70 系列铝合金推拉窗	1600×1000		白色铝合金框，清水玻璃
	C－3	70 系列铝合金平开窗	700×1000		白色铝合金框，清水玻璃
门	M－1	木门	1500×2260		见二次装修
	M－2	木板门	900×2100		见二次装修
	M－3	卷闸门	3380×2550		成品

第七章　尺寸标注

【内容要点】

1. 尺寸标注的规则和组成；
2. 尺寸标注样式的创建和设置方法；
3. 各种类型尺寸标注方法；
4. 编辑标注对象的方法。

【知识链接】

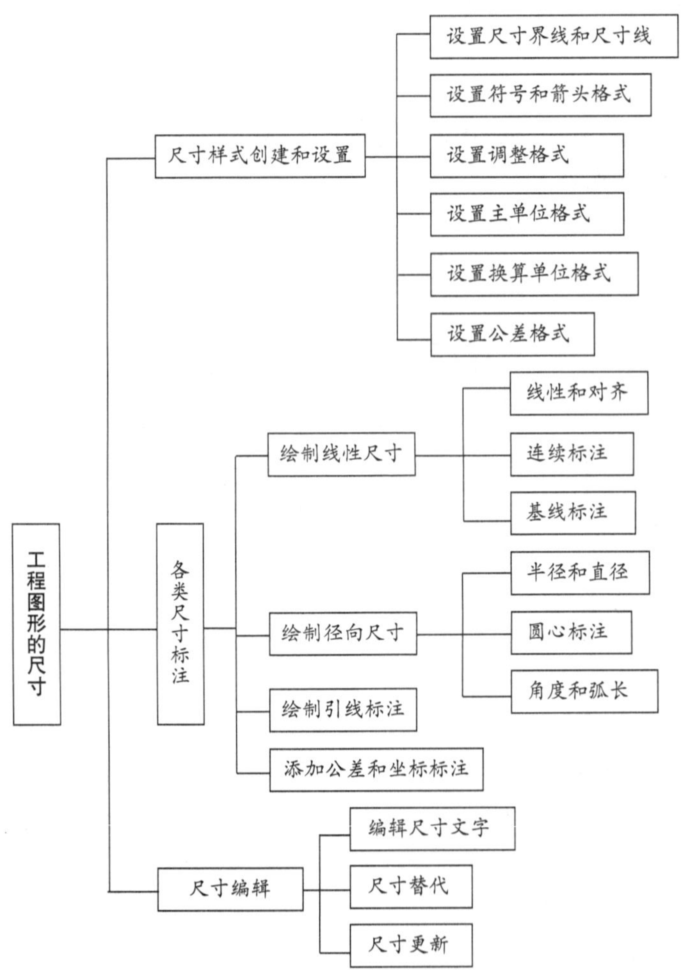

第一节　尺寸标注基本知识

一、尺寸标注的构成

一个完整的尺寸标注一般由尺寸线(Dimension lines)、尺寸界线(Extension line)、尺寸箭头(Dimension Arrowheads)和尺寸文本(Dimension text)四个部分组成。如图 7-1 所示。

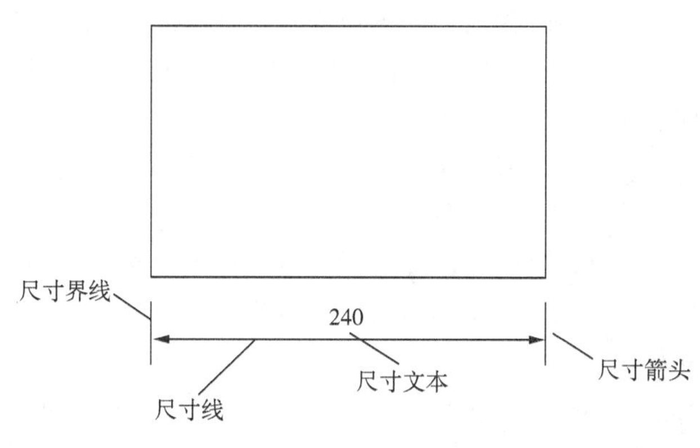

图 7-1　尺寸的组成

1. 尺寸线(Dimension lines)

尺寸线是一条平行于被标注尺寸长度方向的直线段。当进行角度标注时，尺寸线为一段圆弧。

尺寸线用细实线绘制，应与被标注长度平行，且不宜超出尺寸界线。任何图线均不得用作尺寸线。尺寸线与被标注尺寸的轮廓线的间距以及互相平行的两尺寸线的间距一般为 8～15mm；同一图纸或同一图形的这种间距大小应当保持一致。

2. 尺寸界线(Extension line)

尺寸界线是用来表示尺寸线的开始和结束，它位于标注尺寸的两端。

说明：尺寸界线应用细实线绘制，一般应与被注长度垂直，其一端应离开图样轮廓线下不小于 2mm，另一端宜超出尺寸线 2～3mm。当图中线段太多或线段太密时，为使图面清晰、利于读图，图样的中心线和轮廓线可用作尺寸界线。当受空间限制或尺寸标注困难时，允许斜着引出尺寸界线来标注尺寸。

3. 尺寸箭头(Dimension Arrowheads)

尺寸箭头在尺寸线的两端，表示了尺寸线的起止位置。AutoCAD 中的尺寸箭头的形状很多，除了常见的箭头形状外，还有短斜线、点圆等供用户选择，除此之外用户还可以创建自己的尺寸箭头。

[想一想]

是不是所有尺寸线的起止位置都用尺寸箭头表示？还有哪几种？

同一张图中的箭头大小要一致，形状要符合规定。一般在建筑工程图中选用中粗短斜线，长度宜为 2～3mm。若采用斜向引出尺寸界线来标注尺寸，应改画箭头作为尺寸起止符号。

4. 尺寸文本(Dimension Text)

尺寸文本是尺寸标注中最重要的部分,它表明了两尺寸线之间的距离或角度值。在AutoCAD中根据需要,尺寸文本可以是基本尺寸,也可以是公差尺寸或极限尺寸。

尺寸数字字高一般是3.5mm或2.5mm,尺寸数字一般标注在尺寸线中间的上方。离尺寸线应不大于1mm,如没有足够的注写位置,最外边的尺寸数字可注写在尺寸界线的外侧,中间相邻的尺寸数字可错开注写,也可引出注写,尺寸均应注在图样轮廓线以外,任何图线不得穿过尺寸数字,不宜与图线、文字及符号等相交,当不可避免时,应将尺寸数字处的图线断开。同一张图纸上,尺寸数字的大小应相同。

二、尺寸的种类

在AutoCAD中,尺寸标注可分五大类,即线性尺寸标注、径向尺寸标注、角度尺寸标注、引线尺寸标注、坐标尺寸标注。其中:

1. 线性尺寸标注

包括线性标注(Linear Dimension)、平齐标注(Aligned Dimension)、连续标注(Continue Dimension)和基线标注(Baseline Dimension)4种类型。

2. 径向尺寸标注

包括半径标注(Radial Dimension)和直径标注(Diameter Dimension)。

3. 中心尺寸标注

包括圆心标注(Centermark Dimension)和圆心线标注(Centerline Dimension)。

三、标注尺寸的基本操作

1. 命令格式

Command:dim

Dim:

2. 选项内容

在“Dim:”可输入尺寸标注选项,尺寸标注选项可分为以下五类(每一选项可以缩写成它的前三个字母):

(1)线性尺寸标注选项。

(2)角度尺寸标注选项。

(3)径向尺寸标注选项。

(4)尺寸文本编辑选项:文本位置复原,修改文本,改变字样,文本旋转,修改文本位置和方向。

(5)其他选项:引线标注、坐标尺寸标注、中心尺寸标注、尺寸更新、最近一次尺寸作废、尺寸界线倾斜等。

四、尺寸标注的准备

在进行尺寸标注时，为方便我们尺寸标注前还需进行一些准备工作。

1. 建立尺寸标注层

(1)功能：使尺寸标注与图形对象区分开。

(2)操作格式：详见第三章第二节。

2. 创建尺寸文字文本样式

(1)功能：使尺寸文字样式符合规范要求。

(2)操作格式：详见第七章第一节。

3. 设定对象捕捉模式

(1)功能：便于尺寸标注时，快速捕捉特殊点。

(2)操作格式：

① 从“工具”下拉菜单中，打开“草图设置”对话框。

② 选中“对象捕捉”选项卡，选中“端点、圆心及交点”复选框。

4. 从工具栏中打开“标注”工具条

第二节　尺寸标注样式

尺寸标注样式与文本样式类似，决定尺寸标注的外观及大小。为了保证图纸上的所有标注都具有相同的形式和统一的风格，使图面清晰，内容易读。把各种标注类型的格式固定下来，并命名这种固定的格式，称为创建标注样式。由此可见，创建标注样式首先要给标注样式取一个名，比如“建筑”，然后再规定尺寸线、尺寸界限、尺寸箭头、尺寸文本的属性及形式，最后将此样式加入图形之中。

一、尺寸标注样式的命名

尺寸标注是一个复合体，以“块”的形式储存在图形中。而尺寸标注的样式与文本样式相类似，决定了尺寸标注的外观及大小，如文字和箭头用户可以设定一个尺寸标注具有特殊类型的箭头，或者把标注文字放在标注线的上面或中间等。尺寸标注样式可以存储或复制经常使用的尺寸标注设置，从而简化工作过程。AutoCAD2007 提供的缺省尺寸标注样式为 ISO－25，我们一般在此基础上进行修改。

(一)命令调出

1. 菜单位置：“格式”⇒“标注样式”或“标注”⇒“标注样式”

2. 工具栏：在“标注工具栏”中单击图标

3. 命令行：Dimension Style

(二)操作选项及说明

1. 操作选项

(1)单击"样式"⇒"标注样式",或在命令提示下键入 D,出现"标注样式管理器"对话框,如图 7-2 所示。

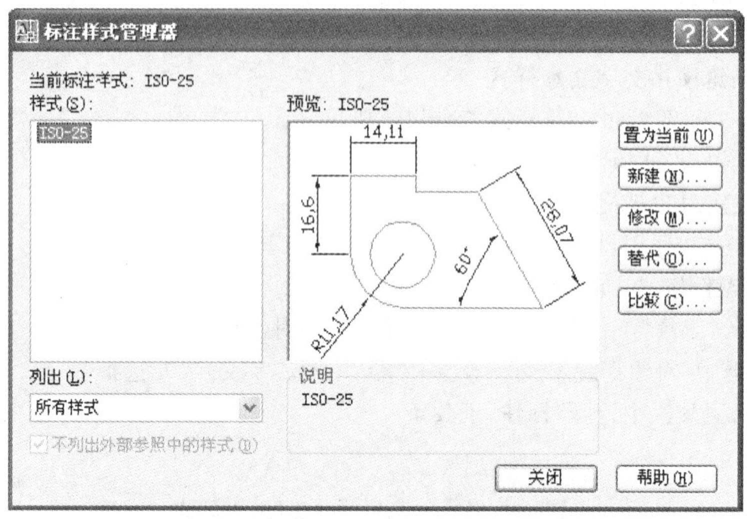

图 7-2　尺寸样式管理器对话框

(2)单击"新建"按钮,出现创建标注样式对话框,如图 7-3 所示。

图 7-3　创建新标注样式对话框

[问一问]

《房屋建筑制图统一标准(GB/T50001—2001)》中关于标注样式的规定有哪些?

(3)随着新样式名输入框中的"副本 ISO—25"名称亮显,键入新样式名如"建筑"。

(4)单击"继续"按钮,出现详细的新标注样式对话框,如图 11-4 所示。

2. 说明

此时建立的尺寸标注样式被称为"建筑",但此时它与 ISO－25 样式是一样的,ISO－25 是它的基础,对于 ISO－25 样式而言,什么也没有改变,依旧可以继续使用。

接下来我们在 ISO－25 样式的基础上设置新的"建筑"标注样式,并使它符合我国现行的建筑制图标准。首先,我们进行第一个选项卡"直线和箭头"的修改,如图 7-4 所示,此选项卡共分三个区。

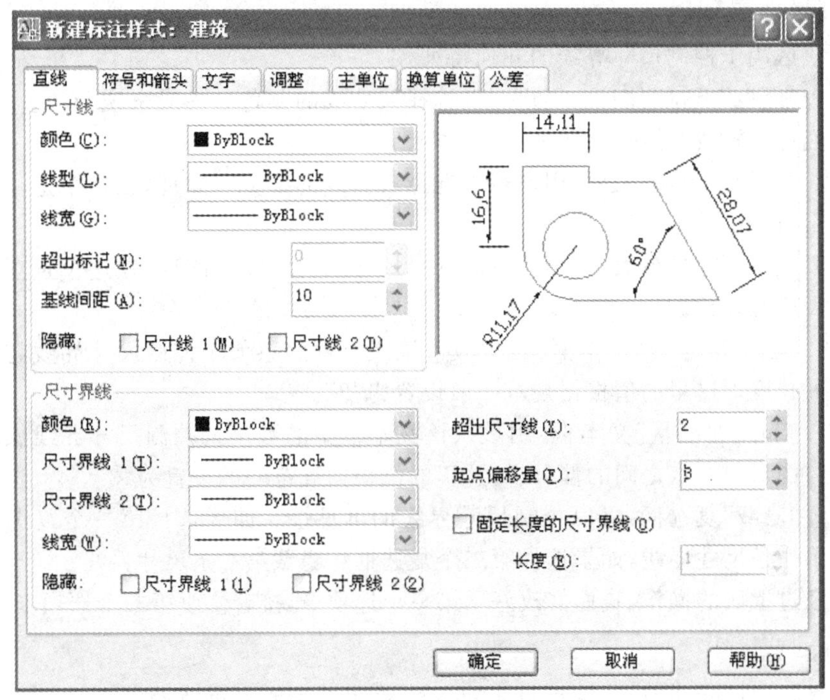

图 7-4　新建标注样式对话框

二、选择直线样式

(一)尺寸线区

该区用于控制尺寸线的几何特征。

1."颜色"下拉列表框:用户可以选择尺寸线的颜色。一般来说,在这个选项中我们应设置成"随块"。

2."线型"下拉列表框:用户可以选择尺寸线的线宽。同理,在这个选项中我们也设成"随块"。

3."线宽"下拉列表框:用户可以选择尺寸线的线宽。同理,在这个选项中我们也设成"随块"。

4."超出标记"文本框:当箭头使用倾斜、建筑标记、积分和无标记时,用填入该文字框的数值来控制尺寸线超出尺寸界限的长度。这里的值根据规范一般设置为"0",只有在当箭头为短斜线时,超出标记文本框才被激活,否则呈淡灰色而无效。

5."基线间距"文本框:当采用基线方式标注尺寸时,用填入该文字框的数值来控制两个尺寸线之间的距离。这里的值根据规范一般设置为"10"。

6."隐藏"复选框:可以控制尺寸线和相应尺寸箭头的可见性。如果选择第一个复选框将隐藏第一尺寸线及其箭头。如果选择第二个复选框将隐藏第二尺寸线及其箭头。

(二)尺寸界线区

该区用于控制尺寸界线的几何特征。

1.“颜色”下拉列表框:用户可以选择尺寸线的颜色。一般来说,在这个选项中我们应设置成“随块”。

2.“线型”下拉列表框:用户可以选择尺寸线的线宽。同理,在这个选项中我们也设成“随块”。

3.“线宽”下拉列表框:用户可以选择尺寸线的线宽。同理,在这个选项中我们也设成“随块”。

4.“超出尺寸线”文本框:当用填入该文本框的数值来控制尺寸界线超出尺寸线的长度。这里的值根据规范一般设置为“2”。

5.“起点偏移量”文本框:用填入该文本框中的数字来控制尺寸界线操作起始点与图形起始点之间的偏移量,这里的值根据规范一般设置为“3”。

6.“隐藏”复选框:可以控制尺寸界线的可见性。如果选择第一个复选框将隐藏第一条尺寸界线,如果选择第二个复选框将隐藏第二条尺寸界线。

经过上面的操作,我们修改好了第一个选项卡,接着修改第二个选项卡。

(三)预览区

显示样例标注图像,它可显示对标注样式设置所做更改的效果。后面各选项卡都包含一个预览区,作用都是一样的,不再赘述。

三、选择符号和箭头样式

该区用于控制尺寸箭头的形状及大小。如图 7-5 所示。

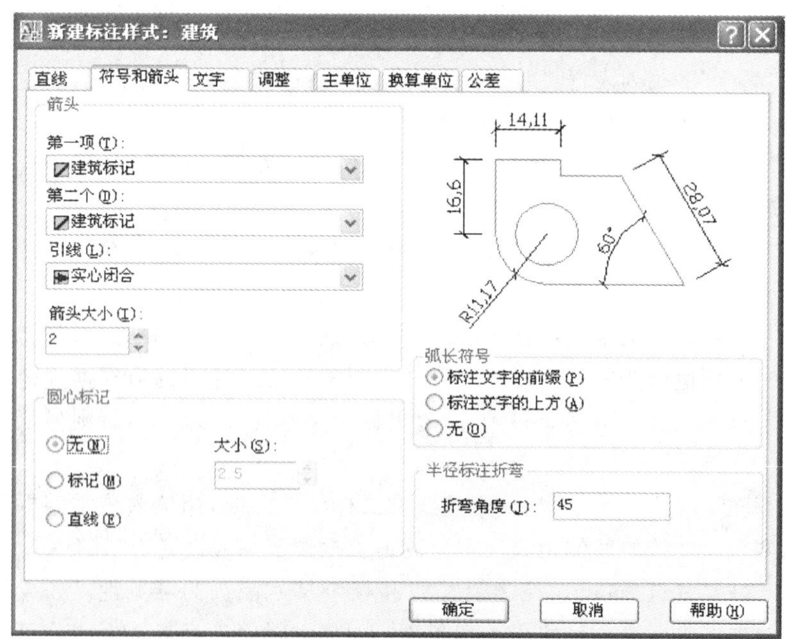

图 7-5　符号和箭头选项卡

(一)箭头区

1."第一项"下拉列表框:控制第一尺寸箭头的形状。这里,我们选择"倾斜"。用户也可以自定义第一尺寸箭头,其操作步骤如下:

(1)首先绘制好尺寸箭头的形状。

(2)用块命令将绘制的尺寸箭头定义成一个图。

(3)单击第一个下拉箭头,选择用户箭头选项。系统打开选择自定义箭头块对话框。

(4)在该对话框的文本框中输入定义过的尺寸箭头名称,按 Enter 按钮返回。

2."第二项"下拉列表框:控制第二尺寸箭头的形状。系统允许第一箭头和第二箭头的形状可以不一样。

3."引线"下拉列表框:引线标注时控制引线箭头的形状。一般选择"实心闭合"。

4."箭头大小"文本框:设置尺寸箭头的大小,在该框中填入适当的数字,系统按此定义箭头的大小,这里的值根据规范一般设置为"2"。

(二)圆心标记区

该区用于定义圆、圆弧、圆心和圆心线的标注形式。

1.选择"无"选项后,系统将不标注圆心或中心线。

2.选择"标记"选项后,系统将用小十字的形式来标注圆心或圆弧的圆心的位置。

3.选择"直线"选项系统将用中心线的形式标注圆心或圆弧的圆心的位置。

4."大小"文本框:定义圆心标注的大小。根据制图规范一般设置"2"。

(三)弧长符号

控制弧长标注中圆弧符号的显示。选择"标注文字的前缀"选项后,系统将弧长符号放置在标注文字之前。选择"标注文字的上方"选项后,系统将弧长符号放置在标注文字的上方。选择"无"选项后,系统将隐藏弧长符号。

(四)半径标注折弯

当圆的中心点位于页面外部时,半径通常以折弯的形式表示,此选项用来控制折弯(Z 字形)半径标注的显示。在该框中填入适当的数字,系统按此定义尺寸线的横向线段的角度的大小,一般设置为"45"。

四、设置文字标注样式

这个选项卡用于设置尺寸标注文字的外观、位置及对齐方式,如图 7-6 所示。

(一)文字外观区

1."文字样式"下拉框:用于选择文字字体,当用户没有制定新的文字样式,CAD 只有"Standard"一种样式可供选择。也可通过下拉框右侧的"…"按钮来制定,方法见"文字标注"章。

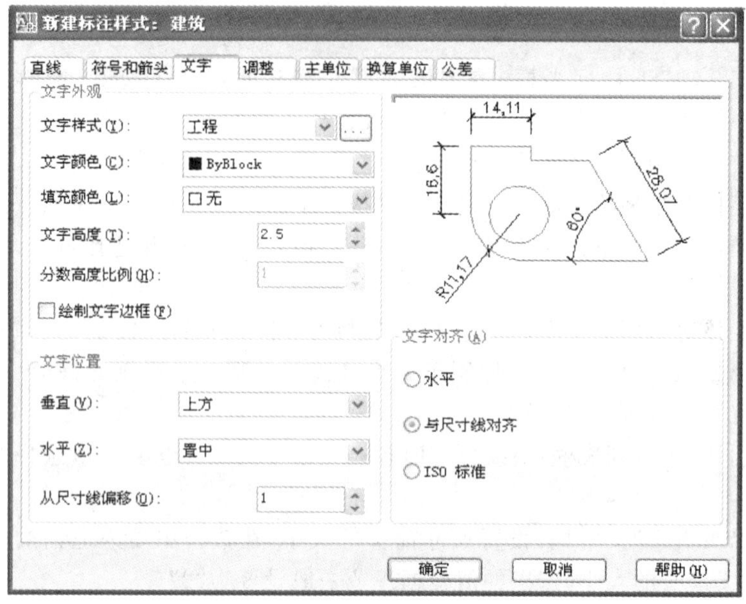

图 7－6　文字选项卡

2.“文字颜色”下拉框：用于选择文字颜色，一般设置为“随块”。

3.“文字高度”文本框：用于设置文字高度，一般设为“2.5”。

4.“分数高度比例”文本框：当尺寸标注单位格式为分数时，用填入该文字框的数值来控制分数高度比例的大小。只有当尺寸标注单位格式为分数时，分数高度比例文本框才被激活，否则呈淡灰色而无效。在我国，我们一般采用十进制单位格式，所以这个文本框一般情况下不需设置。

5.“绘制文字边框”复选框：用来控制尺寸文字的边框。

(二)文字位置区

1.“垂直”下拉框：用于设置尺寸文本相对于尺寸线在垂直方向的排列方式。四个下拉列表选项功能介绍如下：

(1)置中：将尺寸文本放置在尺寸线的中间。

(2)上方：将尺寸文本放在尺寸线上方。

(3)外部：将尺寸文本放在尺寸线的外边。

(4)JIS：参照日本工业标准来标注文字的位置。

参照我国制图规范，这里我们选择“上方”选项。

2.“水平”下拉框：用于设置尺寸文本相对于尺寸线在水平方向的排列方式，四个下拉列表选项功能介绍如下：

(1)置中：将尺寸文本放置在尺寸线的中间。

(2)第一条尺寸界线：将尺寸文本紧靠第一条尺寸界线放置。

(3)第二条尺寸界线：将尺寸文本紧靠第二条尺寸界线放置。

(4)第一条尺寸界线上方：将尺寸文本放在第一条尺寸界线上方。

(5)第二条尺寸界线上方：将尺寸文本放在第二条尺寸界线上方。

参照我国制图规范，这里我们选择“置中”选项。

3.“从尺寸线偏移”文本框：用填入该文本框中的数字来控制文字与尺寸线之间的偏移量，这里的值根据规范一般设置为“1”。

(三)文字对齐区

1.“水平”选项：尺寸文字始终保持水平方向。

2.“与尺寸线对齐”选项：尺寸文字与尺寸线平行。

3.“ISO 标准”选项：采用 ISO 标准样式标注尺寸文字。

参照我国制图规范，这里我们选择“与尺寸线对齐”选项。

五、调整选项卡

为使我们设置的尺寸样式与整个图纸匹配，我们必须进行全局尺寸比例的设置和选择，这时，我们必须修改第三个选项卡“调整”。如图 7－7 所示。

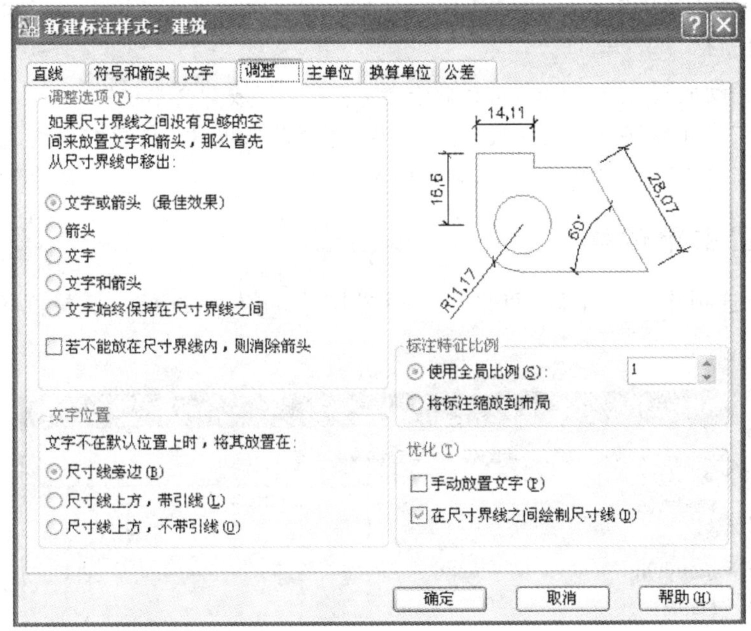

图 7－7　调整选项卡

(一)调整选项区

用于控制将尺寸文本和尺寸箭头放置在两条尺寸界线的内部还是外部。此选择区提供六种选项，一般选择第一项，即“文字或箭头，最佳效果”。

(二)文字位置区

用于设置在尺寸界较近时尺寸文字的标注方法。

1.“尺寸线旁”选项：当两条尺寸界线的距离很近不足以放下尺寸文本时，把尺寸文本放在尺寸界线之外。

2.“尺寸线上方，加引线”选项：当两条尺寸界线的距离很近不足以放下尺寸文本时，使尺寸文字远离尺寸线，并自动在两条尺寸界线之间绘制一个箭头和引线。

3."尺寸线上方，不加引线"选项：当两条尺寸界线的距离很近不足以放下尺寸文本时，使尺寸文字远离尺寸线，但不绘制一个箭头和引线。

(三)标注特征比例区

该区用于设置尺寸比例系数，通过设置使尺寸标注与图纸的比例相匹配。

1."使用全局比例"文本框

用填入该框中的数字来控制所有尺寸标注样式的总体尺寸比例系数。该比例系数可以对尺寸箭头、尺寸文本、尺寸界限、圆心标注等产生影响。如果定义的尺寸箭头的大小为 2，而总尺寸比例系数为 10，那么在标注尺寸时，所绘制的尺寸箭头的实际大小是 20，一般情况下这里的数值与所绘图纸比例是一致的。

2."将标注缩放到布局"复选框

选择该框后，比例系数只对图纸空间起作用，而不选择该框，比例系数对模型空间的尺寸起作用。

(四)优化区

1."手动放置文字"选项：选择此选项，可以手工放置文本位置。

2."在尺寸界线之间绘制尺寸线"选项：选择此选项，CAD 总在界线之间绘制尺寸线；当箭头移向界线外侧时，则不画尺寸线。

六、设置主单位样式

这个选项卡有四个区，可供用户设置尺寸单位、角度单位及精度等，如图 7－8所示。

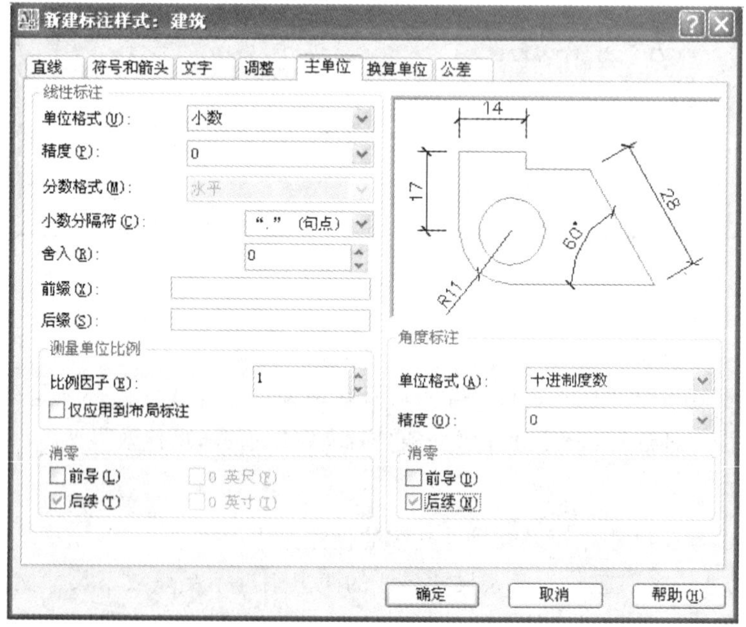

图 7－8　主单位选项卡

(一)线性标注区

用于设置尺寸标注的单位格式和精度。

1.“单位格式”下拉框:共有“科学、小数、工程、建筑、分数、WINDOWS桌面”等选项,可根据用户不同需要进行设置。我国是采用十进制单位的,所以,这里我们选择“小数”。

2.“精度”下拉框:控制除角度尺寸标注之外的尺寸精度。对于建筑制图,我们的精度一般控制在个位,则这里我们选择“0”;对于机械制图,就需根据不同的要求加以选择了。

3.“分数格式”下拉框:这个下拉框提供三种分数标注样式的选项,分别为“水平、对角及非堆叠”,只有当单位格式选择分数时,此下拉框才被激活,否则呈淡灰色而无效。

4.“小数分隔符”下拉框:提供三种不同的小数点形式“逗点、句点及空格”,我们选择“句点”样式。

5.“舍入”文本框:用于设定标注数值的近似规则。比如在这里我们输入“3”,则标注尺寸,尺寸文本将是“3”的整数倍数。

6.“前缀”文本框:可在文本框中输入数字、符号或文字,将在文本前自动加入所输入的文本前缀。

7.“后缀”文本框:可在文本框中输入数字、符号或文字,将在文本前自动加入所输入的文本后缀。

(二)测量单位比例区

1.“比例因子”文本框:输入数值后,CAD将自动以所输入的因子乘以测量值的数值作为尺寸标注的数值。

2.“仅应用到布局标注”复选框:选此选项,则此区的设置仅应用在“图纸”空间中。

(三)消零区

控制线性尺寸标注时的零抑制问题。

1.“前导”复选框:将抑制小数点前的0,比如原尺寸为0.500,经前导抑制后变成.500。

2.“后续”复选框:将抑制数字尾部的0,比如原尺寸为0.500,经前导抑制后变成0.5。

3.“0英尺”复选框:在采用英尺—英寸单位制时,此复选框被激活,AutoCAD将抑制小于1英尺的英尺位上的0,否则,呈淡灰色而无效。

4.“0英寸”复选框:在采用英尺—英寸单位制时,此复选框被激活,AutoCAD将抑制英寸位上的0。否则,呈淡灰色而无效。

(四)角标注区度

1.“单位格式”下拉框:共有“十进制度数、度/分/秒、百分度、弧度”等选项,可根据用户不同需要进行设置。我国是采用十进制单位的,所以,这里我们选择

"十进制度数"。

2."精度"下拉框:控制除角度尺寸标注的尺寸精度。对于工程制图,我们的精度一般控制在个位,则这里我们选择"0";对于机械制图,就需根据不同的要求加以选择了。

(五)消零区

控制角度尺寸标注时的零抑制问题。

1."前导"复选框:将抑制小数点前的0,比如原尺寸为0.500,经前导抑制后变成.500。

2."后缀"复选框:将抑制数字尾部的0,比如原尺寸为0.500,经前导抑制后变成0.5。

七、设置换算单位格式

通过换算单位选项卡,可以转换使用不同测量单位制的标注,通常是显示英制标注的等效公制标注,或公制标注的等效英制标注。在标注文字中,换算标注单位显示在主单位旁边的方括号中。通常在选中显示换算单位复选框后,整个选项卡才能被激活,否则,呈淡灰色无效。如图7-9所示。

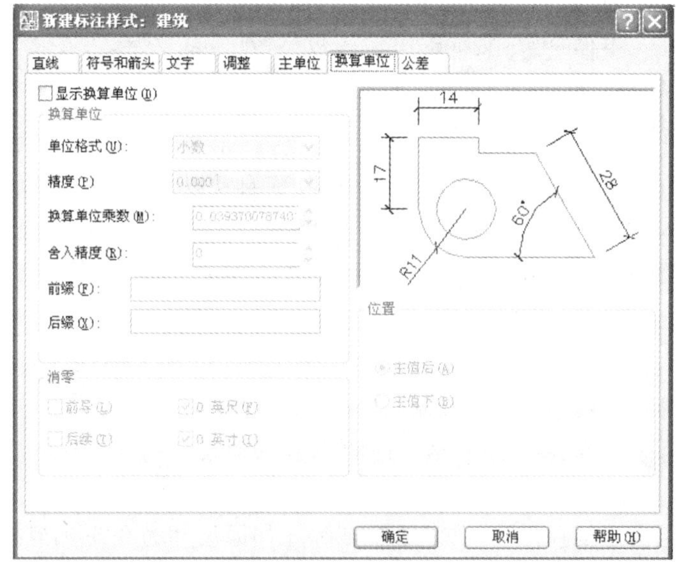

图7-9 换算单位选项卡

(一)换算单位区

1."单位格式"下拉框:提供单位格式选项,共有"科学、小数、工程、建筑、分数、WINDOWS桌面"等选项,可根据用户不同需要进行设置。

2."精度"下拉框:规定小数点后的精确位数。

3."换算单位乘数"文本框:指定主单位与换算单位间的比例因子。例如由英制换算为十进制单位,比例因子即为25.4。

4.“舍入精度”文本框：标注数值的近似规则。

5.“前缀”和“后缀”文本框：可在文本框中输入数字、符号或文字，将在文本前自动加入所输入的文本前缀或后缀。

(二)消零区

控制尺寸标注时的零抑制问题。(详见尺寸主单位设置对话框)

(三)位置区

规定换算后的数值的位置。

八、设置公差格式

在机械制图中，尺寸中需要标注公差值，这时，就需对“公差选项卡”进行设置，如图 7-10 所示，主要内容如下：

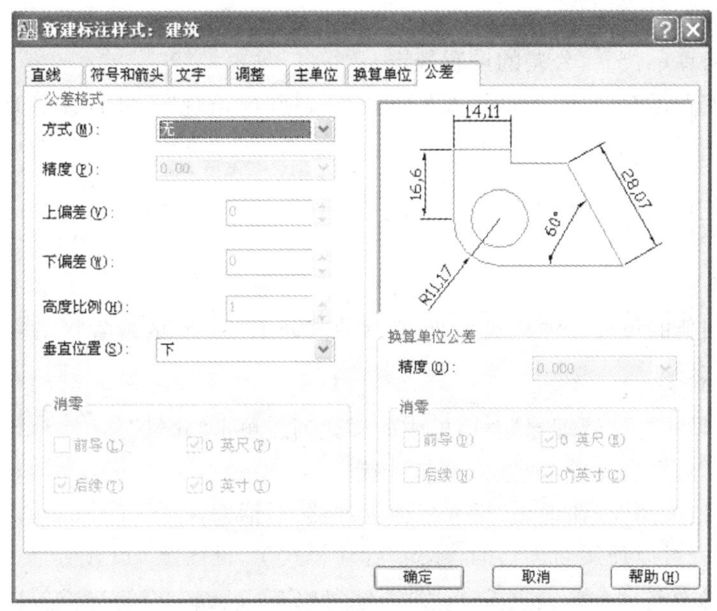

图 7-10　公差选项卡

(一)公差格式区

1. 方式下拉框

(1)无：选择此选项，只显示基本尺寸。

(2)对称：选择此选项，AutoCAD 将只在“上偏差”中输入数值，并自动在数值前加“±”号。

(3)极限偏差：选择此选项，AutoCAD 将在“上偏差”和“下偏差”中分别输入数值。一般情况下，“上偏差”前为“＋”号，“下偏差”前为“－”号。如有特殊要求，输入的最终结果将是缺省符号与输入符号相乘的结果。

(4)极限尺寸：在尺寸线上分别标注最大极限尺寸和最小极限尺寸。

(5)基本尺寸：标注尺寸为理想尺寸，标注值放在长方形框中。

2.“精度”下拉框

规定公差的精确位数。

3.“上偏差”和“下偏差”文本框

文本框中的数值即为偏差允许值。

4.“高度比例”文本框

调整偏差文本相对于尺寸文本的高度。系统缺省值为“1”即偏差文本与尺寸文本高度相同，建议输入值为“0.7”。

5.“垂直位置”下拉框

指定偏差文本相对于基本尺寸文本的位置。这里，选择“中”选项。

(二)消零区

控制偏差的零抑制问题。(详见尺寸主单位设置对话框)

(三)换算单位公差区

设置换算单位时，公差的设置规定。

修改完上述七个选项卡后，现按“确定”按钮，将出现“尺寸标注管理器”对话框中。

九、设置当前的尺寸标注样式

(一)功能

在使用新的尺寸标注样式之前，必须使其处于“当前”的缺省状态。

(二)操作格式

1. 在“尺寸标注管理器”对话框中的样式列表单击“建筑”。
2. 在对话框右侧单击“置为当前”按钮。
3. 单击“关闭”按钮退出“尺寸标注管理器”对话框。

现在，就可以使用新创建的“建筑”标注样式了，见图 7-11 所示。

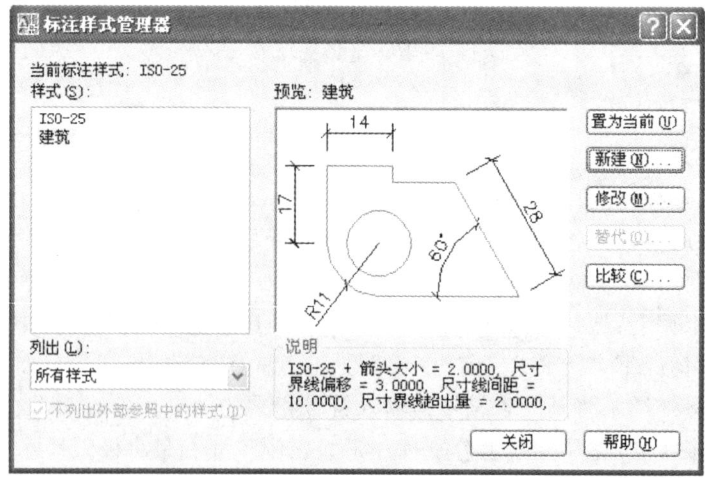

图 7-11　标注样式管理器

十、修改尺寸样式

(一)功能

修改和编辑已有的尺寸标注样式。

(二)操作格式

1. 打开“尺寸标注管理器”对话框，在样式列表选择需要修改的尺寸标注样式。

2. 在对话框右侧单击“修改”按钮。

3. 出现“修改尺寸标注样式”对话框，然后逐一改变所选尺寸的组成要素。

4. 单击“确定”按钮，出现“尺寸标注管理器”对话框。

5. 单击“关闭”按钮退出“尺寸标注管理器”对话框。

(三)说明

完成修改后，所有与编辑样式相关联的尺寸将在绘图过程中自动更新。

第三节　各种尺寸的标注方法

一、绘制线性尺寸

最常用的尺寸标注样式形式是线性尺寸，这是一种可以标出对象的长与宽的正交尺寸。AutoCAD2007 为此提供了三种标注尺寸的工具：线性标注、连续标注和基线标注。

(一)线性标注

1. 功能：可以标出对象水平与垂直尺寸。

2. 命令位置

(1)菜单位置：“标注”⇒“线性”

(2)工具条：在“标注工具条”中单击图标

(3)命令行：dimlinear ↵

3. 操作格式及说明

(1)操作格式

命令：dimlinear ↵

指定第一条尺寸界线起点或<选择对象>：(输需要标注距离的第一点)

指定第二条尺寸界线起点：指定尺寸线位置或[多行文字(M)/文字(T)/角度(A)/水平(H)/垂直(V)/旋转(R)]：(输需要标注距离的第二点)

标注文字＝测量数值(CAD 自动测量出距离)

(2)说明

① 在第二步中的提示提供了一种选择，可以键入回车键，命令行将继续提示为：

选择标注对象:(选取一个对象)

指定尺寸线位置或[多行文字(M)/文字(T)/角度(A)/水平(H)/垂直(V)/旋转(R)]:(移动光标在所对象一侧拾取一点)

标注文字=测量数值(CAD 自动测量出距离)

② 在第三步的提示中可以将信息添加到尺寸文字中,或全部修改文字。

(二)连续标注

1. 功能

可以在一条线上标出一组尺寸。

2. 命令位置

(1)菜单位置:“标注”⇒“连续”

(2)工具条:在“标注工具条”中单击图标

(3)命令行:dimcontinue ↵

3. 操作格式及说明

(1)操作格式

命令:dimcontinue ↵

指定第二条尺寸界线起点或[放弃(U)/选择(S)]<选择>:(AutoCAD 从刚才标注的尺寸线开始添加尺寸)

标注文字=(测量数值)

指定第二条尺寸界线起点或[放弃(U)/选择(S)]<选择>:(回车)

选择连续标注:(回车结束命令)

(2)说明

在第二、三步中的提示提供了两种选择,分别介绍如下:

①②键入回车键,命令行将继续提示为:

选择连续标注:(选取一个尺寸标注)

指定第二条尺寸界线起点或[放弃(U)/选择(S)]<选择>:(AutoCAD 从刚才选择的尺寸线开始添加尺寸)

标注文字=(测量数值)

指定第二条尺寸界线起点或[放弃(U)/选择(S)]<选择>:(回车)

选择连续标注:(回车结束命令)

②键入“U”,撤销上一次的标注,回到原来的标注。

(三)基线标注

1. 功能

可以从同一条延长线开始进行若干个尺寸标注。

2. 命令位置

(1)菜单位置:“标注”⇒“基线”

(2)工具条:在“标注工具条”中单击图标

(3)命令行:dimbaseline ↵

3. 操作格式及说明

(1)操作格式

命令:dimbaseline ↵

指定第二条尺寸界线起点或[放弃(U)/选择(S)]＜选择＞:(AutoCAD 从刚才标注的尺寸线开始添加尺寸)

标注文字=(测量数值)

指定第二条尺寸界线起点或[放弃(U)/选择(S)]＜选择＞:(回车)

选择基准标注:(回车退出命令)

(2)说明

在第二、三步中的提示提供了两种选择,分别介绍如下:

① 键入回车键,命令行将继续提示为:

选择基准标注:(选取一个尺寸标注)

指定第二条尺寸界线起点或[放弃(U)/选择(S)]＜选择＞:(AutoCAD 从刚才选择的尺寸线开始添加尺寸)

标注文字=(测量数值)

指定第二条尺寸界线起点或[放弃(U)/选择(S)]＜选择＞:(回车)

选择连续标注:(回车结束命令)

② 键入"U",撤销上一次的标注,回到原来的标注。

(四)上机实践

如图 7-12 已知某住宅的平面图,比例 1∶100,按照第一节建立的"建筑"标注样式,标注所需尺寸。操作步骤如下:

[问一问]

图 7-12 中哪些尺寸是标志尺寸?有没有构造尺寸?应该如何标注?

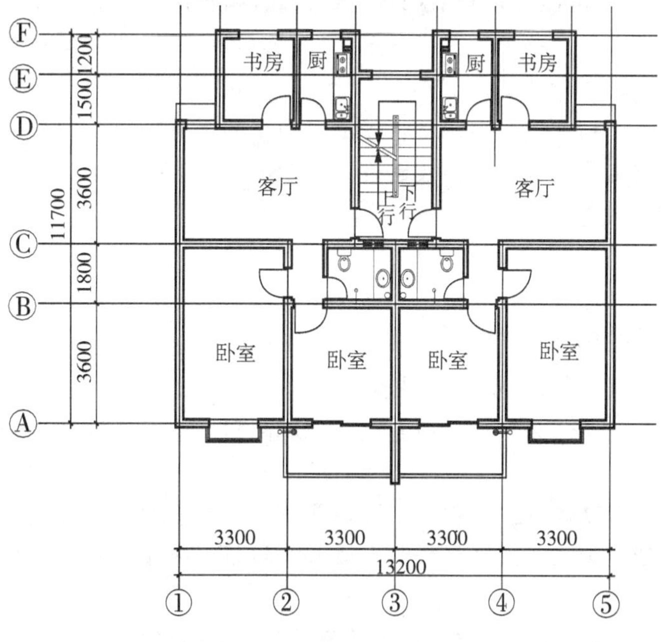

图 7-12　住宅平面图

1. 准备

(1)建立“尺寸标注”层，颜色为黄色，线型为连续，并置为当前层。

(2)根据需要，创建尺寸文字文本样式，这里我们就用“标准”样式。

(3)打开“对象捕捉”选项卡，选中“端点及交点”复选框。

(4)如第一节所示，建立“建筑”标注样式。

(5)从工具栏中打开“标注”工具条。

2. 标注线性尺寸

(1)在“标注工具条”中单击图标。

(2)在“指定第一条尺寸界线起点或＜选择对象＞：”提示下拾取 A 轴和 1 轴的交点。

(3)在“指定第二条尺寸界线起点：”提示下拾取 B 轴和 1 轴的交点。

(4)在“指定尺寸线位置或[多行文字(M)/文字(T)/角度(A)/水平(H)/垂直(V)/旋转(R)]：”提示下选择放置尺寸线的位置。

标注文字＝3600(AutoCAD 自动测量两点的距离)

3. 标注连续尺寸

(1)在“标注工具条”中单击图标。

(2)在“指定第二条尺寸界线起点或[放弃(U)/选择(S)]＜选择＞：”

提示下选择 C 轴和 1 轴的交点。

标注文字＝1800(AutoCAD 自动测量两点的距离)

(3)在“指定第二条尺寸界线起点或[放弃(U)/选择(S)]＜选择＞：”提示下选择 D 轴和 1 轴的交点。

标注文字＝3600(AutoCAD 自动测量两点的距离)

(4)在“指定第二条尺寸界线起点或[放弃(U)/选择(S)]＜选择＞：”提示下选择 E 轴和 1 轴的交点。

标注文字＝1500(AutoCAD 自动测量两点的距离)

(5)在“指定第二条尺寸界线起点或[放弃(U)/选择(S)]＜选择＞：”提示下选择 F 轴和 1 轴的交点。

标注文字＝1200(AutoCAD 自动测量两点的距离)

(6)在“选择连续标注：”提示下回车结束命令。

4. 标注基线标注

(1)在“标注工具条”中单击图标。

(2)在“指定第二条尺寸界线起点或[放弃(U)/选择(S)]＜选择＞：”提示下回车。

(3)在“选择基准标注：”提示下选择 E、F 两轴线间的尺寸线。

(4)在“指定第二条尺寸界线起点或[放弃(U)/选择(S)]＜选择＞：”选择 A 轴和 1 轴的交点。

标注文字＝11700(AutoCAD 自动测量两点的距离)

(5)在“选择基准标注：”提示下回车结束命令。

(6)同理可标注出 1 轴和 5 轴之间的两道尺寸线。

二、非正交对象的尺寸标注

在工程图中还存在一些非正交的对象，如圆、弧、三角形和梯形等，这些对象如何进行标注，在标注中，就需用到如对齐标注、径向标注和角度标注命令。

(一)对齐标注

1. 功能

可以标出倾斜对象的尺寸。

2. 命令位置

(1)菜单位置："标注"⇒"对齐"

(2)工具条：在"标注工具条"中单击图标

(3)命令行：dimaligned ↵

3. 操作格式及说明

(1)操作格式

命令：_dimaligned ↵

指定第一条尺寸界线起点或<选择对象>：(输需要标注距离的第一点)

指定第二条尺寸界线起点：(输需要标注距离的第二点)

指定尺寸线位置或[多行文字(M)/文字(T)/角度(A)]：(移动光标在所对象一侧拾取一点)

标注文字＝数值(回车)

(2)说明

第三步的提示中可以将信息添加到尺寸文字中，全部修改文字，或指定文字旋转的角度。

(二)角度标注

1. 功能

可以标出对象的角度。

2. 命令位置

(1)菜单位置："标注"⇒"角度"

(2)工具条：在"标注工具条"中单击图标

(3)命令行：dimangular ↵

3. 操作格式及说明

(1)操作格式

命令：_dimangular ↵

选择圆弧、圆、直线或<指定顶点>：(选择需要标注的对象，如直线)

选择第二条直线：(选择对象)

指定标注弧线位置或[多行文字(M)/文字(T)/角度(A)]：(选取尺寸线放置位置)

标注文字＝测量数值

(2)说明

① 第一步的提示中键入回车命令行继续提示：

指定角的顶点：

指定角的第一个端点：

指定角的第二个端点：

指定标注弧线位置或[多行文字(M)/文字(T)/角度(A)]：

标注文字＝测量数值

② 在第三步中可以将信息添加到尺寸文字中，全部修改文字，或指定文字旋转的角度。

[问一问]

在直径标注时应注意哪些问题？尤其是较小圆的直径如何标注？

(三)直径标注

1. 功能

可以对圆的直径进行标注。

2. 命令位置

(1)菜单位置：“标注”⇒“直径”

(2)工具条：在“标注工具条”中单击图标

(3)命令行：dimdiameter ↵

3. 操作格式及说明

(1)操作格式

命令：dimdiameter ↵

选择圆弧或圆：

标注文字＝测量数值

指定尺寸线位置或[多行文字(M)/文字(T)/角度(A)]：

(2)说明

第三步的提示中可以将信息添加到尺寸文字中，全部修改文字，或指定文字旋转的角度。

(四)半径标注

1. 功能

可以对圆的半径进行标注。

2. 命令位置

(1)菜单位置：“标注”⇒“半径”

(2)工具条：在“标注工具条”中单击图标

(3)命令行：dimradius ↵

3. 操作格式及说明

(1)操作格式

命令：dimradius ↵

选择圆弧或圆：

标注文字＝测量数值

指定尺寸线位置或[多行文字(M)/文字(T)/角度(A)]：

(2)说明

第三步的提示中可以将信息添加到尺寸文字中，全部修改文字，或指定文字旋转的角度。

(五)圆心标注

1. 功能

可以标出圆心。

2. 命令位置

(1)菜单位置："标注"⇒"圆心"

(2)工具条：在"标注工具条"中单击图标 ⊕

(3)命令行：dimcenter ↵

3. 操作格式及说明

命令：dimcenter ↵

选择圆弧或圆：(选择需要标注的对象)

(六)弧长标注

1. 功能

可以标注圆弧长度。

2. 命令位置

(1)菜单位置："标注"⇒"弧长"

(2)工具条：在"标注工具条"中单击图标

(3)命令行：dimarc ↵

3. 操作格式

(1)操作格式

命令：dimarc ↵

选择弧线段或多段线弧线段：(选择需要标注的对象)

指定弧长标注位置或[多行文字(M)/文字(T)/角度(A)/部分(P)/引线(L)]：指定尺寸线的位置并确定尺寸界线的方向。

(2)说明

第三步的提示中选择多行文字选项可以显示在位文字编辑器，可用它来编辑标注文字形式；选择文字选项可以在命令行自定义标注文字；选择角度选项可以修改标注文字的角度；选择部分选项缩短弧长标注的长度；选择引线选项可以添加引线对象。

(七)折弯标注

1. 功能

当圆弧或圆的中心位于布局外并且无法显示在其实际位置时，使用折弯半径标注，可以在更方便的位置指定标注的原点(这称为中心位置替代)。

2. 命令位置

(1)菜单位置:"标注"⇒"折弯"

(2)工具条:在"标注工具条"中单击图标

(3)命令行:dimjogged ↵

3. 操作格式

命令:_dimjogged ↵

选择圆弧或圆:(选择需要标注的对象)

指定中心位置替代:

标注文字=测量数值

指定尺寸线位置或[多行文字(M)/文字(T)/角度(A)]:

指定折弯位置:

(八)上机实践

如图 7-13,已知一六边形边长 1500mm,并以其中心为圆心画一半径为 1000mm 的圆,试按图标注所示的尺寸。

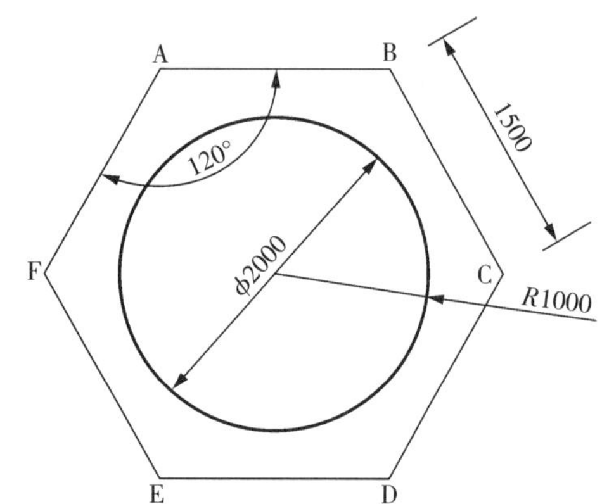

图 7-13 非正交尺寸标注

1. 对齐标注

(1)在标注工具条中单击

(2)在"指定第一条尺寸界线起点或<选择对象>:"提示下单击 B 点。

(3)在"指定第二条尺寸界线起点:"提示下单击 C 点。

(4)在"指定尺寸线位置或[多行文字(M)/文字(T)/角度(A)]:"提示下单击 BC 线右侧一点。

标注文字=1500

2. 标注角度

(1)在标注工具条中单击

(2)在"选择圆弧、圆、直线或<指定顶点>:"提示下单击 AF 直线。

(3)在"选择第二条直线:"提示下单击 AB 直线。

(4)在"指定标注弧线位置或[多行文字(M)/文字(T)/角度(A)]:"提示下单击六边形中一点。

标注文字=1200(AutoCAD 自动测量出 AF、AB 两条直线间的夹角度数)

3. 标注直径

(1)在标注工具条中单击

(2)在"选择圆弧或圆:"提示下单击圆上任一点。

标注文字=2000

(3)在“指定尺寸线位置或[多行文字(M)/文字(T)/角度(A)]:”提示下单击图上任一点。

4. 标注半径

(1)在标注工具条中单击

(2)在“选择圆弧或圆:”提示下单击圆上任一点。

标注文字＝1000

(3)在“指定尺寸线位置或[多行文字(M)/文字(T)/角度(A)]:”提示下单击图上任一点。

三、引线标注

(一)功能

在图纸中会出现一些文本注释,这些文本注释通常用箭头引出,引线标注即可利用箭头为对象添加注释。

(二)命令位置

1. 菜单位置:“标注”⇒“引线”

2. 工具条:在“标注工具条”中单击图标

3. 命令行:qleader ↵

(三)操作格式

命令:qleader ↵

指定第一条引线点或[设置(S)]＜设置＞:(单击标注位置)

指定下一点:(像画线一样选取点)

指定下一点:(回车或像画线一样继续选取点)

指定文字宽度＜0＞:

输入注释文字的第一行＜多行文字(M)＞:(输入所要标注的文本)

(四)引线的设置

在第二步中,可以键入S回车,打开引线设置对话框,如图7－14所示。

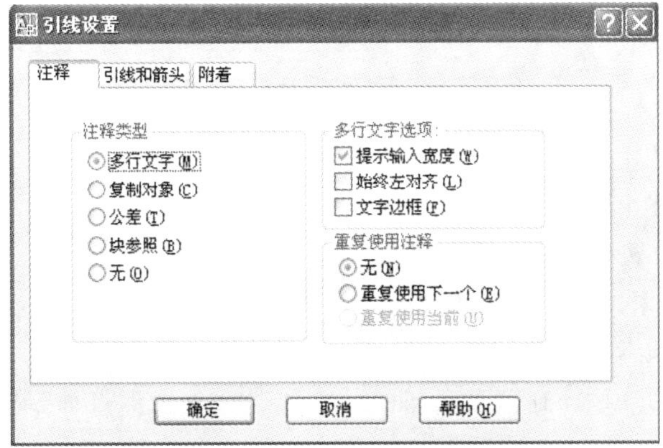

图7－14　引线设置对话框

1. 注释选项卡

此卡共分三个区，以下是其子选项及功能。

(1)注释类型选项

多行文字：画完引线后，可用该选项打开多行文字对话框。

复制对象：提示用户将选取的文字、公差或块复制到引线的末端。

公差：画完引线后，可用该选项打开公差对话框。

块参照：在引线末端插入一个块。

无：结束引线，但不添加注释。

(2)多行文字选项

提示输入宽度：提示用户选取多行文字的宽度。

始终左对齐：将多行文字向左调整。

文字边框：在文字周围画边框。

(3)重复使用注释

无：提示用户添加注释。

重复使用下一个：将输入的注释重复利用到下一个引线。

重复使用当前：重复使用当前的注释文字。

2. 引线和箭头选项卡

该选项卡上的选项用于控制引线和箭头，可以通过设置选择不同的箭头或者将引线倾斜一个指定的角度，如图 7-15 所示。

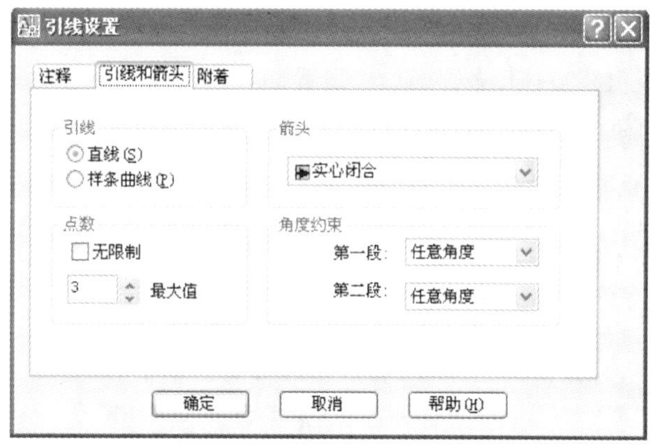

图 7-15　引线和箭头选项卡

(1)引线：让用户选择旁注引线是直线或样条曲线。

(2)点数：在出现命令提示行之前约束所选取的点。

(3)箭头：在列表中选择箭头样式。

(4)角度约束：对引线方向的角度进行约束。

3. 附着选项卡

控制引线与连接注释的方式，如图 7-16 所示。一般选择“最后一行加下划线”。

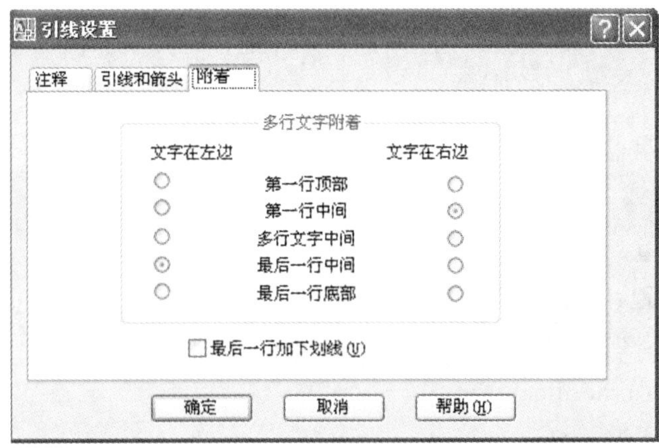

图 7－16　附着选项卡

(五)上机实践

如图 7－17 为国旗台基座平面图,试按图所示标出引线。

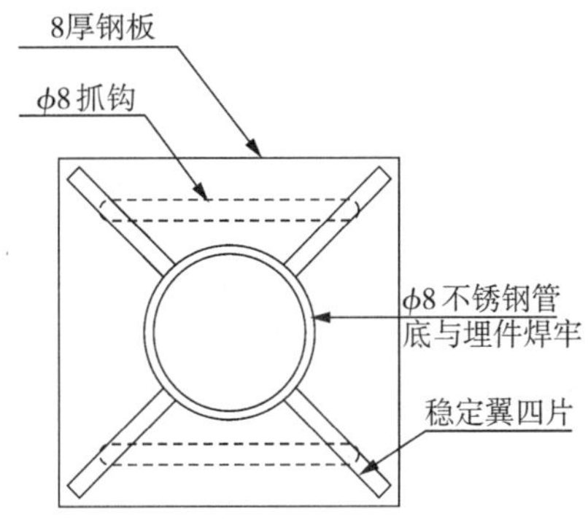

图 7－17　国旗台基座详图

这里我们只写出标有“稳定翼四片”的引线标注步骤。

操作步骤:

(1)在标注工具条中单击 。

(2)在“指定第一个引线点或[设置(S)]:”提示下选择 s 选项并回车,按照我们前面所示更改好“引线设置”选项卡。

(3)在“指定第一个引线点或[设置(S)]:”提示下选择标注位置。

(3)在“指定下一点:＜正交关＞”提示下选择引线第二点。

(4)在“指定下一点:＜正交开＞”提示下选择引线第三点。

(5)在“指定文字宽度＜0.000＞:”提示下回车。

(6)在“输入注释文字的第一行＜多行文字(M)＞:”提示下输入“稳定翼四片”并回车。

(7)在“输入注释文字的下一行:”提示下回车。

(8)同理可标出另外的引线标注。

四、应用坐标标注尺寸

(一)功能

常用在机械制图中,可在图中建立一个坐标原点,所有主要尺寸都以相对于这个原点的 X 或 Y 坐标表示。

(二)命令位置

1. 菜单位置:“标注”⇒“坐标”

2. 工具条:在“标注工具条”中单击图标

3. 命令行:dimordinate ↵

(三)操作格式及说明

1. 操作格式

命令:dimordinate ↵

指定点坐标:(指定要标注坐标尺寸的点)

指定引线端点或[X 坐标(X)/Y 坐标(Y)/多行文字(M)/文字(T)/角度(A)]:(选取一点)

标注文字=测量数值

2. 说明

在第三步中有 5 个选项供选择,功能如下:

指定引线端点:确定指引线的终点,并将尺寸文本标注在指引线的终点

X 坐标(X):输入 X 并回车,标注 X 坐标。

Y 坐标(Y):输入 Y 并回车,标注 Y 坐标。

多行文字(M):提供添加或修改坐标标注文本的功能。

文字(T):直接从“命令”窗口输入要修改的文字。

角度(A):可以改变标注文本的角度。

五、添加公差注释

(一)功能

在机械图中,添加公差符号以及允许误差的范围。

(二)命令位置

1. 菜单位置:“标注”⇒“公差”

2. 工具条:在“标注工具条”中单击图标

3. 命令行:dimordinate ↵

(三)操作格式及说明

1. 操作格式

(1)在“标注工具条”中单击图标 ,出现形位公差对话框,如图 7-18 所示。

(2)在对话框中可以键入两个公差值和三个数据值,还可以用两行的形式表

示分数值。

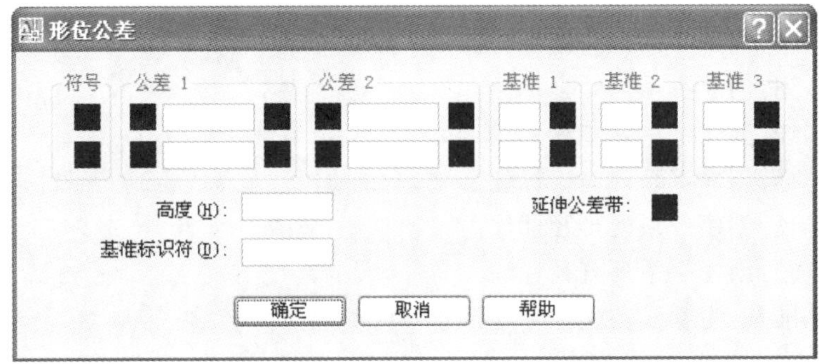

图 7－18　形位公差对话框

2. 说明

(1)单击对话框中的“符号”组中的方框，出现“符号”对话框，如图 7－19 所示。

(2)单击“基准”组中的任一方框或“公差”右侧的方框，出现“附加符号”对话框，如图 7－20 所示。

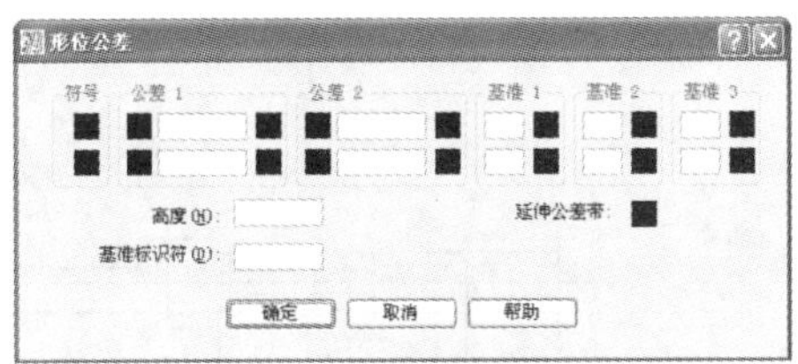

图 7－19　特征符号对话框

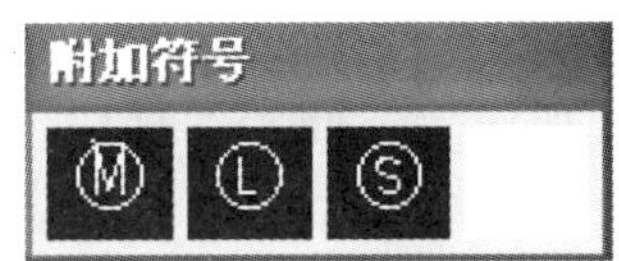

图 7－20　附加符号对话框

六、快速标注

(一)功能

可以选择一组对象，来创建或编辑一系列标注。

(二)命令位置

1. 菜单位置：“标注”⇒“快速标注”

2. 工具条：在“标注工具条”中单击图标

3. 命令行：qdim ↵

(三)操作格式及说明

1. 操作格式

命令：_qdim ↵

选择要标注的几何图形：指定对角点：找到 9 个

选择要标注的几何图形：

指定尺寸线位置或[连续(C)/并列(S)/基线(B)/坐标(O)/半径(R)/直径

(D)/基准点(P)/编辑(E)/设置(T)]＜连续＞:(制定尺寸线放置的位置)

2. 选项说明

① 连续:创建一系列连续标注。

② 并列:创建一系列并列标注。

③ 基线:创建一系列基线标注。

④ 坐标:创建一系列坐标标注。

⑤ 半径:创建一系列半径标注。

⑥ 直径:创建一系列直径标注。

⑦ 基准点:为基线和坐标标注设置新的基准点。

选择新的基准点:指定点

程序将返回到上一个提示。

⑧ 编辑:编辑一系列标注。将提示用户在现有标注中添加或删除点。通过这个选项可以使尺寸合并或分解。

指定要删除的标注点或[添加(A)/退出(X)]＜退出＞:指定点、输入 a 或按 ENTER 键返回到上一个提示。

⑨ 设置:为指定尺寸界线原点设置默认对象捕捉。将显示以下提示:

关联标注优先级[端点(E)/交点(I)]

程序将返回到上一个提示。

(四)上机实践

如图 7-21 所示,标注出卫生间右侧墙壁的连续尺寸。

1. 标注连续尺寸序列

(1)在标注工具条中单击。

(2)在"选择要标注的几何图形:"提示下单击屏幕右下角一点。

(3)在"指定对角点:"提示下单击右侧墙体左上角一点,计算机显示找到 7 个。

(4)在"选择要标注的几何图形:"回车结束选择。

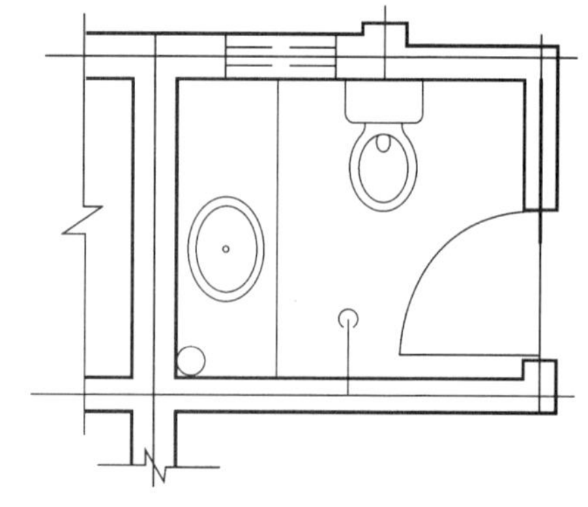

图 7-21　卫生间平面布置图

(5)在"指定尺寸线位置或[连续(C)/并列(S)/基线(B)/坐标(O)/半径(R)/直径(D)/基准点(P)/编辑(E)/设置(T)]＜连续＞:"提示下指定尺寸线位置。

2. 合并或分解尺寸序列

假如在上图中,我们不想单独标注门的宽度,想使 280 的尺寸与 800 的尺寸合并,操作如下:

(1)在标注工具条中单击。

(2)在"选择要标注的几何图形:"提示下选择 280 尺寸和 800 尺寸;CAD 显

示找到 2 个对象。

(3)在“选择要标注的几何图形:”回车结束选择。

(4)在“指定尺寸线位置或[连续(C)/并列(S)/基线(B)/坐标(O)/半径(R)/直径(D)/基准点(P)/编辑(E)/设置(T)]<连续>:”提示下选择编辑(E)选项;如图 7-22 所示我们可以看见 CAD 自动标出这两道尺寸线的标注点。

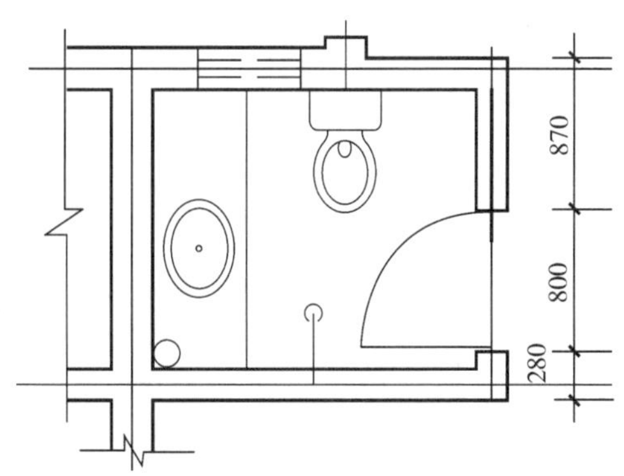

图 7-22 尺寸的分解

(5)在“指定要删除的标注点或[添加(A)/退出(X)]<退出>:”提示下选择中间点。

已删除一个标注点

(6)在“指定要删除的标注点或[添加(A)/退出(X)]<退出>:”回车结束选择。

(7)在“指定尺寸线位置或[连续(C)/并列(S)/基线(B)/坐标(O)/半径(R)/直径(D)/基准点(P)/编辑(E)/设置(T)]<连续>:”提示下指定合并和尺寸线的位置。

操作完成后,结果如图 7-23 所示,两道尺寸线合并完成。

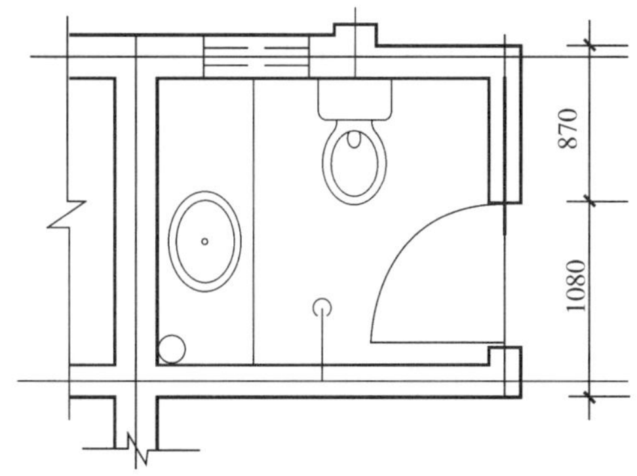

图 7-23 尺寸线的合并

第四节　尺寸标注的编辑

在图形上添加尺寸之后，将会发现 AutoCAD 偶尔也会将尺寸文字或尺寸线放到了不恰当的位置，这时我们需要对尺寸进行修改，使之更适合于有特殊要求的地方。

一、改变单个尺寸标注的样式设置

在某些情况下，可能需要修改个别的尺寸标注样式以编辑这个尺寸。例如我们在标注圆的半径时，如果用我们前面设置的“建筑”标注样式，可以发现，圆的半径的尺寸起止符也是短斜线，但制图规范中要求圆的半径、直径和角度的起止符是箭头形式，如图 7－24 所示。这时我们需要改变尺寸的标注样式，即将“符号和箭头”选项卡中的箭头选项由“建筑标记”修改成“实心闭合”。

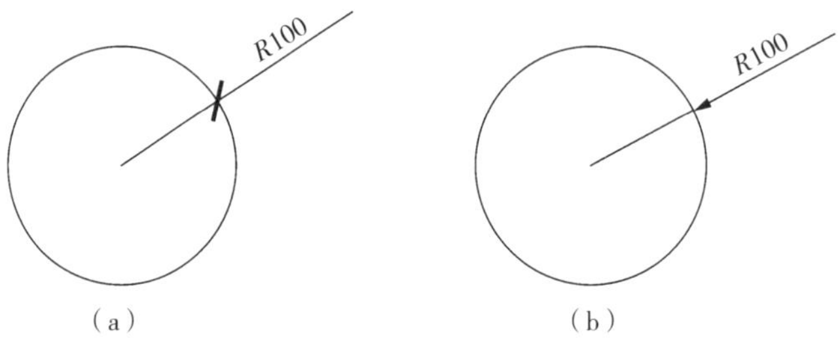

图 7－24　两种尺寸样式的比较

(一)创建替代标注样式

每一张图纸上总有个别特殊形式的尺寸标注，这时就需利用“标注样式管理器”中的“替代”功能。

1. 单击按钮，打开“尺寸标注样式管理器”对话框。

2. 单击右侧“替代”按钮，打开“替代当前样式”对话框。

3. 修改相应选项，单击“确定”按钮。

4. 回到“尺寸标注样式管理器”，单击“关闭”按钮。

5. 用新建的替代样式进行标注。

6. 标注完毕后，将原有样式重新置为“当前”，出现“警告”对话框，如图7－25所示。

7. 单击“确定”按钮。

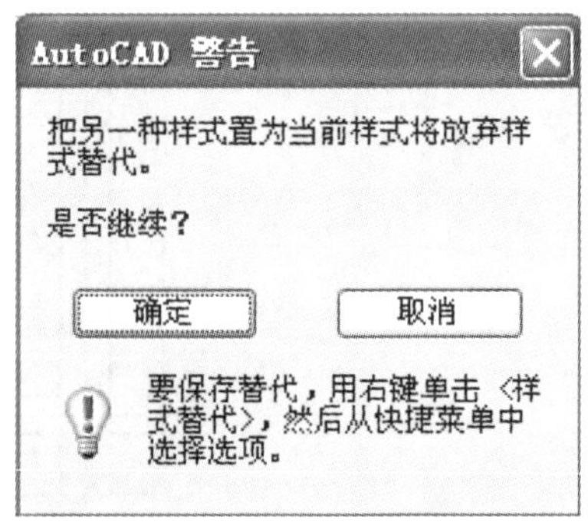

图 7－25　警告对话框

(二)利用对象特性工具修改尺寸样式

我们还可以利用对象特性对话框可以改变许多尺寸标注样式的设置，不同在于它只改变用户所选取的那个尺寸样式。

1. 单击尺寸标注，以显示其界标点。

2. 单击标准具条中的对象特性工具 。

3. 在特性下拉列表中单击选项前边的加号，一组新的选项出现在选项的下面。

4. 选择需要修改的选项。

5. 关闭 Properties 对话框。

6. AutoCAD 将使单个样式得到修改。

二、编辑标注

(一)编辑标注

1. 功能

该工具可以编辑标注对象上的标注文字和尺寸界线。

2. 命令位置

(1)下拉菜单："标注"⇒"编辑标注"

(2)工具条：在"标注工具条"单击图标

(3)命令行：dimedit ↵

3. 操作格式

命令：_dimedit

输入标注编辑类型[缺省(H)/新建(N)/旋转(R)/倾斜(O)]<缺省>：(键入 R ↵)

指定标注文字的角度：(输入需要旋转的角度数值)

选择对象：(选择需要旋转的尺寸标注)

选择对象：(回车结束命令)

4. 说明

在第二步操作中，AutoCAD 提供以下几种选择。

缺省：尺寸文本放置在尺寸样式定义位置。

新建：可以打开"文字格式编辑器"，编辑修改尺寸文本。系统用尖括号(<>)表示生成的测量值。单击内容输入框，将光标移到<>符号前面或后面，然后键入所要添加的文字，单击确定，所输入的文字被添加在尺寸文字的前面或后面；如内容输入框中输入新的文字来覆盖<>，这样就将原有的尺寸文字全部替换掉，假如要恢复已修改的尺寸，可以删除内容输入框中的所有内容，包括空格，或者保留一个空格以留出尺寸文字的位置。

倾斜：调整线性标注尺寸界线的倾斜角度。

(二)编辑标注文字

1. 功能

该工具可以调整文字的位置，快速在尺寸线的左边、右边或中间放置尺寸文字。

2. 命令位置

(1)下拉菜单："标注"⇒"编辑标注文字"

(2)工具条:在"标注工具条"单击图标

(3)命令行:dimtedit ↵

3. 操作格式

命令:dimtedit

选择标注:(单击需要移动的尺寸文字)

指定标注文字的新位置或[左(L)/右(R)/中心(C)/缺省(H)/角度(A)]:(键入相应的选项缩写字母)

4. 说明

在第三步操作中,AutoCAD 可以使尺寸文字与尺寸线的左侧、右侧或中心对齐,也可以输入角度使尺寸文字旋转。

三、使用界标点对尺寸标注进行微调

(一)关于 Definition Points 定义点

AutoCAD 提供了相关尺寸标注功能,对图形进行编辑时,能够自动修改尺寸文字称为 Definition Points(定义点)的对象用来确定如何修改被编辑的尺寸。

定义点位于用户标注尺寸时所选取的点的位置上。例如,线性尺寸的定义点即为延长线的原点及延长线与尺寸线的交点,圆直径的定义点是圆的选取点以及同对边上的半径的定义点是圆的选取点及圆心。

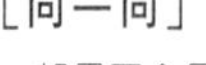

[问一问]

如果两个尺寸数字靠的很近或重叠,如何调整?

Definition Points 是一个点对象,很难被看到,常常被它们定义的物体所覆盖。但用户可以使用界标点间接地看到它们。尺寸的定义点就是尺寸标注的界标点,单击尺寸即可看到它们,如图 7-26 所示。

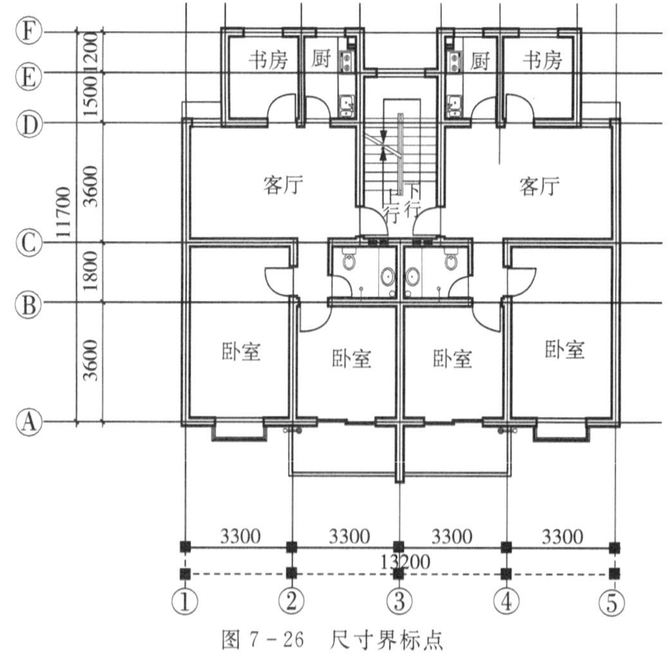

图 7-26　尺寸界标点

(二)操作格式

1. 打开界标点,单击界标点附近的尺寸文字,文字随着光标移动。

2. 单击尺寸线附近界标点,移动光标尺寸线与文字一起移动。

3. 单击尺寸界线附近界标点,尺寸线以另一侧尺寸界标点为基点旋转。

(三)说明

界标点特别适用于编辑尺寸,利用捕捉功能可对尺寸进行拉伸、移动、复制、旋转、对称复制以及比例变换等。

本章思考与实训

1. 请标注出图 7-27 中的所有尺寸。

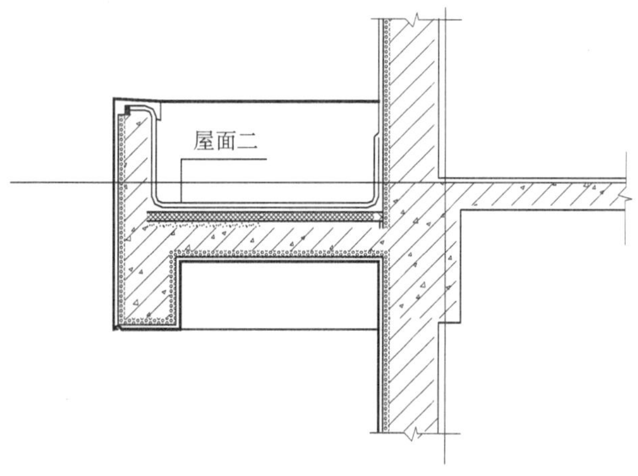

图 7-27

2. 请标注出图 7-28 中的所有尺寸。

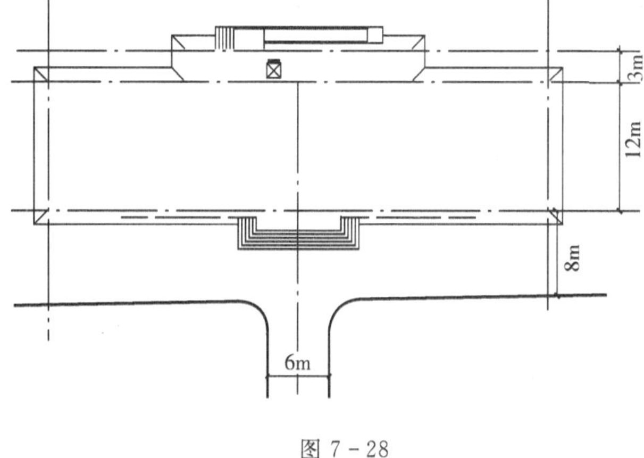

图 7-28

3. 请标注出图 7－29 中的所有尺寸。

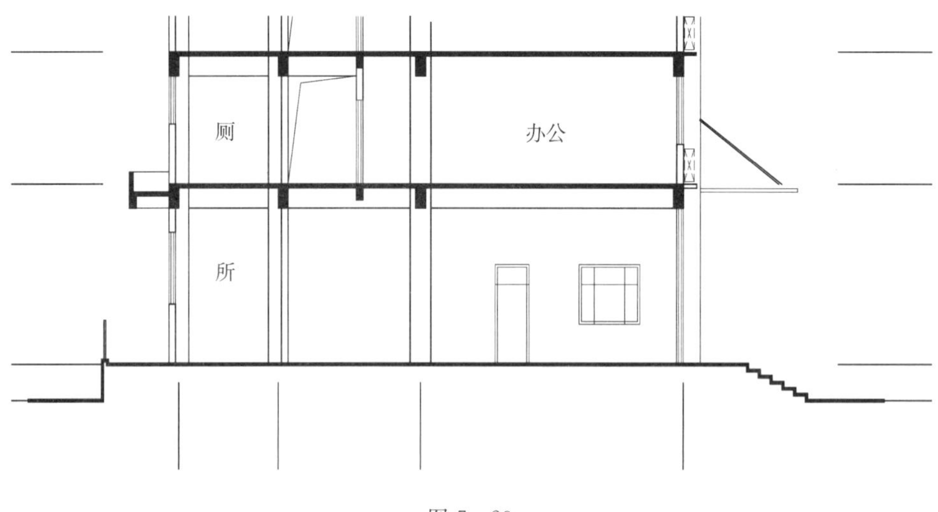

图 7－29

4. 请标注出图 7－30 中的所有尺寸。

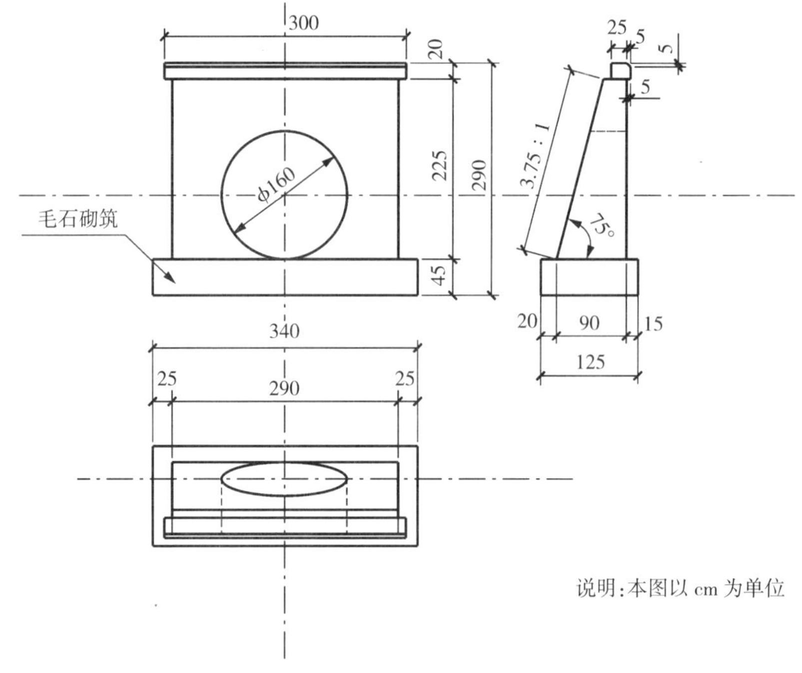

图 7－30

提示：此图为道路桥涵洞口，道路制图中以厘米为单位，标注样式设置时注意尺寸单位之间的配合。

5. 请标注出图 7 - 31 中的所有尺寸。

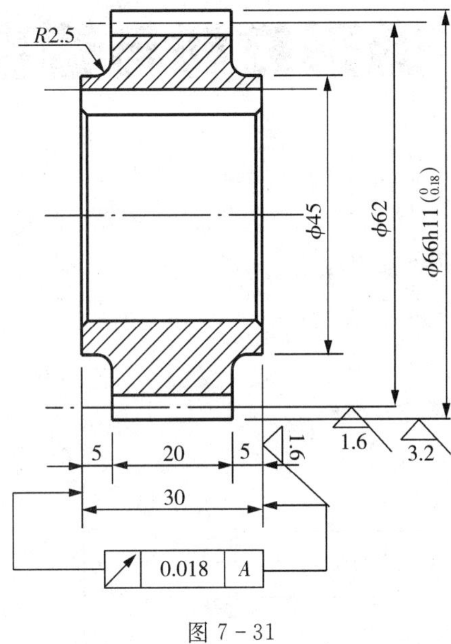

图 7 - 31

第八章 图形打印与输出

【内容要点】

1. 图形打印与输出的基本概念；
2. 基本操作和基本设置。

【知识链接】

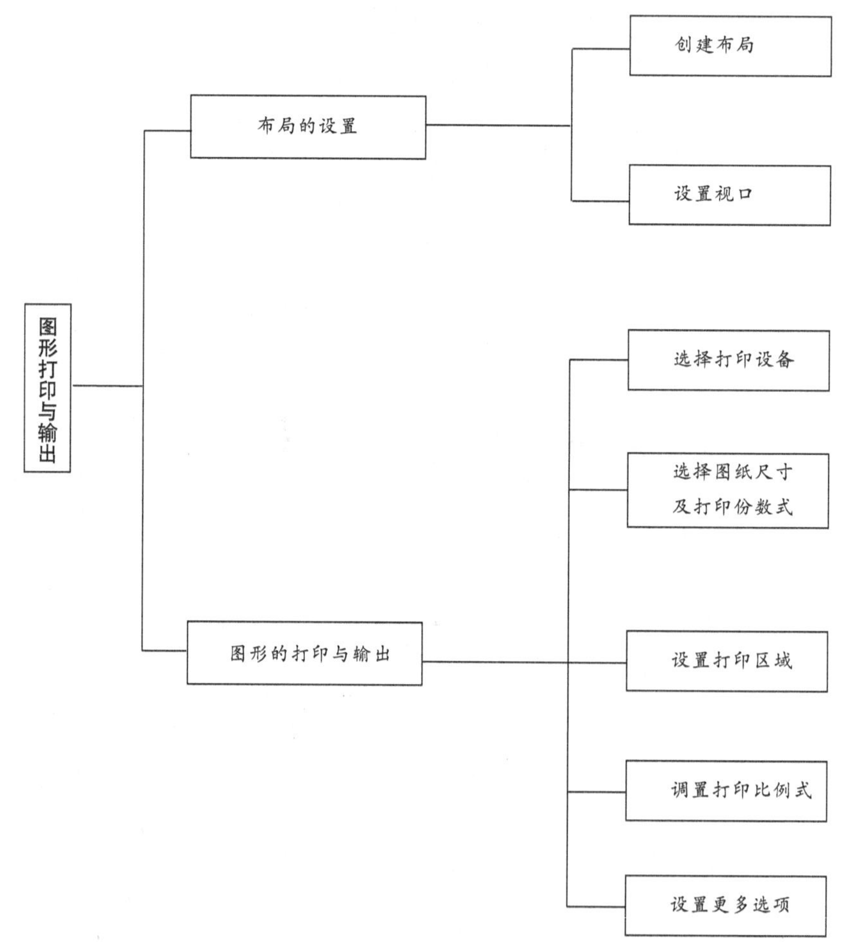

第一节　布局的设置

布局是一个图纸空间环境，它模拟一张图纸显示图形的打印效果，并提供打印预设置。它可以由一个标题栏，一个或多个视口和注释组成。当创建布局时，可以设计浮动视口来显示图形中不同细节。AutoCAD2007 在绘图区的底部有一个【模型】和若干个【布局】选项卡，单击相应选项卡，即可进入模型空间或图纸空间。一般可在模型空间中绘制图形，在布局中注写文字和标注，并通过布局打印输出。

一、创建布局

［想一想］

设置布局后，为什么还要调整打印设置？

系统默认有两个布局，布局 1 和布局 2，用户还可以自行创建多个布局。创建一个布局可以通过下拉菜单【插入】\【布局】\【新建布局】、【来自样板的布局】、【创建布局向导】；或者光标指向【布局】选项卡，单击右键使用快捷菜单，选择【新建布局】；也可以利用【布局】工具栏上的图标，或者使用命令 LAYOUT。

命令：LAYOUT ↙

输入布局选项[复制(C)/删除(D)/新建(N)/样板(T)/重命名(R)/另存为(SA)/设置(S)/?]<设置>：

各选项的含义分别为：

C——复制布局。复制后的新的布局选项卡将插到被复制的布局选项卡之后。

D——删除布局。缺省值是当前布局，【模型】选项卡不能删除。

N——创建一个新的布局选项卡。

T——插入来自样板的布局。

R——给布局重新命名。

SA——保存布局。

S——设置当前布局。

? ——列出图形中定义的所有布局。

对于新创建的布局，单击其绘图区底部的选项卡，通过下拉菜单【文件】\【页面设置管理器】，或在布局选项卡上单击鼠标右键，以显示具有各个选项的布局快捷菜单，选择【页面设置管理器】选项，系统将弹出如图 8－1 所示的【页面设置管理器】对话框，单击其上的【修改】按钮，将弹出如图 8－2 所示的【页面设置】对话框，可以进行页面布局和打印设备等设置。

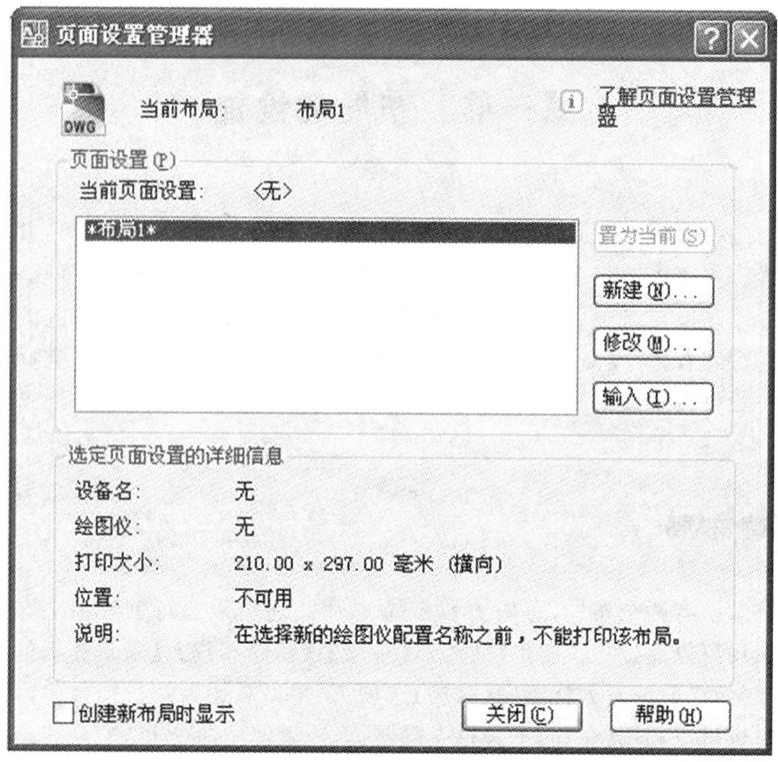

图 8－1 【页面设置管理器】对话框

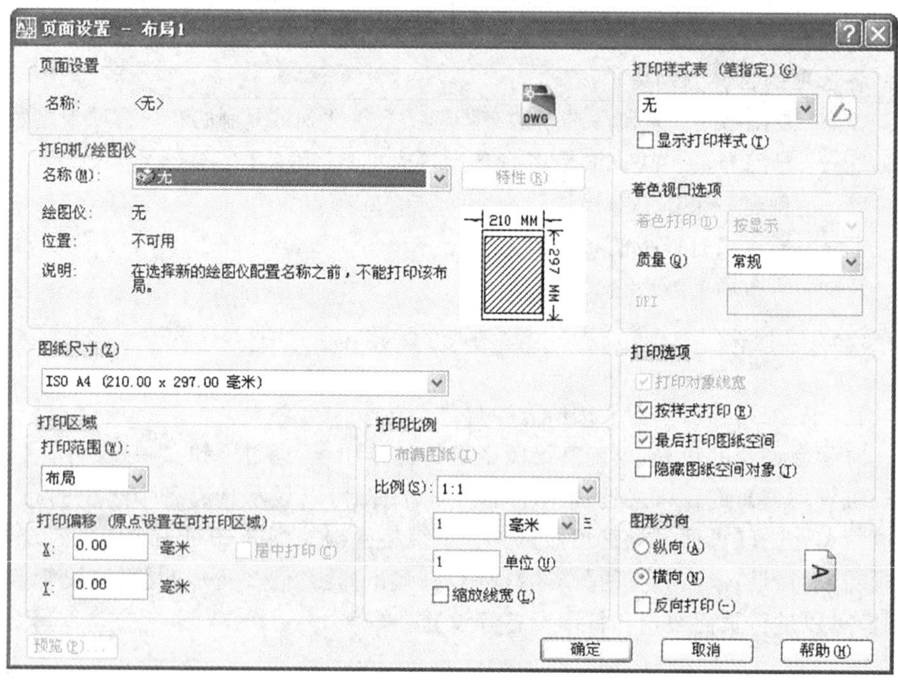

图 8－2 【页面设置】对话框

二、设置视口

用户可以使用 VPORTS 命令或 MVIEW 命令设置视口。VPORTS 命令可以适用于模型空间和图纸空间，在模型空间(【模型】选项卡)中可创建多个平铺的视口配置，在图纸空间(【布局】选项卡)中可创建多个浮动的视口配置。MVIEW 命令只适用于在图纸空间中创建视口配置。

1. 使用 VPORTS 命令设置视口

命令：VPORTS

下拉菜单：【视图】\【视口】

【布局】工具栏 ：

命令执行后，系统弹出如图 8-3 所示的【视口】对话框，用户可以创建和保存新的视口配置。

[想一想]

设置多个视口在绘制图形时有什么好处？

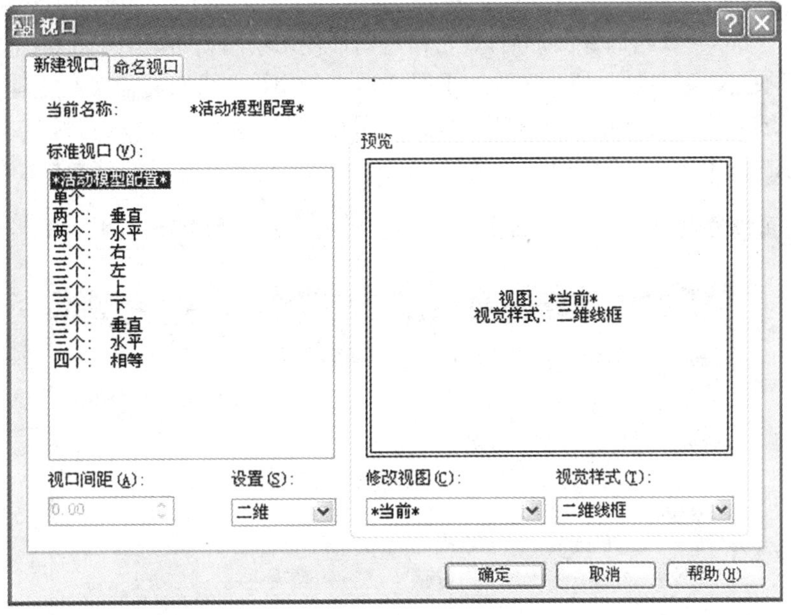

图 8-3 【视口】对话框

2. 使用 MVIEW 命令设置视口

命令：MVIEW ↙

指定视口的角点或[开(ON)/关(OFF)/布满(F)/着色打印(S)/锁定(L)/对象(O)/多边形(P)/恢复(R)/2/3/4]<布满>：

用户可以用指一对角点的方法指定视口，其他选项的含义为：

ON——打开一个视口，使它的对象可见。

OFF——关闭一个视口。关闭的视口中的对象不可见，关闭的视口不能成为当前视口。

F——创建布满图纸的视口。

S——指定如何打印布局中的视口。是否着色打印？[按显示(A)/线框(W)/消隐(H)/渲染(R)]＜按显示＞：输入着色打印选项。A 指定视口按显示的方式打印，W 指定视口打印线框，而不考虑当前的显示方式，H 指定视口打印时消除隐藏线，而不考虑当前的显示方式，R 指定视口打印渲染，而不考虑当前的显示方式。

L——锁定或开锁所选定的视口。

O——使用对象创建视口，所选对象需是封闭的多段线、样条曲线、圆、椭圆等。

P——用指定的点创建具有不规则外形的视口。

R——将模型空间保存的视口配置转换为图纸空间中的独立视口。

2/3/4——将指定的区域划分成 2 个、3 个或 4 个视口。

第二节　图形的打印与输出

用 AutoCAD 绘制好图形后，就可以将图形使用绘图设备(绘图仪或打印机)输出到图纸上。图形输出的过程称为出图(PLOTTING)。出图时需要指定输出设备以及图纸的尺寸大小和方向、打印区域、打印比例等，这些均可以通过【打印】对话框(如图 8-4 所示)进行设置。使用 PLOT 命令，或者通过下拉菜单【文件】\【打印】，也可以通过直接单击【标准】工具栏上的按钮，均可弹出【打印】对话框。

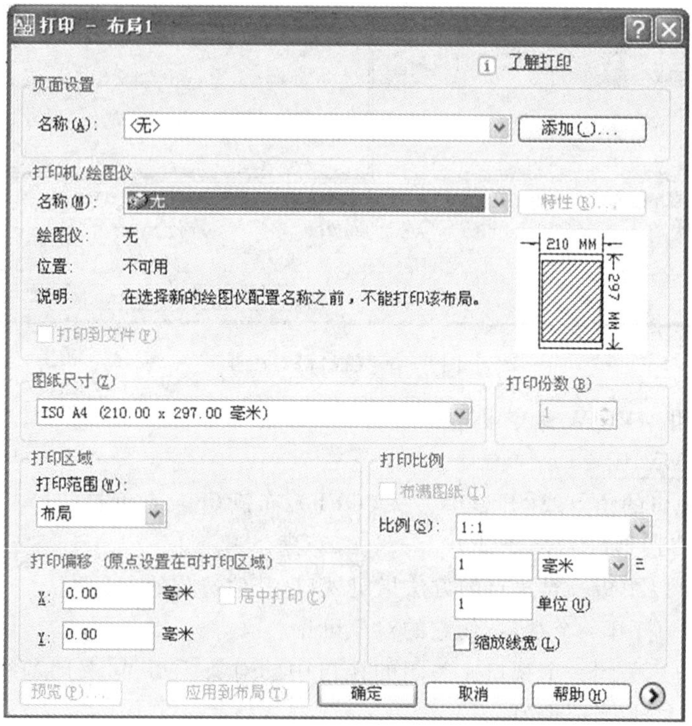

图 8-4　【打印】对话框

在【打印】对话框中,【页面设置】组合框的【名称】中列表显示所有命名或已保存的页面设置,可以选择一个命名页面设置作为当前页面设置的基础,或者选择【添加】选项添加新的命名页面设置。

一、选择打印设备

【打印机/绘图仪】组合框用于指定打印时使用已配置的打印设备。用户可在【名称】下拉列表中选择已配置的打印设备。选定打印设备后,系统在【打印机/绘图仪】组合框中自动显示该打印设备的名称、位置等信息。单击【打印机/绘图仪】组合框右侧的【特性】按钮,系统弹出【绘图仪配置编辑器】对话框(如图8-5所示),用户可以进行打印介质、图形、自定义图纸尺寸、自定义特性的设置。

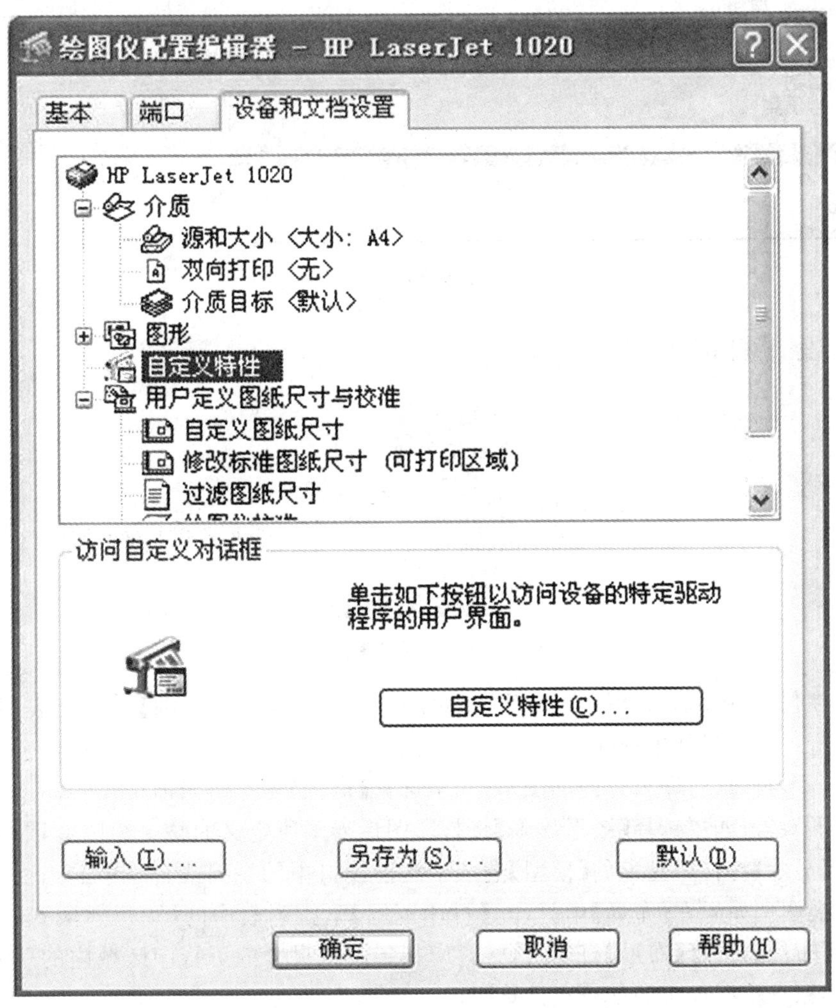

图8-5 【绘图仪配置编辑器】对话框

二、选择图纸尺寸及打印份数

【打印】对话框中部的【图纸尺寸】和【打印份数】组合框中选择显示所选打印

设备可用的标准图纸尺寸，指定要打印的份数。

根据图纸的打印要求在【图纸尺寸】下拉列表中选择相应的图纸(如图 8－6 所示)。

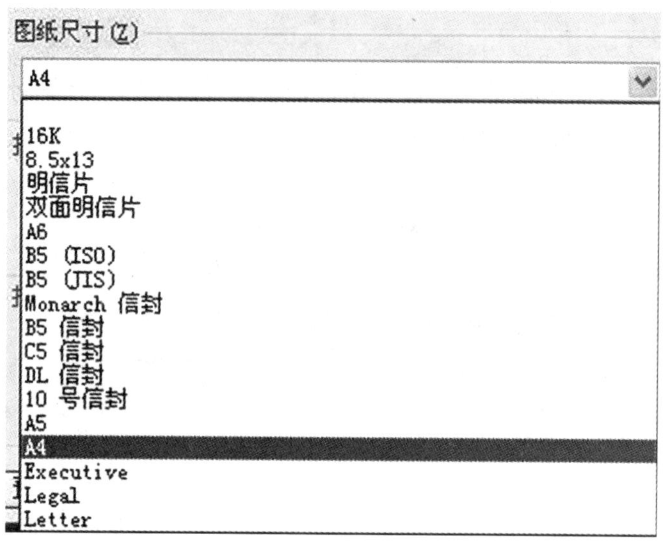

图 8－6 【图纸尺寸】下拉列表

三、设置打印区域

［问一问］

如何用"窗口"方式设置打印区域?

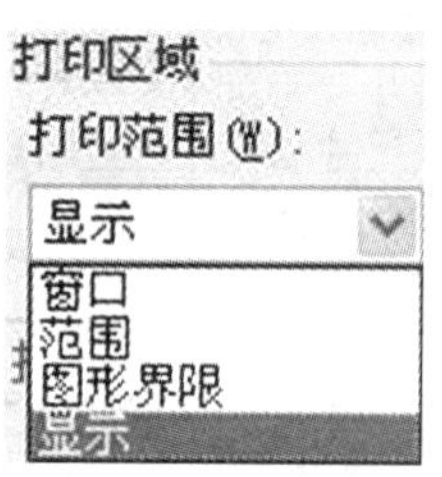

图 8－7 【打印范围】下拉列表

在【打印区域】组合框中选择打印的范围。打开【打印范围】下拉列表(如图 8－7所示)，可以从中选择要打印的图形范围。如果选择【窗口】将允许用户临时选择一个窗口，打印窗口内的图形；如果选择【范围】将打印当前工作空间中的全部图形对象；如果选择【图形界限】将打印图形界限所定义的整个绘图区域；如果选择【显示】将打印选定的【模型】选项卡当前视口中的视图或布局中的当前图纸空间视图。如果在【布局】中打印，【打印范围】下拉列表中的【图形界限】选项将变成【布局】，选择【布局】打印时，将打印指定图纸尺寸的可打印区域内的所有内容，其原点从布局中的 0,0 点计算得出。

四、设置打印比例

在【打印比例】组合框(如图 8－8 所示)中设置图形单位与打印单位之间的相对尺寸比例。

图 8-8 【打印比例】组合框

从【模型】选项卡打印时，默认设置为【布满图纸】，缩放打印图形以布满所选图纸尺寸。选择【布满图纸】时，自动显示自定义的缩放比例因子。取消【布满图纸】时，方可自行设置图形单位与打印单位之间的相对尺寸比例。选择【缩放线宽】表示线宽的缩放比例与打印比例成正比，通常此项不选择。

从【布局】选项卡打印时，默认缩放比例设置为 1∶1，也可自行设置图形单位与打印单位之间的相对尺寸比例。

五、更多选项设置

按在【打印偏移】组合框（如图 8-9 所示）中可以设置图形偏离图纸左下角的偏移量，或选择居中打印。

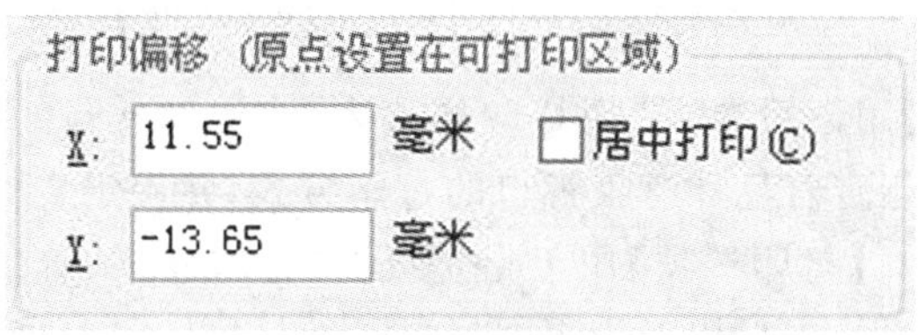

图 8-9 【打印偏移】组合框

在【打印】对话框左下角的【预览】用于预览实际出图效果。【应用到布局】表示将当前【打印】对话框设置保存到当前布局。

下拉【打印】对话框右下角【更多选项】按钮 ，显示【打印】对话框的其他选项：【打印样式表】、【着色视口选项】、【打印选项】和【图形方向】（如图 8-10 所示）。

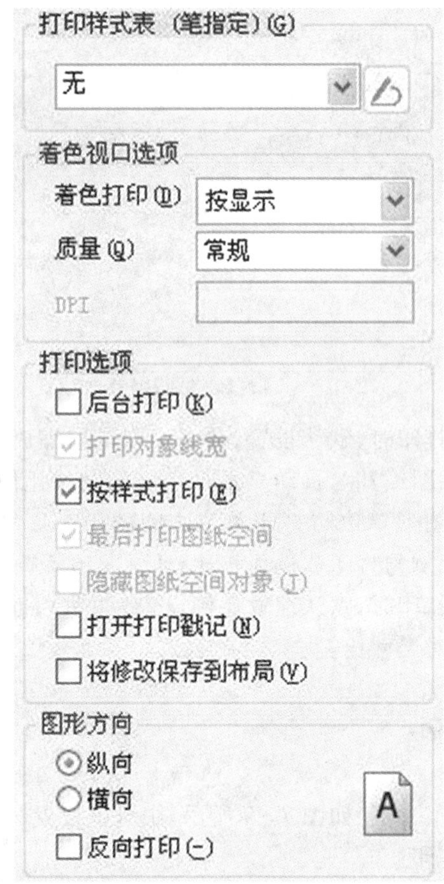

图 8－10 【打印】对话框中【更多选项】

【打印样式表】用于设置、编辑打印样式表，或者创建新的打印样式表。【着色视口选项】用于指定着色和渲染视口的打印方式，并确定它们的分辨率大小和每英寸点数(DPI)。【打印选项】用于指定线宽、打印样式、着色打印和对象的打印次序等选项；【图形方向】用于指定图形在图纸上的打印方向。

【打印】对话框中各项设置好后，单击【确定】按钮，系统关闭【打印】对话框，开始输出图形并显示【打印进度】对话框。

本章思考与实训

1. 如何控制图形打印的比例？
2. 如何控制图形打印的范围？
3. 按一定比例打印一幅图(无打印设备可用打印预览)。

第九章　三维图形绘制

【内容要点】

1. 三维图形基本知识；
2. 三维坐标系；
3. 建立用户坐标系；
4. 观察三维模型；
5. 三维基本形体的创建。

【知识链接】

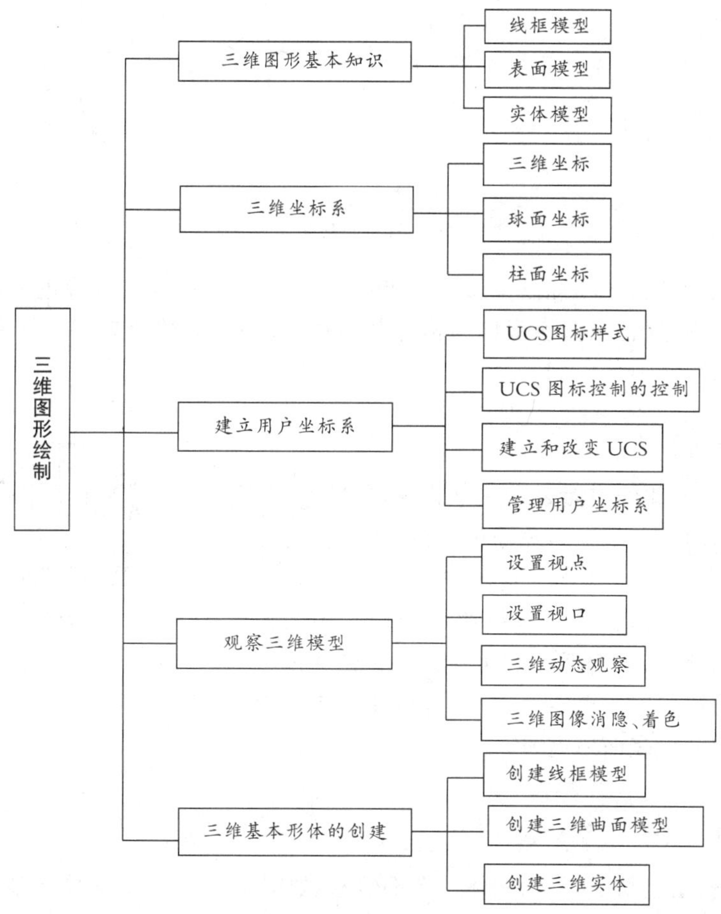

第一节　了解三维图形

在 AutoCAD 中，用户可以创建三种类型的三维模型：线框模型、表面模型及实体模型。这三种模型在计算机上的显示方式是相同的，即以线框显示出来，但用户可用特定的命令使表面模型及实体模型的真实性表现出来。

一、线框模型

[问一问]

三维模型的类型有哪几种？在应用上有什么要求？

线框模型就是用空间内的线来表达三维立体。例如，用 12 条棱线表示一个长方体，如图 9-1(a)所示；用两个圆和两条转向轮廓线表示一个圆柱体，如图 9-1(b)所示。

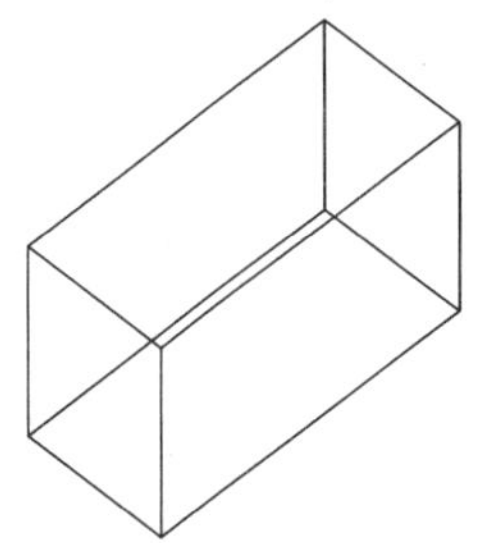

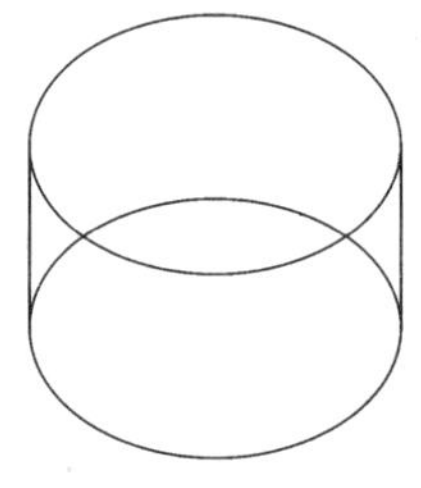

图 9-1　线框模型

这种线框只有边的信息，没有面和体的信息，不能直接进行着色和渲染。在 AutoCAD 中，仅将线框模型作为构造其他模型的基础，建筑效果图不能直接使用这种模型。

二、表面模型

就是用物体的表面表示三维物体，如图 9-2 所示，他表示的是一个半圆球面消隐的结果，他看上去像一个“空心”的半球面。他不仅包括线的信息，而且包括面的信息，因而可以解决与图形有关的大多数问题，如消隐、着色等。在 CAD 中不能进行布尔运算，表面模型应用也不多，只有难以建立实体模型时，才考虑建立表面模型。

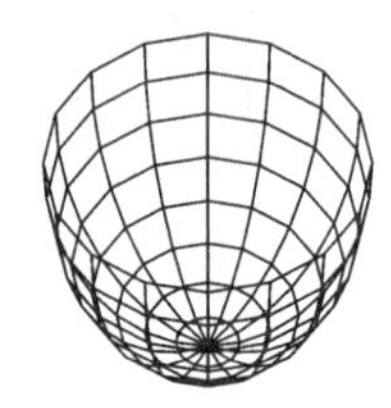

图 9-2　半球表面模型

三、实体模型

实体模型包括了线、面和体的全部信息，如图 9-3 所示的实体模型。对于实体模型我们可以绘制出简单的基本体模型，再通过“并”“交”“差”3 种布尔运算，构造出复杂的组合体，这也是 CAD 绘制复杂的立体的主要方法。

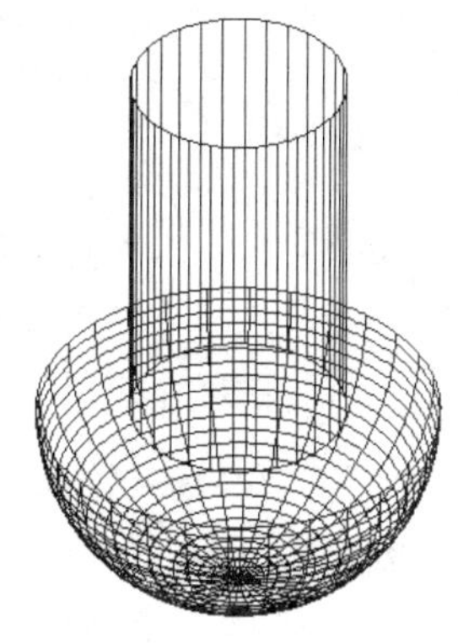

图 9-3　布尔运算后生成的实体

第二节　三维坐标系

AutoCAD 的三维空间是一个由三维坐标系定义的、无限延伸的空间。图 9-4所示为三维坐标系的坐标轴和坐标平面，在 AutoCAD 中，称此坐标系为世界坐标系（WCS）。三根坐标轴分别为 X 轴、Y 轴和 Z 轴，它们之间的相对关系由右手定则确定。右手定则不仅可以用于确定坐标轴的关系，还可以用来确定 AutoCAD 对象或坐标系绕坐标轴旋转角度的正负，如图 9-5 所示。图中左边的手势用来判断坐标轴的方向：将拇指和食指成直角张开，中指向手心方向翘起，将拇指和食指分别与坐标轴的 X 轴和 Y 轴对齐，则中指所指的方向就是 Z 轴的正向。右边的手势则用来判断旋转的方向：翘起大拇指，握紧其余四指，将大拇指的方向对准旋转轴的方向，则其余四指的指向就是旋转的正方向。

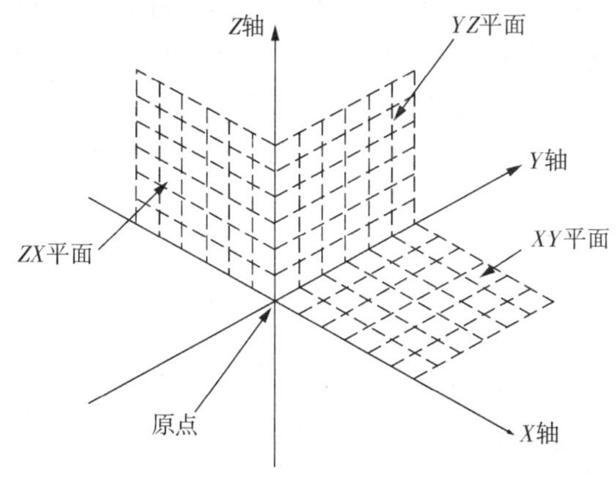

图 9-4　三维坐标系

当用户作平面图形时，通常只是使用了世界坐标系的 XY 平面，此时空间的坐标系与屏幕的相对关系如图 9-6 所示。在这种典型的平面视图中，Z 轴直接指向用户，因此用户看不到三维模型在 Z 轴方向的轮廓线。

图 9－5　右手定则

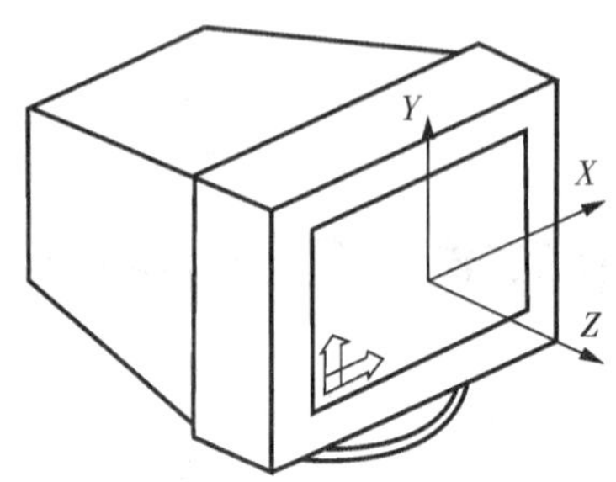

图 9－6 坐标系与屏幕的典型关系

一、三维点坐标

三维点坐标输入法是指当命令行出现输入点坐标的提示后，用户直接键入所要确定的点的三个坐标值即可。三维点坐标输入法有两种坐标输入方式：绝对坐标输入和相对坐标输入。

1. 绝对坐标输入方式所输入的点的坐标表示此点与原点间的距离，用户直接输入 X、Y、Z 三个坐标值，三个坐标值之间用逗号隔开。例如：点 P(6,5,4)表示一个沿 X 轴正方向 6 个单位，沿 Y 轴正方向 5 个单位，沿 Z 轴正方向 4 个单位的点，该点在坐标系中的位置如图 9－7 所示。

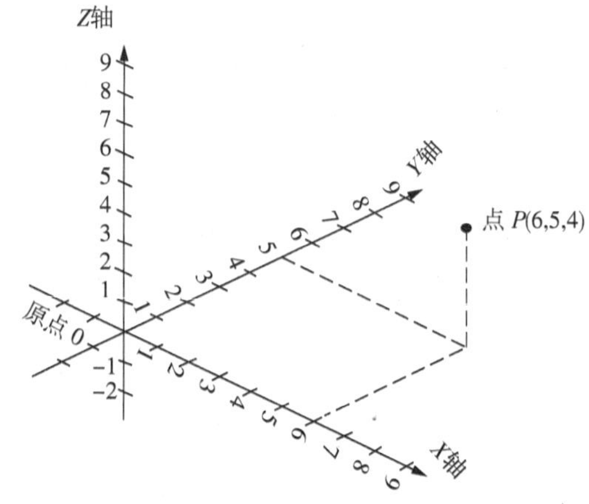

图 9－7　绝对直角坐标示意图

2. 相对坐标输入方式输入的点的坐标表示此点与上一点之间的距离，用户直接输入当前点在 X、Y、Z 方向上的增量值，并在输入值前加@符号。例如点 B(@6,5,4)，表示该点相对于上一点的 X、Y、Z 三个坐标值的增量分别为 6,5,4。

事实上，三维点坐标输入法与 2D 点坐标输入完全一致，仅增加一个 Z 坐标即可，它广泛用于创建三维线框等模型。

二、球面坐标

球面坐标输入法是指当命令行出现输入点的提示后，用户直接输入该点与当前坐标系原点的距离，该点同坐标原点的连线在 XOY 平面上的投影与 X 轴的夹角值，该点同坐标原点的连线和 XOY 平面有夹角值，并在这三项之间用“<”号隔开。

例如，点 P(8<30<20)，表示该点与当前坐标的原点距离为 80、该点同坐标原点的连线在 XOY 平面上的投影与 X 轴的夹角值为 30°、该点同坐标原点的连线和 XOY 平面的夹角值为 20°，如图 9－8 所示。

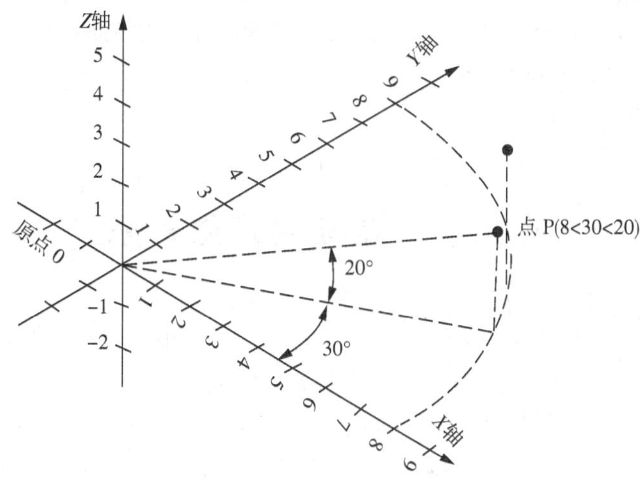

图 9－8　球坐标示意图

球面坐标输入法也有绝对和相对两种输入方式，这两种输入方式的使用方法与三维点坐标输入法中两种坐标输入方式的使用方法相同，利用相对坐标只要在输入值前加提示符号@即可。其实，这种方法就是由平面极坐标概念演变而来的，适用于创建球面上的点。

三、柱面坐标

柱面坐标输入法是指当命令行出现输入点的提示后，用户直接输入该点在当前坐标系 XOY 平面上的投影和当前坐标系原点的距离，该点同坐标原点的连线在 XOY 平面上的投影与 X 轴的夹角值，该点的 Z 坐标值，并在前两个值之间用“<”号隔开。

例如，点 A(8<30,4)，表示该点与当前坐标系 XOY 平面上的投影和当前坐

标系原点的距离为 8,该点同坐标原点的连线在 XOY 平面上的投影与 X 轴的夹角值为 30°,该点的 Z 轴坐标值为 4,如图 9-9 所示。

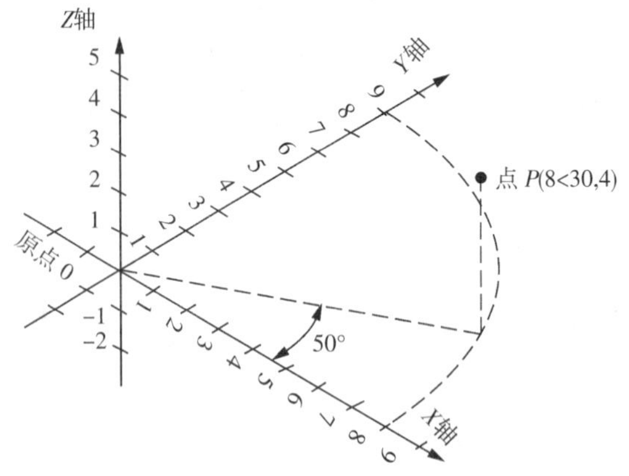

图 9-9　柱坐标示意图

柱面坐标输入法也有绝对和相对两种输入方式,这两种输入方式的使用方法与三维点坐标输入法中两种坐标输入方式的使用方法相同,利用相对坐标只要在输入值前加提示符号 @即可。这种方法也是由平面极坐标概念演变而来的,适用于创建柱面上的点。

第三节　建立用户坐标系

平面作图时,我们通常只使用 WCS,很少有进行坐标系变换的必要,但对于三维设计建模,坐标系变换则是必须掌握的基本技能,AutoCAD 允许用户创建自己的坐标系,即用户坐标系(UCS),这也是学习三维设计的一个难点。用户坐标系可以移动和旋转。用户可以设定三维空间的任意一点是坐标原点,也可以指定任何方向为 X 轴的正方向。

[想一想]

建立用户坐标系对快速绘制三维图形有什么帮助?

在作图过程中,当用户用鼠标在屏幕上选点时,除非应用 Osnap 功能捕捉三维点或使用 Elev 命令设置了构造平面的高度,否则所选的点也总是在 XY 平面上。对于圆弧、平面多段线、文本、标注等典型的二维对象,它们都必须建立在当前的构造平面(即 XY 平面或它的平行平面)上。如果用户要在三维空间里建立它们,就必须先建立 UCS。例如,如果用户要在图 9-10 所示物体的斜面上画一个圆,则可以先在该斜面上建立 UCS。另外,有些绘图命令(如 Line 命令)虽然不限于构造平面,但为了便于尺寸的量度以及充分利用 AutoCAD 的作图辅助功能,也要建立 UCS。UCS 一旦定义,点坐标的输入以及大多数绘图和编辑命令都相对于 UCS 进行。

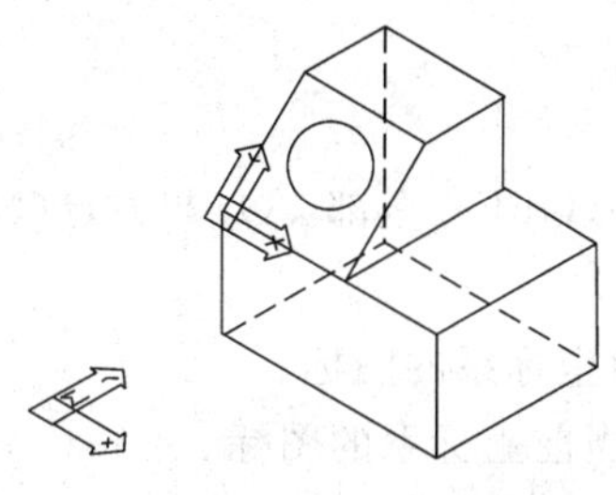

图 9－10　在斜面上绘图时先建立 UCS

总之，用户要在三维空间的哪个平面画图，就应该在哪个平面建立 UCS。注意当前坐标系只能有一个，当我们新建一个 UCS 时，新的 UCS 就自动替换原来的坐标系成为当前 UCS。如果以后要再次调用某个 UCS，则可以对它进行命名保存。

一、UCS 图标样式的选择方法

通过下拉菜单，选择【视图（V）】→【显示（L）】→【UCS 图标（U）】→【特性（P）】后，弹出 UCS 图标对话框，如图所示 9－11。

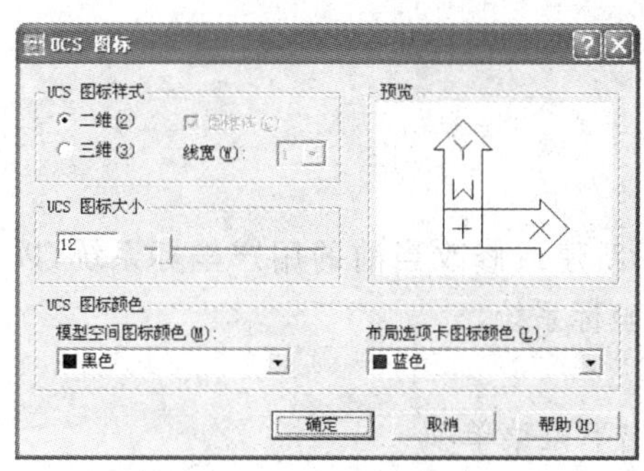

(a)二维图标样式

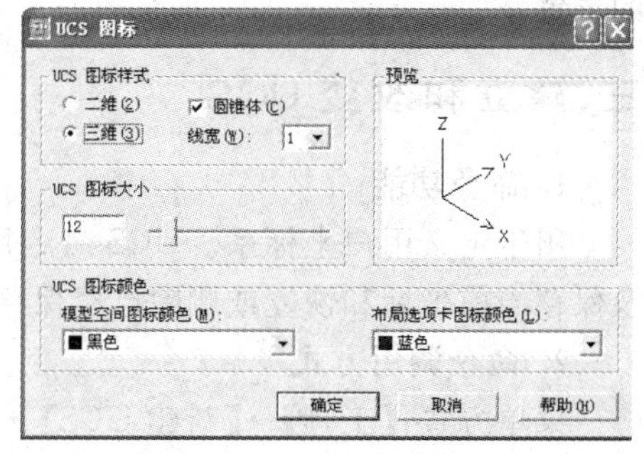

(b)三维图标样式

图 9－11　“UCS 图标”对话框

该对话框用于指定二维或三维 UCS 图标的显示及其外观。“二维”单选按钮用于显示二维图标，不显示 Z 轴，如图 9－11(a)所示。“三维”单选按钮用于显示三维图标，如图 9－11(b)所示。“圆锥体”选项表示：如果选中三维 UCS 图标，则 X 轴和 Y 轴显示三维圆锥体形箭头。如果不选择“圆锥体”则显示二维箭头。“线宽”下拉列表可控制选中三维 UCS 图标的线宽，可选 1、2 或 3 个像素。

二、UCS 图标的控制

1. 命令功能

提供一个坐标系图标，反映当前坐标系的 XY 平面及坐标系原点的位置。

2. 命令调用方式

菜单方式：【视图】→【显示 USC 坐标】→【开/关】

键盘输入方式：UCSICON

3. 命令的操作

命令：UCSICON

输入选项[开(ON)/关(OFF)/全部(A)/非原点(N)/原点(OR)]＜开＞：

4. 选项说明

(1)开(ON)：显示当前坐标系的图标。

(2)关(OFF)：不显示当前坐标系的图标。

(3)全部(A)：当屏幕被设置成多个视口(绘图区)时，该选项用于控制各个视口是否均显示坐标系图标，对单视口无意义。

(4)非原点(N)：当设定显示坐标系图标时，选择该选项，表示无论用户坐标系原点在何处，图标总位于世界坐标系原点上(即屏幕左下角)。

(5)原点(OR)：当设定显示坐标系图标时，选择该选项，表示图标随用户坐标原点位置放置(但当图标所处位置令图标部分超出屏幕界限，则图标仍被置于屏幕左下角)。

为方便绘图，通常应在屏幕上反映用户坐标系的位置，所以应采用"Ucsicon"命令，选择"ON"和"ORigin"选项，使用户坐标系的图标总处于新原点的位置。

三、建立和改变 UCS

1. 命令功能

用于定义用户坐标系。UCS 命令用于新建或修改当前的用户坐标系统，以及保存当前坐标和恢复或删除已经保存的坐标系统。

2. 命令调用方式

菜单方式：【工具】→【新建 UCS】→弹出下拉菜单项

图标方式：，"UCS"工具栏中各图标见图 9-12 所示。

键盘输入方式：UCS

3. 命令操作

命令：UCS

输入选项[新建(N)/移动(M)/正交(G)/上一个(P)/恢复(R)/保存(S)/删除(D)/应用(A)/？/世界(W)]＜世界＞：

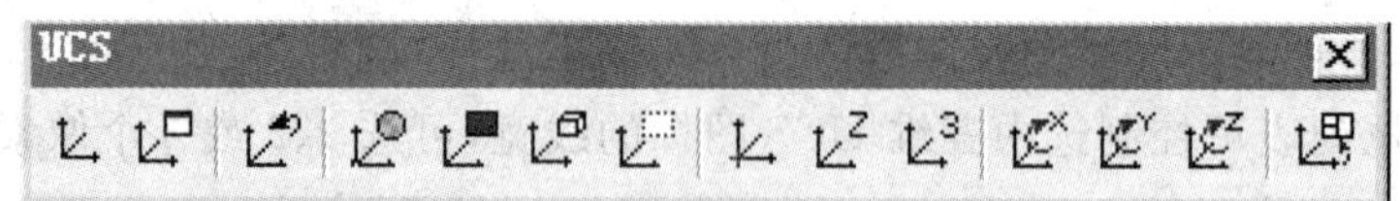

图 9-12 "UCS"工具栏

4. 选项说明

(1)新建(N)：定义新的用户坐标系。选取该选项后，后续提示为：

指定新 UCS 的原点或[Z 轴(ZA)/三点(3)/对象(OB)/面(F)/视图(V)/X/Y/Z]＜0,0,0＞：

① 指定新 UCS 的原点：保持 UCS 的坐标轴方向不变，移动 UCS 的原点到

新的位置，如图 9-13 所示。

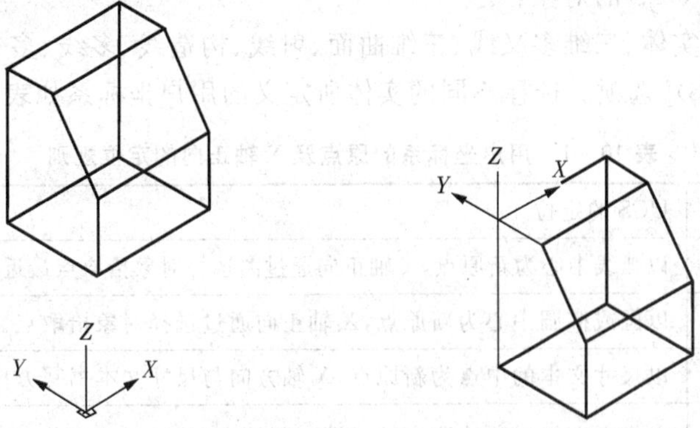

图 9-13　指定新 UCS 的原点

② Z 轴(ZA)：要求用户指定新坐标系的原点和 Z 轴的正向，如图 9-14 所示。

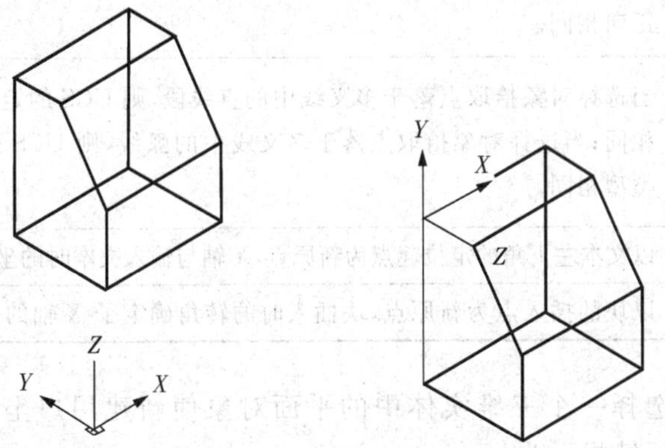

图 9-14 选择 Z 轴方式

③ 三点(3)：给定三个点定义新的用户坐标系。第一点确定原点，第二点和第三点分别确定 X、Y 轴的正向，如图 9-15 所示。

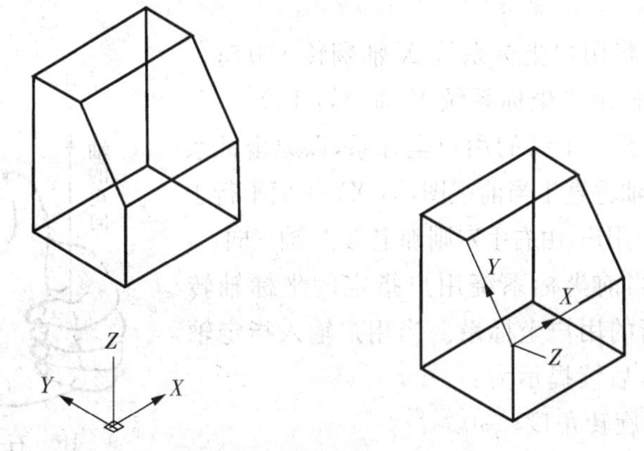

图 9-15　选择三点方式

④ 对象(OB)：选择一个实体对象建立新的用户坐标系。新坐标系的 Z 轴正

方向与所选三维对象的延伸方向一致。选取该选项后，后续提示为：

选择对齐 UCS 的对象：

对于三维实体、三维多义线、三维曲面、射线、构造线、多线、多行文字等不能执行“对象（OB）”选项。选择不同的实体所定义的用户坐标系如表 10－1 所示。

表 10－1 用户坐标系的原点及 X 轴正向的定位规则

实体对象	UCS 的定位
圆弧、椭圆弧	以弧线中心为新原点，*X* 轴正向通过离选择对象拾取点最近的弧线端点。
圆、椭圆	以圆或椭圆中心为新原点，*X* 轴正向通过选择对象拾取点。
尺寸标注	以尺寸文本的中点为新原点，*X* 轴方向与尺寸文本书写方向相同
直线	以靠近选择对象拾取点的一端为新原点，*X* 轴的正向由新原点指向直线段的另一端点。
点	以点所在位置作为新原点，*X* 轴正向与新建用户坐标系前的坐标系 *X* 轴正向相同。
二维多义线	当选择对象拾取点落于多义线中的直线段，则 UCS 的定位与“直线”类型相同；当选择对象拾取点落于多义线中的弧线，则 UCS 的定位与“圆弧”类型相同。
文本	以文本左下角的定位起点为新原点，*X* 轴与输入文本时的坐标系 *X* 轴同向。
块	以块的插入点为新原点，块插入时的转角确定了 *X* 轴的正向。

⑤ 面（F）：选择一个三维实体中的平面对象使新建用户坐标系与之平行。选取该选项后，后续提示为：

[选择实体对象的平面]：

输入选项[下一个（N）/*X* 轴反向（*X*）/*Y* 轴反向（*Y*）]＜接受＞：

下一个（N）：当被选对象为两个平面的交线，选取该选项表示使新建坐标系与另一平面平行；

X 轴反向（*X*）：将用户坐标系统 *X* 轴翻转 180 °；

Y 轴反向（*Y*）：将用户坐标系统 *Y* 轴翻转 180 °。

⑥ 视图（V）：设置一个新的用户坐标系，以原坐标系的原点为原点，使 *Z* 轴垂直于当前视图，即 *XY* 平面平行于屏幕，*Z* 轴的正向指向用户，由右手定则确定 *X*、*Y* 轴正向。

9－16 右手定则

⑦ *X*/*Y*/*Z*：使当前坐标系绕用户指定的坐标轴转过一个角度，产生新的用户坐标系。当用户输入指定轴的字母（例如 *X*）时，后续提示为：

指定绕 *X* 轴的旋转角度＜90＞：

转角可以是正值或负值。正值表示使坐标系按正旋转方向绕指定轴转过一角度；负值则表示使坐标系按相反方向转过一角度。

正旋转方向的确定遵循右手定则，如图 9－16 所示。用图右手握住坐标轴，拇指所指方向与轴的正向一致，则四指弯曲的方向代表正旋转方向。

(2)移动(M)：通过指定新原点或沿 Z 轴方向改变原点的位置产生与原坐标系平行的新坐标系。选取该选项后，后续提示为：

指定新原点或[Z 向深度(Z)]<0,0,0>：

当选择"Z"选项时，输入正值，产生的新坐标系将沿 Z 轴正向上移；反之，新坐标系将沿 Z 轴反向下移。

(3)正交(G)：选择平行于六个基本投影面之一的某个投影坐标系作为新的用户坐标系。选取该选项后，后续提示为：

输入选项[俯视(T)/仰视(B)/主视(F)/后视(BA)/左视(L)/右视(R)]<俯视>：

(4)上一个(P)：表示恢复前一个用户坐标系。AutoCAD 系统保存最近设置的十个用户坐标系，因此采用该选项可以重复使用十次。

(5)恢复(R)：用于恢复一个已储存的用户坐标系并将其视为当前坐标系。选取该选项后，后续提示为：

输入要恢复的 UCS 名称或[?]：

输入"?"，表示查询所有已存储的 UCS 名称，后续提示为：

输入要列出的 UCS 名称<*>：

以回车响应，屏幕出现"文本窗口"，列出所有 UCS 名称供用户浏览。

(6)保存(S)：命名当前的用户坐标系并保存下来，需要时可采用"恢复"选项调用。选取该选项后，后续提示为：

输入保存当前 UCS 的名称或[?]：

输入"?"并回车，表示查询已存储的 UCS 名称。

(7)删除(D)：用于删除已存储的用户坐标系。选取该选项后，后续提示为：

输入要删除的 UCS 名<无>：

当输入两个以上要删除的 UCS 名称，可用逗号隔开。

(8)应用(A)：将当前用户坐标系应用于选择的视口或全部视口，选取该选项后，后续提示为：

拾取要应用当前 UCS 的视口或[所有(A)]<当前>：

(9)"?"：用于查询已存储的用户坐标系名称。

(10)世界(W)：表示世界坐标系。该选项为缺省选项，当用户需要返回世界坐标系时，只要对"UCS"命令的首行提示作回车响应即可。世界坐标系是定义所有用户坐标系的基础，不能被重命名。

四、管理用户坐标系 UCS

1. 命令功能

用于管理已定义的用户坐标系，包括恢复已保存的 UCS 或正交 UCS，指定视口中的 UCS 图标和 UCS 设置，命名和重命名当前 UCS。

2. 命令调用方式

菜单方式：【工具】→【命名 UCS】

图标方式：

键盘输入方式：UCSMAN

3. 命令操作

激活 UCSMAN 命令后，AutoCAD 将弹出如图 9－17 所示的管理"UCS"对话框。

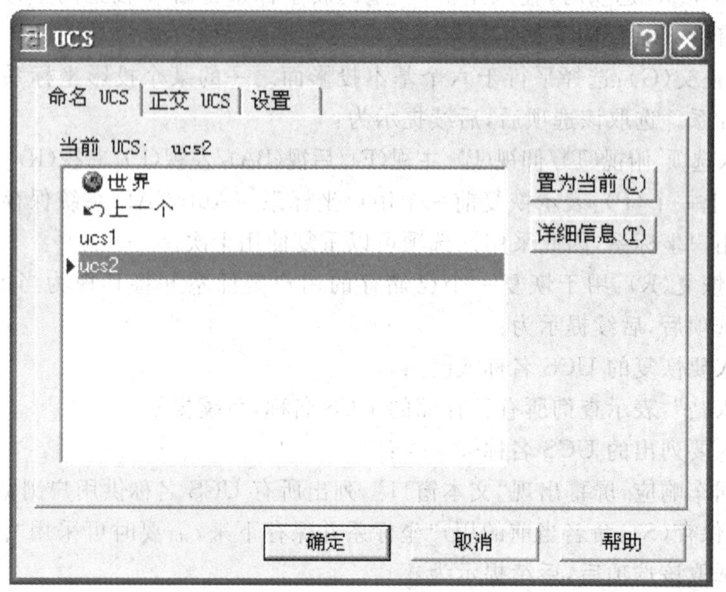

图 9－17 "UCS"对话框

4. 选项说明

"UCS"对话框中共有 3 个选项卡："命名 UCS"、"正交 UCS"和"设置"。

(1)"命名 UCS"选项卡

"命名 UCS"选项卡主要用于显示已定义的用户坐标系的列表并设置当前的 UCS。如图 9－10 所示，包括以下选项：

① 当前 UCS　显示当前 UCS 的名称，如果 UCS 没有命名并保存，则当前 UCS 名为"未命名"。

② UCS 名称列表　在该列表框中，列出了当前图形中已定义的用户坐标系。在列表中当前 UCS 的名称前面有一个三角符号。

③ "置为当前"按钮　此按钮将恢复在列表中选择的 UCS。用户也可以通过双击 UCS 名或右击 UCS 名，然后从显示的快捷菜单中选择"置为当前"选项来恢复所选的 UCS。

④ "详细信息"按钮　选择此按钮将显示"UCS 详细信息"对话框，如图 9－18 所示，提供了关于当前 UCS 的详细信息。

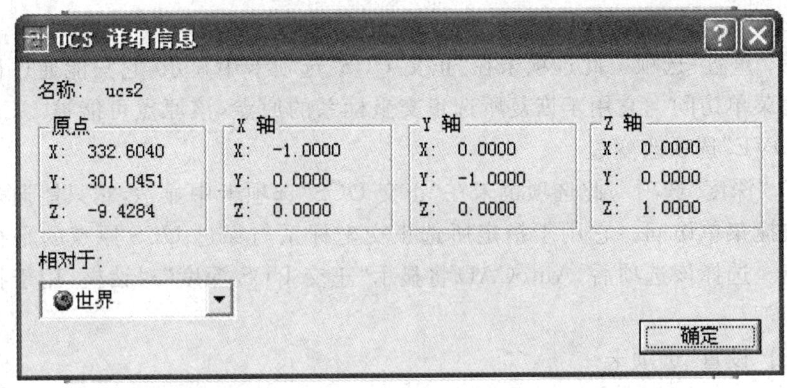

图 9-18 “UCS 详细信息”对话框

(2)“正交 UCS”选项卡

“正交 UCS”选项卡可用于将当前 UCS 改变为 6 个正交 UCS 中的一个，如图 9-19 所示，它包括以下选项：

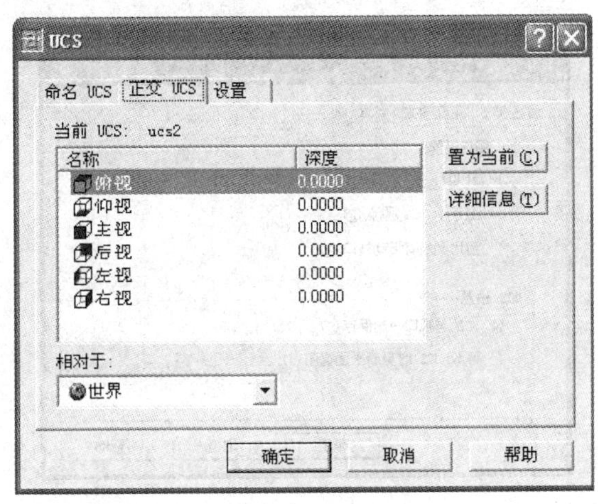

图 9-19 “正交 UCS”选项卡

① 当前 UCS　显示当前 UCS 的名称，如果 UCS 没有命名并保存，则当前 UCS 名为“未命名”。

② 正交 UCS 名称列表框　该列表框中列出了当前图形中的 6 个正交的坐标系，这 6 个正交的坐标系是相对于在“相对于”下拉列表框中所指定的 UCS 而定义的。其中的“深度”栏字段显示了某个正交坐标系与穿过 UCS 原点的平行平面的距离。

③ “置为当前”按钮　此按钮将恢复在列表中选择的 UCS。用户也可以通过双击 UCS 名或右击 UCS 名，然后从显示的快捷菜单中选择“置为当前”选项来恢复所选的 UCS。

④ “详细信息”按钮　选择此按钮将显示“UCS 详细信息”对话框。

⑤ “相对于”下拉列表框　指定所选正交坐标系相对于基础坐标系的方位。缺省情况下，WCS 作为基础坐标系。该下拉列表框中显示了当前图形中所有已

命名的 UCS。

⑥"重置"选项　此选项未在"正交 UCS"选项卡中显示，它只能通过鼠标右键快捷菜单访问。它用于恢复所选正交坐标系的原点，该原点可能被 UCS 命令的"MOVE"选项改变过。

⑦"深度"选项　此选项也未在"正交 UCS"选项卡中显示，它只能通过鼠标右键快捷菜单访问。它用于指定所选正交坐标系与穿过 UCS 原点的平行平面的距离。选择该选项后，AutoCAD 将显示"正交 UCS 深度"对话框，用于指定深度值。

(3)"设置"选项卡

"设置"选项卡，如图 9－20 所示。用于显示和修改 UCS 图标设置以及保存到视口中的 UCS 设置。它包括以下选项：

①"UCS 图标设置"部分　在该部分中，用户可以指定当前视口 UCS 图标的设置。

②"UCS 设置"部分　在该部分中，用户可以指定当前视口的 UCS 设置。

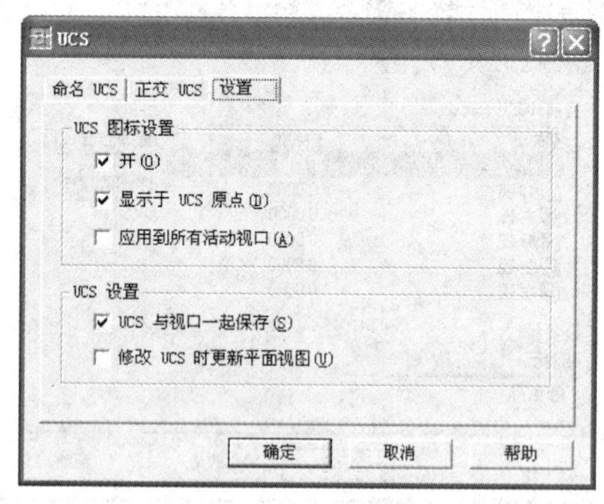

图 9－20　"设置"选项卡

第四节　观察三维模型的方法

AutoCAD2007 提供多种显示三维图形的方法。在模型空间中，可以从任何方向观察图形，观察图形的方向叫视点。建立三维视图，离不开观察视点的调整，通过不同的视点，可以观察立体模型的不同侧面和效果。

[问一问]

设立不同视点观察三维模型的作用是什么？

一、视点设置

对于在 XY 平面上绘制的二维图形而言，为了直观反映图形的真实形状，视点设置在 XY 平面的上方，使观察方向平行于 Z 轴。但在绘制三维图形时，用户往往希望能从各种角度来观察图形的立体效果，这就需要重新设置视点。

视点设置通常可以采用下面三种方法：

1. 视点预置命令

(1)命令功能:设置三维视图观察方向。

(2)命令调用方式:

菜单方式:【视图】→【三维视图】→【视点预置】

键盘输入方式:DDVPOINT

(3)命令操作:

激活 DDVPOINT 命令后,AutoCAD 将弹出如图 9-21 所示所示的“视点预置”对话框。

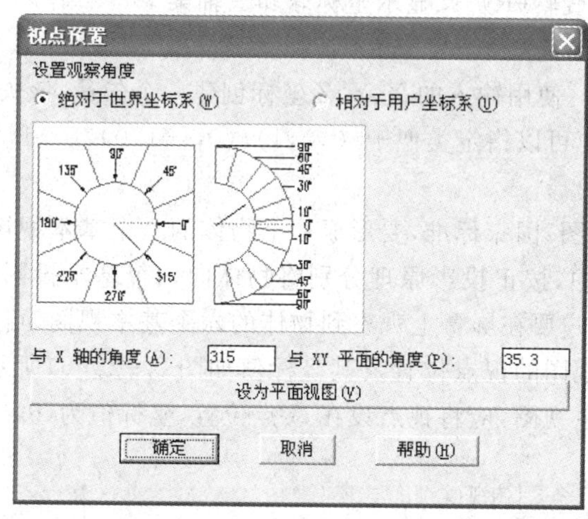

图 9-21 “视点预置”对话框

(4)选项说明

① 与 X 轴的角度(A)

指视线(即视点到观察目标的连线)在 XY 平面上的投影与 X 轴正向的夹角。用户可在对话框中的左图直接点击所需角度值,也可以在对应的角度编辑框中输入角度值。

② 与 XY 平面的角度(P)

指视线与 XY 平面的夹角。用户可在对话框中的右图直接点击所需角度,也可以在对应的角度编辑框中输入角度值。

③ “设为平面视图”按钮

表示设置视线与 XY 平面垂直,即视线与 XY 平面的夹角为90°。此时,相对于当前坐标系实体显示为平面视图。从正投影原理分析,当视线垂直于 XY 平面,其投影积聚为一点,无论在“与 X 轴的角度”旁边的编辑框输入任何角度值,屏幕显示的平面图形效果是相同的,缺省显示的角度值为“270”。

④ 绝对于 WCS 和相对于 UCS

表示相对于世界坐标系或用户坐标系设置视线角度。

对话框内两个图形中的红色虚线均为零度位置,红色实线指示当前角度位置,黑色实线指示修改后的角度位置。

2. 视点命令

(1)命令功能:设置图面的三维直观视图的观查方向。

(2)命令调用方式:

菜单方式:【视图】→【三维视图】→【视点】

键盘输入方式:VPOINT

(3)命令操作:

命令:VPOINT

当前视图方向:VIEWDIR=0.0000,0.0000,1.0000

指定视点或[旋转(R)]<显示坐标球和三轴架>:

(4)选项说明:

① 指定视点　使用输入的 X、Y、Z 坐标创建一个矢量,该矢量定义了观察视图的方向。如用户可以指定类似于(0,0,1)、(0,-1,0)、(-1,0,0)等的点作为观察方向。

根据《技术制图》国家标准,要形成一个物体的六个基本视图,首先应将物体置于正六面体系中,按正投影原理分别将物体向六个基本投影面投影,如图 9-22(a)所示。当用户要在屏幕上观察到物体的六个基本视图,可以通过改变视点来实现。各基本视图的视点位置及其坐标值如图 9-22(b)所示。例如,要在屏幕上显示物体的主视图,应将视点设在 A 点位置,坐标值为(0,-1,0)。

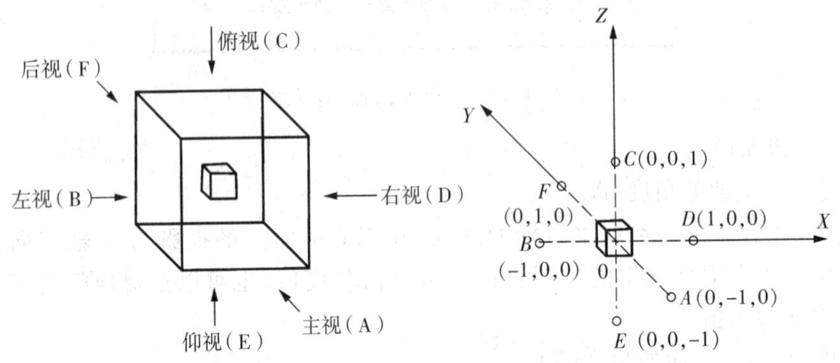

图 9-22　视点位置与六个基本视图投影方向的关系

② 旋转(R)　使用两个旋转角度确定视点。命令提示行如下:

输入 XY 平面中与 X 轴的夹角<当前值>:

输入与 XY 平面的夹角<当前值>:

通过指定视线在 XY 平面上的投影与 X 轴正向的夹角以及视线与 XY 平面的夹角来确定观察方向。

③ 执行缺省项<显示坐标球和三轴架>

选择此选项后将在平幕上出现如图 9-23 所示的坐标球和三轴架。

屏屏幕右上角的坐标球是一个球体的二维显示。中心点代表北极,内圆表示赤道,外圆表示南极。坐标球上有一个小十字光标,可以用鼠标移动小十字光标。如果小十字光标是在内圆里,那么就是在赤道上方向下观察模型。

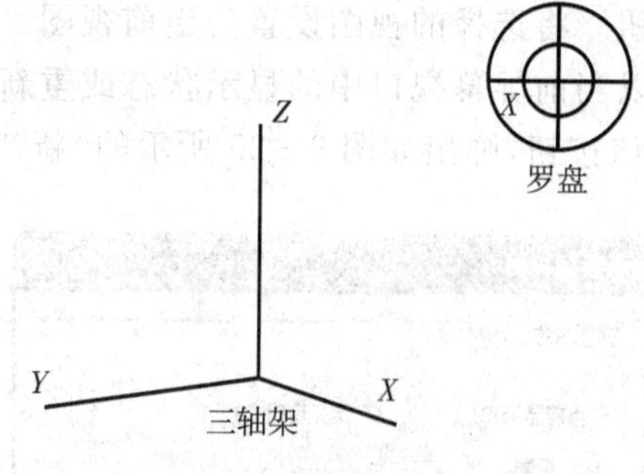

图 9-23　罗盘和三轴架

如果小十字光标是在外圆里，那么就是从图形的下方或者说是从南半球观察模型。当移动光标时，三轴架(即当前的坐标系)根据坐标球指示的观察方向旋转。将小十字光标移到球体的某个位置上并单击鼠标左键，就能得到一个观察方向。

3. 视图命令

(1)命令功能：保存或恢复恢复已命名视图。

(2)命令调用方式：

菜单方式：【视图】→【命名视图】

图标方式：

键盘输入方式：VIEW

(3)命令操作：

激活 VIEW 命令后，AutoCAD 将弹出如图 9-24 所示的“视图”对话框。

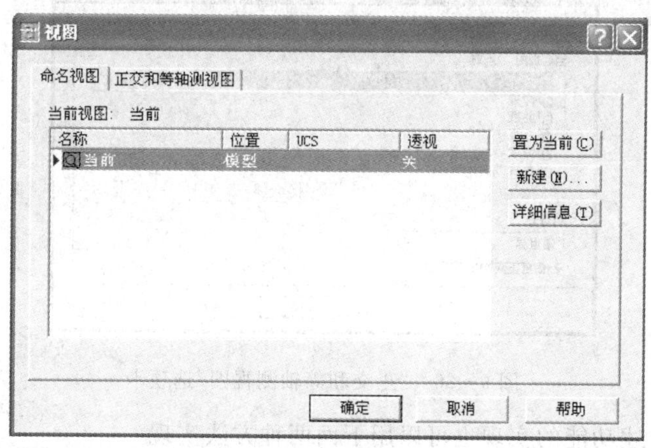

图 9-24　“命名视图”对话框

(4)选项说明

该对话框由“命名视图”和“正交和等轴测视图”两个选项卡构成。

“命名视图”选项卡如图 9-24 所示，它包括以下内容：

① 视图列表框　显示已经命名的视图名称、视图所在的绘图空间、随视图保存的 UCS 名称以及透明状态。当前视图的左边有一个小箭头图标。

② “置为当前”按钮　将选择的视图设置为当前视图。

③ “新建”按钮　以当前屏幕视口中的显示状态或重新定义一矩形视图窗口保存为新的视图，单击该按钮，弹出如图 9－25 所示的“新建视图”对话框。

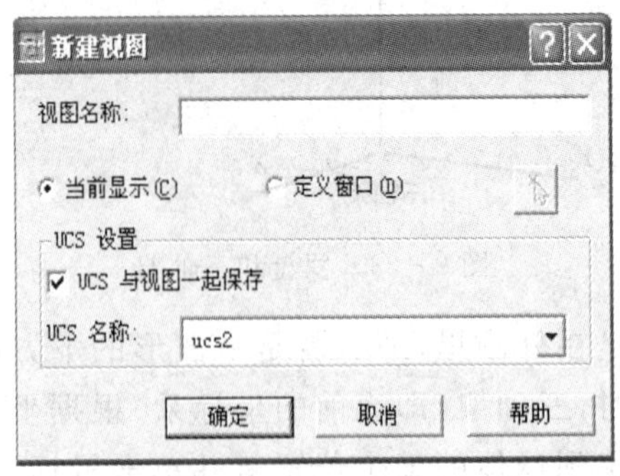

图 9－25　“新建视图”对话框

“正交和等轴测视图”选项卡如图 9－26 所示，它包括以下内容：

① 视图列表框　列表显示正交和等轴测视图的名称。

② “置为当前”按钮　将选中的正交视图和等轴测视图设置为当前视图。

③ “相对于”列表框　用于选择正交视图和等轴测视图相对于何种坐标系统，缺省的坐标系为世界坐标系。

④ “恢复正交 UCS 和视图”复选框　该复选框控制是否恢复正交 UCS 和视图。

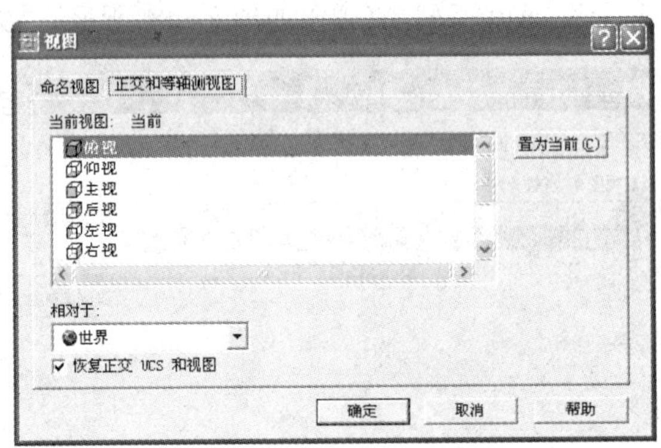

图 9－26　“正交和等轴测视图”选项卡

另外，上述功能的实现也可以用下面两种方法实现：

① 利用下拉菜单。【视图】→【三维视图】，如图 9－27 所示。正交视图可选择俯视、仰视、左视、右视、主视和后视。等轴测图可选择西南等轴测、东南等轴测、东北等轴测、西北等轴测。

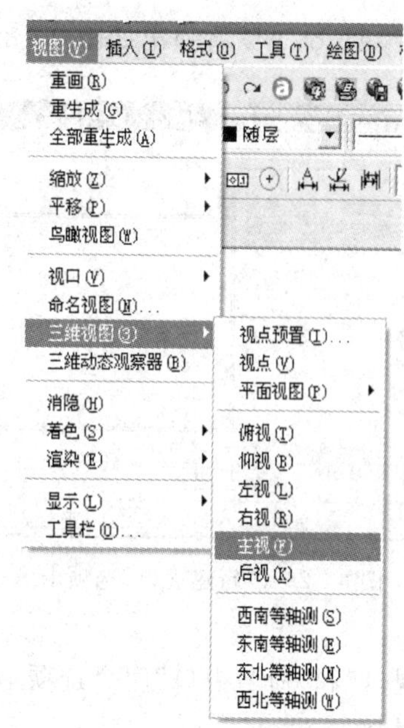

图 9－27　下拉菜单调用正交和等轴测视图

② 利用"视图"工具栏，如图 9－28 所示。

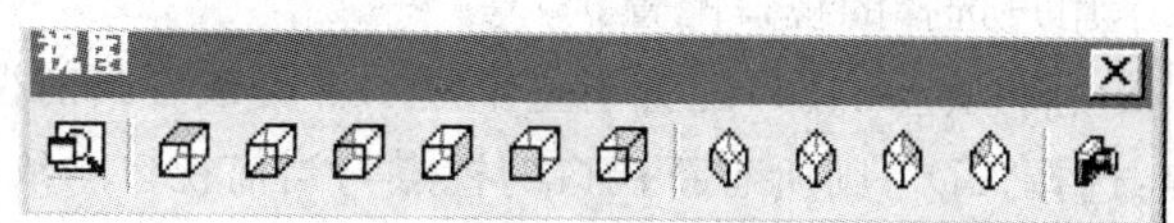

图 9－28　视图工具栏

二、设置多视口

AutoCAD 最有用的特性之一是能够把屏幕分成两个或更多独立的视口，视口即屏幕上显示的绘图区域。由于系统默认视口为单个视口，所以当用户运行 AutoCAD 后，屏幕显示一个大的矩形绘图区域。在绘制三维图形时，为方便用户从不同角度观察图形实体，允许在屏幕上划分出多个绘图区域，也就是进行多视口配置。

[想一想]

绘制三维图形时设置视口与二维图形设置视口有什么不同?

1. 命令功能

用于在模型空间建立多个视口，允许用户对视口进行组合、布局、保存以及删除或调用已存储的视口。建立多个视口后，要激活任一视口，只需将鼠标箭头移进该视口并单击鼠标左键，被激活的视口即成为当前视口。

2. 命令调用方式

菜单方式:【视图】→【视口】→弹出下拉菜单项→选择视口配置的数量

图标方式:

键盘输入方式:VPORTS

3. 命令操作

激活 VPORTS 命令后，AutoCAD 将弹出如图 9－29 所示的“视口”对话框。

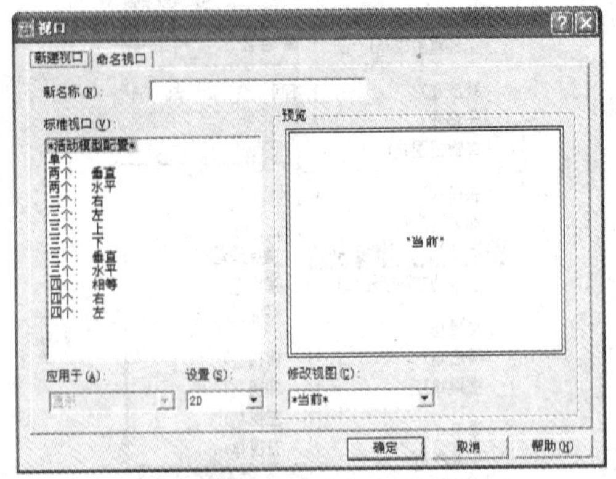

图 9－29 “新建视口”选项卡

4. 选项说明

视口对话框由“新建视口”和“命名视口”两个选项卡构成。

(1)新建视口选项卡(如图 9－29)。

① 新名称(N):建立新的视口配置并保存。

② 标准视口(V):列出 AutoCAD 提供的标准视口配置。

③ 预览:显示用户选择的视口配置。

④ 应用于(A):将所选的视口配置于整个显示屏幕或者当前视口。

⑤ 设置(S):选择“2D”，则所有新视口的视点与当前视口一致;选择“3D”，则新视口的视点可选择设置为三维中的特殊视点。

⑥ 修改视图(C):用于从列表中选择的视口配置代替已选择的视口配置。

(2)命名视口选项卡(如图 9－30)。

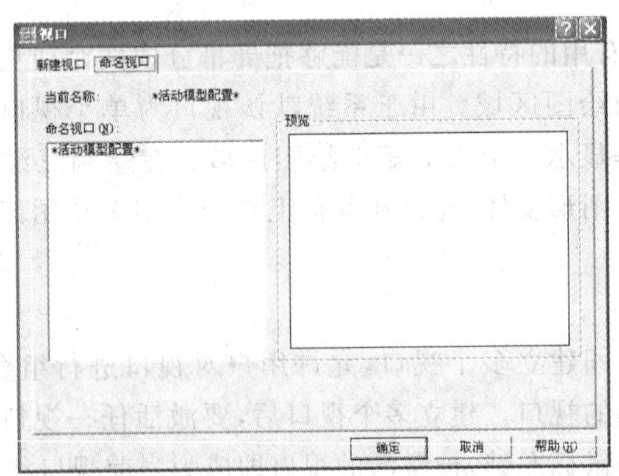

图 9－30 “命名视口”选项卡

当用户在“新建视口”选项卡中赋予新视口配置某个名称并保存起来，进入“命名视口”选项卡，“命名视口”一栏将显示所有已存储的视口配置名称。选取某个视口配置后，“预览”栏即出现预览图。

【实践训练】

课目：

(一)已知条件

绘定如图 9－31 所示模型空间。

(二)问题

创建四个视口,分别显示三维模型的主视图、俯视图、左视图和东南等轴测视图。

(三)分析与解答

在模型空间创建四个视口,作图过程如图 9－31 所示。

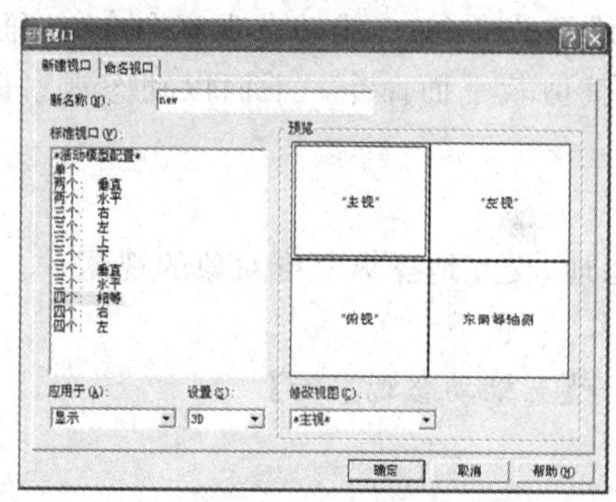

图 9－31　在模型空间“新建视口”对话框

1. 在【视图】菜单中选择【视口】,再选择【新建视口】。

① 在“新名称”编辑框中输入“NEW”。

② 在“标准视口”列表框中选择视口配置:“四个:相等”。

③ 在“设置”列表框中选择“3D”。

2. 在“预览”框中单击左上角的视口,从“修改视图”列表框中选择主视图。接下来分别在左下角、右上角和右下角的三个视口选择俯视图、左视图和东南等轴测图。

单击“确定”按钮关闭对话框。

当执行上述操作后,新创建的四个视口如图 9－32 所示。

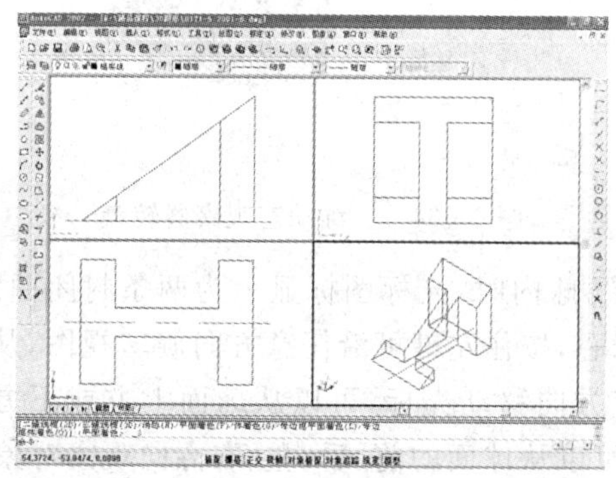

图 9－32　新创建的四个视口

三、三维动态观察器

三维动态观察器是 AutoCAD2006 中使用最方便、功能最强大的一种三维观察工具，在建模过程中能够满足几乎所有的观察要求“三维动态观察器”工具条，如图 9－33 所示。

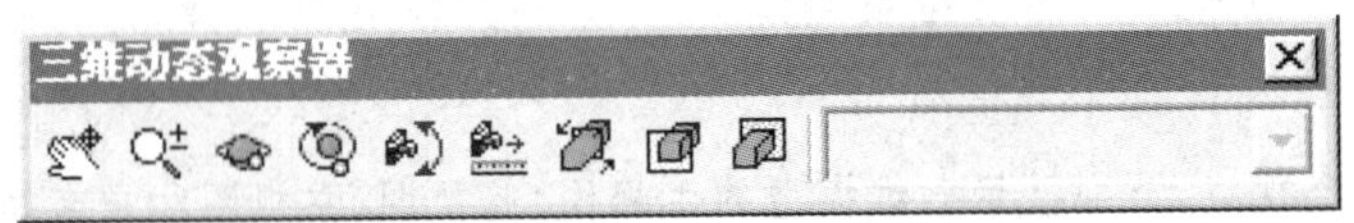

图 9－33 “三维动态观察器”工具条

三维动态观察器包含一组命令，这些命令有：

三维平移命令、三维缩放命令、三维动态观察命令、三维连续观察命令、三维调整距离命令、三维调整剪裁平面命令。下面以动态观察命令为例说明它们的使用方法。

1. 命令功能

在当前视图中动态地、交互地操纵三维对象的视图。

2. 命令调用方式

菜单方式:【视图】→【三维动态观察器】

图标方式：

键盘输入方式:3DORBIT

3. 命令说明

当执行了该命令后，图形中会出现如图 9－34 所示的三维动态观察器转盘。按住鼠标左键移动光标可以拖动视图旋转，当光标移动到弧线球的不同部位时，可以用不同的方式旋转视图。

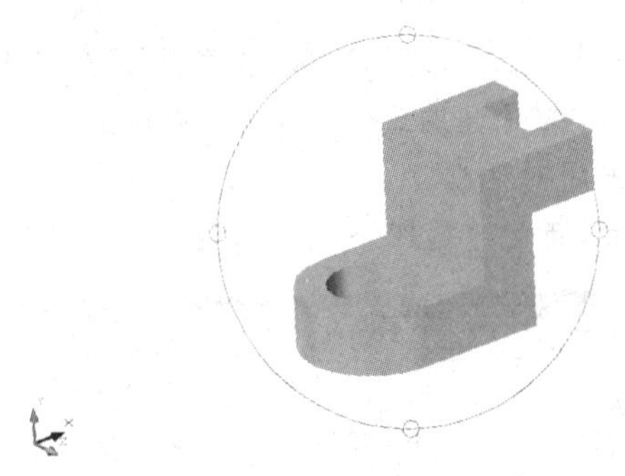

图 9－34 三维动态观察器转盘

(1)当光标在弧线球内时，光标图标显示为两条封闭曲线环绕的小球体，此时视线从球面指向球心，按住左键可沿任意方向旋转视图，从球面不同位置上观察对象。如果沿垂直方向移动光标，可以从球面上方或下方观察对象。如果沿水平方向移动光标，可以从球面的前、后、左、右方向观察对象。

(2)当光标在弧线球外时，光标图标变成环形箭头。当按住左键绕着弧线球移动光标时，视图绕着通过球心并垂直于屏幕的轴转动。

(3)当光标置于弧线球左或右两个小圆中时，光标图标变成水平椭圆。如果在按住左键的同时移动光标，视图将绕着通过弧线球中心的垂直轴(或 Y 轴)转动。

(4)当光标置于弧线球上或下两个小圆中时，光标图标变成垂直椭圆。如果在按住左键的同时移动光标，视图将绕着通过弧线球中心的水平轴(或 X 轴)转动。

四、三维图像的消隐

1. 命令功能

用于隐藏面域或三维实体被挡住的轮廓线。

2. 命令调用方式

菜单方式:【视图】→【消隐】

图标方式:

键盘输入方式:HIDE

3. 命令操作

命令： HIDE

HIDE 正在重生成模型。

当执行“HIDE”命令后，用户不需要进行目标选择，AutoCAD2007 会检查图形中的每根线，当确定线位于其他物体的后面时，将把该线条从视图上消隐掉，这样图形看起来就更加逼真。当需要恢复消隐前的视图状态时，可采用“重生成”命令实现。图形消隐后不能使用“实时缩放”和“平移”命令。

五、三维图像的着色

1. 命令功能

以某种颜色在三维实体表面上色，并能根据观察角度确定各个面的相对亮度，产生更逼真的立体效果。

2. 命令调用方式

菜单方式:【视图】→【着色】→从下拉菜单选择着色方式

图标方式:从着色工具栏中单击对应的图标选择着色方式(如图 9-35 所示)

键盘输入方式:SHADEMODE

3. 命令操作

SHADEMODE

当前模式:二维线框

输入选项:[二维线框(2D)/三维线框(3D)/消隐(H)/平面着色(F)/体着色(G)/带边框平面着色(L)/带边框体着色(O)]<二维线框>:

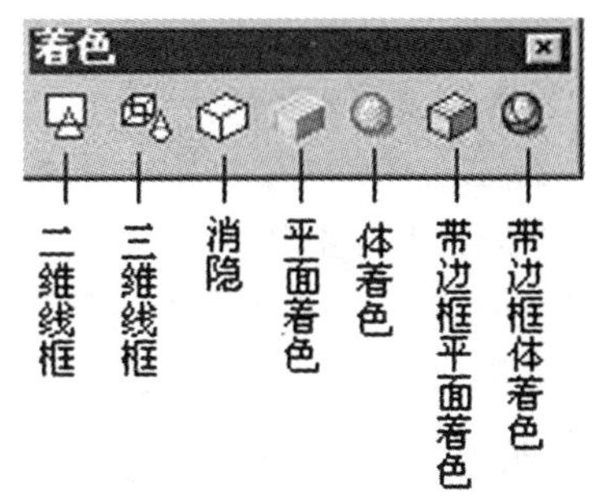

图 9-35 “着色”工具栏

4. 选项说明

(1)二维线框(2D):以直线和曲线来

显示对象的边界。

(2)三维线框(3D):以直线和曲线来显示对象的边界,同时显示一个三维UCS图标。

(3)消隐(H):以三维线框显示对象,并隐藏背面不可见的轮廓,同时显示一个三维UCS图标。

(4)平面着色(F):在对象的多边形面间进行阴影着色。

(5)体着色(G):在对象的多边形面间进行阴影着色,并在多边形面间进行圆滑。

(6)带边框平面着色(L):是“平面着色”与“线框着色”的组合,表示对实体进行带线框的平面着色。

(7)带边框体着色(O):是“体着色”与“线框着色”的组合,表示对实体进行带线框的体着色。

不同的着色方式产生的着色效果如图9-36。

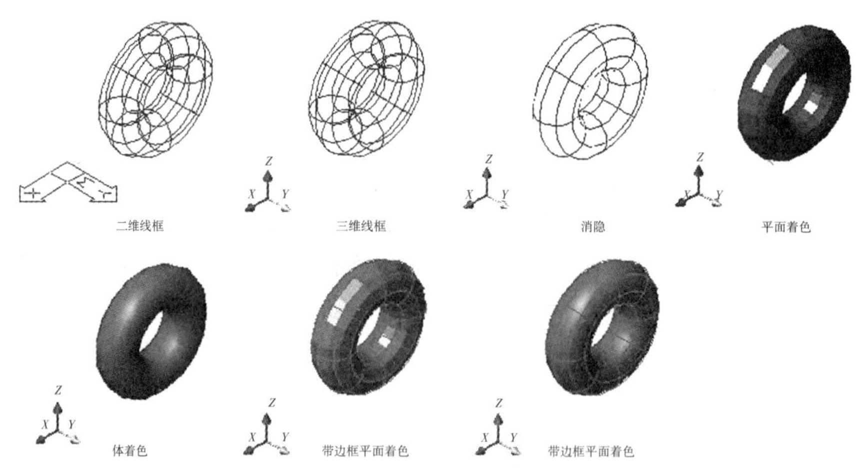

图9-36　不同的着色方式产生的着色效果示例

当需要恢复消隐前的视图状态时,应选择“着色”命令中的“二维线框”选项。经过着色处理的图像只能显示在屏幕上,其效果并不能打印输出。

六、显示效果变量

对于曲面立体,其显示效果和一些变量的设置有关。

1. FACETRES变量

FACETRES变量控制表达曲面的小平面数。在使用HIDE等命令时,实体的面均由许多很小的平面来代替。当代替的平面数越多时,显示就越平滑。FACETRES的缺省值为0.5,可选范围为0.01至10,数值越高,显示的小平面就越多,因此生成时间也就越长。

2. ISOLINES变量

ISOLINES变量控制显示曲面的素线条数,其有效范围为0至2047,缺省值为4。增加条数可以使得三维立体看上去更加接近实物,同时会增加生成的时间。

第五节　三维基本形体的创建

在 AutoCAD 中，根据创建模型的方式不同，三维模型可以分为三类：线框模型、表面模型和实体模型。

［想一想］

为什么要创建三维模型？如何通过三维基本形体创建成复杂形体？

一、创建三维线框模型

线框模型可理解为对二维平面图形赋予一定厚度后在三维空间产生的模型。这种建模方式主要描绘三维对象的骨架，没有面和体的特征，而且只能沿 Z 轴方向加厚，无法生成球面和锥面模型，对于复杂的模型，线条会显得杂乱。

创建三维线框模型常用的方法主要有以下几种：

(一)设置当前高度和厚度

1. 命令功能

用来规定当前标高和三维物体的厚度。

ELEV 命令可以设定缺省的绘制图形的基底标高(Elevation)和厚度(Thickness)。图形的基底标高是指从 XY 平面开始沿 Z 轴测得的 Z 坐标值，图形的厚度是指图形沿 Z 轴测得的长度。

2. 命令调用方式

ELEV 命令不出现在菜单任何地方，若要执行，必须通过键盘输入。

键盘输入方式：ELEV

3. 命令操作：

命令：ELEV

指定新的缺省标高<0.0000>：

指定新的缺省厚度<0.0000>：

(二)查看和改变图形的标高和厚度

比较方便的方法是利用对象特性命令。在二维空间绘制平面图形后，执行特性命令修改其特性，在对话框中“厚度”和中心点的 Z 轴坐标一栏分别输入新的值，改变视点进入三维空间，即产生对应的线框模型。但样条曲线、椭圆、多线、多行文本以及由“TrueType”字体产生的文本均无法赋予厚度。

(三)利用三维多段线创建线框模型

1. 命令功能

创建三维多段线。

2. 命令调用方式

菜单方式：【绘图】→【三维多段线】

键盘输入方式：3DPOLY

3. 命令操作

命令：3DPOLY

指定多段线的起点：

指定直线的端点或[放弃(U)]：

指定直线的端点或[放弃(U)]：

指定直线的端点或[闭合(C)/放弃(U)]：

二、三维曲面造型

表面模型主要以平面方式来描绘物体表面。AutoCAD 采用多边形网格(即微小的平面)模拟三维模型表面，模型可以进行消隐、着色和渲染，从而得到真实的视觉效果。但由于网格是小平面，所以网格定义的模型曲面只是近似曲面。建立表面模型的命令可以用绘图菜单的表面子菜单，也可以用曲面工具栏(如图 9-37 所示)。

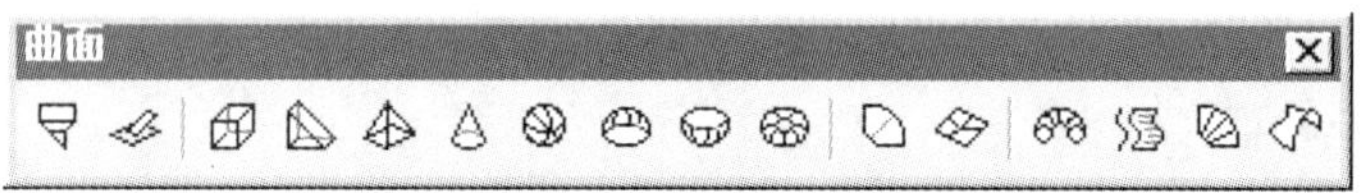

图 9-37　曲面工具栏

(一)三维曲面

1. 命令功能

创建三维曲面。

2. 命令调用方式

菜单方式:【绘图】→【曲面】→【三维曲面】

图标方式:如图 9-38。

键盘输入方式:3D

3. 命令操作

命令:3D

[长方体表面(B)/圆锥面(C)/下半球面(DI)/上半球面(DO)/网格(M)/棱锥面(P)/球面(S)/圆

环面(T)/楔体表面(W)]：

4. 选项说明

① 长方体表面:创建三维长方体多边形网格。

② 圆锥面:创建圆锥状多边形网格。

③ 下半球面:创建球状多边形网格的下半部分。

④ 上半球面:创建球状多边形网格的上半部分。

⑤ 网格:创建平面网格，其 M 向和 N 向大小决定了沿这个方向绘制的直线数目，M 向和 N 向与 *XY* 平面的 *X* 和 *Y* 轴相似。

⑥ 棱锥面:创建一个棱锥或四面体。

⑦ 球面:创建球状多边形网格。

⑧ 圆环面:创建与当前 UCS 的 *XY* 平面平行的圆环状多边形网格。

⑨ 楔体表面:创建一个直角楔体状多边形网格，其斜面沿 *X* 轴方向倾斜。

(二)三维面

1. 命令功能

创建三维面。

2. 命令调用方式

菜单方式:【绘图】→【曲面】→【三维面】

图标方式:

键盘输入方式:3DFACE

3. 命令操作

命令:3DFACE

指定第一点或[不可见(I)]:

指定第二点或[不可见(I)]:

指定第三点或[不可见(I)]<退出>:

指定第四点或[不可见(I)]<创建三侧面>:

4. 选项说明

在输入第一点后,可按顺时针或逆时针方向输入其余的点,以创建合法的三维面。如果四个顶点都在同一平面上,那么 AutoCAD 将创建一个类似于面域对象的平面。在边的第一点之前输入 I 或 invisible 可以使该边不可见。

(三)三维网格

1. 命令功能

创建三维网格。

2. 命令调用方式

菜单方式:【绘图】→【曲面】→【三维网格】

图标方式:

键盘输入方式:3DMESH

3. 命令操作

命令:3DMESH

输入 M 方向上的网格数量: (输入 2 至 256 之间的值)

输入 N 方向上的网格数量: (输入 2 至 256 之间的值)

指定顶点的位置(0,0): (输入二维或三维坐标)

4. 选项说明

网格中每个顶点的位置由 m 和 n(即顶点的行列坐标)定义。定义顶点首先从顶点(0,0)开始,在指定行 $m+1$ 上的顶点之前,必须先提供 m 上的每个顶点的坐标位置。顶点之间可以是任意距离,网格的 M 和 N 方向由它的顶点位置决定。

(四)回旋曲面

1. 命令功能

创建三维回转曲面。

2. 命令调用方式

菜单方式:【绘图】→【曲面】→【回转曲面】

图标方式:

键盘输入方式:REVSURF

3. 命令操作

命令:REVSURF

当前线框密度: SURFTAB1=6 SURFTAB2=6

选择要旋转的对象: (选择一条直线、圆弧或二维、三维多段线)

选择定义旋转轴的对象: (选择一条直线或开放的二维、三维多段线)

指定起点角度<0>: (输入一个值或回车)

指定包含角(+=逆时针,-=顺时针)<360>: (输入一个值或回车)

4. 选项说明:

通过将路径曲线或剖面(直线、圆、圆弧、椭圆、椭圆弧、闭合多段线、多边形、闭合样条曲线或圆环)绕选定的轴旋转一个近似于旋转曲面的多边形网格。

(五)平移曲面

1. 命令功能

创建平移曲面。

2. 命令调用方式

菜单方式:【绘图】→【曲面】→【平移曲面】

图标方式:

键盘输入方式:TABSURF

3. 命令操作

命令:TABSURF

选择用作轮廓曲线的对象:

选择用作方向矢量的对象: (选择直线或开放的多段线)

4. 选项说明

构造一个多边形网格,此网格表示一个由路径曲线和方向矢量定义的平移曲面。路径曲线定义多边形网格的曲面,它可以是直线、圆弧、圆、椭圆、二维或三维多段线。

(六)直纹曲面

1. 命令功能

创建直纹曲面。

2. 命令调用方式

菜单方式:【绘图】→【曲面】→【直纹曲面】

图标方式:

键盘输入方式:RULESURF

3. 命令操作

命令:RULESURF

当前线框密度： SURFTAB1＝6

选择第一条定义曲线：

选择第二条定义曲线：

4. 选项说明

在两条曲线之间创建多边形网格,表示一个直纹曲面。所选择的对象用于定义直纹曲面的边,该对象可以是点、直线、样条曲线、圆、圆弧或多段线。如果有一个边界是闭合的,那么另一个边界必须也是闭合的。可以将一个点作为开放或闭合曲线的另一个边界,但是只能有一个边界曲线可以是一个点。对于不封闭曲线来说,在选择曲线时点取的位置不同,形成的曲面也不同。在同一侧选择对象时创建多边形网格;选择不同侧的对象创建自交的多边形网格。

(七)边界曲面

1. 命令功能

创建边界曲面。

2. 命令调用方式

菜单方式:【绘图】→【曲面】→【边界曲面】

图标方式:

键盘输入方式:EDGESURF

3. 命令操作

命令:EDGESURF

当前线框密度： SURFTAB1＝6 SURFTAB2＝6

选择用作曲面边界的对象 1：

选择用作曲面边界的对象 2：

选择用作曲面边界的对象 3：

选择用作曲面边界的对象 4：

4. 选项说明

必须选择定义曲面片的四条邻接边。邻接边可以是直线、圆弧、样条曲线或开放的二维或三维多线段。这些必须在端点处相交以形成一个拓扑的矩形的封闭路径。可以用任何次序选择这四条边,第一条边决定了生成网格的 M 方向,该方向是从与选中点最近的端点延伸至另一端,与第一条边相接的两条边形成了网格的 N 边。

三、创建基本实体单元

实体是能够完整表达物体几何形状和物理特性的空间模型,与线框和网格相比,实体的信息最完整,容易构造和编辑。更容易地构造和编辑复杂的三维实体,是 AutoCAD 的核心建模手段。AutoCAD2007 提供了四种创建三维实体的方法：

1. 根据基本实体单元来创建实体,如长方体、球体、圆柱体、圆锥体等。

2. 沿指定的路径拉伸平面图形,创建拉伸实体。

3. 绕指定的轴线旋转平面图形,创建旋转实体。

4. 通过布尔运算将简单的实体对象组合成更为复杂的实体对象。

长方体、球体、圆柱体、圆锥体、楔体、圆环体都是基本实体单元,AutoCAD 分别提供了创建这些实体单元的命令。“实体”工具栏如图 9-39 所示。

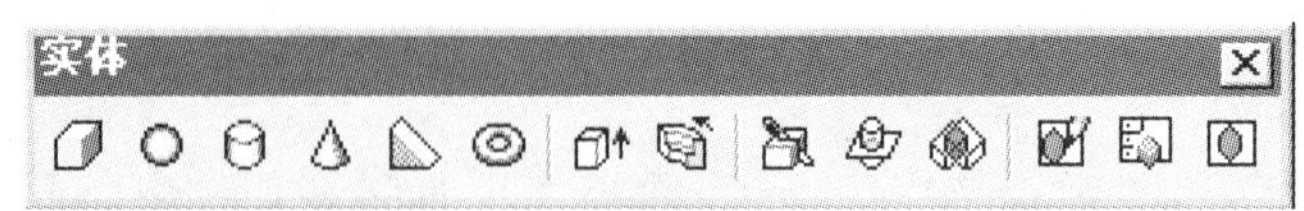

图 9-39 “实体”工具栏

(一)创建长方体

1. 命令功能

创建实心长方体。

2. 命令调用方式

菜单方式:【绘图】→【实体】→【长方体】

图标方式:

键盘输入方式:BOX

3. 命令操作

指定底面第一个角点和第二个角点的位置,再指定高度。下面以创建如图 9-40 所示的长方体为例简单说明。

命令:BOX

指定长方体的角点或[中心点(CE)]<0,0,0>:(长方体一对角坐标)

指定角点或[立方体(C)/长度(L)]: L　　(选择长度)

指定长度: 20　　(长方形底边)

指定宽度: 10　　(长方形底边)

指定高度: 20　　(长方形高度)

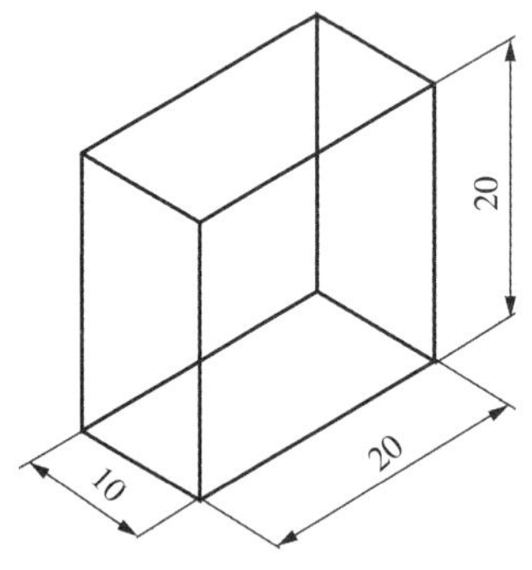

图 9-40 创建长方体的方法

(二)创建球体

1. 命令功能

创建实心球体。球体的纬线平行于当前 UCS 的 *XY* 平面,轴线与当前 UCS 的 *Z* 轴方向一致。

2. 命令调用方式

菜单方式:【绘图】→【实体】→【球体】

图标方式:

键盘输入方式:SPHERE

3. 命令操作

指定球的中心,再指定球的半径或直径。

命令:SPHERE

当前线框密度: ISOLINES=4

指定球体球心＜0,0,0＞:

指定球体半径或[直径(D)]:

4. 选项说明

系统变量"ISOLINES"用于控制球体表面线框密度,缺省值为4,变量取值范围为0~2047。用户可以通过调整该变量的值,使球体表面趋于圆滑。

(三)创建圆柱体命令

1. 命令功能

创建实心圆柱体或椭圆柱体。

2. 命令调用方式

菜单方式:【绘图】→【实体】→【圆柱体】

图标方式:

键盘输入方式:CYLINDER

3. 操作方式

指定底面的中心点、半径或直径,再指定高度。如图9-41所示。

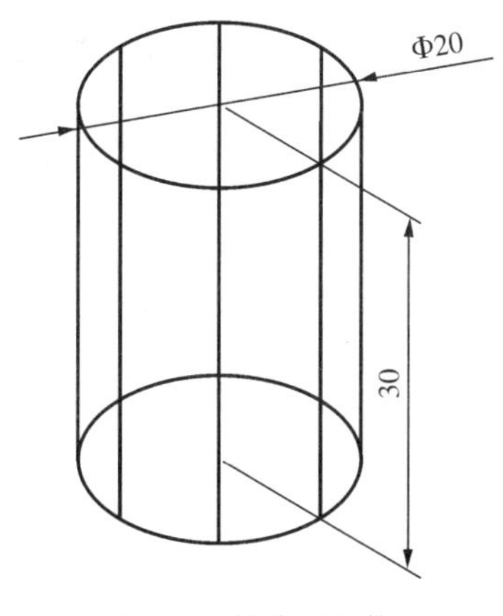

9-41 创建圆柱体

命令:CYLINDER

当前线框密度:ISOLINES=4

指定圆柱体底面的中心点或[椭圆(E)]＜0,0,0＞:

指定圆柱体底面的半径或[直径(D)]:D

指定圆柱体底面的直径:20

指定圆柱体高度或[另一个圆心(C)]:30

4. 选项说明

(1)指定圆柱体底面的中心点:确定圆柱体在 *XY* 平面上的端面圆中心点。输入一点后,后续提示为:

指定圆柱体底面的半径或[直径(D)]:

输入半径(或选取“直径”选项后输入直径),后续提示为:

指定圆柱体高度或[另一个圆心(C)]:

① 指定圆柱体高度:给定圆柱体的高度,生成一个轴线垂直于当前 UCS 的 *XY* 平面的圆柱体。

② 另一个圆心(C):输入一点确定圆柱体另一端面圆的中心点。选取该选项后,后续提示为:

指定圆柱的另一个圆心:

生成的圆柱体轴线与两端面圆中心点的连线重合。

(2)椭圆(E):表示创建椭圆柱体。选取该选项后,后续提示为:

选择圆柱体底面椭圆的轴端点或[中心点(C)]:

① 选择圆柱体底面椭圆的轴端点:表示采用“轴长、半轴长”方式生成椭圆柱体的一个椭圆端面。给定一点后,后续提示为:

指定圆柱体底面椭圆的第二个轴端点:

指定圆柱体底面的另一个轴的长度:

指定圆柱体高度或[另一个圆心(C)]:

该提示句中各选项的含义与(1)中出现的同一提示句的解释基本相同。主要影响生成的椭圆柱体的轴线位置。

② 中心点(C):表示采用“中心点、半轴、半轴”方式生成椭圆柱体的一个椭圆端面。选取该选项后,后续提示为:

指定圆柱体底面椭圆的中心点<0,0,0>:

选择圆柱体底面椭圆的轴端点:(输入椭圆的一条半轴长)

指定圆柱体底面的另一个轴的长度:(输入椭圆的另一条半轴长)

指定圆柱体高度或[另一个圆心(C)]:

(四)创建圆锥体命令

1. 命令功能

创建圆锥体。

2. 命令调用方式

菜单方式:【绘图】→【实体】→【圆锥体】

图标方式:

键盘输入方式:CONE

3. 操作方式

指定底面的圆心、半径或直径，再指定高度。下面以创建如图 9－42 所示的圆锥体为例简单说明。

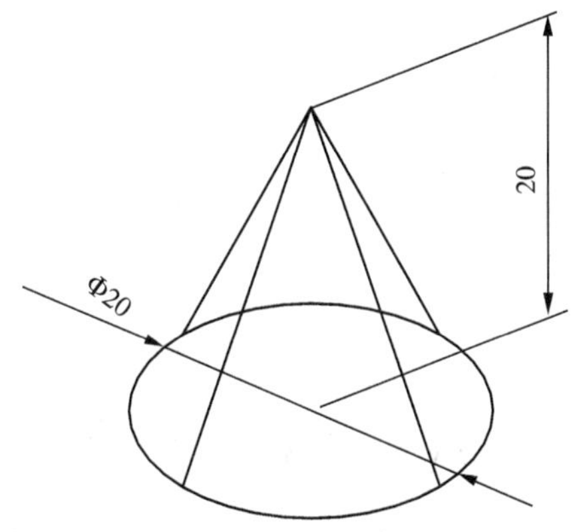

9－42　创建圆锥的方法

命令:CONE

当前线框密度:ISOLINES＝4

指定圆锥体底面的中心点或[椭圆(E)]<0,0,0>:(圆锥体底面的中心点坐标)

指定圆锥体底面的半径或[直径(D)]:d　　　　(圆锥体底面的半径)

指定圆锥体底面的直径:20　　　　　　　　　(圆锥体底面的直径)

指定圆锥体高度或[顶点(A)]:20　　　　　　　(圆锥体高度)

4. 选项说明

(1)指定圆锥体底面的中心点:确定圆锥体底面圆的中心点。输入一点后，后续提示为:

指定圆锥体底面的半径或[直径(D)]:

用户给定半径或直径后，后续提示为:

指定圆锥体高度或[顶点(A)]:

① 指定圆锥体高度:指定圆锥体的高度，生成一个轴线垂直于当前 UCS 的 *XY* 平面的圆锥体。

② 顶点(A):指定圆锥体的顶点。生成的圆锥体高度为底面圆中心至顶点的距离，两点连线决定了圆锥体的轴线方向。

(2)椭圆(E):表示创建椭圆锥体。选取该选项后，后续提示为:

选择圆锥体底面椭圆的轴端点或[中心点(C)]:

指定圆锥体底面椭圆的第二个轴端点:

指定圆锥体底面的另一个轴的长度:

指定圆锥体高度或[顶点(A)]:

提示用户选择建立椭圆的方式(参见创建圆柱体命令的解释)。

(五)圆环体命令

1. 命令功能

创建圆环体。

2. 命令调用方式

菜单方式:【绘图】→【实体】→【圆环体】

图标方式:

键盘输入方式:TORUS

3. 操作方式

指定圆环的圆心、半径或直径,再指定管道的半径或直径。

(六)创建楔体命令

1. 命令功能

创建楔体。

2. 命令调用方式

菜单方式:【绘图】→【实体】→【楔体】

图标方式:

键盘输入方式:WEDGE

3. 操作方式

指定底面第一个角点和第二个角点的位置,再指定楔形高度。

四、创建拉伸和旋转实体模型

用户除了可以利用基本形体的组合产生三维实体模型外,还可以采用拉伸二维对象或将二维对象绕指定轴线旋转的方法生成三维实体。被拉伸或旋转的二维对象可以是三维平面、封闭的多段线、宽线、矩形、多边形、圆、圆环、椭圆、封闭的样条曲线和面域。

(一)创建面域

面域是一个没有厚度的面,其外形与包围它的封闭边界相同。组成边界的对象可以是直线、多段线、矩形、多边形、圆、圆弧、椭圆、椭圆弧、样条曲线、宽线等。面域可用于填充和着色、提取设计信息、进行布而运算等。

1. 命令功能

使形成封闭环的对象创建二维面域。

2. 命令调用方式

菜单方式:【绘图】→【面域】

图标方式:

键盘输入方式: REGION

3. 操作步骤

命令:REGION

选取对象:在此提示下选择要创建二维面域的形成封闭环的对象,然后按回车键或右键确认。AutoCAD 继续提示:

已提取一个环。

已创建一个面域。命令也就此终结。

必须注意的是：已创建成面域的封闭环从外观上看不出变化，此时通过单击三维显示命令中的面着色命令即可看出变化。

例如在图 9－44 中，封闭环由：直线、圆弧、多段线、和样条曲线等四个对象形成，可以对其创建面域。

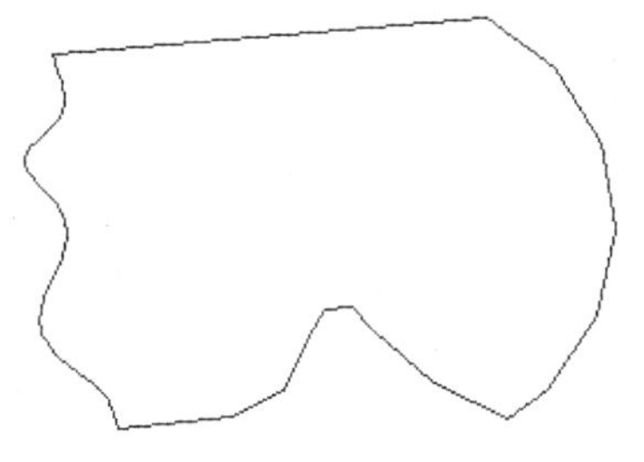

(a)创建面域前的图形

(b)创建面域后的图形

图 9－44　图形创建面域

(二)面域的布尔运算

布尔运算是一种数学上的逻辑运算，用在 AutoCAD 绘图中，对提高绘图效率具有很大作用，特别是运用在绘制一些比较特殊的、复杂的图形时。布尔运算的对象只包括实体和共面的面域，对于普通的图形对象无法进行布尔运算。布尔运算包括并集运算、差集运算和交集运算。

[问一问]

布尔运算的对象有哪些？又包括哪些运算？

1. 并集运算

(1)命令功能：并运算可以将两个或多个面域合并为一个面域。

(2)命令调用方式：

菜单方式：【修改】→【实体编辑】→【并集】

键盘输入方式：　UNION

(3)操作步骤：

命令：UNION

选取对象：选择小圆面域

选取对象：选择大圆面域

选取对象：可以继续选择作为边界的对象，如果不再选择，按回车键或右键确认即可。

并集运算命令执行结果如图 9－45 所示。

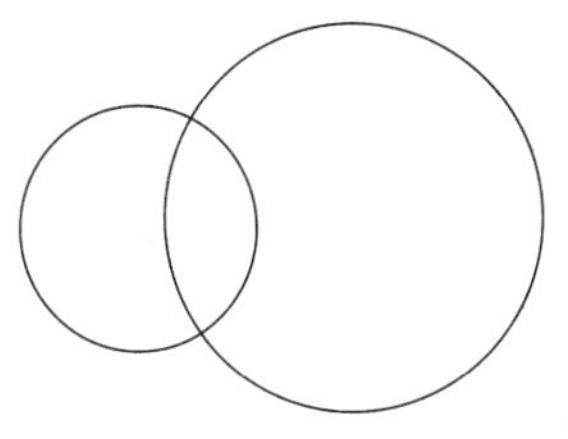

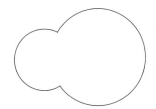

(a)面域并集运算前

(b)面域并集运算后

图 9－45　并集运算

对于面域的并集运算，如果所选的面域不是相交面域，那么执行该命令后，从外观上看不出任何变化，但实际上已经将所选的面域合并为一个单独的面域。

2. 差集运算

(1)命令功能：从一个面域中减去一个或多个面域。

(2)命令调用方式：

菜单方式：【修改】→【实体编辑】→【差集】

键盘输入方式： SUBSTRACT

(3)操作步骤：

命令：SUBSTRACT 选择要从中减去的实体或面域…

选取对象：选择大圆面域

选取对象：按回车键或右键确认。

选择要减去的实体或面域…

选取对象：选择小圆面域

选取对象：按回车键或右键确认。

差集运算命令执行结果如图 9-46 所示。

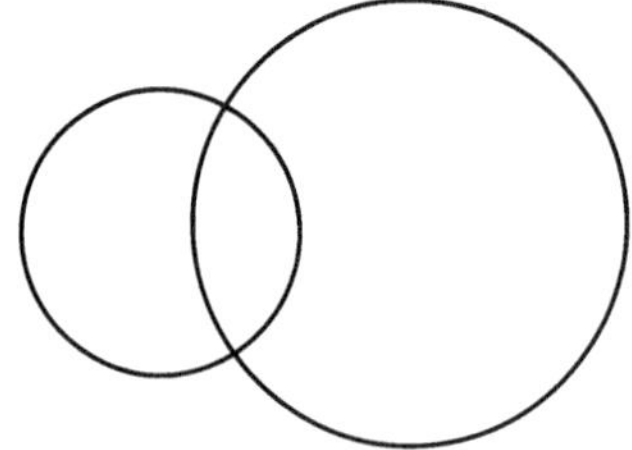

(a)面域并集运算前

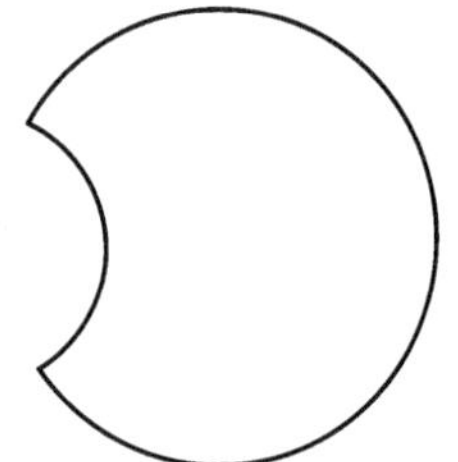

(b)面域差集运算后

图 9-46 差集运算

对于面域的差集运算，如果所选的面域不是相交面域，那么执行该命令后，则删除所被减掉的面域。

3. 交集运算

(1)命令功能：创建多个面域的交集，即从两个或多个面域中抽取重叠的部分。

(2)命令调用方式：

菜单方式：【修改】→【实体编辑】→【差集】

键盘输入方式： INTERSECT

(3)操作步骤：

命令：INTERSECT

选取对象：选择大圆面域

选取对象：选择小圆面域

选取对象：按回车键或右键确认。

交集运算命令执行结果如图 9-47 所示。

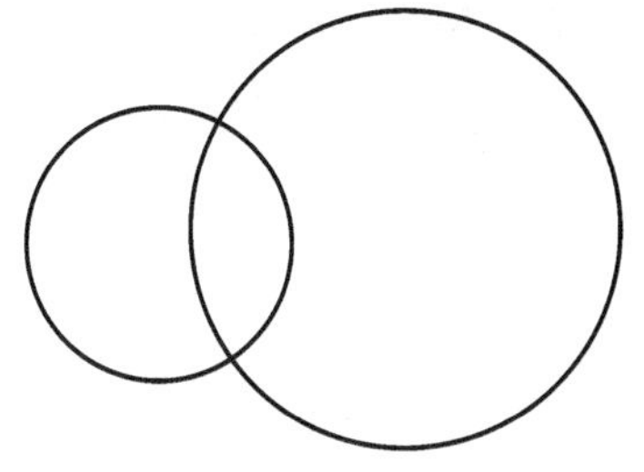

(a)面域交集运算前

(b)面域交集运算后

图 9-47　交集运算

对于面域的交集运算，如果所选的面域不是相交面域，那么执行该命令后，则删除所有选择的面域。

(三)从面域中提取数据

由于面域是实体对象，所以它们比相应的线框模型含有更多的信息，其中最重要的信息就是质量特性。

命令调用方式：：

菜单方式：【工具】→【查询】→【面域/质量特性】

在命令行提示下选择要提取数据的面域对象，然后按回车键或右键确认，这时 AutoCAD 将自动切换到文本窗口，并显示选择的面域对象的数据特性，如图 9-48 所示。

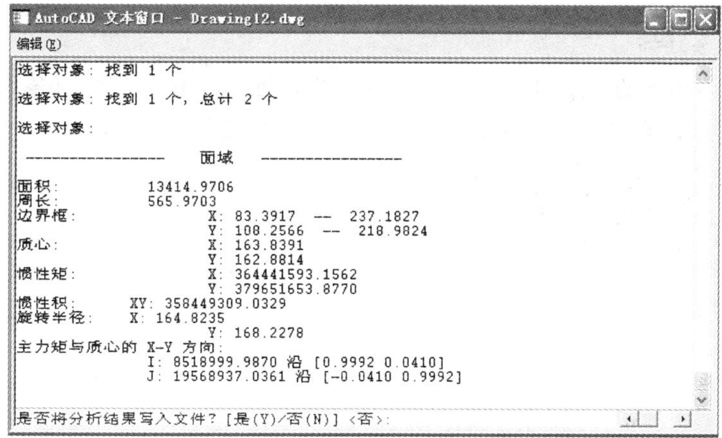

AutoCAD 文本窗口 - Drawing12.dwg

编辑(E)

```
选择对象: 找到 1 个

选择对象: 找到 1 个, 总计 2 个

选择对象:

 ----------------    面域    ----------------

面积:            13414.9706
周长:            565.9703
边界框:                   X: 83.3917  --  237.1827
                          Y: 108.2566  --  218.9824
质心:                     X: 163.8391
                          Y: 162.8814
惯性矩:                   X: 364441593.1562
                          Y: 379651653.8770
惯性积:         XY: 358449309.0329
旋转半径:       X: 164.8235
                          Y: 168.2278
主力矩与质心的 X-Y 方向:
                 I: 8518999.9870 沿 [0.9992 0.0410]
                 J: 19568937.0361 沿 [-0.0410 0.9992]
是否将分析结果写入文件? [是(Y)/否(N)] <否>:
```

图 9-48　面域的质量特性数据

(四)创建拉伸实体模型

1. 命令功能

用于将二维的闭合对象沿指定路径或给定高度和倾角拉伸成三维实体，但不能拉伸三维对象、包含块内的对象、有交叉或横断部分的多段线和非闭合的多段线。

2. 命令调用方式

菜单方式：【绘图】→【实体】→【拉伸】

图标方式：

键盘输入方式：EXTRUDE

3. 命令操作

命令： EXTRUDE

当前线框密度： ISOLINES＝4

选择对象：选择欲拉伸的对象

选择对象：

指定拉伸高度或[路径(P)]：

4. 选项说明

(1)指定拉伸高度：使二维对象按指定的拉伸高度和倾角生成三维实体。给定高度后，后续提示为：

指定拉伸的倾斜角度＜0＞：

(2)路径(P)：使二维对象沿指定路径拉伸成三维实体。选取该选项后，后续提示为：

选择拉伸路径：

路径可以是直线、圆、圆弧、椭圆、椭圆弧、二维多段线和样条曲线等。作为路径的对象不能与被拉伸对象位于同一平面，其形状也不应过于复杂。

相同的二维对象沿不同的路径或不同的二维对象沿相同的路径拉伸，生成的三维模型均不相同。

(五)创建旋转实体模型

1. 命令功能

用于将闭合的二维对象绕指定轴旋转生成回转实体。二维对象可以是圆、椭圆、圆环、面域、以独立实体出现的封闭的二维多段线和样条曲线。

2. 命令调用方式

菜单方式：【绘图】→【实体】→【旋转】

图标方式：

键盘输入方式：REVOLVE

3. 命令操作

命令：REVOLVE

当前线框密度： ISOLINES＝4

选择对象：选择欲旋转的对象

选择对象：

指定旋转轴的起点或定义轴依照[对象(O)/X 轴(X)/Y 轴(Y)]：

4. 选项说明

(1)指定旋转轴的起点：输入两点确定旋转轴。指定一点后，后续提示为：

指定轴端点：

指定旋转角度＜360＞：

以旋转方式生成三维实体必须满足两个条件：一是作为旋转轴的对象必须

在旋转对象边缘以外;二是作为旋转轴的对象不得垂直于旋转对象所处平面。当选取的旋转轴倾斜于旋转对象所在平面时,三维实体的轴线与倾斜直线在二维对象所处平面的投影重合。

有自相交的封闭多段线或样条曲线不能作为旋转对象。每次只能旋转一个对象。

(2)对象(O):以直线段或一段直的多段线作为旋转轴。当被选中对象与旋转对象不平行时,系统将以该对象相对于旋转对象所在平面的投影作为三维实体的轴线。选取该选项后,后续提示为:

选择一个对象:

指定旋转角度<360>:

(3)*X* 轴/*Y* 轴:以当前坐标系的 *X* 或 *Y* 轴作为旋转轴。当被旋转对象不处于当前坐标系的 *XY* 平面上,系统将把 *X* 轴和 *Y* 轴向旋转对象所在平面投影,并以投影作为旋转轴。用户指定旋转轴后,后续提示为:

指定旋转角度<360>:

【实践训练】

课目一:

(一)问题

用 WEDGE 命令创建下列楔形实体。

1. 底面为矩形,长 50,宽 40,楔体高度 30,标高 10,斜面向右。
2. 底面和侧面为正方形,边长 50,标高 0,斜面向右。
3. 底面为矩形,长 50,宽 40,楔体高度 20,标高 10,斜面向左。

(二)分析与解答

命令:WEDGE

指定楔体的第一个角点或[中心点(CE)] <0,0,0>: 150,200,10

(输入底面矩形的左下点)

指定角点或[立方体(C)/长度(L)]:L

指定长度:50

指定宽度:40

指定高度:30

命令:WEDGE

指定楔体的第一个角点或[中心点(CE)] <0,0,0>: 230,200

(输入底面矩形的左下点)

指定角点或[立方体(C)/长度(L)]:C

指定长度:50

命令:WEDGE

指定楔体的第一个角点或[中心点(CE)] ＜0,0,0＞： 350,200,10

(输入底面矩形的右下点)

指定角点或[立方体(C)/长度(L)]:300,250,10

(输入底面矩形的左上点)

指定高度:20

操作完成后,生成的主视图、俯视图和西南等轴测图如图 9-49 所示。

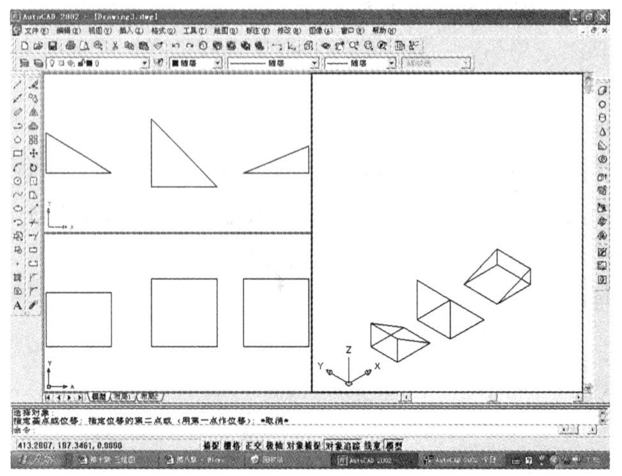

图 9-49 用 WEDGE 命令创建的楔形实体

课目二:

(一)问题

将图 9-50 所示的平面图形通过拉伸形成三维实体,分别采用 0°、10°和 -10°的倾斜角度进行拉伸。

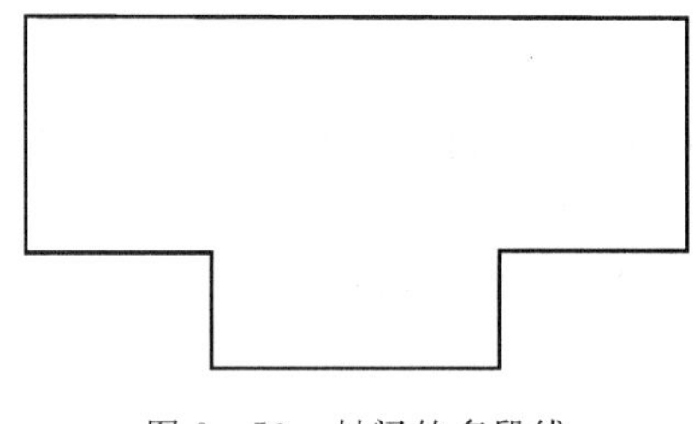

图 9-50 封闭的多段线

(二)分析与解答

命令： REGION (执行面域命令)

选择对象： 找到 1 个

选择对象：

已提取 1 个环。

已创建 1 个面域。

命令： _extrude

当前线框密度： ISOLINES=4

选择对象： 找到 1 个

选择对象：

指定拉伸高度或[路径(P)]： 50

指定拉伸的倾斜角度<0>： 0

重复执行 EXTRUDE 命令，分别指定拉伸的角度为 10°和－10°，拉伸后的结果如图 9－51 所示。

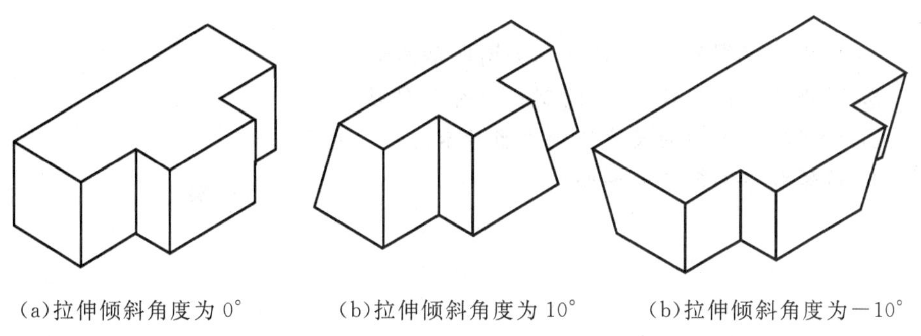

(a)拉伸倾斜角度为 0°　　(b)拉伸倾斜角度为 10°　　(b)拉伸倾斜角度为－10°

图 9－51　不同倾斜角度的拉伸结果

课目三：

(一)问题

将图 9－51(a)所示封闭多段线绕指定的旋转轴分别旋转 360°和 180°。

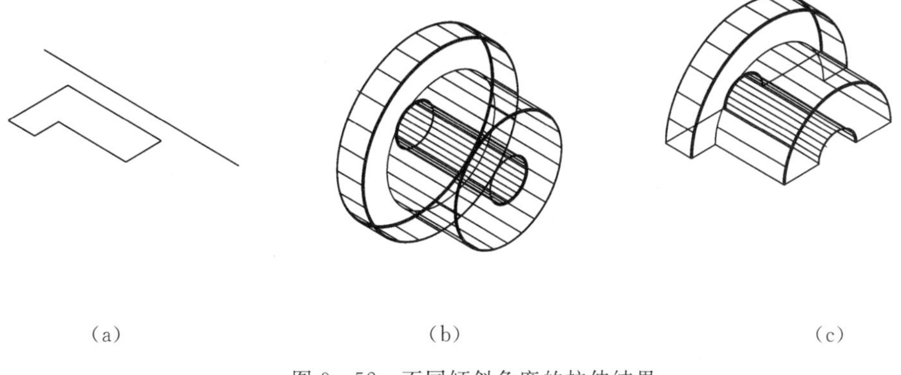

(a)　　(b)　　(c)

图 9－52　不同倾斜角度的拉伸结果

(二)分析与解答

命令：ISOLINES

输入 ISOLINES 的新值<4>： 24(设置所生成的旋转体的表面光滑程度)

命令：REVOLVE

当前线框密度：ISOLINES=24

选择对象：找到 1 个

[做一做]

将线框的密度值改为不同的大小，观察结果有什么不同？

选择对象：

指定旋转轴的起点或定义轴依照[对象(O)/X 轴(X)/Y 轴(Y)]： O

选择对象：

指定旋转角度＜360＞： ↙

操作完成后，得到如图 9－52(b)所示的图形，重复上述操作，指定旋转角度为 180°，得到如图 9－52(c)所示的图形。

本章思考与实训

1. 根据三视图的尺寸，请绘制如图所示图形。
2. 根据三视图的尺寸，请绘制如图所示图形。
3. 请根据左图中的尺寸绘制右图所示的回转曲面。
4. 请绘制下图所示的曲面。

第十章　三维图形编辑

【内容要点】

1. 三维实体的剖切、截面与干涉；
2. 三维实体的倒角和圆角；
3. 三维空间中改变实体的位置；
4. 编辑实心体的面、边、体；
5. 编辑网格表面。

【知识链接】

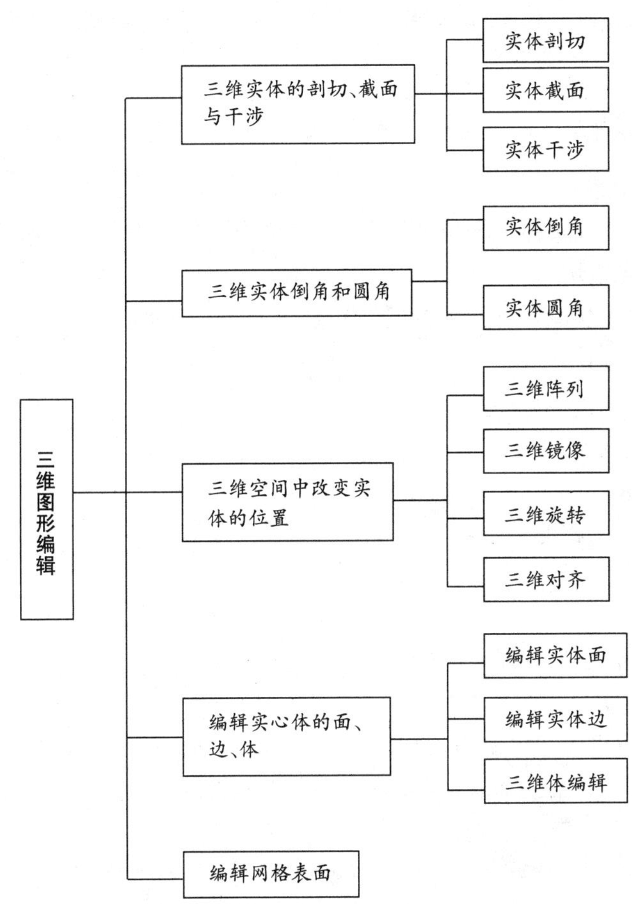

第一节　三维实体的剖切、截面与干涉

丰富且功能强大的编辑命令使 AutoCAD 的设计功能变得更强。对于二维平面绘图，常用的编辑命令有移动、复制、镜像、阵列、旋转、偏移、修剪、圆角、倒角和拉长命令等。这些命令当中有一些适用于所有三维对象，如移动、复制等；而有一些命令则仅限于编辑某些类型的三维模型，如偏移、修剪等只能修改线框，不能用于实体和表面模型；还有其他一些命令如镜像、阵列等，其编辑结果与当前的 UCS 平面有关系。对于三维建模，AutoCAD 提供了专门用于在三维空间中旋转、镜像、阵列、对齐 3D 对象的命令，这些命令使用户可以灵活地在空间中定位及复制图形元素。

在 AutoCAD 中，用户能够编辑实心体模型的面、边、体，例如可以对实体的表面进行拉伸、偏移、锥化等处理，也可对实体本身进行压印、抽壳等操作。利用这些编辑功能，设计人员就能很方便地修改实体及孔、槽等结构特征的尺寸，还能改变实体的外观及调整结构特征的位置，本章将介绍编辑实体和表面模型的方法。

一、实体剖切

1. 命令功能

用平面把三维实体剖开成两部分，用户可选择保留其中一部分或全部保留。

[问一问]

三维实体剖切有什么作用?

2. 命令调用方式

菜单方式：【绘图】→【实体】→【剖切】

图标方式：

键盘输入方式：SLICE

3. 命令操作

命令：SLICE

选择对象：选择要剖切的三维实体

选择对象：

指定切面上的第一个点或依照[对象(O)/Z 轴(Z)/视图(V)/XY 平面(XY)/YZ 平面(YZ)/ZX 平面(ZX)/三点(3)]<三点>：

4. 选项说明

(1)三点(3)：以三点确定剖切平面。指定一点后，后续提示为：

指定平面上的第二个点：

指定平面上的第三个点：

在要保留的一侧指定点或[保留两侧(B)]：

① 在要保留的一侧指定点：要求用户以剖切平面为界，在保留部分的一边拾取一点。另一部分即在屏幕上消失。

② 保留两侧(B)：表示将三维实体以剖切平面分割开后，两部分均保留

下来。

(2)对象(O):以被选对象构成的平面作为剖切平面。选取该选项后,后续提示为:

选择圆、椭圆、圆弧、二维样条曲线或二维多段线:

在要保留的一侧指定点或[保留两侧(B)]:

(3)Z 轴(Z):指定两点确定剖切平面的位置与法线方向,即两点连线与剖切面垂直。选取该选项后,后续提示为:

指定剖面上的点:

指定平面 Z 轴(法向)上的点:该点与前一点的连线确定平面的法向

在要保留的一侧指定点或[保留两侧(B)]:

(4)视图(V):表示剖切平面与当前视图平面平行且通过某一指定点。为保证剖切平面能够剖到三维实体,通常指定点为实体上的一点。

(5)XY 平面(XY)/YZ 平面(YZ)/ZX 平面(ZX):表示剖切平面通过一个指定点且平行于 XY 平面(或 YZ 平面、ZX 平面)。选取该选项后,后续提示为:

指定 YZ 平面上的点<0,0,0>:

在要保留的一侧指定点或[保留两侧(B)]。

【实践训练】

课目:

(一)问题

将图 10-1 所示实体沿前后对称平面剖切。

(二)分析与解答

命令:SLICE

选择对象:找到 1 个

选择对象:指定切面上的第一个点,依照[对象(O)/Z 轴(Z)/视图(V)/XY 平面(XY)/YZ 平面(YZ)/ZX 平面(ZX)/三点(3)]<三点>:↙

指定平面上的第一个点: (捕捉中点 A 点)

指定平面上的第二个点: (捕捉中点 B 点)

指定平面上的第三个点: (捕捉圆心点 C 点)

在要保留的一侧指定点或[保留两侧(B)]:B

命令:MOVE (移动前面剖切开的实体)

选择对象:找到 1 个

选择对象:指定基点或位移:指定位移的第二点或<用第一点作位移>:

操作完成后,得到如图 10-2 所示的图形。

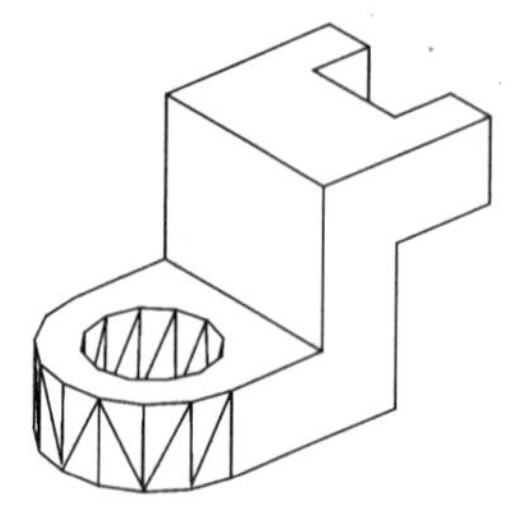

图 10－1　实体剖切

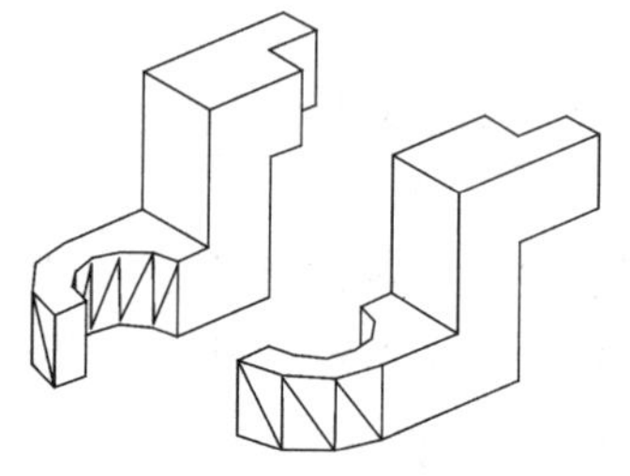

图 10－2　剖切后实体

二、实体截面

1. 命令功能

以一个截平面截切三维实体，截平面与实体表面产生的交线称之为截交线，它是一个平面封闭线框。通过“截面”命令，可以产生截平面与三维实体的截交线并建立面域。

2. 命令调用方式

菜单方式：【绘图】→【实体】→【截面】

图标方式：

键盘输入方式：SECTION

3. 命令操作

命令：SECTION

选择对象：(选择欲作剖切的对象)

选择对象：

指定剖切平面上的第一个点或依照[对象(O)/Z 轴(Z)/视图(V)/XY 平面(XY)/YZ

平面(YZ)/ZX 平面(ZX)/三点(3)]＜三点＞：

4. 选项说明

各选项的含义参见“剖切”命令中的选项说明。“截面”命令与“剖切”命令不同之处在于：前者只生成截平面截切三维实体后产生的断面，实体仍是完整的；后者则以截平面将三维实体截切成两部分，并不单独分离出断面。将图 10－1 进行“剖切”，结果如图 10－3 所示。截面命令只对实体模型生效，对线框模型和表面模型无效。

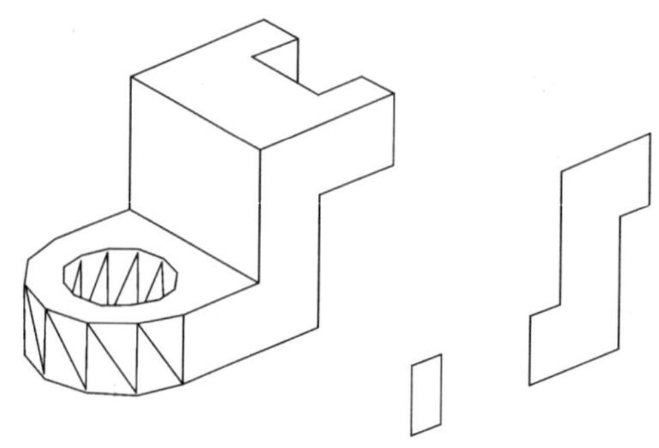

图 10－3　生成剖截面

三、实体干涉

1. 命令功能

用于查询两个实体之间是否产生干涉，即是否有共属于两个实体所有的部分。如果存在干涉，可根据用户需要确定是否要将公共部分生成新的实体。

2. 命令调用方式

菜单方式：【绘图】→【实体】→【干涉】

图标方式：

键盘输入方式：INTERFERE

3. 命令操作

命令：INTERFERE

选择实体的第一集合：

选择对象：找到 1 个

选择对象：↙（表示不再选取对象）

选择实体的第二集合：

选择对象：找到 1 个

选择对象：↙（表示不再选取对象）

比较 1 个实体与 1 个实体。

干涉实体数（第一组）：1

（第二组）：1

干涉对数：　　　1

是否创建干涉实体？［是(Y)/否(N)］<否>：Y

以"Y"响应，表示将两组实体的公共部分生成一个新的实体；以回车响应，则表示不以干涉部分生成新的实体，只检查两组实体是否有干涉。

第二节　三维实体的倒角和圆角

一、实体倒角

1. 命令功能

对三维实体进行倒角，也就是在三维实体表面相交处按指定的倒角距离生成一个新的平面或曲面。三维实体的倒角采用倒角(Chamfer)命令。该命令除了适用于二维图形外，还可适用于三维实体。

2. 命令调用方式

菜单方式：【修改】→【倒角】

图标方式：

键盘输入方式：CHAMFER

3. 命令操作

命令：CHAMFER

(“修剪”模式)当前倒角距离 1=10.0000,距离 2=10.0000

选择第一条直线或[多段线(P)/距离(D)/角度(A)/修剪(T)/方法(M)]:

以上括号中各选项的含义参见第四章“倒角”命令的选项说明。这些选项只对二维图形的倒角生效。

4. 选项说明

当命令行提示用户“选择第一条线”时,选取对象应为需要倒角的两表面交线。此时,线段所在的其中一个表面会呈高亮度显示(形成一个虚线框)。后续提示为:

基面选择...

输入曲面选择选项[下一个(N)/当前(OK)]<当前>:

(1)当前(OK):以回车响应表示用户确认以当前屏幕显示高亮度的面作为基面。

(2)下一个(N):键入“N”并回车,表示选择另一个面作为基面。由于用户选取的线段是三维实体两表面的交线,因此系统允许用户选择其中任一个面作为基面。后续提示为:

输入曲面选择选项[下一个(N)/当前(OK)]<当前>:(此时包含交线的另一表面出现亮显)

确认基面后,后续提示为:

指定基面倒角距离<10.0000>:

指定另一表面倒角距离<10.0000>:

选择边或[环(L)]:

① 选择边:只对基面上所选边进行倒角。

② 环(L):对基面周围的边同时进行倒角。

【实践训练】

课目:

(一)问题

将图 10-4(a)所示的长方体顶面进行倒角,倒角距离为 5。

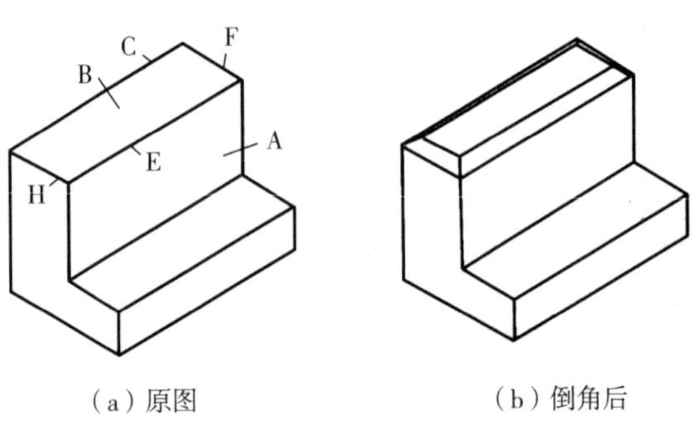

(a)原图　　(b)倒角后

图 10-4　实体倒角

(二)分析与解答

命令:CHAMFER

(“修剪”模式)当前倒角距离 1=10.0000,距离 2=10.0000

选择第一条直线或[多段线(P)/距离(D)/角度(A)/修剪(T)/方法(M)]:(选择长方体的 E 边)

基面选择...

输入曲面选择选项[下一个(N)/当前(OK)]＜当前＞:N

输入曲面选择选项[下一个(N)/当前(OK)]＜当前＞:

指定基面的倒角距离＜10.0000＞:5

指定其他曲面的倒角距离＜10.0000＞:5

选择边或[环(L)]: (选择长方体的 E 边)

选择边或[环(L)]: (选择长方体的 F 边)

选择边或[环(L)]: (选择长方体的 G 边)

选择边或[环(L)]: (选择长方体的 H 边)

选择边或[环(L)]:↙ (按回车结束选择)

操作完成后,得到如图 10-4(b)所示的图形。

二、实体圆角

1. 命令功能

构造三维实体的圆角,也就是在三维实体表面相交处按指定的半径生成一个弧形曲面,该曲面与原来相交的两表面均相切。三维实体的圆角采用“圆角(Fillet)”命令,该命令适用于二维与三维实体。

2. 命令调用方式

菜单方式:【修改】→【圆角】

图标方式:

键盘输入方式:FILLET

3. 命令操作

命令:FILLET

当前模式:模式=修剪,半径=10.0000

选择第一个对象或[多段线(P)/半径(R)/修剪(T)]:

以上括号内各选项的含义参见第四章“圆角”命令中的选项说明,这些选项只对二维图形的圆角生效。

4. 选项说明

当用户选择三维实体后,后续提示为:

输入圆角半径＜10.0000＞:

选择边或[链(C)/半径(R)]:

(1)选择边:以逐条选择边的方式产生圆角。在用户选取第一条边后,命令行反复出现上句提示,允许用户继续选取其他需要倒圆角的边,回车即生成圆角并结束命令。

(2)链(C):以选择链的方式产生圆角。链是指三维实体某个表面上由若干条圆滑连接的边组成的封闭线框。选取该选项后,后续提示为:

选择边链或[边(E)/半径(R)]:

上述提示反复出现,允许用户继续选取其他链,回车后所选链即生成圆角并结束命令。

当三维实体表面不存在链时,选择“链”方式倒圆角实际上与选择“边”方式是完全相同的。

(3)Radius:表示重新确定圆角半径。

【实践训练】

课目:

(一)问题

将图 10-5(a)所示的长方体顶面左右两边进行倒圆角,圆角半径为 8。

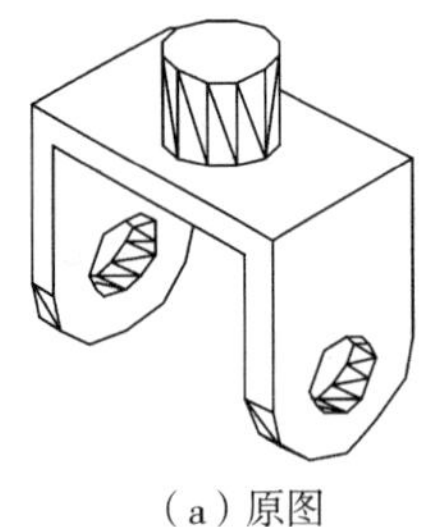

(a)原图

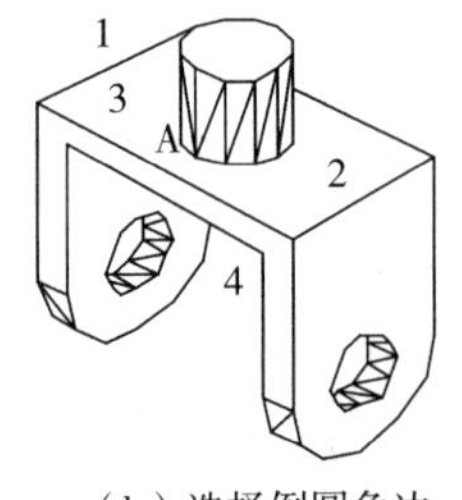

(b)选择倒圆角边

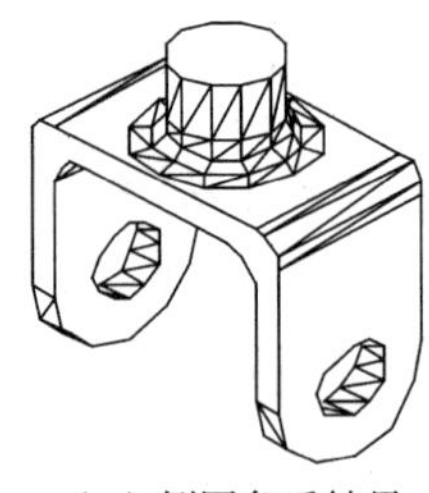

(c)倒圆角后结果

图 10-5　实体倒圆角

(二)分析与解答

命令:FILLET

当前模式:模式=修剪,半径=10.0000

选择第一个对象或[多段线(P)/半径(R)/修剪(T)]:(选择三维实体上倒圆角的边界,如 A 点)

输入圆角半径<10.0000>:8

选择边或[链(C)/半径(R)]:　　(选择倒圆角的边界 1)

选择边或[链(C)/半径(R)]:　　(选择倒圆角的边界 2)

选择边或[链(C)/半径(R)]:　　(选择倒圆角的边界 3)

选择边或[链(C)/半径(R)]:　　(选择倒圆角的边界 4)

选择边或[链(C)/半径(R)]:↙　　(按回车结束选择)

已选定 5 个边用于圆角。

操作完成后,得到如图 10-5(c)所示的图形。

第三节　三维空间中改变实体的位置

一、三维阵列

1. 命令功能

3DARRAY 命令是二维 ARRAY 命令的 3D 版本，通过该命令，用户可以在三维空间中创建对象的矩形或环形阵列。

2. 命令调用方式

［想一想］

三维阵列与二维阵列有什么不同?

菜单方式:【修改】→【三维操作】→【三维阵列】

键盘输入方式:3DARRAY

3. 命令操作

命令:3DARRAY

选择对象:

输入阵列类型[矩形(R)/环形(P)]<R>:

4. 选项说明

(1)当用户选择矩形阵列后表示在行(X 轴)、列(Y 轴)和层(Z 轴)矩形阵列中复制对象。一个阵列必须具有至少两个行、列或层。后续命令行提示为:

输入行数(—)<1>:

输入列数(|||)<1>:

输入层数(...)<1>:

如果只指定一行，就需指定多列，反之亦然。只指定一层则创建二维阵列。

如果指定多行，那么 AutoCAD 提示:

指定行间距(—):

如果指定多列，那么 AutoCAD 提示:

指定列间距(|||):

如果指定多层，那么 AutoCAD 提示:

指定层间距(...):

输入正值将沿 X、Y、Z 轴的正向生成阵列，输入负值将沿 X、Y、Z 轴的负向生成阵列。

(2)当用户选择环形阵列后表示绕旋转轴复制对象。后续命令行提示为:

输入阵列中项目的数目:

指定要填充的角度(+=逆时针，-=顺时针)<360>:

指定的角度确定 AutoCAD 围绕旋转轴旋转阵列元素的间距。正数值表示沿逆时针方向旋转。负数值表示沿顺时针方向旋转。

是否旋转阵列中的对象?[是(Y)/否(N)]<Y>:

输入 Y 或按 ENTER 键旋转每个阵列元素。

指定阵列的中心点:

指定旋转轴上的第二点。

【实践训练】

课目:

(一)问题

练习 3DARRAY 命令,结果如图 10-6。

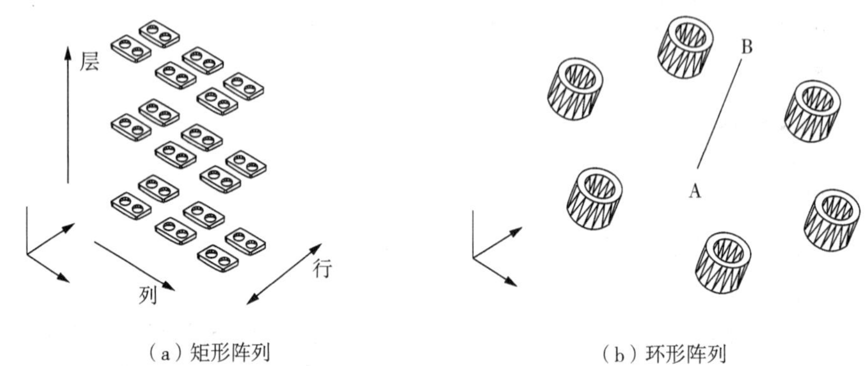

(a) 矩形阵列　　(b) 环形阵列

图 10-6　三维阵列

(二)分析与解答

命令:3DARRAY

选择对象:找到一个

输入阵列类型[矩形(R)/环形(P)]<R>:R　　(指定矩形阵列)

输入行数(—)<1>:2　　(指定行数)

输入列数(|||)<1>:3　　(指定列数)

输入层数(...)<1>:3　　(指定层数)

指定行间距(—):50　　(指定行间距)

指定列间距(|||):80　　(指定列间距)

指定层间距(...):120　　(指定层间距)

操作完成后,得到如图 10-6(a)所示的图形。

二、3D 镜像

如果镜像线是当前 UCS 平面内的直线,则使用常见的 MIRROR 命令就可以进行 3D 对象的镜像复制。但若想以某个平面作为镜像平面来创建 3D 对象的镜像拷贝,就必须使用 MIRROR3D 命令。如图 10-7 所示,把 A、B、C 点定义的平面作为镜像平面,对实体进行镜像。

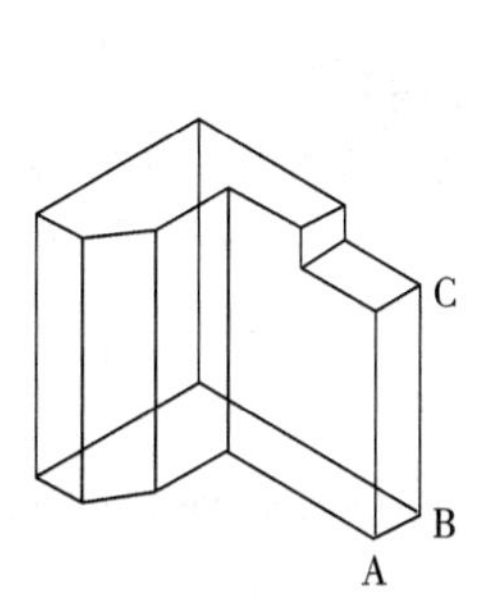

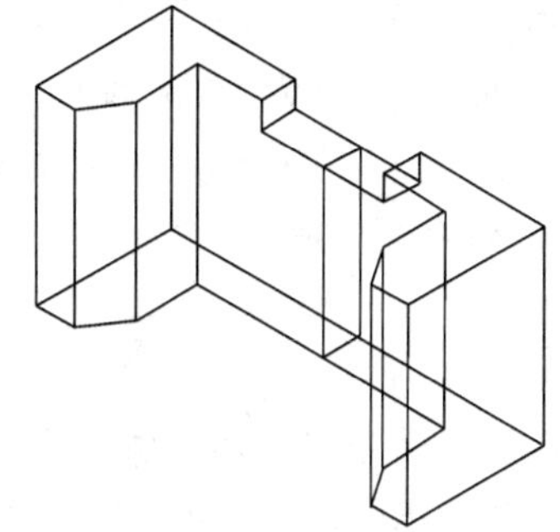

图 10－7　镜像

命令启动方法如下。

下拉菜单：【修改】/【三维操作】/【三维镜像】。

命令行：MIRROR3D。

【实践训练】

课目：

(一)问题

练习 MIRROR3D 命令。

(二)分析与解答

命令:_mirror3d

选择对象:找到 1 个　　　　　//选择要镜像的对象

指定镜像平面 (三点) 的一个点或[对象(O)/最近的(L)/Z 轴(Z)/视图(V)/XY 平面(XY)/YZ 平面(YZ)/ZX 平面(ZX)/三点(3)]〈三点〉:

　　　　　　　　　　　　　//利用 3 点指定镜像平面,捕捉第一点 A

在镜像平面上指定第二点:　//捕捉第二点 B

在镜像平面上指定第三点:　//捕捉第三点 C

是否删除源对象?[是(Y)/否(N)]〈否〉:

　　　　　　　　　　　　　//按 Enter 键不删除原对象

结果如图 10－7 所示。

MIRROR3D 命令有以下选项,利用这些选项就可以在三维空间中定义镜像平面。

对象(O):以圆、圆弧、椭圆、2D 多段线等二维对象所在的平面作为镜像平面。

最近的(L):该选项指定上一次 MIRROR3D 命令使用的镜像平面作为当前镜像面。

Z 轴(Z):用户在三维空间中指定两个点,镜像平面将垂直于两点的连线,并通过第一个选取点。

视图(V):镜像平面平行于当前视区,并通过用户的拾取点。

XY 平面(*XY*)、*YZ* 平面(*YZ*)、*ZX* 平面(*ZX*):镜像平面平行于 *XY*、*YZ* 或 *ZX* 平面,并通过用户的拾取点。

三、3D 旋转

使用 ROTATE 命令仅能使对象在 *XY* 平面内旋转,即旋转轴只能是 z 轴。ROTATE3D 命令是 ROTATE 的 3D 版本,该命令能使对象绕着 3D 空间中任意轴旋转,如图 10-8 所示,将 3D 对象绕着 AB 轴旋转。

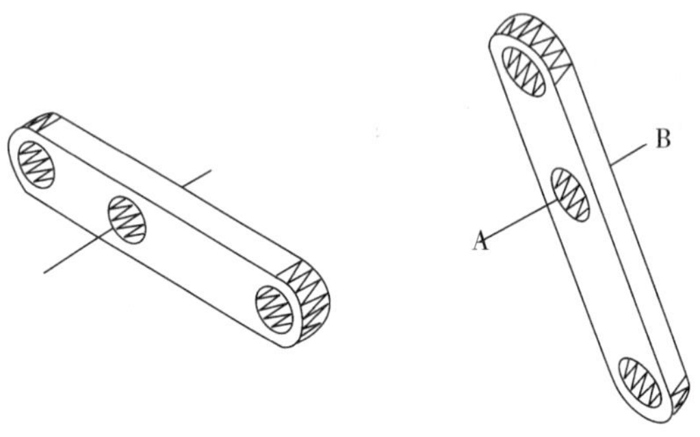

图 10-8　3D 旋转

1. 命令启动方法

下拉菜单:【修改】/【三维操作】/【三维旋转】。

命令行:ROTATE3D。

【实践训练】

课目:

(一)问题

练习 ROTATE3D 命令。

(二)分析与解答

用 ROTATE3D 命令旋转 3D 对象。

命令:_rotate3d

选择对象:找到 1 个　　//选择要选择的对象

选择对象:　　//按 Enter 键

指定轴上的第一个点或定义轴依据[对象](O)/最近的(L)/视图(V)/X 轴(X)/Y 轴(Y)/Z 轴(Z)/两点(2):　　//指定旋转轴上的第一点 A

指定轴上的第二点:　　//指定旋转轴上的第二点 B

指定旋转角度或[参照(R)]:60　　//输入旋转的角度值

结果如图 10－8 所示。

2. 命令选项

对象(O)：AutoCAD 根据选择的对象来设置旋转轴。如果用户选择直线，则该直线就是旋转轴，而且旋转轴的正方向是从选择点开始指向远离选择点的那一侧。若选择了圆或圆弧，则旋转轴通过圆心并与圆或圆弧所在的平面垂直。

最近的(L)：该选项将上一次使用 ROTATE3D 命令时定义的轴作为当前旋转轴。

视图(V)：旋转轴垂直于当前视区，并通过用户的选取点。

X 轴(*X*)：旋转轴平行于 *X* 轴，并通过用户的选取点。

Y 轴(*Y*)：旋转轴平行于 *Y* 轴，并通过用户的选取点。

Z 轴(*Z*)：旋转轴平行于 *Z* 轴，并通过用户的选取点。

两点(2)：通过指定两点来设置旋转轴。在指定旋转轴后，会得到下面的提示：

指定旋转角度或[参照(R)]：　　　　　　　　　//输入旋转角

指定旋转角度：输入正的或负的旋转角，角度正方向右手螺旋法则确定。

参照(R)：选择该选项，AutoCAD 将提示"指定参照角〈0〉："，输入参考角度值或拾取两点指定参考角度，当 AutoCAD 继续提示"指定新角度："时，再输入新的角度值或拾取另外两点指定新参考角，新角度减去初始参考角就是实际旋转角度。常用"参照(R)"选项将 3D 对象从最初位置旋转到与某一方向对齐的另一位置。

提示：使用 ROTATE3D 命令的"参照(R)"选项时，如果是通过拾取两点来指定参考角度，一般要使 UCS 平面垂直于旋转轴，并且应在 xy 平面平行的平面内选择点。

使用 ROTATE3D 命令时，用户应注意确定旋转轴的正方向。当旋转轴平行于坐标轴时，坐标轴的方向就是旋转轴的正方向，若用户通过两点来指定旋转轴，那么轴的正方向是从第一个选取点指向第二个选取点。

四、3D 对齐

ALIGN 命令在 3D 建模中非常有用，通过这个命令，用户可以指定源对象与目标对象的对齐点，从而使源对象的位置与目标对象的对齐位置对齐。例如，用户利用 ALIGN 命令让对象 M(源对象)的某一平面上的 3 点与对象 N(目标对象)的某一平面上的 3 点对齐，操作完成后，M、N 两对象将重合在一起，如图 10－9 所示。

命令启动方法如下：

下拉菜单：【修改】/【三维操作】/【对齐】。

命令行：ALIGN。

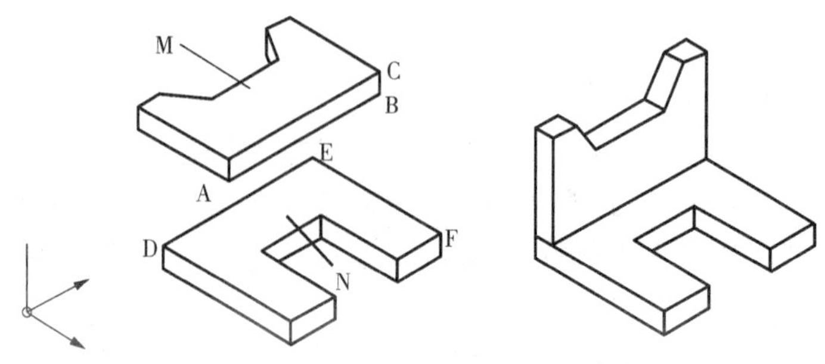

图 10－9　3D 对齐

【实践训练】

课目：

(一)问题

在 3D 空间应用 ALIGN 命令。

(二)分析与解答

命令：_align

选择对象：找到 1 个　　　　//选择要对齐的对象

选择对象：　　　　//按 Enter 键

指定第一个原点：　　　　//选择源对象上的一点 A，如图 10－5 所示，该点一般称为源点

指定第一个目标点：　　　　//选择目标对象上的 B 点，该点一般称为目标点

指定第二个源点：　　　　//选择第二个源点 C

指定第二个目标点：　　　　//选择第二个目标点 D

指定第三个源点或〈继续〉：　　　　//选择第三个源点 E

指定第三个目标点：　　　　//选择第三个目标点 F

结果如图 10－9 所示。

用户每定义一对对齐点，AutoCAD 将画出一条连接两点的临时辅助线，但我们不必指定所有的 3 对对齐点。以下说明提供不同数量的对齐点时，AutoCAD 如何移动源对象。

如果仅指定一对对齐点，AutoCAD 就把源对象由第一个源点移动到第一目标点处。

在指定两对对齐点后，当提示“指定第三个源点或〈继续〉：”时，按 Enter 键，AutoCAD 继续提示：

是否基于对齐点缩放对象？[是(Y)/否(N)]〈否〉：　　　　//指定是否缩

放源对象

接受缺省选项，则 AutoCAD 移动源对象的位置后，将使第一个源点与目标点重合，并让两个源点的连线与两个目标点的连线重合。

若选择“(Y)”选项，AutoCAD 除完成上述操作外，还将缩放源对象，此时，第一目标点是缩放基点，第一源点与目标点的距离是缩放的初始参考长度，第二个源点与目标点的距离是新的参考长度，AutoCAD 根据这两个参考长度缩放对象。

如果用户指定 3 点对齐点，那么命令结束后，3 个源点定义的平面将与 3 个目标点定义的平面重合在一起，并且第一源点要移动到第一个目标点的位置。

第四节　三维图形倒角

一、3D 倒圆角

FILLET 命令可以给实心体的棱边倒圆角，该命令对表面模型不适用。在 3D 空间中使用此命令时与在 2D 中有一些不同，用户不必事先设定倒角的半径值，AutoCAD 会提示用户进行设定。

1. 命令启动方法

下拉菜单:【修改】/【圆角】

工具栏:【修改】工具栏中的⌐按钮

命令行:FILLET

【实践训练】

课目:

(一)问题

在 3D 空间使用 FILLET 命令用 FILLET 命令给 3D 对象倒圆角。

(二)分析与解答

命令:_fillet

选择第一对象或[多段线(P)/半径(R)/修剪(T)/多个(U)]:

//选择棱边 A，如图 10-10 所示

输入圆角半径〈10.0000〉:15　　//输入圆角半径

选择边或[链(C)/半径(R)]　　//选择棱边 B

选择边或[链(C)/半径(R)]　　//选择棱边 C

选择边或[链(C)/半径(R)]　　//按 Enter 键

结果如图 10-10 所示。

提示：对交于一点几条棱边倒圆角时，若各边圆角半径相等，则在交点处产生光滑的球面过渡。

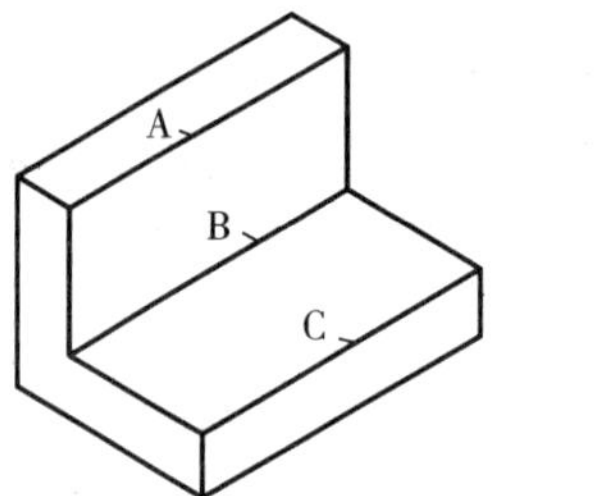

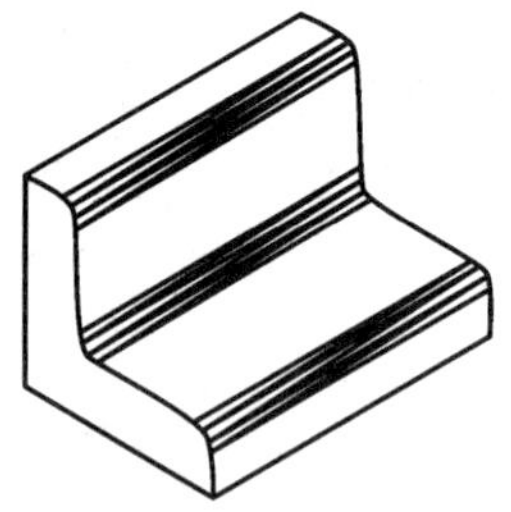

图 10－10　倒圆角

2. 命令选项

选择边：可以连续选择实体的倒角边。

链(C)：如果各棱边是相切的关系，则选择其中一边，所有这些棱边都将被选中。

半径(R)：该选项使用用户可以为随后选择的棱边重新设定圆角半径。

二、3D 倒斜角

倒斜角命令 CHAMFER 只能用于实体，而对表面模型不适用。在对 3D 对象应用此命令时，AutoCAD 的提示顺序与二维对象倒斜角时不同。

1. 命令启动方法

下拉菜单：【修改】/【倒角】

工具栏：【修改】工具栏中的按钮

命令行：CHAMFER

【实践训练】

课目：

(一)问题

在 3D 空间应用 CHAMFER 命令。用 CHAMFER 命令给 3D 对象倒斜角。

(二)分析与解答

命令：_chamfer

选择第一条直线或[多段线(P)/距离(D)/角度(A)/修剪(T)/方法(M)/多个(U)]：

//选择棱边 E，如图 10－11 所示

基面选择...　　　　　　　　//平面 A 高亮显示

输入曲面选择选项[下一个(N)/当前(OK)]〈当前〉：*n*

//利用“下一个(N)”选项指定平面B为倒角基面

输入曲面选择选项[下一个(N)/当前(OK)]〈当前〉： //按Enter键

指定基面的倒角距离〈15.0000〉:10 //输入基面内的倒角距离

指定其他曲面的倒角距离〈15.0000〉:10 //输入另一平面内的倒角距离

选择边或[环(L)]： //选择棱边E

选择边或[环(L)]： //选择棱边F

选择边或[环(L)]： //选择棱边G

选择边或[环(L)]： //选择棱边H

选择边或[环(L)]： //按Enter键

结果如图10-11所示。

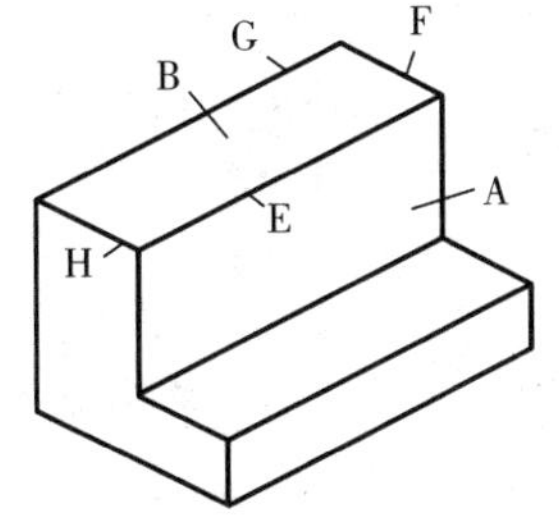

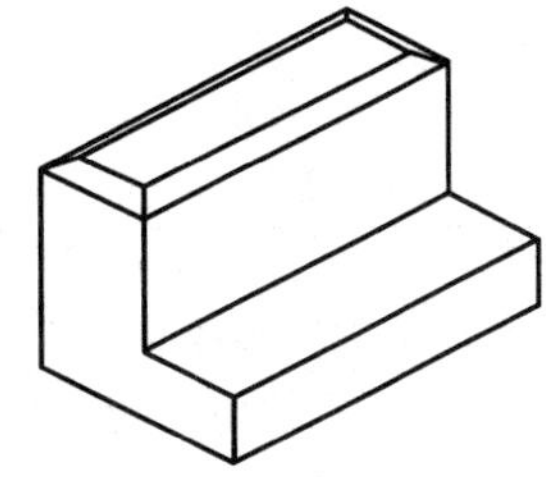

图10-11　3D倒斜角

实体的棱边是两个面的交线，当第一个选择棱边时，AutoCAD将高亮显示其中的一个面，这个面代表倒角基面，用户也可以通过“下一个(N)”选项使另一个表面成为倒角基面。

2. 命令选项

选择边：选择基面内要倒角的棱边。

环(L)：该选项使用户可以一次选种基面内的所有棱边。

第五节　编辑实心体的面、边、体

除了可对实心体进行倒角、陈列、镜像、旋转等操作外，还能编辑实体模型的表面、棱边及体，AutoCAD2004的实体编辑功能概况如下。

对于面的编辑，提供了拉伸、移动、旋转、锥化、复制和改变颜色等选项。边编辑选项使用户可以改变实体棱边的颜色，或复制棱边以形成新的线框对象。

体编辑选项允许用户把一个几何对象“压印“在三维实体上，另外，还可以拆分实体或对实体进行抽壳操作。

实体编辑工具栏如图10-12所示。

图 10-12 实体编辑工具栏

表 11-1 中列出了工具栏中按钮的功能。

表 11-1 【实体编辑】工具栏中按钮的功能

按钮	按钮功能	按钮	按钮功能
	“并”运算		将实体的表面复制成新的图形对象
	“差”运算		将实的某个面修改为特殊的颜色，以增强着色效果或是便于根据颜色附着材质
	“交”运算		把实体的棱边复制成直线、圆、圆弧及样条线等
	根据指定距离拉伸实体表面或将面沿某条路径进行拉伸		改变实体棱边的颜色。将棱边改变为特殊的颜色后就能增加看色效果
	移动实体表面。例如，可以将孔从一个位置移到另一个位置		把圆、直线、多段线及样条曲线等对象压印在三维实体上，使其成为实体的一部分。被压印的对象将分割实体表面
	偏移实体表面。例如，可以将孔表面向内偏移以减小孔的尺寸		将实体中多余的棱边、顶点等对象去除，例如，可通过此按钮清除实体上压印的几何对象
	删除实体表面。例如，可以删除实体上的孔或圆角		将体积不连续的单一实体分成几个相互独立的三维实体
	将实体表面绕指定轴旋转		将一个实心体模型创建成一个空心的薄壳体
	沿指定的矢量方向使实体表面产生锥度		检查对象是否是有效的三维实体对象

一、拉伸面

AutoCAD 2007 可以根据指定的距离拉伸面或将面沿某条路径进行拉伸。拉伸时，如果是输入拉伸距离值，那么还可输入锥角，这样将使拉伸所形成的实体锥化。如图 10－13 所示是将实体面拉伸按指定的距离、锥角及沿路径进行拉伸的结果。

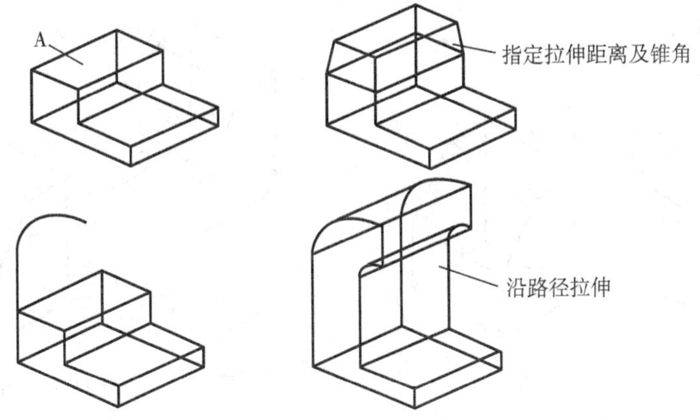

图 10－13　拉伸实体表面

当用户输入距离值来拉伸面时，面将沿着其法线方向移动。若指定路径进行拉伸，则 AutoCAD 形成拉伸的方式会依据不同性质的路径（如直线、多段线、圆弧、样条线等）而各有特点。

【实践训练】

课目：

（一）问题

利用 SOLIDEDIT 命令拉伸实体表面。

（二）分析与解答

单击【实体编辑】工具栏中的按钮，AutoCAD 主要提示如下：

命令：_solidedit

选择面或[放弃(U)/删除(R)]：找到一个面。　　//选择实体表面 A，如图 10－14 所示

选择面或[放弃(U)/删除(R)/全部(ALL)]：　　//按 Enter 键

指定拉伸高度或[路径(P)]：50　　//输入拉伸的距离

指定拉伸的倾斜角度<O>：5　　//指定拉伸的锥角

结果如图 10－14 所示。

选择要拉伸的实体表面后，AutoCAD 提示“指定拉伸的高度或[路径

(P)]:",各选项功能如下:

指定拉伸的高度:输入拉伸的距离及锥角来拉伸面。对于每个面规定其外法线方向是正方向,当输入的拉伸距离是正值时,面将沿其外法线方向移动,否则,将向相反方向移动。在指定拉伸距离后,AutoCAD会提示输入锥角,若输入正的锥角值,则将使面向实体内部锥化,否则,将使面向实体外部锥化,如图10-15所示。

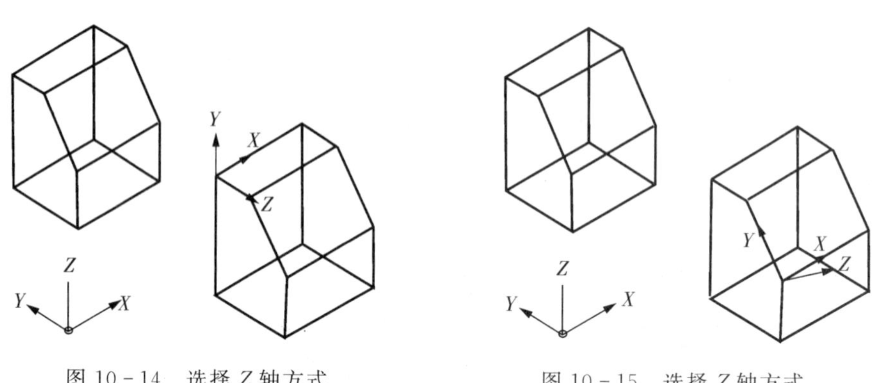

图10-14 选择Z轴方式　　图10-15 选择Z轴方式

提示:如果用户指定的拉伸距离及锥角都较大时,可能使面在到达指定的高度前已缩小成为一个点,这时AutoCAD将提示拉伸操作失败。

路径(P):沿着一条指定的路径拉伸实体表面。拉伸路径可以是直线、圆弧、多段线、2D样条线等,作为路径的对象不能与要拉伸的表面共面,也应避免路径曲线的某些局域有较高的曲率,否则,可能使新形成的实体在路径曲率较高处出现自相交的情况,从而导致拉伸失败。

拉伸路径的一个端点一般应在要拉伸的面内,如果不是这样,AutoCAD将把路径移动到面轮廓的中心。拉伸面时,面从初始位置开始沿路径运动,直至路径终点结束,在终点位置,被拉伸的面与路径是垂直的。

如果拉伸的路径是2D样曲线,拉伸完成后,在路径起始点忽然终止点处,被拉伸的面都将与路径垂直。若路径中相邻两条线段是非平滑过渡的,AutoCAD沿着每一线段拉伸面后,将把相邻两段实体缝合在其交角的平分处。

提示:可用PEDIT命令的"合并(J)"选项将当前UCS平面内的连续几段线连接成多段线,这样就可以将其定义为拉伸路径了。

二、移动面

可以通过移动面来修改实体的尺寸或改变某些特征如孔、槽等的位置,如图10-16所示,将实体的顶面A向上移动,并把孔B移动到新的地方。用户可以通过对象捕捉或输入位移植来精确的调整面的位置,AutoCAD在移动面的过程中将保持面的发线方向不变。

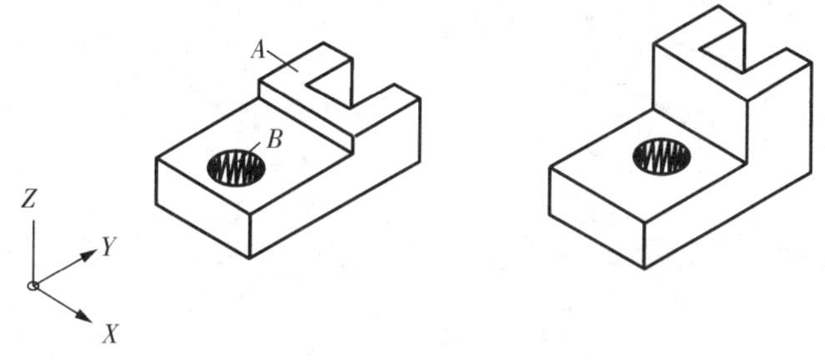

图 10－16　移动面

【实践训练】

课目：

(一)问题

移动面。利用 SOLIDEDIT 命令移动实体表面。

(二)分析与解答

单击【实体编辑】工具栏中的按钮，AutoCAD 主要提示如下：

命令：_solidedit

选择面或[放弃(U)/删除(R)]：找到一个面　　//选择孔的表面 B，如图 10－16 所示

选择面或[放弃(U)/删除(R)/全部(ALL)]：　//按 Enter 键

指定位移的基点：0,70,0　　//输入沿坐标轴移动的距离

指定位移的第二点：　　//按 Enter 键

结果如图 10－16 所示。

如果指定了两点，AutoCAD 就根据两点定义的矢量来确定移动的距离和方向。若再提示："指定基点或位移："时，输入一个点的坐标，当提示"指定位移的第二点："时，按 Enter 键，AutoCAD 将根据输入的坐标值把选定的面沿着法线方向移动。

三、偏移面

对于三维实体，可通过偏移面来改变实体及孔、槽等特征的大小。进行偏移操作时，用户可以直接输入数值或拾取两点来指定偏移的距离，随后 AutoCAD 根据偏移距离沿表面的法线方向移动面，如图 10－17 所示，把侧面 A 向实体的外部偏移，再将孔的表面向内偏移。输入正的偏移距离，将使表面向其外法线方向移动，否则，被编辑的面将向相反的方向移动。

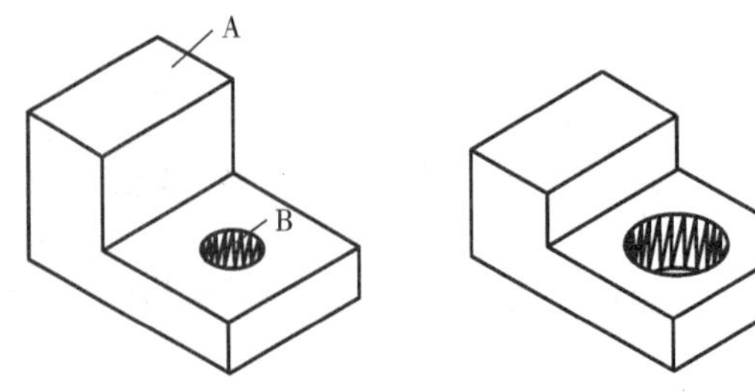

图 10－17　偏移面

【实践训练】

课目：

(一)问题

偏移面，利用 SOLIDEDIT 命令偏移实体表面。

(二)分析与解答

单击【实体编辑】工具栏中的按钮，AutoCAD 主要提示如下：

命令：_solidedit

选择面或[放弃(U)/删除(R)]：找到一个面　　//选择圆孔表面 B，参见图 10－17

选择面或[放弃(U)/删除(R)/全部(ALL)]：　　//按 Enter 键

指定偏移距离：－20　　//输入偏移距离

结果如图 10－17 右图所示。

四、旋转面

通过旋转实体的表面就可以改变面的倾斜角度，或将一些结构特征如孔、槽等旋转到新的方位，如图 10－18 所示，将 A 面的倾斜角修改为 120°，并把槽旋转 90°。

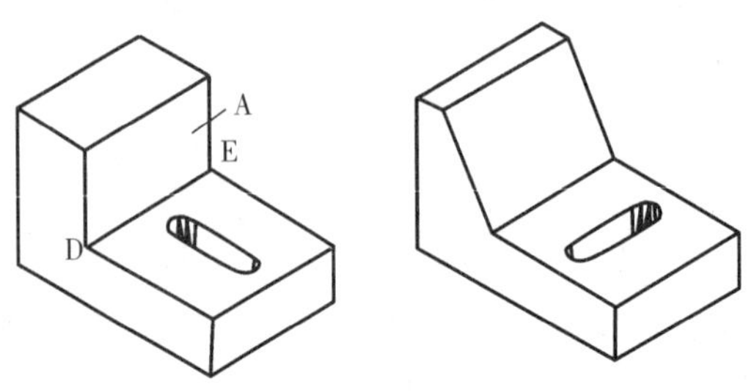

图 10－18　旋转面

在旋转面时，用户可通过拾取两点、选择某条直线或设定旋转轴平行于坐标轴等方法来指定旋转轴，另外，应注意确定旋转轴的正方向。

【实践训练】

课目：

(一)问题

利用 SOLIDEDIL 命令旋转实体表面。

(二)分析与解答

单击【实体编辑】工具栏中的 按钮，AutoCAD 主要提示如下：

命令：_solidedit

选择面或[放弃(U)/删除(R)]：找到一个面　　　//选择表面 A

选择面或[放弃(U)/删除(R)/全部(ALL)]：　　//按 Enter 键

指定轴点或[经过对象的轴(A)/视图(V)/*X* 轴(*X*)/*Y* 轴(*Y*)/*Z* 轴(*Z*)]〈两点〉：

　　　　//捕捉旋转轴上的第一点 D，如图 10－18 所示

在旋转轴上指定第二个点：　　　　//捕捉旋转轴上的第二点 E

指定旋转角度或[参照(R)]：－30　　　//输入旋转角度

结果如图 10－18 所示。

选择要旋转的实体表面后，AutoCAD 提示"指定轴点或[经过对象的轴(A)/视图(V)/*X* 轴(*X*)/*Y* 轴(*Y*)/*Z* 轴(*Z*)]〈两点〉："，各选项功能如下。

两点：指定两点来确定旋转轴，轴的正方向是由第一个选择点指向第二个选择点。

经过对象的轴(A)：通过图形对象来定义旋转轴，参见表 10－2。

表 10－2　利用图形对象定义旋转轴

对象	旋转轴
线段	所选线段即是旋转轴
圆、圆附	旋转轴垂直于圆、圆附所在的平面，并通过圆心
椭圆	旋转轴垂直于椭圆所在的平面，并通过椭圆心
二维、三维多线段	多段线起点与点的连线就是旋转轴
样条曲线	旋转轴通过样条曲线的起点和终点

视图(V)：旋转轴垂直于当前视图，并通过拾取点。

X 轴(*X*)、*Y* 轴(*Y*)、*Z* 轴(*Z*)：旋转轴平行于 *X*、*Y* 或 *Z* 轴，并通过拾取点。旋转轴的正方向与坐标轴的正方向一致。

在定义旋转轴后，AutoCAD 提示“指定旋转角度或[参照(R)]:”。各选项功能如下：

指定旋转角度：输入正的或负的旋转角，旋转角的正方向由右手螺旋法则确定。

参照(R)：该选项允许用户指定旋转的其始参考角和终止参考角，这两个角度的差值就是实际的旋转角，此选项常常用来使表面从当前的位置旋转到另一指定的方位。

五、锥化面

可以沿指定的矢量方向使实体表面产生锥度，如图 10 - 19 所示，选择圆柱表面 A 使其沿矢量 *EF* 方向锥化，结果圆柱面变为圆锥面。如果选择实体的某一平面进行锥化操作，则将使该平面倾斜一个角度。

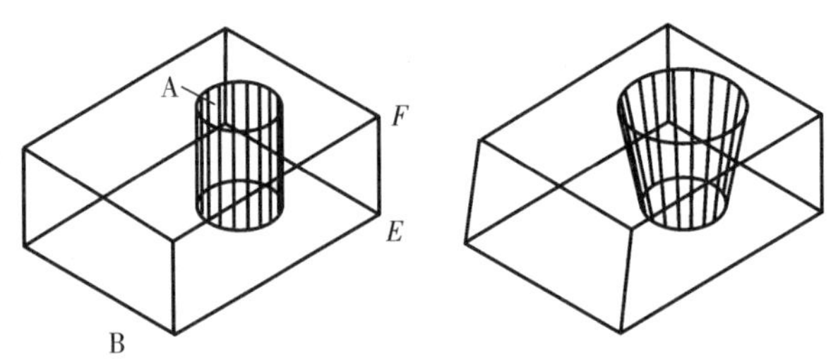

图 10 - 19　锥化面

进行面的锥化操作时，其倾斜方向由锥角的正负号及定义矢量时的基点决定。若输入正的锥度值，则将已定义的矢量绕基点向实体内部倾斜；否则，向实体外部倾斜。矢量的倾斜方式就说明了被编辑表面的倾斜方式。

【实践训练】

课目：

(一)问题

利用 SOLIDEDIT 命令使实体表面锥化。

(二)分析与解答

单击【实体编辑】工具栏中的 按钮，AutoCAD 主要提示如下：

选择面或[放弃(U)/删除(R)]：找到一个面　　//选择圆面 A，如图 10 - 19 所示

选择面或[放弃(U)/删除(R)/全部(ALL)]：找到一个面　　//选择平面 B

选择面或[放弃(U)/删除(R)/全部(ALL)]：　　//按 Enter 键

指定基点：　　//捕捉端点 E

指定沿倾斜轴的另一个点：　　　　　　　　　　　　//捕捉端点 F

指定倾斜角度:10　　　　　　　　　　　　　　　　　//输入倾斜角度

结果如图 10-19 所示。

六、复制面

利用按钮可以将实体的表面复制成新的图形对象,该对象是面域或体。如图10-20 所示,复制圆柱的顶面及侧面,生成的新对象 A 是面域,而对象 B 是体。复制实体表面的操作过程与移动面的操作过程类似。

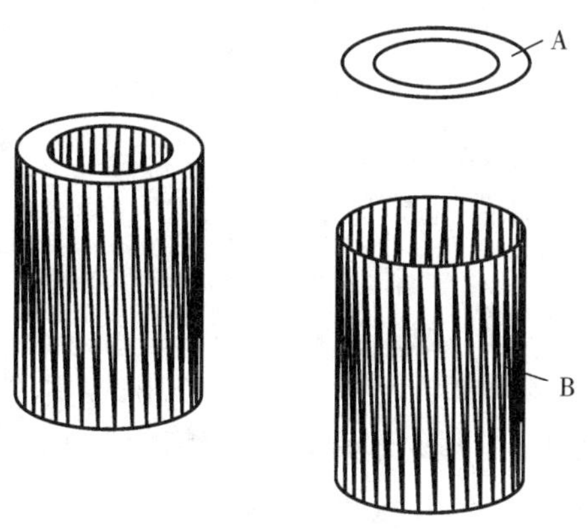

图 10-20　复制表面

提示:若把实体表面复制成面域,就可拉伸面域形成新的实体。

七、删除面及改变面的颜色

用户可删除实体表面及改变面的颜色。

按钮:删除实体上的表面,包括倒圆角和倒倾斜角时形成的面。

按钮:将实体的某个面修改为特殊的颜色,以增强着色效果。

八、编辑实心体的棱边

对于实心体模型,可以复制其棱边或改变某一棱边的颜色。

按钮:把实心体的棱边复制成直线、圆、圆弧、样条线等,如图 10-21 所示,将实体的棱边 A 复制成圆,复制棱边时,操作方法与常用的 COPY 命令类似。

按钮:利用此按钮用户可以改变棱边的颜色。将棱边改变为特殊的颜色后,就能增加着色效果。

提示:通过复制棱边的功能,就能获得实体的结构特征信息,如孔、槽等特征的轮廓线框,然后可利用这些信息生成新实体。

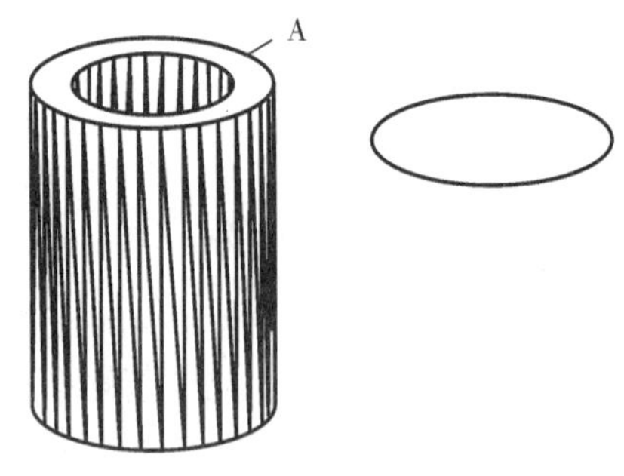

图 10－21　复制棱边

九、抽壳

[想一想]

通过抽壳能生成什么样的与建筑相关联的形体?

可以利用抽壳的方法将一个实心体模型生成一个空心的薄壳体。在使用抽壳功能时,用户要先指定壳体的厚度,然后 AutoCAD 把现有的实体表面偏移指定的厚度值以形成新的表面,这样,原来的实体就变为一个薄壳体。如果指定正的厚度值,AutoCAD 就在实体内部创建新面,否则,在实体的外部创建新面。另外,在抽壳操作过程中还能将实体的某些面去除,以形成薄壳体的开口,如图 10－22所示是把实体进行抽壳并去除其顶面的结果。

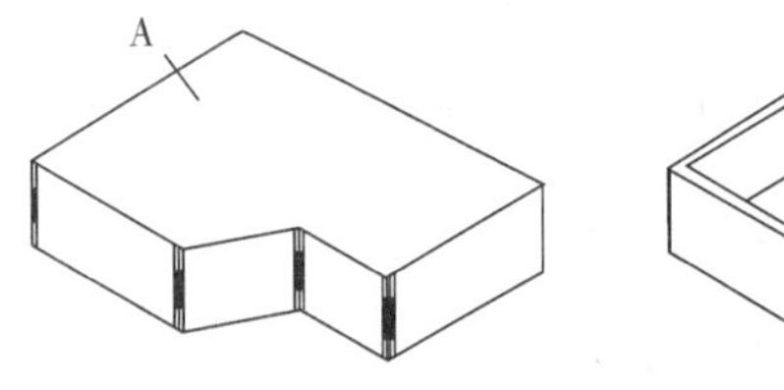

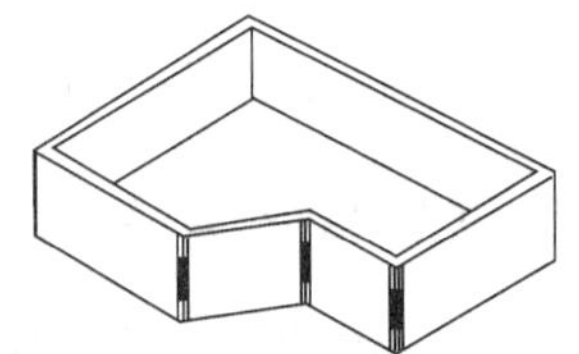

图 10－22　抽壳

【实践训练】

课目:

(一)问题

抽壳。

(二)分析与解答

打开附盘上的文件"11—15. dwg",利用 SOLIDEDIT 命令创建一个薄壳体。

单击【实体编辑】工具栏 按钮,AutoCAD 主要提示如下:

选择三维实体:　　　　　　　　//选择要抽壳的对象

删除面或[放弃(U)/添加(A)/全部(ALL)]:找到一个面,已删除 1 个

//选择要删除的表面 A,如图 10－22 所示

删除面或[放弃(U)/添加(A)/全部(ALL)]：　　//按 Enter 键

输入抽壳偏移的距离：10　　//输入壳体厚度

结果如图 10－22 所示。

十、压印

压印可以把圆、直线、多段线、样条曲线、面域、实心体等对象压印到三维实体上，使其成为实体的一部分。用户必须使被压印的几何对象在实体表面内或与实体相交，压印操作才能成功。压印时，AutoCAD 将创建新的表面，该表面以被压印的几何图形及实体的棱边作为边界，用户可以对生成的新面进行拉伸、偏移、复制、移动等操作，如图 10－23 所示，将圆压印在实体上，并将新生成的面向上拉伸。

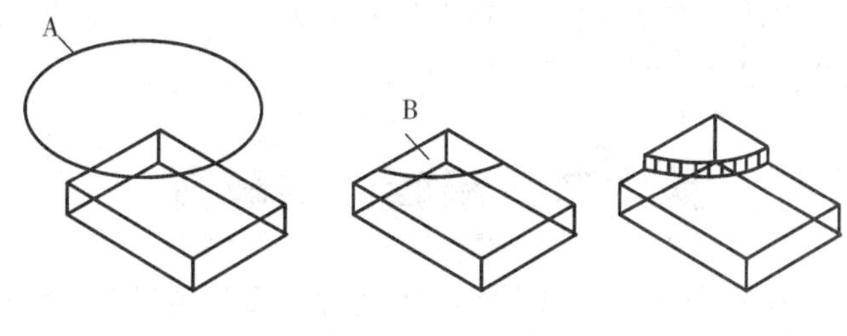

图 10－23　压印

【实践训练】

课目：

(一)问题

压印。

(二)分析与解答

1. 打开附盘上的文件“11_16.dwg”。

2. 单击【实体编辑】工具栏中的按钮，AutoCAD 主要提示如下：

选择三维实体：　　//选择实体模型

选择要压印的对象：　　//选择圆 A，如图 10－23 所示

是否删除源对象？〈N〉：y　　//删除圆 A

选择要压印的对象：　　//按 Enter 键

3. 结果如图 10－23 所示。

再单击按钮，AutoCAD 主要提示如下：

选择面或[放弃(U)/删除(R)]：找到一个面　　//选择表面 B

选择面或[放弃(U)/删除(R)/全部(ALL)]：//按 Enter 键

指定拉伸高度或[路径(P)]:10　　　　　//输入拉伸高度

指定拉伸的倾斜角度〈0〉:　　　　　　//按 Enter 键

结果如图 10－23 所示。

十一、拆分及清理实体

AutoCAD 2007 的体编辑功能中提供了拆分不连续实体及清除实体中的多余对象的选项。

按钮:将体积不连续的完整实体分成几个相互独立的三维实体。例如,在进行“差”类型的布尔运算时,常常将一个实体变成不连续的几块,但此时这几块实体仍是一个单一实体,利用此按钮就可以把不连续的实体分割成几个单独的实体块。

按钮:将实体中多余的棱边、顶点等对象去除。例如,可通过此按钮清楚实体上压印的几何对象。

第六节　编辑网格表面

3DMESH、EDGESURF 和 REVSURF 等命令可以创建三维网格表面,其网格密度由类似于阵列方式排列的顶点数目决定,这些顶点是 3D 多段线的顶点,而整个表面可以看成是由 3D 多段线所构成。用户可利用多段线编辑命令 PEDIT 来编辑网格曲面,另外也可通过 PROPERTIES 命令或采取关键点编辑式进行修改。

一、用 PEDIT 或 PROPERTIES 命令编辑网格表面

PEDIT 命令可以调整网格曲面顶点的位置,并能改变网格表面类型。键入该命令,选择要编辑的表面模型,将得到以下提示:

输入选项[编辑顶点(E)/非平滑(D)/M 向关闭(M)/N 向关闭(N)/放弃(U)]:

编辑顶点(E):该选项使用户能够修改网格顶点的位置。例如,可以通过输入相对坐标、绝对坐标或采用对象捕捉等方法来移动现有的顶点。

平滑曲面(S):利用这个选项可以把锯齿形的网格表面修改为光滑的表面,改选项产生的光滑表面类型由系统变量 SURFTYPE 决定,参见表 10－3。

表 11－3　设置系统变量 SURFTYPE

SURFTYPE	曲面类型
5	二次 B 样条曲面
6(缺省)	三次 B 样曲面
7	Bezier 曲面

SURFTYPE 的值越大,生成的曲面越光滑,如图 10－24 所示是设定不同 SURFTYPE 值时生成的光滑表面。

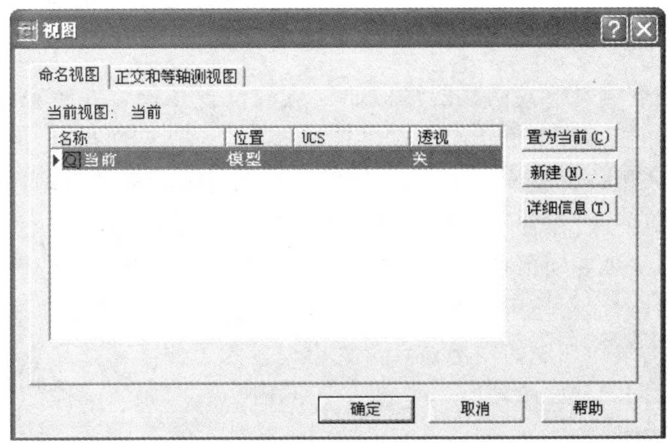

图 10－24

非平滑(D):恢复到初始的网格表面。

M 向关闭(M)、N 向关闭(N):如果网格表面在 M 方向或 N 方向的三维多段线没有闭合,则这两个选项将使多段线闭合,如图 14—20 所示。

M 向打开(M)、N 向打开(N):如果网格表面在 M 方向或 N 方向的三维多段线是闭合的,就可利用这两个选项使多段线打开。

用 PROPERTIES 命令也可以很方便地修改 3D 网格面的类型及调整网格顶点的位置。

选择要编辑的表面,然后键入 PROPERTIES 命令,AutoCAD 打开【特性】对话框,如图 10－25 所示。

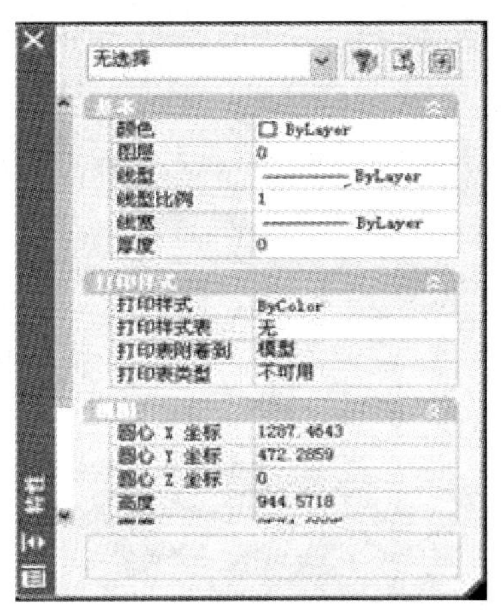

图 10－25 “特性”对话框

调整网格顶点位置及修改表面类型的选项如下:

【顶点】:选择该选项后,在此栏的右边会出现按钮。用户可在栏中输入数字或利用按钮来指定要编辑的顶点。

【顶点 X 坐标】、【顶点 Y 坐标】、【顶点 Z 坐标】:选择 3 个选项中的任意一个,AutoCAD 就在栏框的右边弹出一个按钮,用户可在栏中输入顶点的绝对坐标或利用此按钮调整顶点的位置。单击按钮,则屏幕上出现一条连接顶点及光标的橡皮线,此时,就可捕捉其他点或输入相对坐标来移动顶点。

【M 闭合】、【N 闭合】:通过这两个下拉列表可设定在 M 和 N 方向上闭合或打开多段线。

除了可以利用 PEDIT 或 PROPERTIES 命令设置网格表面的类型外，还能通过系统变量 SURFU、SURFV 来改变拟合表面的网格密度。

二、通过关键点编辑模式修改 3D 表面

利用关键点编辑模式调整网格曲面顶点的位置是较为方便的一种方法，虽然用户也可通过 PEDIT 和 PROPERTIES 命令移动网格面顶点，但编辑时只能依次进行，而采用关键点编辑模式时，就能一次同时编辑多个顶点。进入关键点编辑模式后，应使用“拉伸”选项，此时可通过输入点的相对坐标、绝对坐标，或利用对象捕捉方式来变动顶点的位置。如果已采用其他类型的光滑表面对最初网格面进行了拟合，那么当用户选中网格曲面时，关键点并不显示在拟合曲面的网格顶点处，而仍然是在原始网格顶点位置出现。为了便于调整顶点的位置，可将系统变量 SPLFRAME 设置为 1，并键入 PEGEN 命令，则 AutoCAD 把初始的网格框架显示出来。

【实践训练】

课目：

(一)问题

调整网格顶点的位置。

(二)分析与解答

命令：　　　　//选择网格表面，然后按住 Shift 键选取顶点 A、B、C、D，如图 10－26 所示

拉伸　　　　　//激活关键点编辑模式，进入“拉伸”方式

指定拉伸点或[基点(B)/复制(C)/放弃(U)/退出(X)]：@0，0，80

　　　　　　　//输入相对坐标

结果如图 10－26 所示。

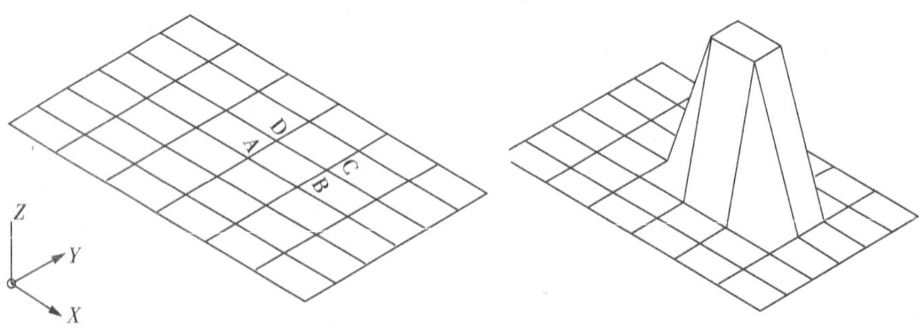

图 10－26　调整网格曲面顶点

第七节　小　结

本章讨论了有关3D对象阵列、旋转、镜像、对齐等编辑名令，并陈述了如何编辑实心体的表面、棱边及体，还介绍了网格表面的编辑方法。二维编辑命令可用于修改3D对象，但使用时应注意以下特点：

1. ARRAY、MIRROR、和ROTATE等命令的编辑结果与当前的用户坐标平面有关。

2. BREAK、LENGHEN、OFFSET、TRIM、EXTEND等命令只限于处理三维线条。

3. FILLET和CHAMFER命令只能适用于实体模型。

4. MOVE、COPY和SCALE等命令适用于3D实体和表面模型。

5. 关键点编辑方式适用于3D实体和表面模型。

6. AutoCAD提供了专门用于编辑3D对象的命令，如3DARRAY、ROTATE 3D、MIRROR3D、ALLGN和SOLIDEDIT等。其中前4个命令是用于改变3D模型的位置及在三维空间中复制对象，而SOLIDEIT命令包含了编辑实心体模型面、边、体的功能，该命令的面编辑功能使用户可以对实体表面进行拉伸、偏移、锥化、旋转等操作，边编辑选项允许用户复制棱边及改变棱边的颜色，体编辑功能允许用户将几何对象压印在实体上或对实体进行拆分、抽壳等处理。对于表面模型的编辑，经常使用PEDIT命令、PROPERTIES命令或采用关键点编辑模式。

7. PEDIT和PROPERTIES命令可以调整网格表面顶点的位置或改变表面的类型，而关键点编辑模式也能编辑网格顶点，与前两个命令相比，利用关键点编辑方式来修改顶点的位置将更方便一些。

本章思考与实训

1. 绘制如图10－27所示对称的三维图形。

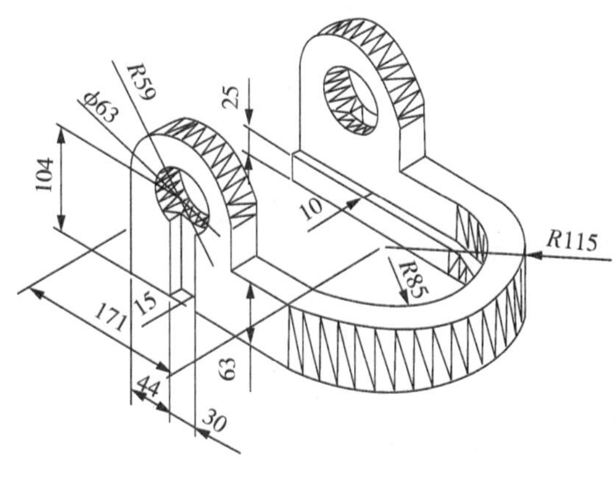

10－27

2. 请绘制如图 10－28 所示三维图形。

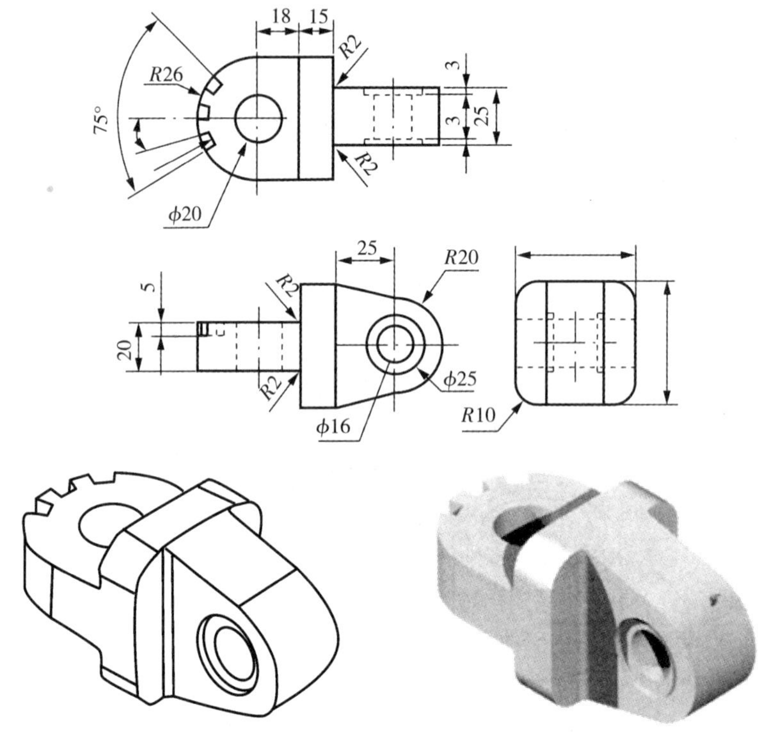

10－28

3. 请绘制如图 10－29 所示三维曲面。

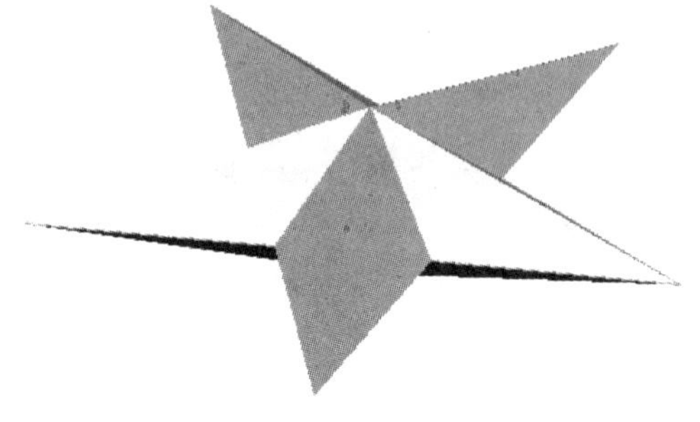

10－29

第十一章　建筑工程图的绘制

【内容要点】

本章通过运用 AutoCAD 绘制图 11－1 所示某办公楼底层平面图的绘图实例，介绍综合运用 AutoCAD 绘制建筑工程图的方法和过程。

【知识链接】

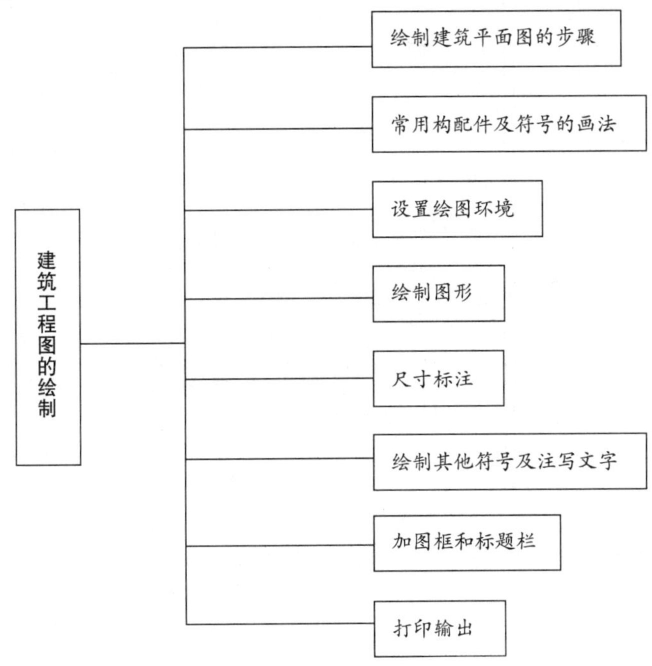

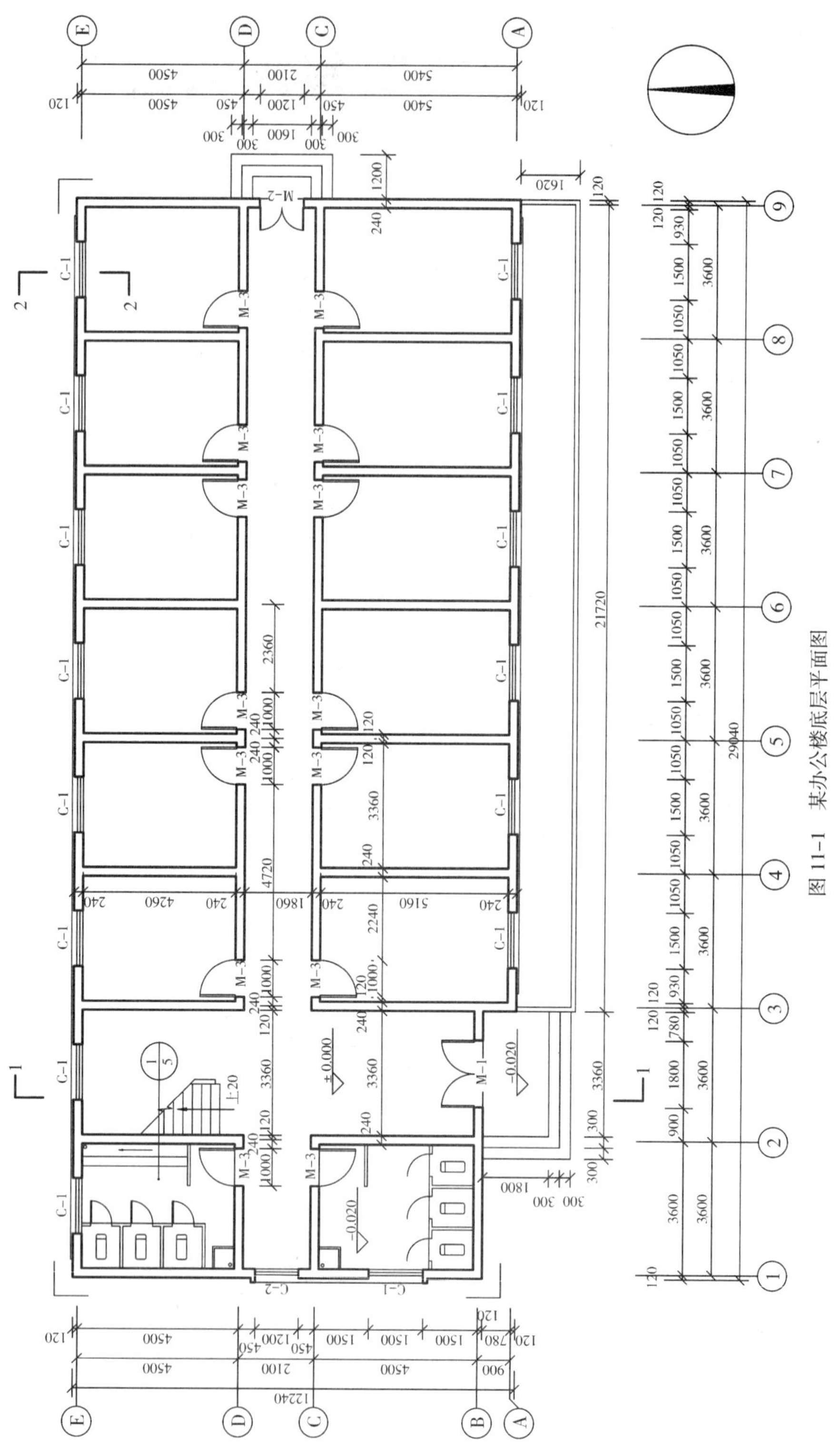

图 11-1 某办公楼底层平面图

第一节　用 AutoCAD 绘制建筑平面图的步骤

绘制时，分成如下几个步骤：

(1)设置绘图环境；

(2)画定位轴线网；

(3)画墙体线和柱；

(4)定门窗，画建筑细部；

(5)加注尺寸标注和文字说明；

(6)加图框和标题栏；

(7)打印输出图纸。

[问一问]

采用图板、丁字尺手工作图的步骤是什么？

第二节　建筑平面图中常用构配件及符号的画法

一、墙体线

绘制墙体线有多种方法。可以用直线(Line)或多段线(Pline)沿墙体定位轴线(或辅助线)画出墙体中心线，然后使用偏移(Offset)命令生成墙体线，并用剪切(Trim)命令修改墙体交叉处，修改时可用窗口缩放(Zoom)命令对要修改的部位进行放大显示。也可以使用多线(Mline)命令沿墙体定位轴线(或辅助线)画出墙体线，然后使用多线编辑(Mledit)命令，利用【多线编辑工具】对话框(如图 11-2 所示)修改墙体交叉及部分转角处，修改时可用窗口缩放(Zoom)命令对要修改的部位进行放大显示，如图 11-3 所示。

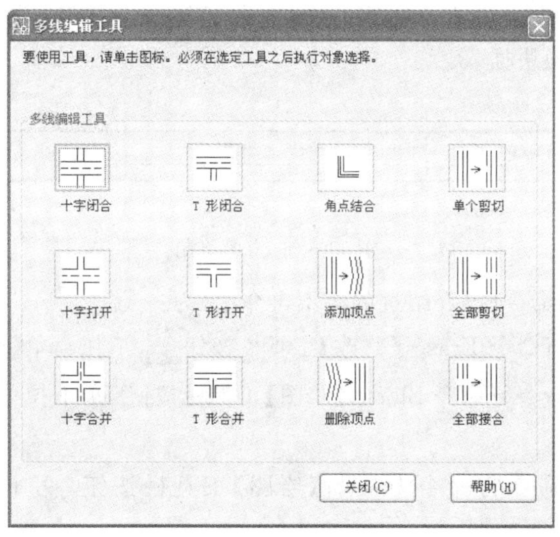

图 11-2 【多线编辑工具】对话框

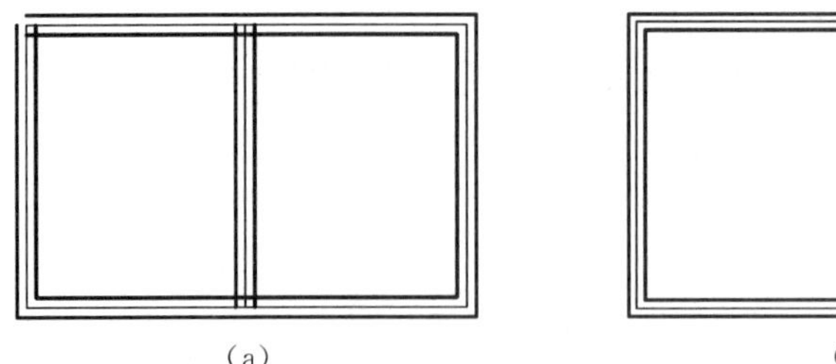

图 11-3　墙的绘制

主要用到的命令为：

直线：命令行命令 Line，【绘图】工具栏按钮，下拉菜单【绘图】\【直线】。

多段线：命令行命令 Pline，【绘图】工具栏按钮，下拉菜单【绘图】\【多段线】。

偏移：命令行命令 Offset，【修改】工具栏按钮，下拉菜单【修改】\【偏移】。

剪切：命令行命令 Trim，【修改】工具栏按钮，下拉菜单【修改】\【剪切】。

窗口缩放：命令行命令 Zoom，【标准】工具栏上【缩放】随位工具栏按钮。

多线：命令行命令 Mline，下拉菜单【绘图】\【多线】。

多线编辑：命令行命令 Mledit，下拉菜单【修改】\【对象】\【多线】。

二、窗

一般先在墙体上对应窗的位置画出窗的界线；然后使用剪切（Trim）命令开出窗洞，使用直线（Line）命令和偏移（Offset）命令画出窗的图例；最后使用删除（Erase）命令擦去辅助绘图的窗的界线并在此处使用直线（Line）命令封闭墙体线，如图 11-4 所示。如果是使用多线（Mline）命令绘制出的墙体线，在使用剪切（Trim）命令前，须先将多线分解（Explode）为准确绘图，常将捕捉方式打开。因窗在施工图中经常大量重复出现，故也常将窗定义为图块，先在墙体上开出窗洞，然后将窗的图块插入。

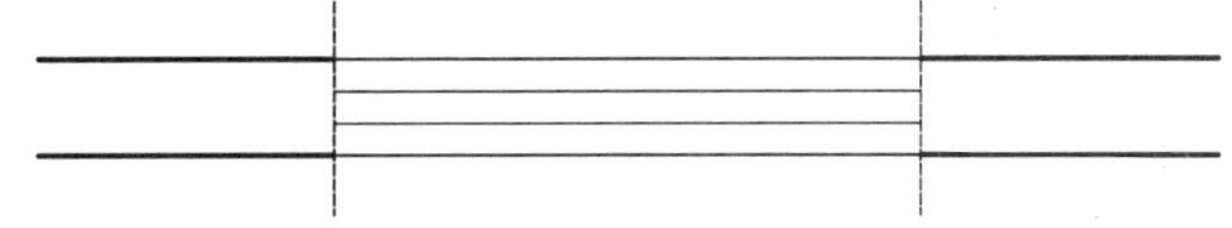

图 11-4　窗的绘制

主要用到的命令（已介绍过的将不再介绍）为：

删除：命令行命令 Erase，【修改】工具栏按钮，下拉菜单【修改】\【删除】。

定义图块：命令行命令 Block，【绘图】工具栏按钮，下拉菜单【绘图】\【块】\【创建】。

插入图块：命令行命令 Insert，【绘图】工具栏按钮，下拉菜单【插入】\【块】。

分解：命令行命令 Explode，【修改】工具栏按钮，下拉菜单【修改】\【分

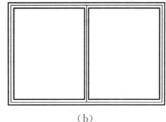

解】![icon]。

三、门

与窗类似，先将门在墙体中的位置定出，开出门洞。因门在施工图中大量重复出现，也常将门定义为图块。先用矩形(Rectang)命令绘制门，用圆弧(Arc)命令画出门的开启线，用镜像(Mirror)命令画出两个基本的门：左门和右门，如图11-5所示；然后将左门和右门分别制作成两个图块。在需要绘制门时，只需要将门的图块按一定比例和旋转角度插入门洞即可。有时为简便起见，也可将门用中粗线绘制，开启线也可省略不画。

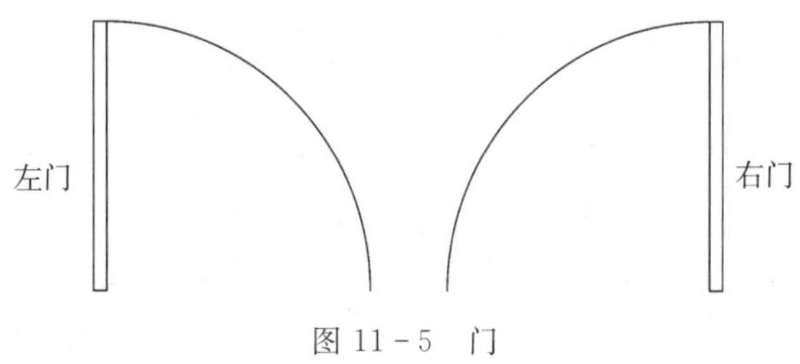

图 11-5　门

主要用到的命令为：

矩形：命令行命令 Rectang，【绘图】工具栏按钮，下拉菜单【绘图】\【矩形】。

圆弧：命令行命令 Arc，【绘图】工具栏按钮，下拉菜单【绘图】\【圆弧】\。

镜像：命令行命令 Mirror，【修改】工具栏按钮，下拉菜单【修改】\【镜像】。

四、楼梯

首先可使用点坐标(Id)命令确定一参考定位点，使用直线命令结合相对坐标(坐标前加@)画出第一阶台阶线；其次使用阵列(Array)命令画出所有台阶线；然后在中间使用矩形和偏移命令画出楼梯扶手；最后用直线和箭头画出楼梯走向及折断线，并使用剪切命令修正细节，如图11-6所示。箭头可以使用多段线命令通过控制起点和终点的线宽来绘制，也可以使用直线命令和图案填充(Bhatch)命令绘制。

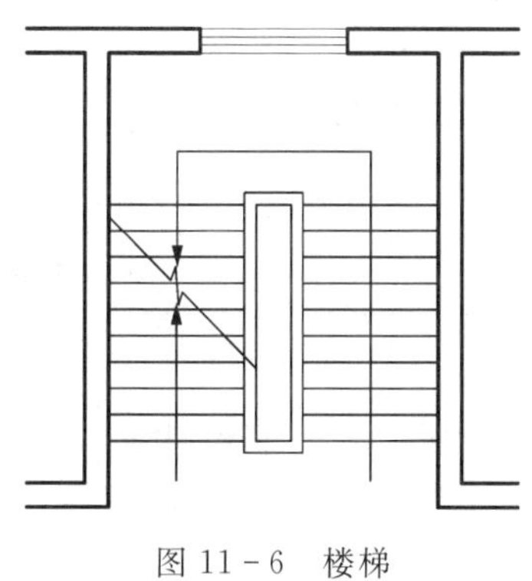

图 11-6　楼梯

主要用到的命令为：

阵列:命令行命令 Array,【修改】工具栏按钮,下拉菜单【修改】\【阵列】。

图案填充:命令行命令 Bhatch,【绘图】工具栏按钮,下拉菜单【绘图】\【图案填充】。

五、卫生间

卫生间一般较为复杂,一般有门、墙、窗以及水池、便池、便槽、坡度方向等。门、窗如已制作为图块,可使用块插入。其他设施可使用直线、圆(Circle)、矩形、偏移和箭头等命令绘制,便槽可使用圆角(Fillet)命令倒出圆角。如图 11－7 所示。

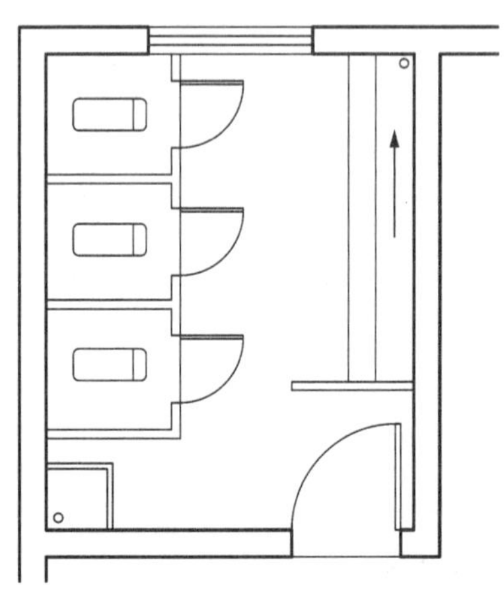

图 11－7　卫生间

主要用到的命令为:

圆:命令行命令 Circle,【绘图】工具栏按钮,下拉菜单【绘图】\【圆】\。

圆角:命令行命令 Fillet,【修改】工具栏按钮,下拉菜单【修改】\【圆角】。

六、台阶和阳台

可使用多段线和偏移命令绘制出台阶和阳台,如图 11－8 所示。

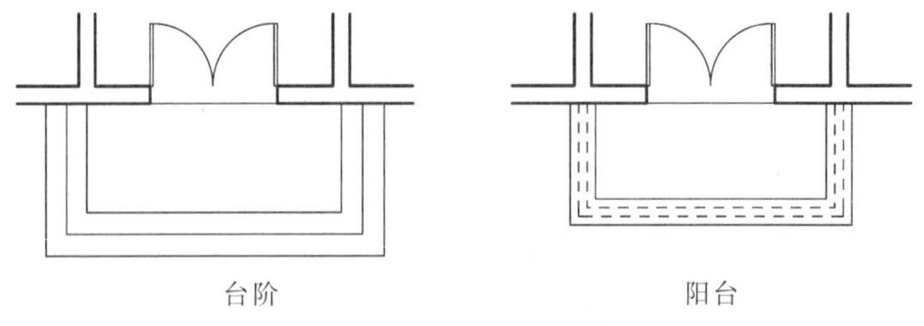

图 11－8　台阶和阳台

七、常用符号

对于建筑施工图中常用的符号,如定位轴线、标高符号、索引符号和指北针,可使用直线和圆等命令绘制。对于指北针还要使用图案填充命令,如图 11-9 所示。也可将这些常用符号制作成图块,供插入调用。

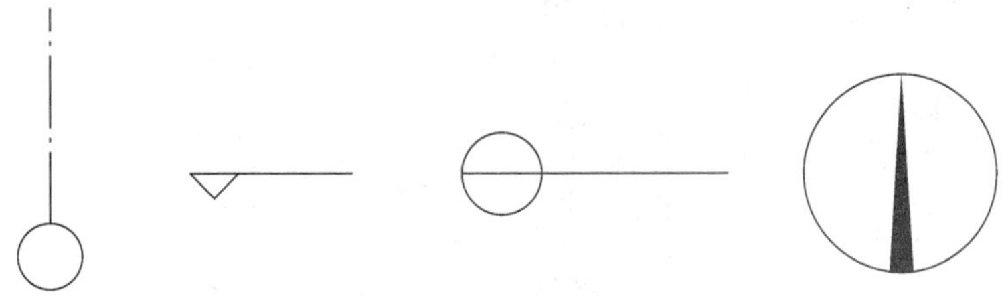

图 11-9　常用符号

第三节　设置绘图环境

一、设置单位和绘图界限

首先,新建一个图形文件。单击【标准】工具栏上的按钮,弹出【创建新图形】对话框(注:参数 startup 值为 1 时才会弹出【创建新图形】对话框,可在命令行键入 startup 更改参数值),选择【使用向导】(右起第一个按钮),如图 11-10 所示,创建新图形。

[想一想]

手工作图前需要做好哪些准备工作?计算机作图呢?

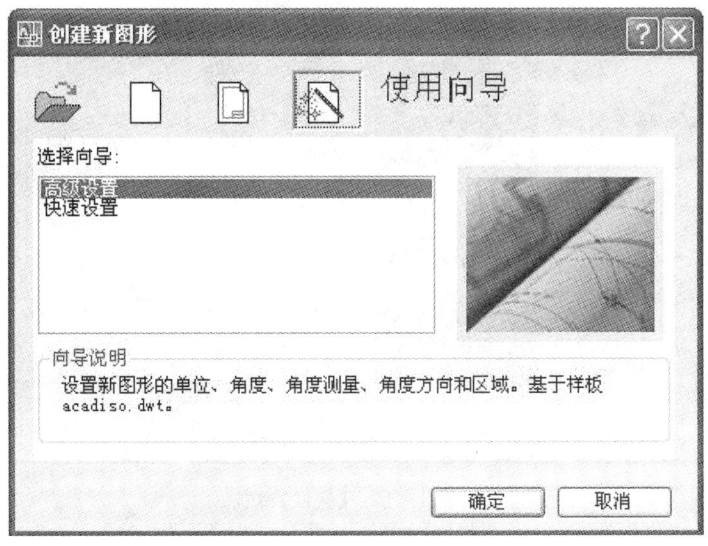

图 11-10　【创建新图形】对话框

在【选择向导】列表框中选择【高级设置】选项,单击【确定】按钮,将弹出【高级设置】对话框,逐项进入【单位】、【角度】、【角度测量】、【角度方向】和【区域】的设置。在【单位】的设置中,选择【小数】,因图中的尺寸都是整数(标高在 CAD 图中作为文字输入),故在【精度】列表框中选择 0,如图 11-11 所示。

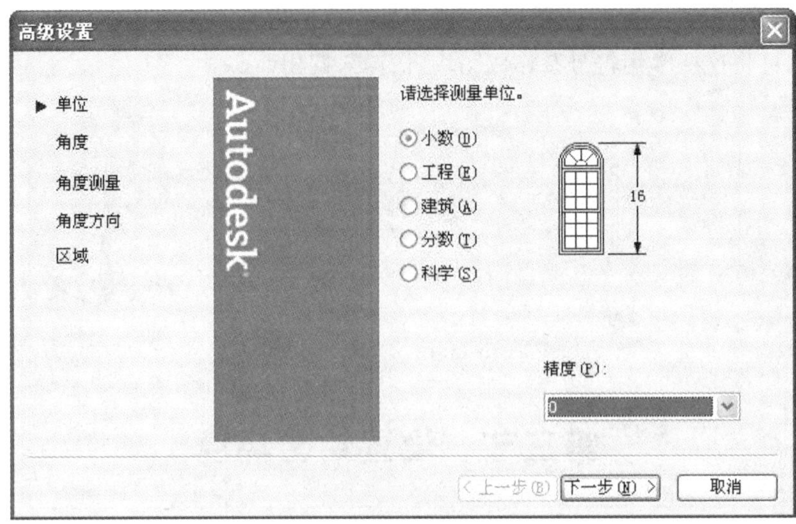

图 11－11 【单位】设置

因图中没有角度尺寸，连续单击【下一步】，进入【区域】设置。因要绘制的平面图宽度为 29040，高度为 12240，设置稍大一些的绘图界限，在【区域】中设置【宽度】为 32000，【长度】为 14000，如图 11－12 所示，设置完成后，单击【完成】。

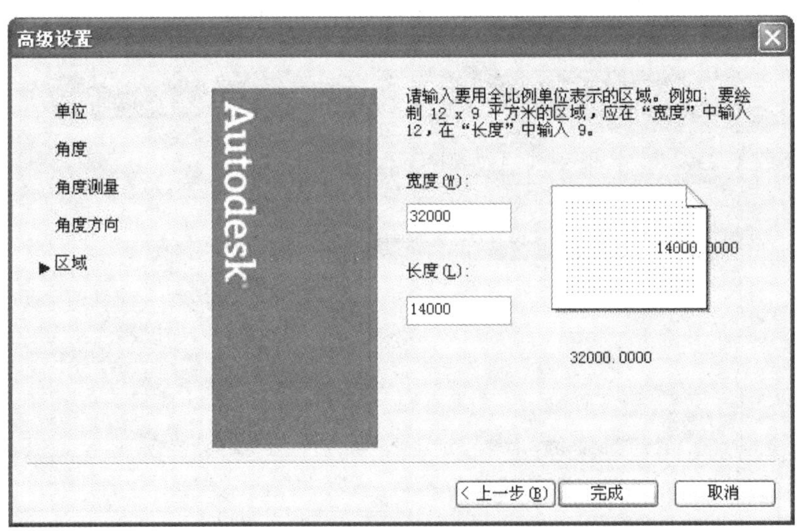

图 11－12 【区域】设置

二、设置线型

选择下拉菜单【格式】\【线型】，系统弹出【线型管理器】对话框，如图 11－13 所示，系统初始线型只有连续线。

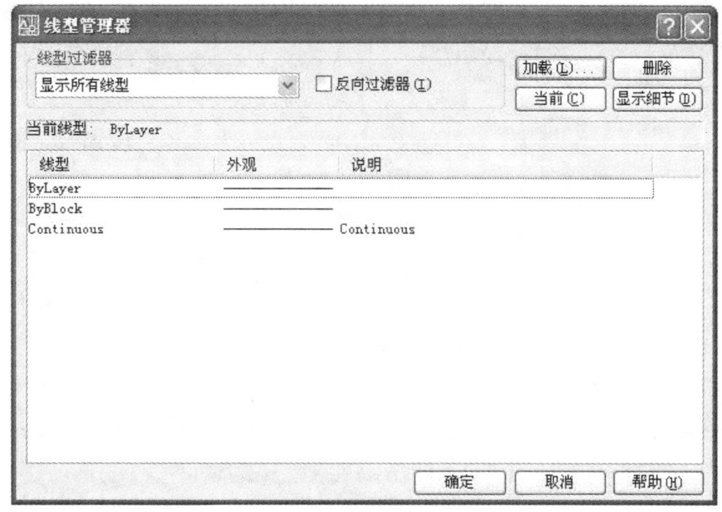

图 11－13 【线型管理器】对话框

可以根据需要加载所需要的线型。单击【加载】按钮，弹出【加载或重载线型】对话框，选择需要加载的线型，单击【确定】，如图 11－14 所示。

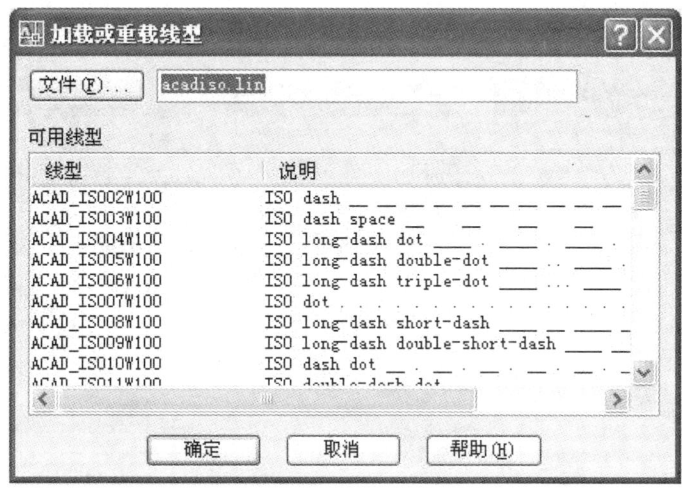

图 11－14 【加载或重载线型】对话框

三、设置图层

设置若干个图层，将不同的对象分门别类地放置在不同的图层上，以便于图形的绘制、修改和管理。各图层可以分别设置各自的线型、线宽、颜色等属性。设置图层的步骤为：

(1)单击【图层】工具栏上的按钮，弹出【图层特性管理器】对话框。

(2)单击按钮，创建新图层，在下方的【详细信息】组合框中，可对图层的名称进行修改，并设置该图层的线型、颜色、线宽等。在绘制建筑平面图时，各图层的设置如图 11－15 所示。

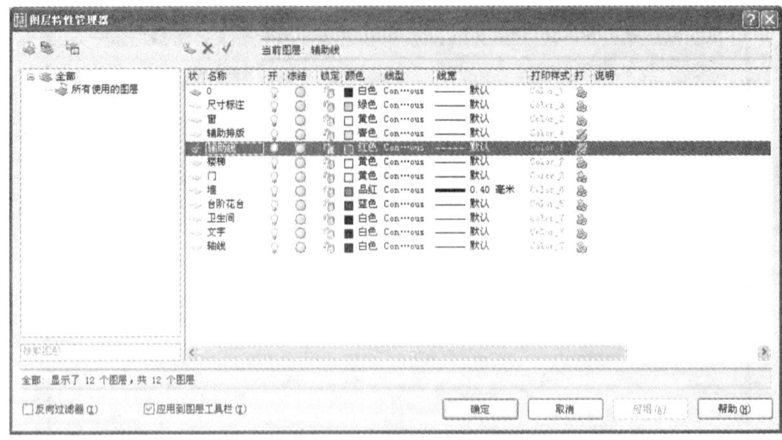

图 11－15 【图层特性管理器】对话框

四、设置文字样式

选择下拉菜单【格式】\【文字样式】，系统弹出【文字样式】对话框，根据国家建筑制图标准，在【字体名】下拉列表框中选择【仿宋 GB2312】，其余的选项均采用默认值，如图 11－16 所示。然后单击【应用】按钮，再单击【关闭】按钮。

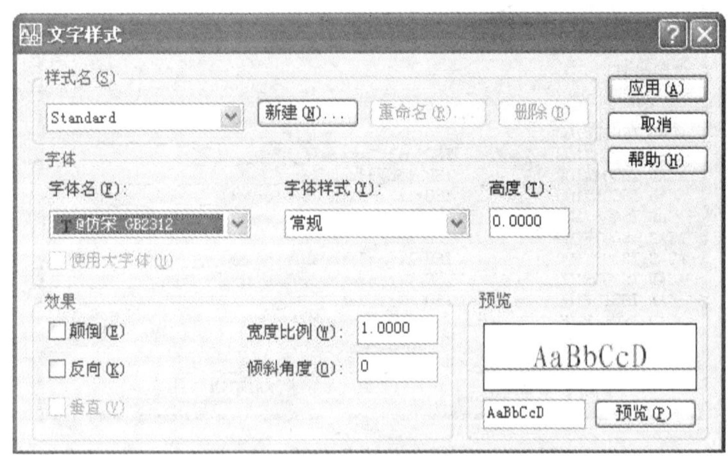

图 11－16 【文字样式】对话框

第四节　绘制图形

一、绘制辅助线

1. 将【辅助线】层设置为当前层

在【图层】工具栏中，从【图层控制】的下拉列表框中选择【辅助线】层使其为当前层。

2. 绘制基准线

首先使用【全部缩放】命令，将整个图形（由设置的绘图界限控制）全部显示在当前窗口。通过下拉菜单选择【视图】\【缩放】\【全部】，或单击【标准】工具栏上【缩放】随位工具栏中的按钮。系统提示：

命令：'_zoom

指定窗口的角点，输入比例因子（nX 或 nXP），或者

［全部（A）/中心（C）/动态（D）/范围（E）/上一个（P）/比例（S）/窗口（W）/对象（O）］<实时>：_all 正在重生成模型。

并单击状态栏上的【正交】按钮，使其处于按下状态，打开正交方式。

使用直线（Line）命令作一条水平线 H_1 和一条竖直线 V_1 作为绘图基准，如图 11－17 所示。

［想一想］

基准线与定位轴线是什么关系？定位轴线一般应采用什么线型绘制？

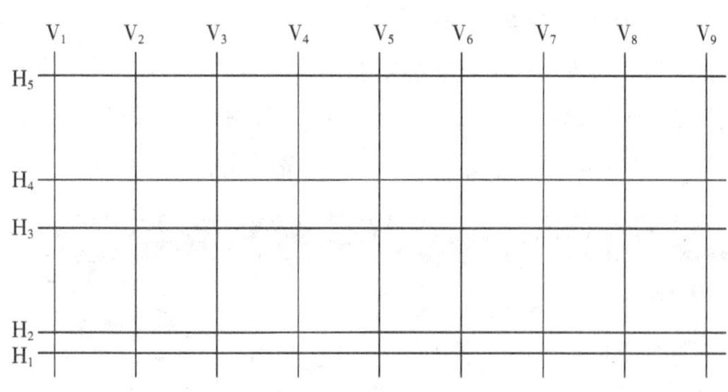

图 11－17　绘制辅助线网格

单击【绘图】工具栏中【直线】按钮，系统提示：

命令：

命令：_Line 指定第一点：（指定 H_1 的左端点）

指定下一点或［放弃（U）］：（指定 H_1 的右端点）

指定下一点或［放弃（U）］：（按回车键）

命令：（按回车键）

LINE 指定第一点：（指定 V_1 的下端点）

指定下一点或［放弃（U）］：（指定 V_1 的上端点）

指定下一点或［放弃（U）］：（按回车键结束命令）

3. 用偏移和阵列命令生成辅助线网格

单击【修改】工具栏中【偏移】按钮，系统提示：

命令：_offset

当前设置：删除源＝否　图层＝源　OFFSETGAPTYPE＝0

指定偏移距离或［通过（T）/删除（E）/图层（L）］<1.0000>：

命令：

命令：_offset

当前设置：删除源＝否　图层＝源　OFFSETGAPTYPE＝0

指定偏移距离或[通过(T)/删除(E)/图层(L)]＜1.0000＞:(输入偏移距离“900”,并按回车键)

选择要偏移的对象,或[退出(E)/放弃(U)]＜退出＞:(选取 H_1)

指定要偏移的那一侧上的点,或[退出(E)/多个(M)/放弃(U)]＜退出＞:(在 H_1 上方拾取一点)

选择要偏移的对象,或[退出(E)/放弃(U)]＜退出＞:(按回车键结束命令)

继续使用偏移命令生成 H_3、H_4 和 H_5,其偏移距离分别为:$|H_2H_3|=4500$,$|H_3H_4|=2100$,$|H_4H_5|=4500$。

因竖直辅助线间距相等且数量较多,可以使用阵列命令。

单击【修改】工具栏上的【阵列】按钮,系统弹出【阵列】对话框,单击【选择对象】\【阵列】对话框暂时关闭,命令行提示:

选择对象:(选取 V_1)找到 1 个

选择对象:(按回车键或单击鼠标右键)

系统又弹出【阵列】对话框,进行如图 11-18 所示的设置,设置完成后单击【确定】按钮,系统即自动将 V_1 复制成 9 列(包括 V_1 本身)。如图 11-17 所示。

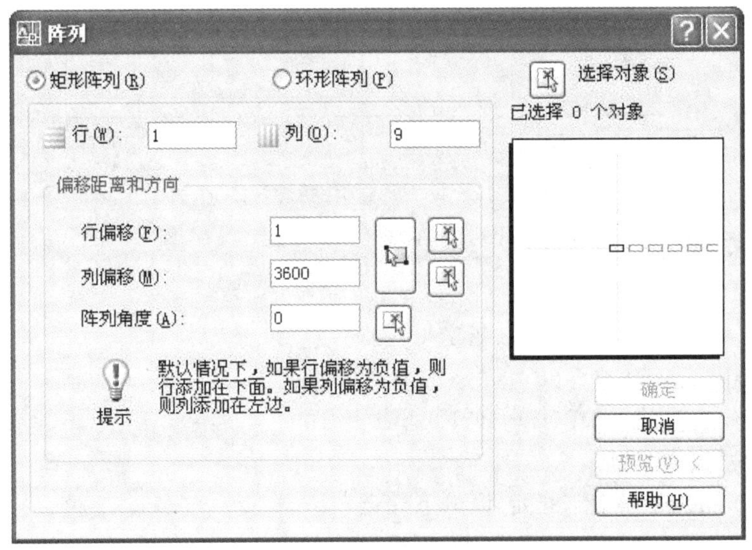

图 11-18 【阵列】对话框

二、绘制墙体

(1)将【墙】层设置为当前层。单击状态栏上的【对象捕捉】按钮,使其处于按下状态,打开捕捉方式。若要对【对象捕捉】进行重新设置,可将光标指向【对象捕捉】按钮,单击鼠标右键,在快捷菜单中选择【设置】,即可打开【草图设置】对话框并显示【对象捕捉】选项卡,在其上选中希望捕捉的点。

(2)使用多线命令在辅助线上画墙体线。通过下拉菜单选择【绘图】\【多线】,系统提示:

命令:_mline

当前设置:对正＝上,比例＝20.00,样式＝STANDARD

指定起点或[对正(J)/比例(S)/样式(ST)]:(输入"j",并按回车键)

输入对正类型[上(T)/无(Z)/下(B)]<上>:(输入"z",并按回车键)

系统提示:

当前设置:对正＝无,比例＝20.00,样式＝STANDARD

指定起点或[对正(J)/比例(S)/样式(ST)]:(输入"s",并按回车键)

输入多线比例<20.00>:(输入"240",并按回车键)

系统提示:

当前设置:对正＝无,比例＝240.00,样式＝STANDARD

指定起点或[对正(J)/比例(S)/样式(ST)]:(利用捕捉指定需画墙体线的辅助线网格的交点)

指定下一点:(利用捕捉指定下一个墙体线折点处的辅助线网格的交点)

指定下一点或[放弃(U)]:(利用捕捉指定下一个墙体线折点处的辅助线网格的交点)

指定下一点或[闭合(C)/放弃(U)]:(利用捕捉指定下一个墙体线折点处的辅助线网格的交点)

……

(3)使用多线编辑(Mledit)命令,修改修改已绘制的墙体线。通过下拉菜单选择【修改】\【对象】\【多线】,系统弹出【多线编辑工具】对话框(如图 11－2 所示),使用【角点结合】修改墙体转角处,使用【T 形合并】修改墙体交叉处。最终成图如图 11－19 所示。

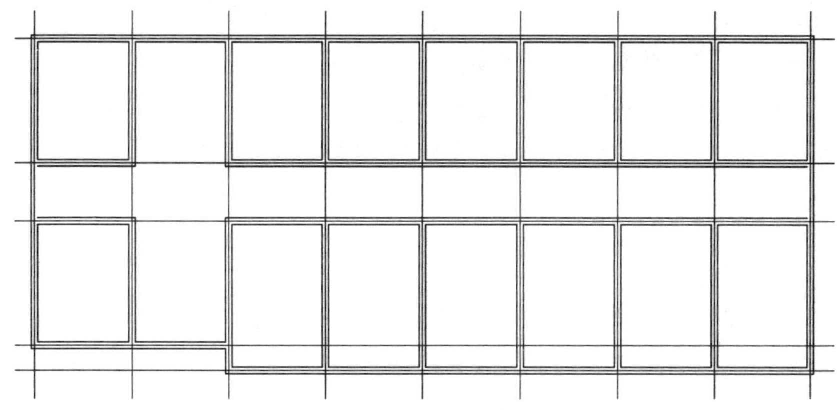

图 11－19　绘制墙体线

三、在墙体上开门窗洞口

使用分解命令将使用多线命令绘制出的墙体线分解。选中所有使用多线命令绘制出的墙体线,单击【修改】工具栏上的按钮。

仍以【墙】层为当前层,并将【辅助线】层打开,正交和捕捉方式打开。使用窗

口缩放命令将 H_5 线上 V_1 和 V_2 间墙体处用窗口放大。通过下拉菜单选择【工具】\【查询】\【点坐标】,系统显示:

命令:'_id 指定点:(指定 H_5 和 V_1 的交点)(显示坐标值)

命令:(单击【绘图】工具栏上的【直线】按钮)

命令:

命令:_line 指定第一点:(键入"@1050,120"并按回车键)

指定下一点或[放弃(U)]:(光标往下移动捕捉双线墙另一条墙线的垂足,单击左键。注:此时【对象捕捉】设置中【垂足】应选中)

指定下一点或[放弃(U)]:(按回车键)

命令:(按回车键)

LINE 指定第一点:(键入"@1500,0"并按回车键)

指定下一点或[放弃(U)]:(上移光标捕捉双线墙另一条墙线的垂足,并单击左键)

指定下一点或[放弃(U)]:(按回车键结束直线命令)

命令:(单击【修改】工具栏上的【阵列】按钮)

系统弹出【阵列】对话框,选择【矩形阵列】,单击【选择对象】,【阵列】对话框暂时关闭,命令行提示:

选择对象:(选择刚画好两小段墙体线,可以使用鼠标从左往右框选)找到 2 个

选择对象:(按回车键或单击鼠标右键)

系统又弹出【阵列】对话框,将行数设置为 2,列数设置为 8,行偏移设置为－12000,列数设置为 3600,设置完成后单击【确定】按钮,系统即自动生成 H_1 线和 H_5 线处的 16 个窗洞边的墙体线。

命令:(单击【修改】工具栏上的【删除】按钮)

命令:_erase

选择对象:(选择 H_1 线上 V_1 和 V_3 间多余的窗洞边缘线,可使用鼠标从左往右框选)

选择对象:(按回车键或单击鼠标右键)

关闭【辅助线】层。在【图层】工具栏中,打开【图层控制】下拉列表框,单击【辅助线】层中的开/关图层图标,使其变成。

命令:(单击【修改】工具栏上的【修剪】按钮)

命令:_trim

当前设置:投影＝UCS,边＝无

选择剪切边...

选择对象:(选择所有的墙体线,可使用鼠标从右往左框选)

选择对象:(按回车键或单击鼠标右键)

选择要修剪的对象,或按住 Shift 键选择要延伸的对象,或[投影(P)/边(E)/放弃(U)]:(分别单击点选窗洞处的墙线)

可以结合使用【标准】工具栏上的【实时平移】按钮。其他位置的门窗洞口用同样的方法绘制。结果如图 11－20 所示。

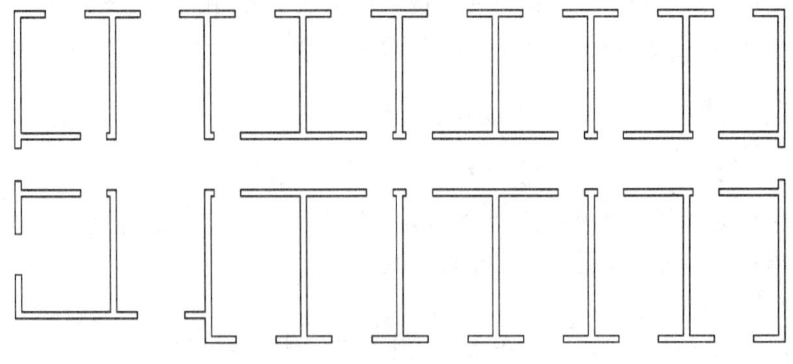

图 11－20　在墙体上开门窗洞口

四、绘制门

先画出两种基本形式的门：左门和右门，并将它们制作成图块，图中所有的门都可由左门和右门的图块在插入时经过旋转和缩放而生成，如图 11－21 所示。

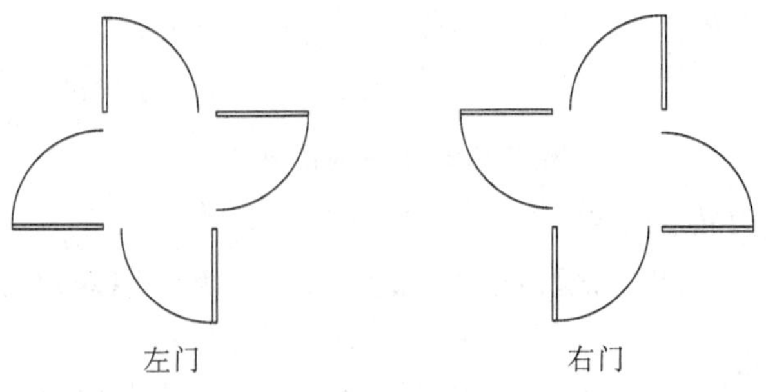

图 11－21　两种基本形式的门

(1)将【门】层设置为当前层。

(2)绘制宽度为 1000，厚度为 50 的两个基本门。

单击【绘图】工具栏上的【矩形】按钮，系统显示为：

命令：

命令：_rectang

指定第一个角点或[倒角(C)/标高(E)/圆角(F)/厚度(T)/宽度(W)]：(任取一点)

指定另一个角点或[面积(A)/尺寸(D)/旋转(R)]：(键入“@50，1000”并按回车键)

命令：(单击【绘图】工具栏的【圆弧】按钮)

命令：

命令：_arc 指定圆弧的起点或[圆心(C)]：(指定 A 点，如图 11－22 所示)

指定圆弧的第二点或[圆心(C)/端点(E)]：(键入“c”并按回车键)

指定圆弧的圆心：(指定图 11－22 中的 R 点)

指定圆弧的端点或[角度(A)/弦长(L)]：(键入“a”并按回车键)

指定包含角：(键入“90”并按回车键)(即生成了右门)

命令：(单击【修改】工具栏上的【镜像】按钮)

命令：

命令：_mirror

选择对象：(选择所画矩形，系统提示“找到 1 个”)

选择对象：(选择所画圆弧，系统提示“找到 1 个，总计 2 个”)

选择对象：(按回车键或单击鼠标右键)

指定镜像线的第一点：

指定镜像线的第二点：(在正交方式下任选一竖直线)

是否删除源对象？[是(Y)/否(N)]<N>：(按回车键结束命令)

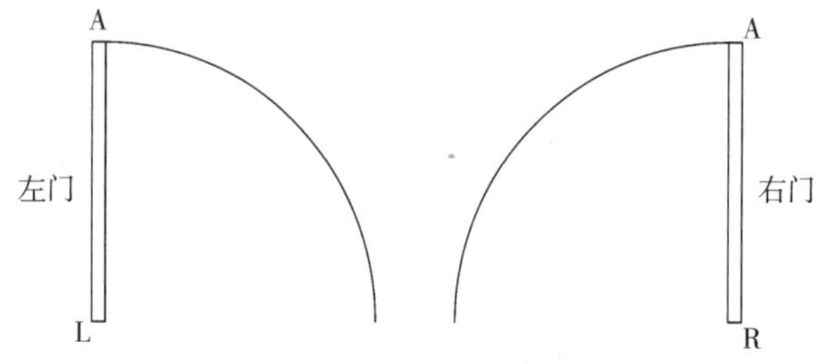

图 11－22　绘制左门和右门

(3)定义左门和右门图块

单击【绘图】工具栏上的【创建图块】按钮，系统弹出【块定义】对话框，输入块名“LDOOR”。

定义块的插入基点。单击【拾取点】按钮，【块定义】对话框暂时消失，在捕捉方式下捕捉左门的 L 点，【块定义】对话框恢复显示，如图 11－23 所示。

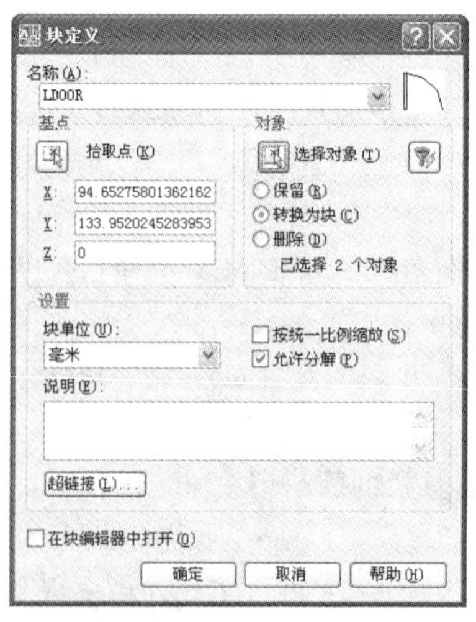

图 11－23　【块定义】对话框

单击【选择对象】按钮,【块定义】对话框又将暂时消失,选择左门,按回车键确定,【块定义】对话框又恢复显示。

设定完成后,单击【块定义】对话框中的【确定】按钮,即完成左门图块的定义(块名为 LDOOR,插入基点为图 11-22 中的 L 点)。

可以用同样的方法定义出右门图块。

(4)在图中绘制门

该平面图中各个房间的门均为门宽 1000 的单扇门,可以直接使用左门、右门图块插入。

单击【绘图】工具栏上的【插入图块】按钮,系统弹出【插入】对话框,如图 11-24 所示。

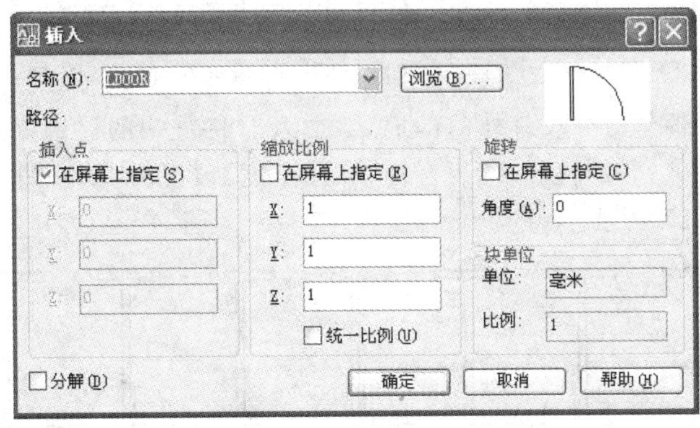

图 11-24 【插入】对话框

在【名称】下拉列表框中选择“LDOOR”;【插入点】组合框内选择【在屏幕上指定】;【缩放比例】组合框内,选择 X、Y、Z 向的比例因子均为“1”;在【旋转】组合框内,选择【角度】为“0”。

单击【确定】按钮,【插入】对话框消失,光标在前面设置的块的插入基点,移动光标拖动着左门随之移动,在捕捉方式下,捕捉到门洞的墙体内侧角点作为门的插入点,单击左键,即可完成一个左门的插入,如图 11-25 所示。

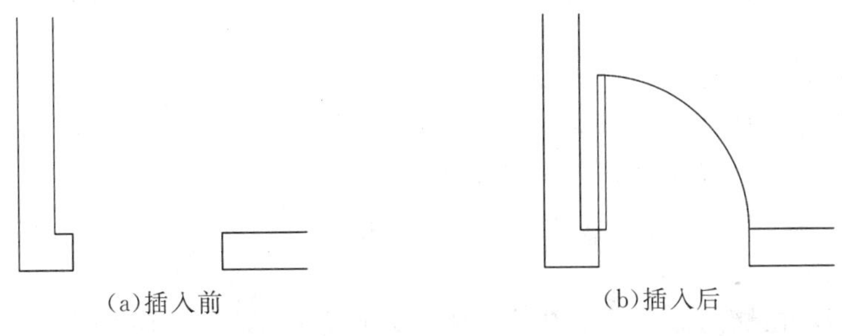

(a)插入前　　(b)插入后

图 11-25 插入门

其他各个房间的门可用同样的方法插入,只不过有的是插入右门,有的需要旋转 180°而已。下面介绍主要出入口外门的插入,此门为双扇门,每扇门宽 900。

以外门洞左侧内墙角为定位点插入左门图块,以外门洞右侧内墙角为定位点插入右门图块。因每扇门宽都为 900，左、右门图块插入时都应将统一比例因子设置为 0.9，如图 11－26 所示。

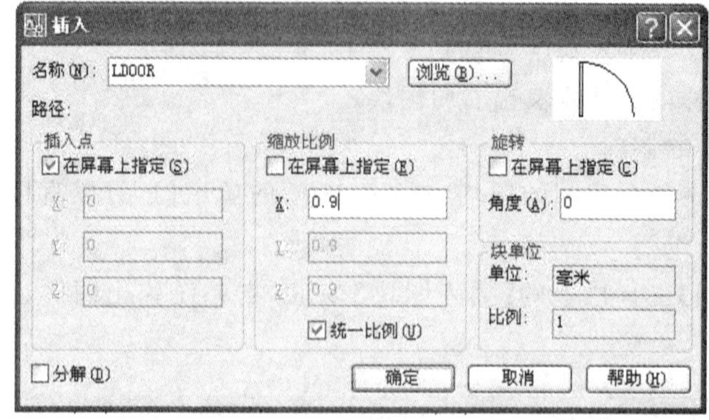

图 11－26　外门的【插入】设置

内走廊端部次要出入口外门的插入，插入时将统一的比例因子设置为 0.6（每扇门宽为 600），并将【旋转】组合框中的【角度】设置为 90°。门全部插入后的结果如图 11－27 所示。

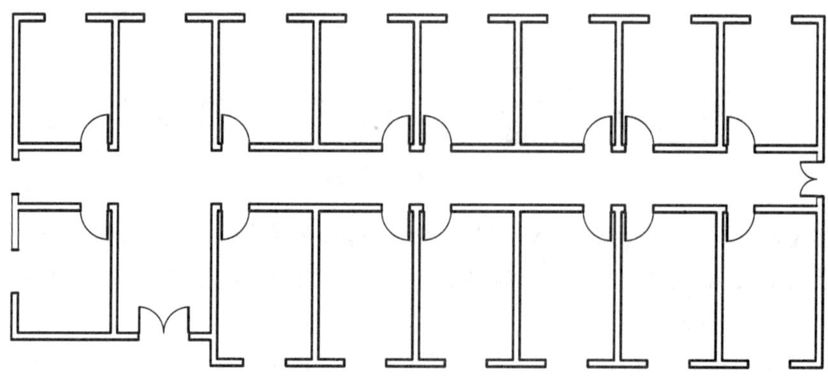

图 11－27　完成所有门的插入

五、绘制窗

（1）将【窗】设置为当前层。

（2）打开捕捉方式，捕捉窗洞内侧两角点画线。然后单击【修改】工具栏的【偏移】按钮，系统提示为：

命令：

命令：_offset

当前设置：删除源＝否　图层＝源　OFFSETGAPTYPE＝0

指定偏移距离或［通过(T)/删除(E)/图层(L)］＜1.0000＞：（键入“80”并按回车键）

选择要偏移的对象，或［退出(E)/放弃(U)］＜退出＞：（选择刚画好的窗线）

指定要偏移的那一侧上的点，或［退出(E)/多个(M)/放弃(U)］＜退出＞：

（在外侧拾取一点）

选择要偏移的对象，或[退出(E)/放弃(U)]<退出>：（选择刚偏移生成的窗线）

指定要偏移的那一侧上的点，或[退出(E)/多个(M)/放弃(U)]<退出>：（在外侧拾取一点）

选择要偏移的对象，或[退出(E)/放弃(U)]<退出>：（按回车键）

命令：（单击【修改】工具栏上的【复制】按钮）

命令：

命令：_copy

选择对象：找到 1 个

选择对象：找到 1 个，总计 2 个

选择对象：找到 1 个，总计 3 个（选择刚画好的三道窗线）

选择对象：（按回车键）

指定基点或[位移(D)]<位移>：（选择窗洞内侧一角点）

指定第二个点或<使用第一个点作为位移>：（选择同类型窗的洞口内侧角点单击左键）

指定第二个点或<使用第一个点作为位移>：（继续选择下一个同类型窗的洞口内侧角点并单击左键）

……

指定第二个点或<使用第一个点作为位移>：（复制完成后按回车键结束命令）

最后使用直线命令结合查询点坐标和相对坐标输入，或者结合偏移命令，在外墙体的外侧画出通长的窗台外挑线。

其他类型的窗也可以用类似的方法绘制。西山墙的窗有外包框，细部墙体也需修正，如图 11－28 所示。

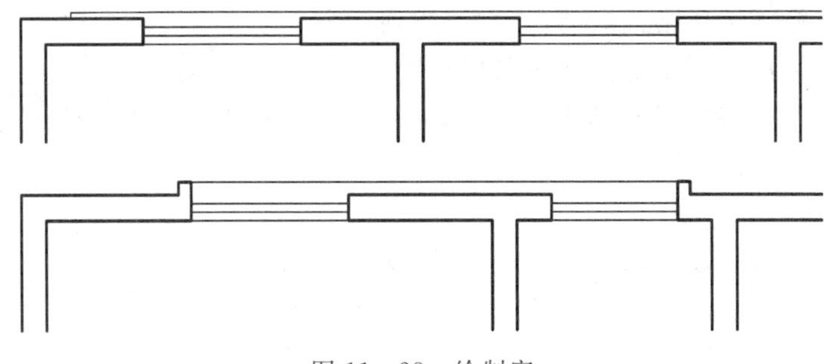

图 11－28　绘制窗

六、绘制楼梯

因中间层楼梯反映的内容较多，我们主要介绍中间层楼梯，如图 11－29(a)所示的绘制。底层楼梯如图 11－29(b)所示可以由中间层楼梯修剪得到，也可仿照中间层楼梯直接绘制。

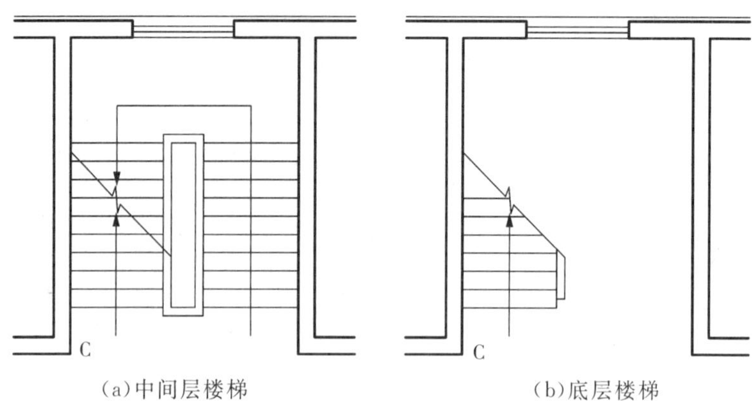

(a)中间层楼梯　　(b)底层楼梯

图 11-29　绘制楼梯

(1)将【楼梯】层设置为当前层。

(2)绘制端部的台阶线。

通过下拉菜单选择【工具】\【查询】\【点坐标】,系统显示为:

命令:'_id 指定点:(指定如图 11-29 所示的楼梯间墙角点 C,用于定位)

(系统显示坐标值)

命令:(单击【绘图】工具栏上【直线】按钮)

命令:

命令:_line 指定第一点:(键入"@0,660",并按回车键)

指定下一点或[放弃(U)]:(在正交捕捉方式下指定楼梯间另一横墙上的垂足处)

指定下一点或[放弃(U)]:(按回车键)

(3)生成其他台阶线。

单击【修改】工具栏上的【阵列】按钮,系统弹出【阵列】对话框,选择【矩形阵列】,单击【选择对象】\【阵列】对话框暂时关闭,命令行提示:

选择对象:(选择刚画好的台阶线)找到 1 个

选择对象:(按回车键或单击鼠标右键)

系统又弹出【阵列】对话框,将行数设置为 10,行偏移设置为 260,设置完成后单击【确定】按钮。

(4)绘制上下楼梯扶手

单击【绘图】工具栏中的【矩形】按钮,系统显示为:

命令:

命令:_rectang

指定第一个角点或[倒角(C)/标高(E)/圆角(F)/厚度(T)/宽度(W)]:(任选一点)

指定另一个角点或[面积(A)/尺寸(D)/旋转(R)]:(键入"@200,2340"并按回车键)

命令:(单击【修改】工具栏中的【移动】按钮)

命令：

命令：_move

选择对象：(选取刚画好的矩形)找到 1 个

选择对象：(按回车键)

指定基点或[位移(D)]＜位移＞：(选择矩形下方短边的中点)

指定第二个点或＜使用第一个点作为位移＞：(选择刚才画的第一条台阶级的中点)

命令：(单击【修改】工具栏上的【偏移】按钮)

命令：

命令：_offset

当前设置：删除源＝否　图层＝源　OFFSETGAPTYPE＝0

指定偏移距离或[通过(T)/删除(E)/图层(L)]＜当前值＞：(键入"120"并按回车键)

选择要偏移的对象，或[退出(E)/放弃(U)]＜退出＞：(选择刚移入的矩形)

指定要偏移的那一侧上的点，或[退出(E)/多个(M)/放弃(U)]＜退出＞：(在矩形外侧拾取一点)

选择要偏移的对象，或[退出(E)/放弃(U)]＜退出＞：(按回车键结束偏移命令)

(5)用修剪命令除去穿过扶手的台阶线。

单击【修改】工具栏上的【修剪】按钮，系统显示为：

命令：

命令：_trim

当前设置：投影＝UCS，边＝无

选择剪切边...

选择对象或＜全部选择＞：(选择外侧的矩形)找到 1 个

选择对象：(按回车键或单击右键)

选择要修剪的对象，或按住 Shift 键选择要延伸的对象，或[栏选(F)/窗交(C)/投影(P)/边(E)/删除(R)/放弃(U)]：(逐个选中矩形框内的台阶线)

……

选择要修剪的对象，或按住 Shift 键选择要延伸的对象，或[栏选(F)/窗交(C)/投影(P)/边(E)/删除(R)/放弃(U)]：(修剪完成后按回车键结束命令)

(6)补全其余部分。

将正交方式关闭，用直线命令画出楼梯折断线。将正交方式打开，用直线和箭头命令画出楼梯走向。底层楼梯平面图可参照绘制。

七、绘制卫生间

(1)将【卫生间】层设置为当前层。

(2)绘制便槽,如图 11－30 所示。

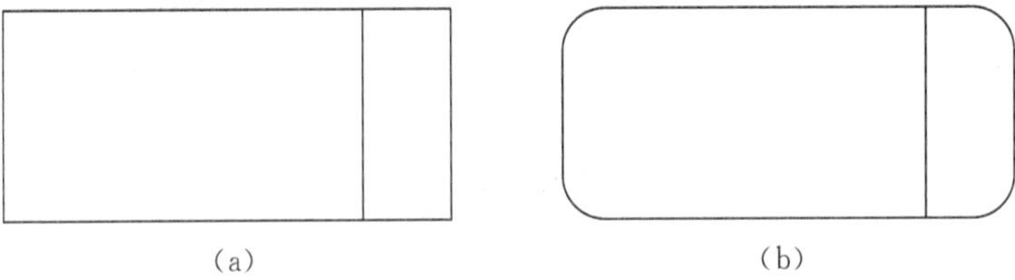

(a)　　　　(b)

图 11－30　绘制便槽

单击【绘图】工具栏中的【矩形】按钮,系统显示:

命令:

命令:_rectang

指定第一个角点或[倒角(C)/标高(E)/圆角(F)/厚度(T)/宽度(W)]:(任取一点)

指定另一个角点或[面积(A)/尺寸(D)/旋转(R)]:(键入“@610,280”并按回车键)

命令:(单击【绘图】工具栏上的【直线】按钮)

命令:

命令:_line 指定第一点:(键入“@－120,0”并按回车键)

指定下一点或[放弃(U)]:(键入“@0,－280”并按回车键)

指定下一点或[放弃(U)]:(按回车键)

命令:(单击【修改】工具栏上的【圆角】按钮)

命令:

命令:_fillet

当前模式:模式＝修剪,半径＝当前值

选择第一个对象或[放弃(U)/多段线(P)/半径(R)/修剪(T)/多个(M)]:(键入“r”并按回车键)

指定圆角半径＜当前值＞:(键入“50”并按回车键)

(以上是设置圆角半径大小)

选择第一个对象或[放弃(U)/多段线(P)/半径(R)/修剪(T)/多个(M)]:(键入“p”并按回车键)

选择二维多段线:(选择刚才画的矩形)

系统即将矩形的 4 个角圆角。

(3)绘制卫生间内的一个隔间。

首先用直线和偏移命令绘制隔板,如图 11－31(a)所示。每隔间宽 1120,纵深 1250,隔板厚度为 60。

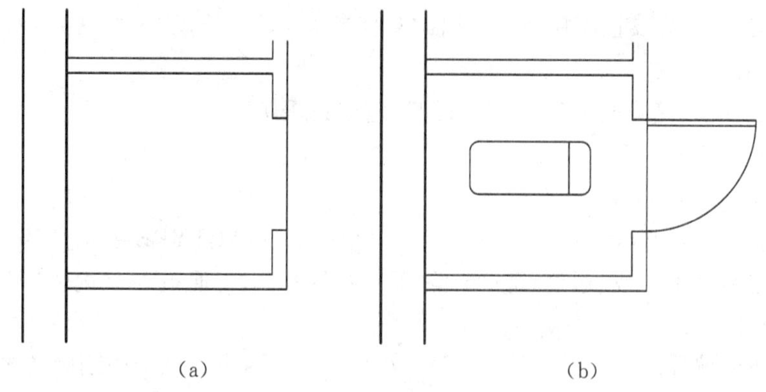

图 11-31　绘制卫生间内的隔间

然后插入左门图块，统一比例因子设置为 0.6，旋转角度设置为－90°。

再将刚才绘制好的便槽插入。最后结果如图 11-31(b)所示。

其余的隔间可以复制得到。再使用直线、圆、偏移和箭头等命令绘制出卫生间内其他部分，如图 11-32 所示。

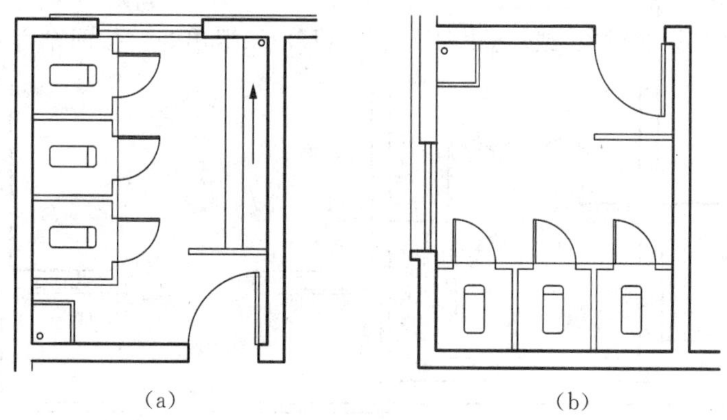

图 11-32　绘制卫生间

八、绘制台阶和花台

(1)将【台阶花台】层设置为当前层。

(2)绘制主要出入口处台阶。

单击【绘图】工具栏上的【多段线】按钮，系统显示：

命令：

命令：_pline

指定起点：(利用【对象捕捉】和【对象追踪】捕捉图 11-33 中 D 点)

当前线宽为 0

指定下一个点或[圆弧(A)/半宽(H)/长度(L)/放弃(U)/宽度(W)]：(键入“@0，－1800”并按回车键)

指定下一点或[圆弧(A)/闭合(C)/半宽(H)/长度(L)/放弃(U)/宽度(W)]：(键入“@3360，0”并按回车键)

指定下一点或[圆弧(A)/闭合(C)/半宽(H)/长度(L)/放弃(U)/宽度(W)]:(按回车键)

命令:(单击【修改】工具栏上的【偏移】按钮)

命令:

命令:_offset

当前设置:删除源=否　图层=源　OFFSETGAPTYPE=0

指定偏移距离或[通过(T)/删除(E)/图层(L)]＜通过＞:(键入“300”并按回车键)

选择要偏移的对象,或[退出(E)/放弃(U)]＜退出＞:(选中刚画的多段线)

指定要偏移的那一侧上的点,或[退出(E)/多个(M)/放弃(U)]＜退出＞:(在外侧拾取一点)

选择要偏移的对象,或[退出(E)/放弃(U)]＜退出＞:(选择刚刚偏移生成的多段线)

指定要偏移的那一侧上的点,或[退出(E)/多个(M)/放弃(U)]＜退出＞:(在外侧拾取一点)

选择要偏移的对象,或[退出(E)/放弃(U)]＜退出＞:(按回车键)

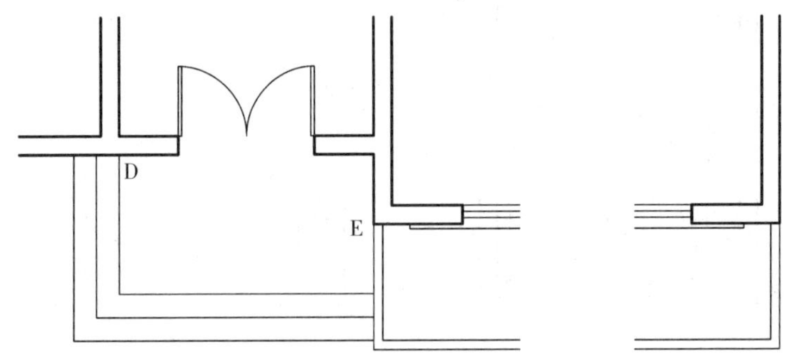

图 11-33　绘制台阶和花台

(3)绘制花台

单击【绘图】工具栏上的【多段线】按钮,系统显示:

命令:

命令:_pline

指定起点:(捕捉选中图 11-33 中 E 点)

当前线宽为 0

指定下一个点或[圆弧(A)/半宽(H)/长度(L)/放弃(U)/宽度(W)]:(键入“@0,-1620”并按回车键)

指定下一点或[圆弧(A)/闭合(C)/半宽(H)/长度(L)/放弃(U)/宽度(W)]:(键入“@21840,0”并按回车键)

指定下一点或[圆弧(A)/闭合(C)/半宽(H)/长度(L)/放弃(U)/宽度(W)]:(键入“@0,1620”并按回车键)

指定下一点或[圆弧(A)/闭合(C)/半宽(H)/长度(L)/放弃(U)/宽度

(W)]:(按回车键)

命令:(单击【修改】工具栏上的【偏移】按钮)

命令:

命令:_offset

当前设置:删除源=否　图层=源　OFFSETGAPTYPE=0

指定偏移距离[通过(T)/删除(E)/图层(L)]<通过>:(键入"120"并按回车键)

选择要偏移的对象,或[退出(E)/放弃(U)]<退出>:(选择刚画的多段线)

指定要偏移的那一侧上的点,或[退出(E)/多个(M)/放弃(U)]<退出>:(在内侧拾取一点)

选择要偏移的对象,或[退出(E)/放弃(U)]<退出>:(按回车键结束命令)

(4)绘制走廊端部次要出入口

次要出入口的绘制与主要出入口类似。

九、补充其他图形

绘制出散水坡等其他图形,如图 11-34 所示。

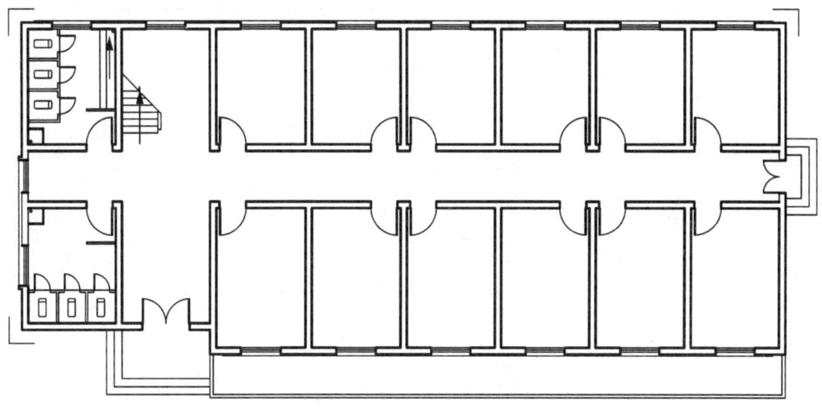

图 11-34　补充其他图形

第五节　尺寸标注

在该底层平面图中尺寸标注较多,有内部尺寸和外部尺寸等尺寸标注。这里主要介绍外部水平三道尺寸线的标注,其他尺寸的标注方法类似。

一、作尺寸标注辅助线

(1)将【辅助线】层设置为当前层。

(2)作尺寸标注的辅助线。

如图 11-35 所示,作尺寸标注辅助线 L_1～L_6。其中,L_1 表示轴线标注的起始点位置,L_2 表示三道尺寸线中最里面一道定形定位尺寸的尺寸界线起点位置,

L_3表示最里面一道尺寸线的位置，L_4表示中间一道轴线间尺寸的尺寸线位置，L_5表示最外总体尺寸的尺寸线位置，L_6表示轴线与轴线符号交点的位置。$|L_1L_2|=800$，$|L_2L_3|=500$，$|L_3L_4|=800$，$|L_4L_5|=800$，$|L_5L_6|=500$。可在正交方式下，使用直线和偏移命令绘制。

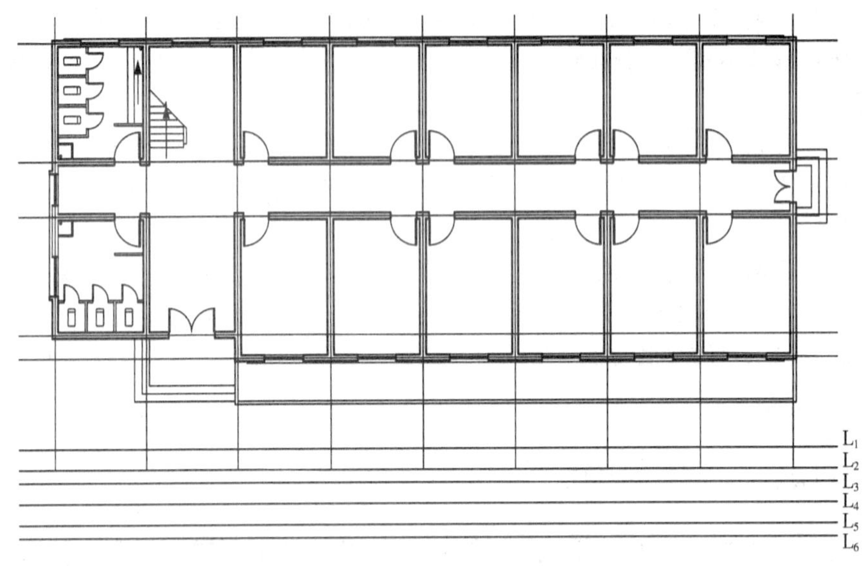

图 11-35　尺寸标注辅助线

二、绘制定位轴线及编号

(1)将【尺寸标注】层设置为当前层。

(2)绘制左起第一条定位轴线。

将正交、捕捉方式打开，单击【绘图】工具栏上的【直线】按钮，系统显示：

命令：

命令：_line 指定第一点：(选择 L_1 与 V_1 的交点)

指定下一点或[放弃(U)]：(捕捉到 L_6 的垂足)

指定下一点或[放弃(U)]：(按回车键)

(3)绘制轴线编号

① 首先绘制轴线编号圆圈。因该图的绘制比例为 1∶100，故圆圈的半径应为 400。单击【绘图】工具栏上的【圆】按钮，系统提示：

命令：

命令：_circle 指定圆的圆心或[三点(3P)/两点(2P)/相切、相切、半径(T)]：(任取一点)

指定圆的半径或[直径(D)]：(键入"400"并按回车键)

命令：(单击【修改】工具栏上的【移动】按钮)

命令：

命令：_move

选择对象:(选择刚画的圆)找到 1 个

选择对象:(按回车键或单击右键)

指定基点或[位移(D)]<位移>:(捕捉圆的 90°处象限点,此时【对象捕捉】设置应选中【象限点】)

指定第二个点或<使用第一个点作为位移>:(捕捉到 L_6 与左起第一条轴线的交点,单击)

结果如图 11-36(a)所示。

② 在圆圈内注写轴线的编号。设置编号字体的高度为 400,对齐方式为中心对齐,对齐中心为圆圈的中心。通过下拉菜单选择【绘图】\【文字】\【单行文字】,系统显示:

命令:

命令:_dtext

当前文字样式:Standard　文字高度:2.5000

指定文字的起点或[对正(J)/样式(S)]:(键入“j”并按回车键)

输入选项

[对齐(A)/调整(F)/中心(C)/中间(M)/右(R)/左上(TL)/中上(TC)/右上(TR)/左中(ML)/正中(MC)/右中(MR)/左下(BL)/中下(BC)/右下(BR)]:(键入“mc”并按回车键)

指定文字的中央点:(捕捉刚画圆圈的圆心)

指定高度<当前值>:(键入“400”并按回车键)

指定文字的旋转角度<0>:(按回车键)

(输入文字):键入“1”,先按回车键,后按 ESC 键。

结果如图 11-36(b)所示。

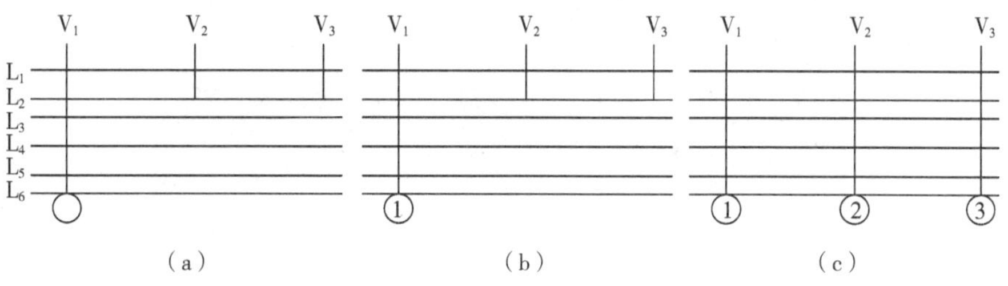

图 11-36　绘制定位轴线及编号

(3)绘制水平方向其他定位轴线及编号

水平方向其他定位轴线及编号可先使用阵列命令复制第一条定位轴线及编号,然后再修改他们的编号。竖直方向定位轴线间距不等,可以使用【多重复制】命令完成此步。

使用阵列命令复制刚刚绘制的第一条定位轴线及编号,系统自动生成水平方向其他定位轴线,只是轴线编号均为“1”。将其修改为各自正确的编号。通过下拉菜单选择【修改】\【对象】\【文字】\【编辑】,或直接双击要修改的文字,进行修改,最终编号修改为:“1”、“2”、“3”、…、“9”。图 11-36(c)显示出部分编号。

三、设置尺寸标注样式

在尺寸标注前，可先将【标注】工具栏调出，便于标注。通过右键单击任何工具栏，系统弹出快捷菜单，从中可以选择【标注】打开【标注】工具栏，如图 11－37 所示。

图 11－37 【标注】工具栏

【标注】工具栏上的最后一个按钮为【标注样式】按钮，使用它可以进行尺寸标注样式的设置。单击【标注样式】按钮，系统弹出【标注样式管理器】对话框，如图 11－38 所示。

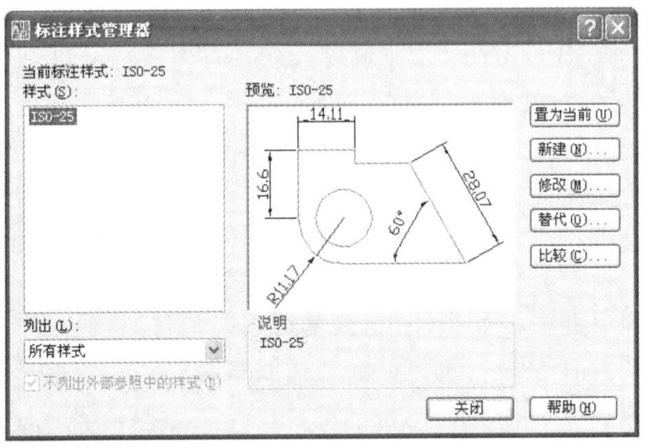

图 11－38 【标注样式管理器】对话框

单击【标注样式管理器】对话框中的【修改】按钮，系统弹出【修改标注样式】对话框，如图 11－39 所示，可以按图 11－39 中所示的参数设置直线。

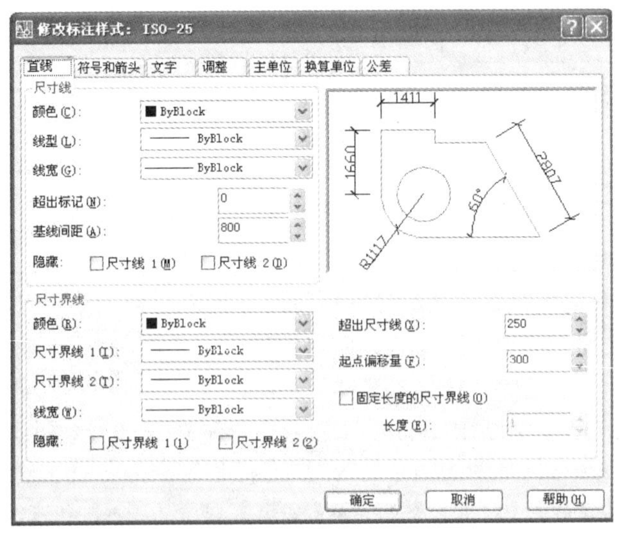

图 11－39 【修改标注样式】中【直线】的设置

单击【符号和箭头】选项卡，将其调出，如图 11－40 所示，可以参照图 11－40 中所示的参数对符号和箭头进行设置。

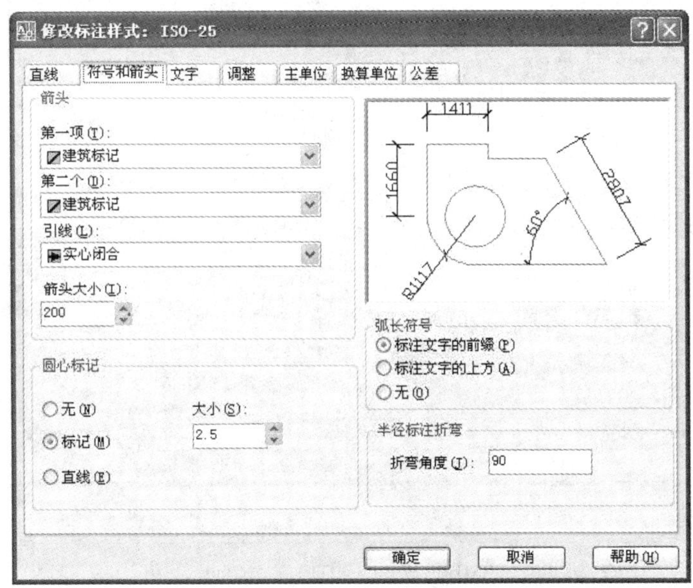

图 11－40 【修改标注样式】中【符号和箭头】的设置

单击【文字】选项卡，将其调出，如图 11－41 所示，可以参照图 11－41 中所示的参数对文字(即尺寸数字)进行设置。

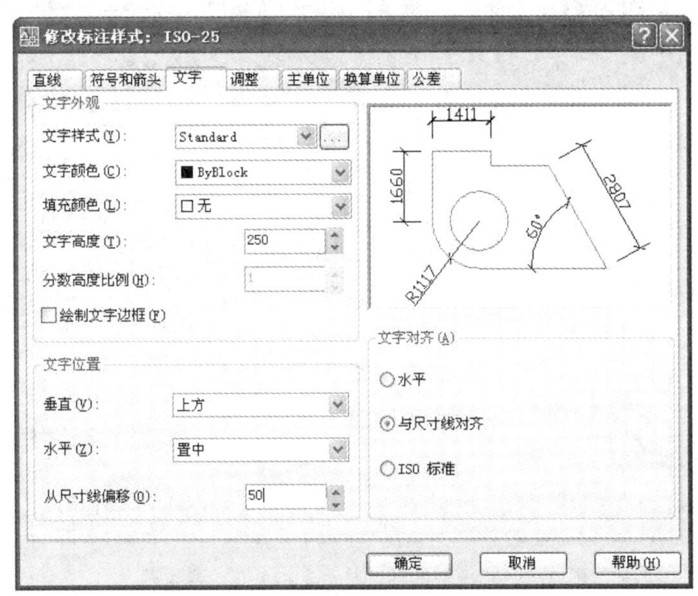

图 11－41 【修改标注样式】中【文字】的设置

单击【调整】选项卡，将其调出，如图 11－42 所示，可以参照图中所示进行设置。

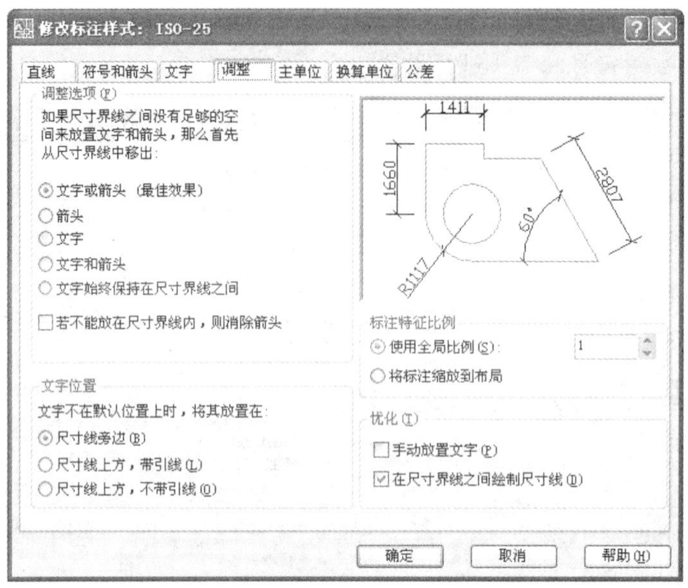

图 11－42 【修改标注样式】中【调整】的设置

单击【主单位】选项卡，将其调出，如图 11－43 所示，可以参照图 11－43 中所示的参数对单位进行设置。如前面对【单位】进行设置过，此选项卡可忽略。在标注底层平面图尺寸时，【线性标注】组合框中的【单位格式】应设置为【小数】，【精度】设置为 0。

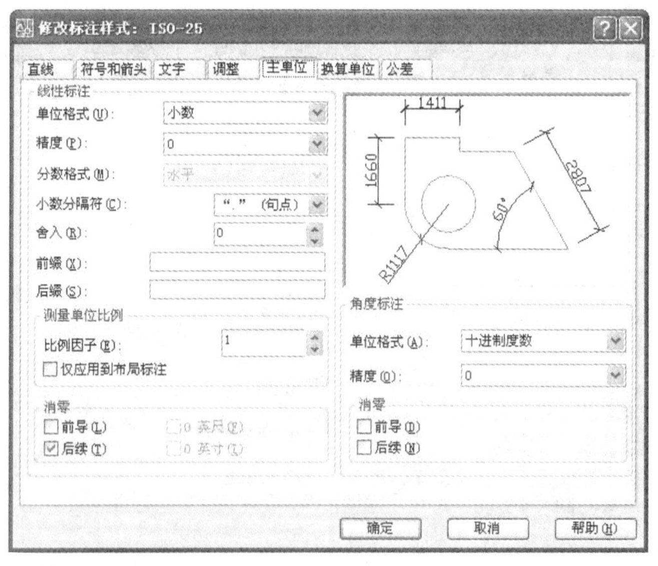

图 11－43 【修改标注样式】中【主单位】的设置

其他选项卡可忽略。设置完毕后，单击【修改标注样式】对话框底部的【确定】按钮，系统关闭【修改标注样式】对话框，重新显示【标注样式管理器】对话框，单击底部的【关闭】按钮，系统关闭【标注样式管理器】对话框，完成尺寸标注样式的设置。

四、尺寸标注

(1)绘制尺寸标注界线

可使用偏移和修剪命令绘制。

单击【修改】工具栏上的【偏移】按钮，系统显示：

命令：

命令：_offset

当前设置：删除源＝否　图层＝源　OFFSETGAPTYPE＝0

指定偏移距离或[通过(T)/删除(E)/图层(L)]＜通过＞：(键入“1050”并按回车键)

选择要偏移的对象，或[退出(E)/放弃(U)]＜退出＞：(选择③轴线)

指定要偏移的那一侧上的点，或[退出(E)/多个(M)/放弃(U)]＜退出＞：(在③轴线右侧拾取一点)

选择要偏移的对象，或[退出(E)/放弃(U)]＜退出＞：(逐个选择④～⑨轴线)

指定要偏移的那一侧上的点，或[退出(E)/多个(M)/放弃(U)]＜退出＞：(④～⑧轴线往左右两侧均要分别偏移出一条尺寸界线，⑨轴线只向左侧偏移，分别在相应方向拾取一点)

选择要偏移的对象，或[退出(E)/放弃(U)]＜退出＞：(按回车键)

命令：(按回车键)

OFFSET

当前设置：删除源＝否　图层＝源　OFFSETGAPTYPE＝0

指定偏移距离或[通过(T)/删除(E)/图层(L)]＜1050＞：(键入“900”并按回车键)

选择要偏移的对象，或[退出(E)/放弃(U)]＜退出＞：(选择②轴线)

指定要偏移的那一侧上的点，或[退出(E)/多个(M)/放弃(U)]＜退出＞：(在②轴线右侧拾取一点)

选择要偏移的对象，或[退出(E)/放弃(U)]＜退出＞：(选择③轴线)

指定要偏移的那一侧上的点，或[退出(E)/多个(M)/放弃(U)]＜退出＞：(在③轴线左侧拾取一点)

选择要偏移的对象，或[退出(E)/放弃(U)]＜退出＞：(按回车键)

命令：(按回车键)

OFFSET

当前设置：删除源＝否　图层＝源　OFFSETGAPTYPE＝0

指定偏移距离或[通过(T)/删除(E)/图层(L)]＜900＞：(键入“120”并按回车键)

选择要偏移的对象，或[退出(E)/放弃(U)]＜退出＞：(选择①轴线)

指定要偏移的那一侧上的点，或[退出(E)/多个(M)/放弃(U)]＜退出＞：(在①轴线右侧拾取一点)

选择要偏移的对象，或[退出(E)/放弃(U)]<退出>：(逐个选择③轴线和⑨轴线)

指定要偏移的那一侧上的点，或[退出(E)/多个(M)/放弃(U)]<退出>：(③、⑨轴线往左、右两侧均要分别偏移出一条尺寸界线，分别在相应的方向拾取一点)

选择要偏移的对象，或[退出(E)/放弃(U)]<退出>：(按回车键结束命令)

部分结果如图 11－44 所示。

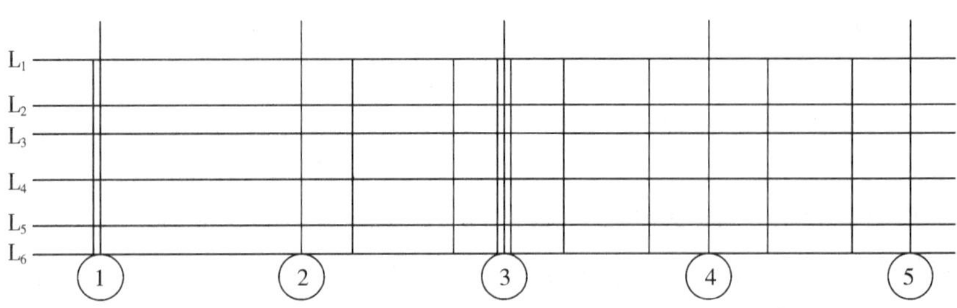

图 11－44　偏移生成的尺寸界线

然后使用修剪命令修剪偏移生成的尺寸界线，单击【修改】工具栏上的【修剪】按钮，系统显示：

命令：

命令：_trim

当前设置：投影＝UCS 边＝无

选择剪切边...

选择对象或<全部选择>：(选择 L_2)找到 1 个

选择对象：(选择 L_3)找到 1 个，总计 2 个

选择对象：(按回车键或单击右键)

选择要修剪的对象，或按住 Shift 键选择要延伸的对象，或[栏选(F)/窗交(C)/投影(P)/边(E)/删除(R)/放弃(U)]：(对于①至⑨轴线之间刚才偏移生成的尺寸界线，保留 L_2 至 L_3 轴线间的一段，剪去 L_1、L_2 之间，L_3、L_6 之间的一段；对于①、⑨轴线外侧偏移生成的尺寸界线，剪去 L_1、L_2 之间的一段，选择要剪去的部位，单击)

选择要修剪的对象，或按住 Shift 键选择要延伸的对象，或[栏选(F)/窗交(C)/投影(P)/边(E)/删除(R)/放弃(U)]：(按回车键)

命令：(按回车键)

TRIM

当前设置：投影＝UCS 边＝延伸

选择剪切边...

选择对象或<全部选择>：(选择 L_5)找到 1 个

选择对象：(按回车键或单击右键)

选择要修剪的对象，或按住 Shift 键选择要延伸的对象，或[栏选(F)/窗交(C)/投影(P)/边(E)/删除(R)/放弃(U)]：(选择①轴线外侧尺寸界线的 L_5 至

L_6之间的部分，单击）

选择要修剪的对象，或按住 Shift 键选择要延伸的对象，或[栏选（F）/窗交（C）/投影（P）/边（E）/删除（R）/放弃（U）]：（选择⑨轴线外侧尺寸界线的 L_5 至 L_6之间的部分，单击）

选择要修剪的对象，或按住 Shift 键选择要延伸的对象，或[栏选（F）/窗交（C）/投影（P）/边（E）/删除（R）/放弃（U）]：（按回车键结束命令）

修剪后的部分结果如图 11－45 所示。

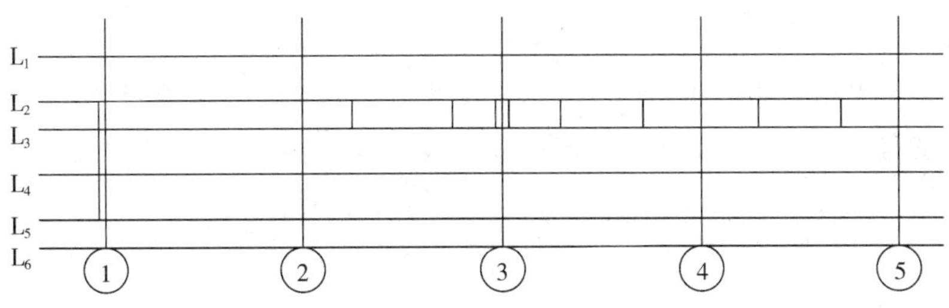

图 11－45　修剪后的尺寸界线

（2）标注尺寸

可使用【线性标注】和【连续标注】命令并结合使用【窗口缩放】命令标注尺寸。打开【正交】和【对象捕捉】方式，单击【标注】工具栏上的【线性标注】按钮，系统显示：

命令：

命令：_dimlinear

指定第一条尺寸界线原点或＜选择对象＞：（选中①轴线外侧尺寸界线与 L_3 的交点）

指定第二条尺寸界线原点：（选中①轴线与 L_3的交点）

指定尺寸线位置或[多行文字（M）/文字（T）/角度（A）/水平（H）/垂直（V）/旋转（R）]：（选中①轴线与 L_3的交点）

标注文字＝120

命令：（单击【标注】工具栏上的【连续标注】按钮）

命令：

命令：_dimcontinue

指定第二条尺寸界线原点或[放弃（U）/选择（S）]＜选择＞：（选择②轴线与 L_3的交点）

标注文字＝3600

指定第二条尺寸界线原点或[放弃（U）/选择（S）]＜选择＞：（继续选择尺寸界线与 L_3的交点，直到该道水平定形定位尺寸标注完成）

指定第二条尺寸界线原点或[放弃（U）/选择（S）]＜选择＞：（按回车键结束命令）

此时最里面一道水平定形定位尺寸已标注完成，再使用同样方法标注中间一道轴线间尺寸及最外一道总体尺寸，最后部分结果如图 11－46 所示。

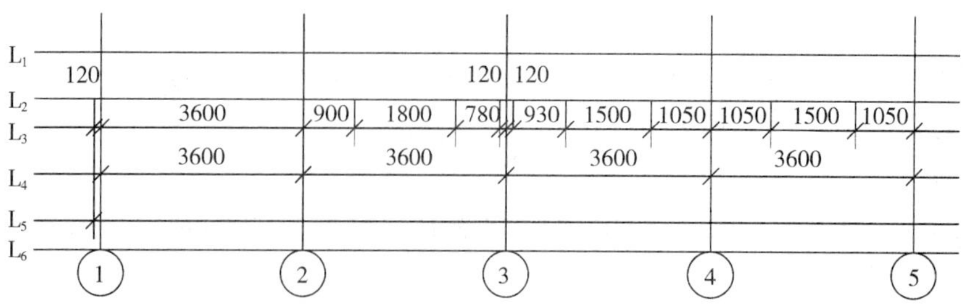

图 11-46　部分尺寸标注

(3)编辑尺寸

有时由于相邻的尺寸太小可能出现尺寸数字的重叠或拥挤，如图 11-47 中③轴线左右两侧标注的墙体尺寸。这时，可以通过对尺寸标注进行编辑来解决。单击【标注】工具栏上的【编辑标注文字】按钮，系统显示：

命令：

命令：_dimtedit

选择标注：(选择欲编辑的标注文字)

指定标注文字的新位置或[左(L)/右(R)/中心(C)/默认(H)/角度(A)]：(移动文字，将标注文字移至合适的位置，单击)

如图 11-47 所示为修改后的部分尺寸标注，其他尺寸标注方法与此类似。

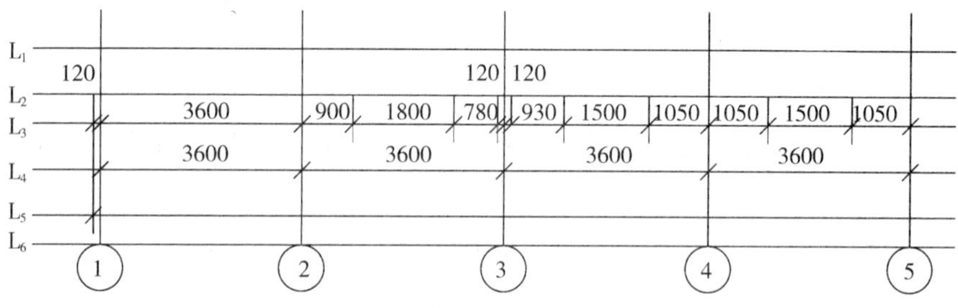

图 11-47　修改后的部分尺寸标注

另外，AutoCAD 中自身没有标高符号，用户可以自己绘制一个，定义成块，便于以后调用。单击【绘图】工具栏上的【直线】按钮，系统显示：

命令：

命令：_line 指定第一点：(任拾取一点)

指定下一点或[放弃(U)]：(键入"@－300，－300"并按回车键)

指定下一点或[放弃(U)]：(键入"@－300，300"并按回车键)

指定下一点或[闭合(C)/放弃(U)]：(键入"@1800，0"并按回车键)

指定下一点或[闭合(C)/放弃(U)]：(按回车键结束直线命令)

然后通过下拉菜单选择【绘图】\【文字】\【单行文字】，在标高符号上注写标高数字，最后将它们移到合适的位置，如图 11-48 所示。也可以使用【多行文字】,【单行文字】在输入时即在屏幕上显示，方便直观；

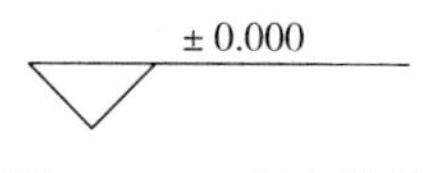

图 11-48　标高符号

【多行文字】便于修改和编辑。

第六节 绘制其他符号及注写文字

[想一想]

规范中推荐指北针的直径尺寸为 24 毫米，按 1∶50 打印出来，直径应绘制成多少毫米？

在底层平面图上还有剖切符号、索引符号和指北针等符号，以及文字说明等。剖切符号可使用多段线绘制，设置一定的线宽；其他可以通过使用多段线、直线、圆和图案填充等命令绘制，也可以设置不同的字体和线型。这里仅介绍指北针的绘制，如图 11－49 所示。

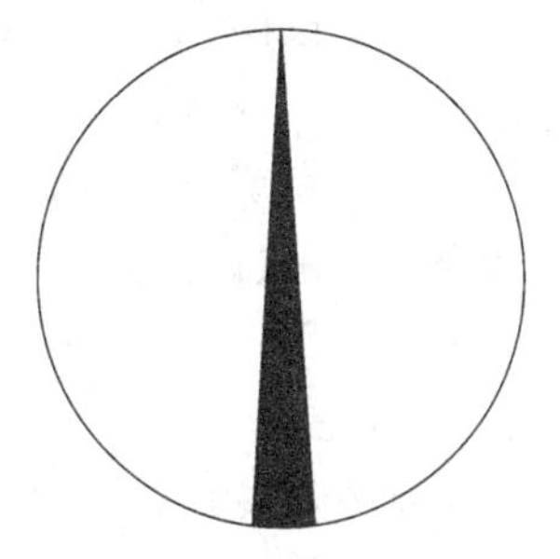

图 11－49 指北针

单击【绘图】工具栏上的【圆】按钮，系统显示：

命令：

命令：_circle 指定圆的圆心或[三点(3P)/两点(2P)/相切、相切、半径(T)]：(任指定一点作为圆心)

指定圆的半径或[直径(D)]：(键入“1200”并按回车键)

命令：(单击【绘图】工具栏上的【直线】按钮)

命令：

命令：_line 指定第一点：(利用捕捉指定刚画圆的 90°象限点)

指定下一点或[放弃(U)]：(利用捕捉指定刚画圆的－90°象限点)

指定下一点或[放弃(U)]：(按回车键)

命令：(单击【修改】工具栏上的【偏移】按钮)

命令：

命令：_offset

当前设置：删除源＝否 图层＝源 OFFSETGAPTYPE＝0

指定偏移距离或[通过(T)/删除(E)/图层(L)]<通过>：(键入“150”并按回车键)

选择要偏移的对象，或[退出(E)/放弃(U)]<退出>：(选择刚画的圆的竖向直径)

指定要偏移的那一侧上的点，或[退出(E)/多个(M)/放弃(U)]<退出>：(在竖向直径的左侧拾取一点)

选择要偏移的对象，或[退出(E)/放弃(U)]<退出>：(选择刚画的圆的竖向直径)

指定要偏移的那一侧上的点，或[退出(E)/多个(M)/放弃(U)]<退出>：(在竖向直径的右侧拾取一点)

选择要偏移的对象，或[退出(E)/放弃(U)]<退出>：(按回车键)

命令：(单击【绘图】工具栏上的【直线】按钮)

命令：

命令:_line 指定第一点:(选择圆的 90°象限点)

指定下一点或[放弃(U)]:(选择圆与刚生成的左侧偏移线的下部交点)

指定下一点或[放弃(U)]:(按回车键)

命令:

LINE 指定第一点:(选择圆的 90°象限点)

指定下一点或[放弃(U)]:(选择圆与刚生成的右侧偏移线的下部交点)

指定下一点或[放弃(U)]:(按回车键)

命令:(单击【修改】工具栏上的【删除】按钮)

命令:

命令:_erase

选择对象:(选择圆的竖向直径及由它生成的两条偏移线)

选择对象:(按回车键)

命令:(单击【绘图】工具栏上的图案填充按钮)

系统弹出【图案填充和渐变色】对话框,单击【图案】列表框右侧的【样例】按钮;弹出【填充图案选项板】对话框,选择【其他预定义】选项卡上的【SOLID】图案,单击【确定】,返回【图案填充和渐变色】对话框;单击【拾取点】按钮,在刚绘制的两条相交直线所组成的小圆周角之间拾取一点,并按回车键;重新显示【图案填充和渐变色】对话框,单击其上的【确定】按钮即完成图案填充。

完成后的底层平面图如图 11-1 所示。将完成后的图形存盘,文件名为"PM1.DWG"。

第七节　加图框和标题栏

一、绘制图框和标题栏

设计绘图,经常使用相同的图框和标题栏。我们可以将它们绘制好保存成文件,在需要时,可以作为外部图块插入使用。我们使用的图纸为 A3 幅面的图纸,标题栏使用的是学习阶段作业用标题栏,将它们制作好,如图 11-50 示,并将它们命名为"A3.DWG"文件保存起来。

新建一个图形文件,单击【标准】工具栏上的【新建】按钮,系统弹出【创建新图形】对话框(注:参数 startup 值为 1 时弹出【创建新图形】对话框,参数 startup 值为 0 时弹出【选择样板】对话框),选择【从草图开始】选项的【默认设置】。

(1)绘制 A3 的图框。

单击【绘图】工具栏上的【矩形】按钮,系统显示:

命令:

命令:_rectang

指定第一个角点或[倒角(C)/标高(E)/圆角(F)/厚度(T)/宽度(W)]:(键

入“0,0”并按回车键)

[做一做]

请给图 11-50 的左上角加上会签栏

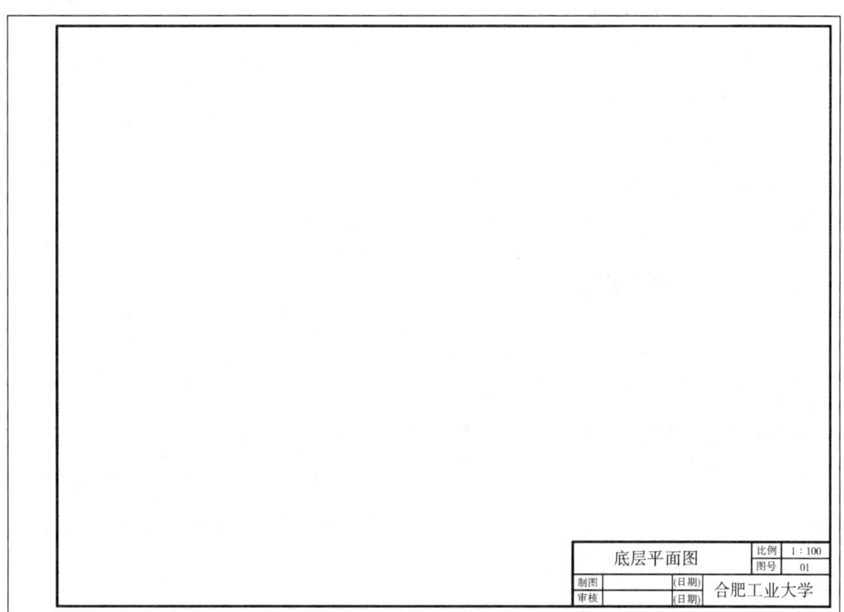

底层平面图
比例
1:100
图号
01
制图
(日期)
审核
(日期)
合肥工业大学

图 11-50　A3 幅面的图框和标题栏

指定另一个角点或[面积(A)/尺寸(D)/旋转(R)]:(键入“420,297”并按回车键)

命令:(通过下拉菜单选择【视图】\【缩放】\【全部】)

指定窗口的角点,输入比例因子(nX 或 nXP),或者

[全部(A)/中心(C)/动态(D)/范围(E)/上一个(P)/比例(S)/窗口(W)/对象(O)]<实时>:_all

(此步操作可以将刚画好的矩形移至屏幕窗口的中央,AutoCAD 缺省设置图形界限就是 420×297 的 A3 幅面)

命令:(单击【绘图】工具栏上的【多段线】按钮)

命令:

命令:_pline

指定起点:(键入“25,5”并按回车键)

当前线宽为 0.0000

指定下一点或[圆弧(A)/半宽(H)/长度(L)/放弃(U)/宽度(W)]:(键入“w”并按回车键)

指定起点宽度<0.0000>:(键入“0.6”并按回车键)

指定端点宽度<0.6000>:(按回车键)

指定下一点或[圆弧(A)/半宽(H)/长度(L)/放弃(U)/宽度(W)]:(键入“415,5”并按回车键)

指定下一点或[圆弧(A)/闭合(C)/半宽(H)/长度(L)/放弃(U)/宽度(W)]:(键入“415,292”并按回车键)

指定下一点或[圆弧(A)/闭合(C)/半宽(H)/长度(L)/放弃(U)/宽度(W)]:(键入“25,292”并按回车键)

指定下一点或[圆弧(A)/闭合(C)/半宽(H)/长度(L)/放弃(U)/宽度(W)]:(键入“c”并按回车键)

(2)绘制标题栏。

绘制标题栏的方法和绘制图框类似。

(3)绘制完毕后,将其保存,文件名为“A3.DWG”。

二、插入图框和标题栏

(1)打开刚才保存的 PM1.DWG 文件。

(2)将图框和标题栏插入。

单击【绘图】工具栏上的【插入块】按钮,系统弹出【插入】对话框。单击【插入】对话框中的【浏览】按钮,系统弹出【选择图形文件】对话框,从中选择刚保存的 A3.DWG 文件,单击【打开】按钮,系统关闭【选择图形文件】对话框,又重新显示【插入】对话框,如图 11-51 所示。

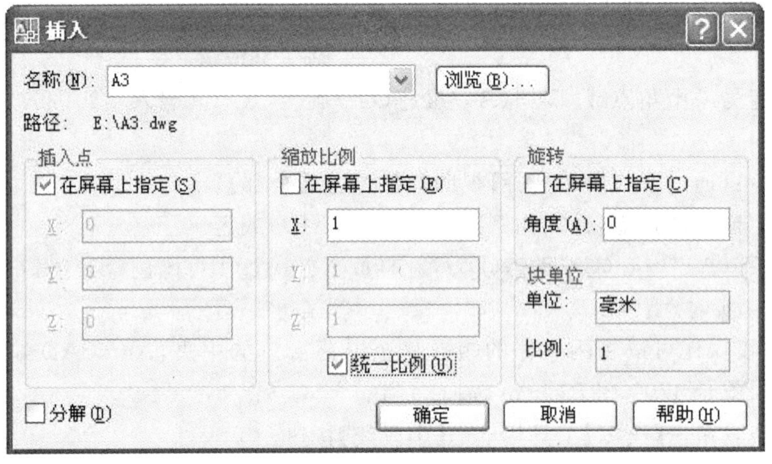

图 11-51 插入图框和标题栏的设置

在【插入点】组合框中选择【在屏幕上指定】。【缩放比例】组合框中选择【统一比例】,比例因子为 100。【旋转】组合框中【角度】设置为 0。设置完成后,单击【确定】按钮,系统关闭【插入】对话框。光标拖着刚才绘制的图框和标题栏移动,选择合适的位置,单击即将图框和标题栏插入。

(3)调整图框与绘制图形的相对位置。

如果对插入位置不太满意,可以选择【移动】命令进行调整。移动图框和标题栏,使绘制的底层平面图在图框中位于适当的位置。

(4)将标题栏中有关内容补全。

至此,即完成了底层平面图的绘制。如图 11-52 所示。

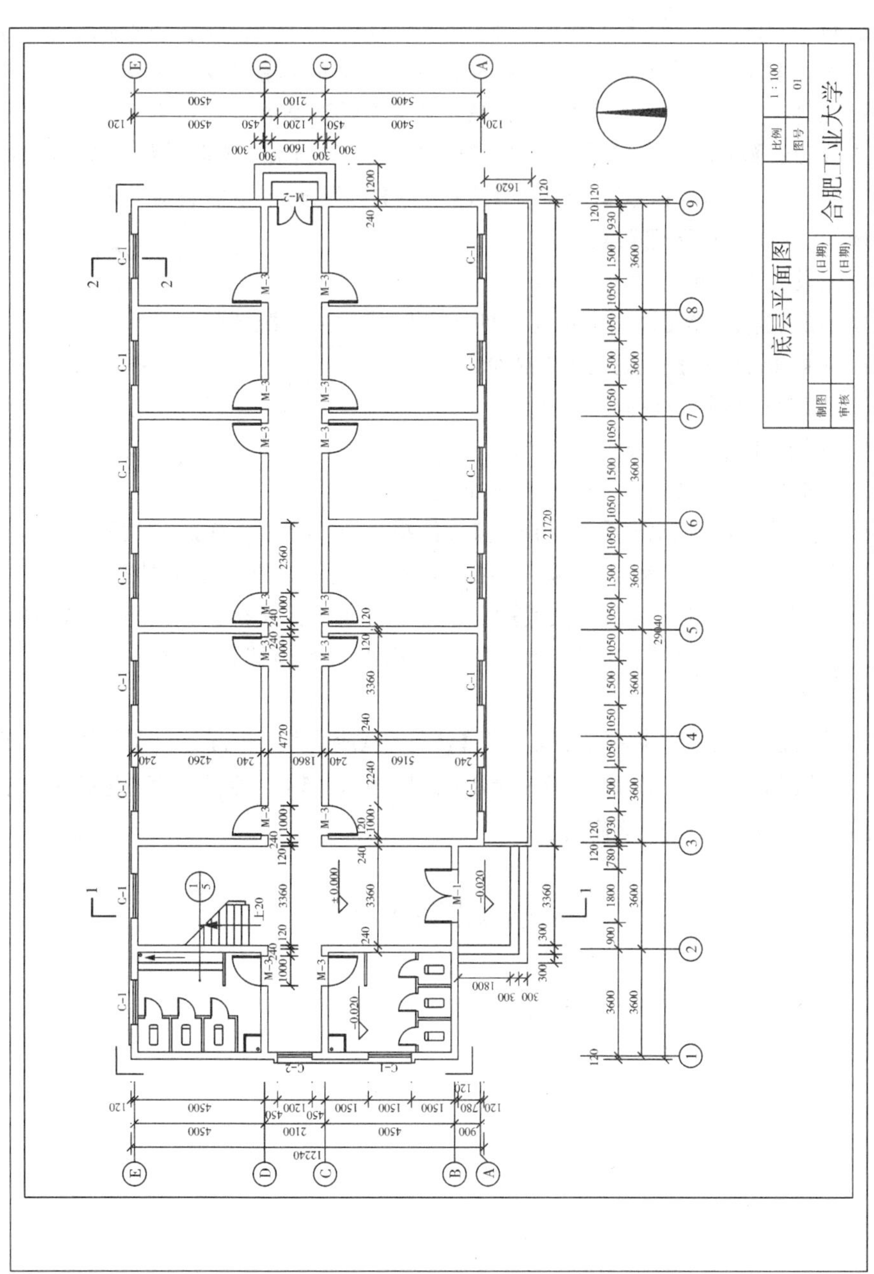

图 11-52 完成后的底层平面图

第八节　打印输出

绘制好的图形文件，若要用输出设备打印出来，还要进行输出设置。图形文件无论是在模型空间打印还是通过布局打印输出，主要输出设置都可以在【页面设置】对话框中进行。可通过下拉菜单【文件】\【页面设置管理器】，系统弹出【页面设置管理器】对话框，单击其上的【修改】按钮系统将弹出【页面设置】对话框；也可将光标指向绘图区底部的【模型】或【布局】选项卡，单击右键弹出快捷菜单，从中选择【页面设置管理器】。

具体设置主要包括以下几项：

1. 在【打印机/绘图仪】中指定打印图纸时使用的已配置的打印设备。
2. 在【图纸尺寸】中选择图纸幅面。
3. 在【打印区域】选择打印的范围。
4. 在【打印比例】中设置打印比例。
5. 在【图形方向】中指定图形在图纸上的打印方向。

设置完成后，可以通过【页面设置】对话框左下角的【预览】按钮预览打印效果。如果对预览的打印效果不满意，可以重新设置。如果对预览的打印效果感到满意，单击【确定】按钮，系统关闭【页面设置】对话框，重新显示【页面设置管理器】对话框，单击其上的【关闭】按钮，关闭【页面设置管理器】对话框，系统将页面设置的结果保存。

也可直接通过下拉菜单选择【文件】\【打印】或直接单击【标准】工具栏上的【打印】按钮，系统弹出和【页面设置】对话框相似的【打印】对话框，设置完成后单击【确定】按钮，开始打印输出图纸。

本章思考与实训

上机绘制下列建筑工程图：

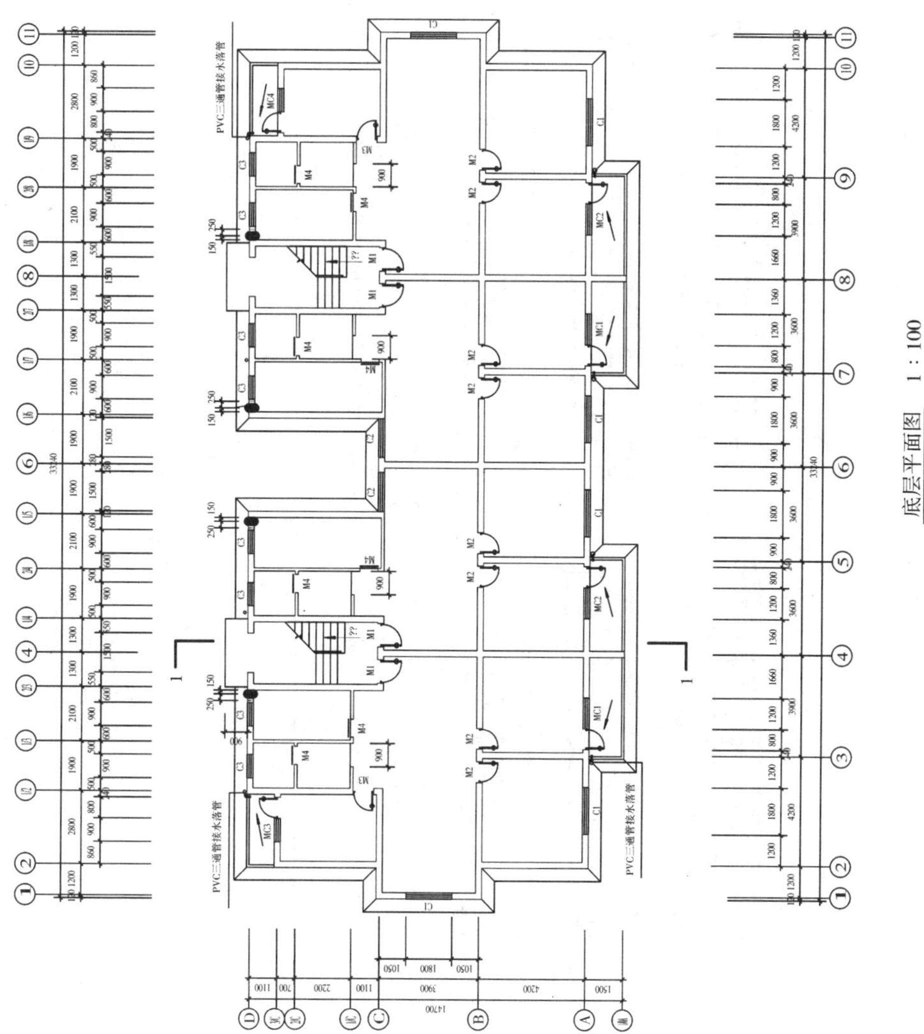

底层平面图　1：100

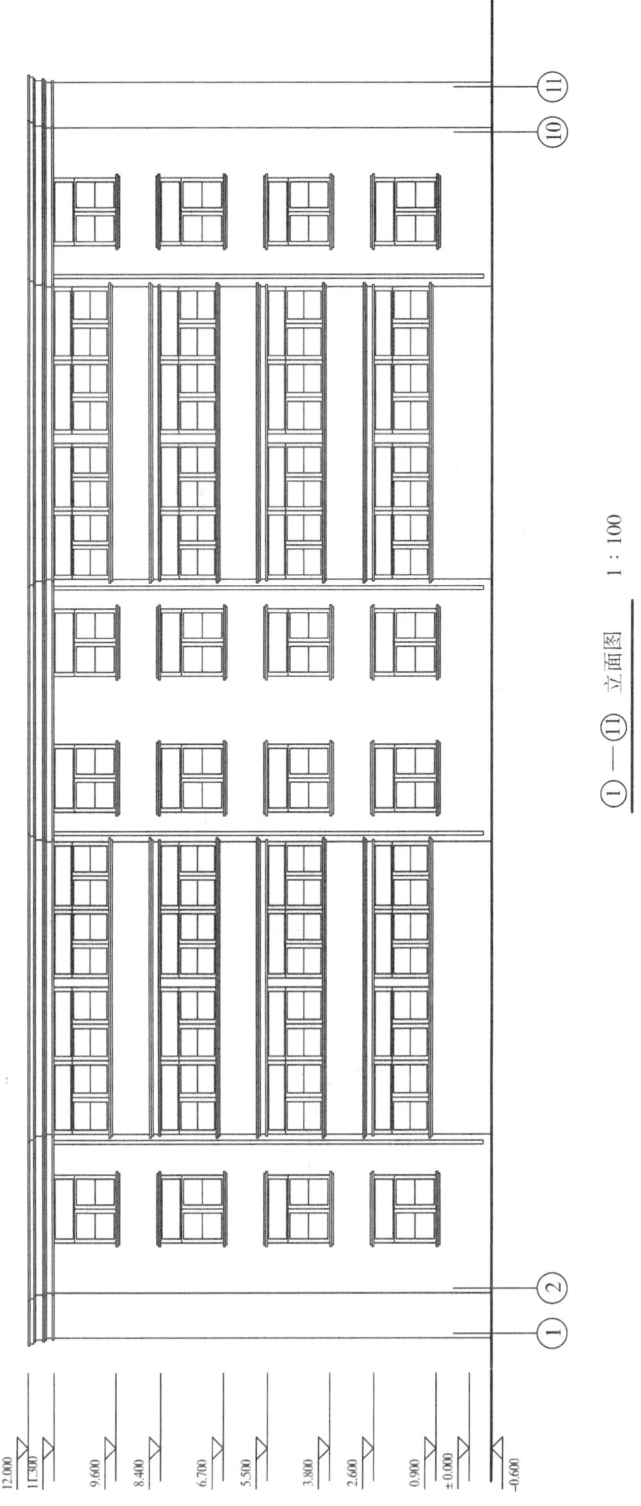

11
10
2
1
12.000
11.300
9.600
8.400
6.700
5.500
3.800
2.600
0.900
±0.000
-0.600

①—⑪ 立面图 1 : 100

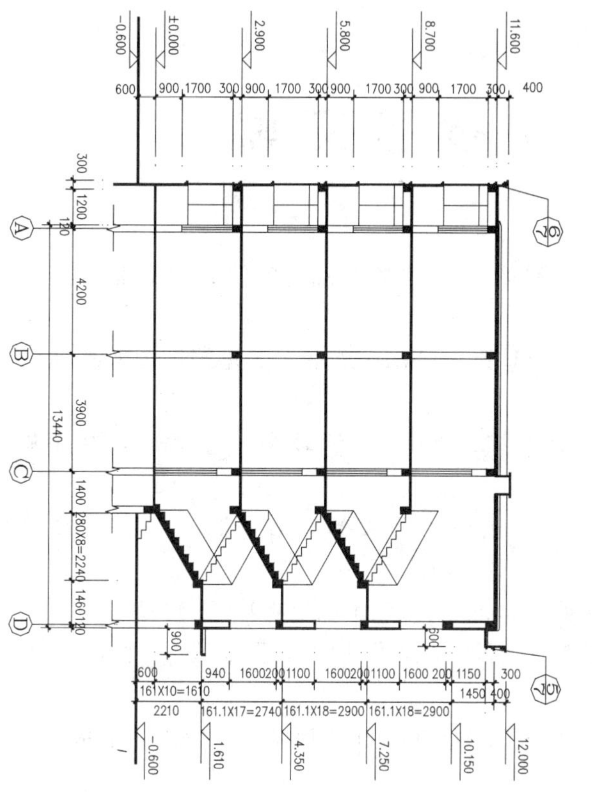

1-1剖面图　1：100

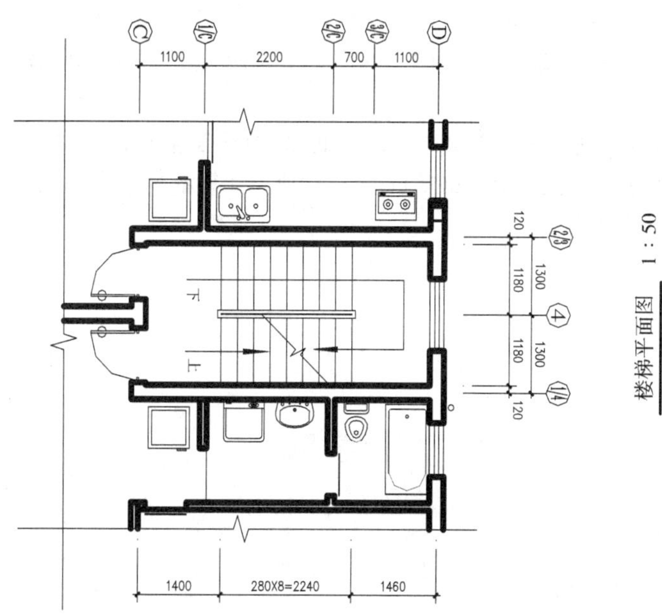

楼梯平面图　1：50

参考文献

1. 周峰著 . Auto CAD2007 中文版基础与实践教程 . 北京:电子工业出版社,2007.01

2. 王海英,詹翔著 . AUTO CAD2007 中文版建筑制图实战训练 . 北京:人民邮电出版社,2007.10

3. 汤柳明著 . Auto CAD 2007 实训教程 . 上海:华中师范大学出版社,2007.01

4. 吴银柱,吴丽萍 . 土建工程 CAD(第二版). 北京:高等教育出版社,2006.5

5. 郭大州 . 建筑 CAD. 北京:水利水电出版社,2008.7

6. 齐明超,梅素琴 . 画法几何及土木工程制图 . 北京:机械工业出版社,2009.1

7. 谢菁,李克福 . Auto CAD 2007 中文版基础与应用 . 南京:南京大学出版社,2007.5

8. 夏文秀 . Auto CAD2007 中文版标准教程 . 北京:科学出版社,2006.11

9. 杨新政 . AutoCAD 2007 中文版入门与提高 . 北京:清华大学出版社,2007.4

10. 程绪琦,王建华 . AutoCAD2007 中文版标准教程 . 北京:电子工业出版社,2006.9

11. 胡可 . 建筑 CAD 设计基础 . 北京:电子工业出版社,2007.1

12. 姜勇,魏成旭 . AutoCAD2007(中文版)基本功能与典型实例 . 北京:人民邮电出版社,2008.1